基层农技推广人员知识更新培训教材

基层农技推广人员专业知识

（畜牧水产类）

主　编：蒋小松
副主编：付茂忠　丁　燕

电子科技大学出版社

图书在版编目（CIP）数据

基层农技推广人员专业知识．畜牧、水产／蒋小松主编．—成都：电子科技大学出版社，2015.6（2021.7 重印）

ISBN 978－7－5647－3060－4

Ⅰ．①基… Ⅱ．①蒋… Ⅲ．①畜牧业－农业科技推广②水产养殖－农业科技推广 Ⅳ．①S3－33

中国版本图书馆 CIP 数据核字（2015）第 139505 号

基层农技推广人员知识更新培训教材

基层农技推广人员专业知识

蒋小松　主编

付茂忠　丁　燕　副主编

出　　版：电子科技大学出版社（成都市一环路东一段 159 号电子信息产业大厦 邮编：610051）

策划编辑：辜守义

责任编辑：辜守义　胡　冰　邓　玲

主　　页：www.uestcp.com.cn

电子邮箱：uestcp@uestcp.com.cn

发　　行：新华书店经销

印　　刷：成都市火炬印务有限公司

成品尺寸：185mm×260mm　印张 23　字数 580 千

版　　次：2015 年 6 月第一版

印　　次：2021 年 7 月第三次印刷

书　　号：ISBN 978－7－5647－3060－4

定　　价：56.00 元

◆ 本社发行部电话：028－83202463；本社邮购电话：028－83201495。

◆ 本书如有缺页、破损、装订错误，请寄回印刷厂调换。

基层农技推广人员知识更新培训教材

《基层农技推广人员专业知识（畜牧水产类）》编写委员会名单

基层农技推广人员知识更新培训教材

基层农技推广人员专业知识

（畜牧水产类）

主　　编： 蒋小松

副 主 编： 付茂忠　丁　燕

编写人员： 篇（章）负责人：（按篇章顺序）
何志平　白史且　廖党金　王宇萍　龚建军　陈　浩　王建文

参编人员：（按姓氏笔画排序）
于吉锋　文　豪　王　俊　王　淮　王　巍　王顺海　王　艳
邓永强　叶勇刚　甘　佳　邝良德　任永军　吕学斌　江文明
闫利军　阳爱国　余春林　吴　宣　宋小燕　应三成　张　睿
张　毅　张永宁　张翔宇　张增荣　李　平　李　春　李　淳
李丛艳　李达旭　李念周　李晴云　杜华锐　杨朝武　邱莫寒
邵　靓　邹成义　陈　冬　陈天宝　陈立坤　陈弟诗　周　俗
周朝华　季　杨　季晓菲　明智勇　易　军　林　毅　罗　毅
范景胜　侯　巍　俄木曲者　姜小雨　胡陈明　骆佳锐　唐　慧
夏　波　郭　莉　郭志强　陶　漩　曹　煜　梁小玉　曾　凯
曾祥忠　游明鸿　谢　晶　谢晓红　谢嘉宾　赖　康　鄢家俊
雷　岷　雷云峰　熊　霞　熊朝瑞　蔡冬冬　戴卓建　魏　甬

编者的话

为贯彻落实党的十八大、中央一号和省委一号文件等精神，我们组织有关科研院所的专家和长期从事技术推广工作富有经验的技术人员，编写了基层农技推广人员专业知识（畜牧水产类）培训教材。该教材分畜禽、水产和养蜜生产专业知识三部分，共13章，内容涵盖猪、牛、羊、家禽、兔、水产、蜜蜂等畜种或品种养殖技术。本书内容编写紧密结合基层工作者和畜牧水产生产实际，注重先进性、实用性和针对性，力求内容通俗易懂、图文并茂，让广大基层畜牧水产工作者易于学习、理解和掌握。虽然作者努力避瑕，但由于时间仓促，教材中不足和错误之处在所难免，敬请专家和读者批评指正。

2015 年 5 月

目　录

第一篇　畜禽生产专业知识

第二篇　养鱼生产专业知识

第三篇　养蜂生产专业知识

第一篇 畜禽生产专业知识

第一章　畜禽生产基础知识

第一节　畜禽种业基础知识

一、品种（系）和配套系概念

（一）品种

品种是指在各畜禽种内，经过定向的人工选择所形成的、具有独特的经济特性、能满足人类一定要求的、遗传性稳定的生物群体。如长白猪、蜀宣花牛、南江黄羊、凉山半细毛羊等。目前中国有畜禽品种和遗传资源756个，其中：猪100个、牛114个、羊140个，家禽189个、马驴驼81个、特种畜禽96个、蜜蜂36个。

1. 构成畜禽品种应具备的基本条件

（1）来源相同：同一品种的畜禽有着基本相同的来源，个体间有着血缘关系，遗传基础非常相似。这是构成一个“基因库”的基本条件。

（2）性状相似：品种内的个体在外貌特征、体形结构、生理机能、重要经济性状以及对环境的适应性等方面表现出很高的相似，它构成了品种的基本特征，并以此区别于其他品种。

（3）遗传稳定：品种必须有稳定的遗传性，才能将其典型的特征遗传给后代，使品种得以保持下去，这是纯种畜禽与杂种畜禽的根本区别。

（4）一定异性：品种内除了强调遗传同性以外，还应保持一定的遗传变异性，正是由于一定程度的异质性，才能保证品种在纯种选育中能获得理想的遗传进展。因此，品种内部结构上，要求建立一些互有差异而又独具特色的类群和品系。

（5）足够数量：一个品种应保持足够数量的畜禽个体（参见《畜禽品种（配套系）审定标准》（试行）），才能保证品种的稳定，品种才具有旺盛的生命力。

（6）权威机构认可：作为一个品种必须经过政府或品种协会等权威机构进行审定，只有通过审定、予以命名的畜禽群体才能正式称为畜禽品种。

2. 畜禽品种的分类

品种分类方法有多种，下面介绍按培育程度和经济用途分类。

（1）根据培育程度分：有原始品种和培育品种。

原始品种：又称地方品种，是驯化以后，在长期放牧或饲养管理粗放条件下，未经系统的人工选择而形成的品种。这类品种体格较小，晚熟，生产水平较低，但有很强的适应自然的能力，抗病力强。如藏猪、内江猪、德昌水牛、藏鸡等。

培育品种：在明确的品种目标、遗传育种理论和技术指导下，经过长期、系统的人工选择而育成的品种。这类品种生产性能优良，专门化程度和经济价值高，但要求的饲养管理条件高，适应性、抗病力不如原始品种。如大恒肉鸡、川藏黑猪、中国荷斯坦牛、简州大耳羊等。

（2）按经济用途分：有专用品种和兼用品种

专用品种：又称“专门化品种”，即具有一种主要生产用途的品种。如专门化奶牛品种有荷斯坦牛、娟姗牛等；专门化肉牛品种有利木赞牛、安格斯牛、夏南牛、辽育白牛等；还有AA+肉鸡、罗曼褐壳蛋鸡、新西兰白兔、德国花巨兔、安哥拉兔、奶山羊等都是专门化品种。

兼用品种：又称“综合品种”，即具有两种或两种以上生产用途的品种。如中国西门塔尔牛、三河牛、新疆褐牛等都是乳肉兼用型品种。

（二）品系

品系是指来源于共同祖先、性状表现大致相同的一个群体。一个品种或者配套系常包含有多个品系，如大恒D99、S01、S02、S03、S05、S06、S07等。某方面性能突出，并专门用于某一配套系杂交的品系又叫专门化品系。

（三）配套系

指以数个专门化品系（多为3~5个品系为一组）为亲本，根据目标和市场需求，通过杂交选出“最佳”杂交模式的一组，并以此进行商品生产。如大恒699肉鸡配套系、川藏黑猪配套系、天府肉鹅配套系、PIC配套系等。

二、杂种优势与利用

（一）杂种优势概念

不同品系、品种、甚至物种之间个体的相互交配叫杂交，产生的后代叫杂种。杂交是新品种或新品系的一种培育技术，也是利用杂种优势生产高性能商品畜禽的一种方法。

杂种优势是指不同品系、品种间杂交产生的杂种，在生产性能、繁殖力、生活力、抗逆性等方面，一定程度上优于双亲群体的现象叫杂种优势。

（二）杂种优势利用

1. 杂交育种

杂交育种是培育畜禽新品种的主要途径。通过两个及两个以上品种或品系杂交，将不同品种或品系的优良特性结合在一起，通过选择理想型，横交固定，培育出新品种。

2. 杂交生产

杂交生产是指有计划地选用两个或两个以上不同品种或品系进行杂交，繁殖生产性能优良的畜禽个体，获取更多的畜产品。生产中常采用二元杂交、三元杂交、轮回杂交等方式实现预定目标。

三、遗传资源保护与利用

（一）遗传资源种类

遗传资源是国家的重要战略物资，是关系到国计民生的基础性资源。畜禽遗传资源包括具有种用价值的活畜禽及其卵子（蛋）、胚胎、精液、基因物质等遗传材料。包括进入

《中国畜禽遗传资源志》（2011 年）中的主要四川畜禽遗传资源有：

地方品种：成华猪、湖川山地猪（盆周山地猪、丫杈猪）、内江猪、乌金猪（凉山猪）、雅南猪、藏猪（四川藏猪）；巴山牛、川南山地牛、峨边花牛、甘孜藏牛、凉山牛、平武牛、三江牛、德昌水牛、宜宾水牛、九龙牦牛、麦洼牦牛、木里牦牛；白玉黑山羊、板角山羊、北川白山羊、成都麻羊、川东白山羊、川南黑山羊、川中黑山羊、古蔺马羊、建昌黑山羊、美姑山羊；峨眉黑鸡、旧院黑鸡、金阳丝毛鸡、泸宁鸡、凉山崖鹰鸡、米易鸡、彭县黄鸡、四川山地乌骨鸡、石棉草科鸡、藏鸡、建昌鸭、四川麻鸭、四川白鹅、钢鹅；甘孜马、建昌马、川驴（包括阿坝驴、会理驴）；阿坝中蜂；四川白兔等。

培育品种（配套系）：川藏黑猪配套系、天府肉猪、大恒 699 肉鸡配套系、天府肉鹅、蜀宣花牛、凉山半细毛羊、南江黄羊、雅安奶山羊、简州大耳羊等。

引入品种（配套系）：大约克夏、长白猪、杜洛克猪、汉普夏、皮特兰猪、DLY 配套系、PIC 配套系；西门塔尔牛、夏洛莱牛、利木赞牛；萨福克绵羊、多赛特绵羊、波尔山羊、努比山羊；罗曼 XL 蛋鸡、星杂 288 蛋鸡；等等。

（二）遗传资源保护

畜禽遗传资源保护方式主要有：保种场、保护区和基因库。根据农业部《畜禽遗传资源保种场保护区和基因库管理办法》（农业部令第 64 号），以及《四川省畜禽遗传资源保种场保护区管理办法》的规定，下面介绍保护场（区）应具备的基本要求。

1. 省级畜禽遗传资源保种场应当具备下列条件

（1）场址在原产地或与原产地自然生态条件一致或相近的区域。

（2）防疫隔离条件良好，远离污染源，水、电供应有保障。

（3）场区布局合理，生产区与管理区（办公、生活区）、无害化处理区分开。办公区设技术室、资料档案室等；生产区设置饲养繁育场地、兽医室、隔离舍等；无害化处理区包括畜禽焚尸坑（炉）、粪污排放处理设施等。设施设备完善，防疫条件符合《中华人民共和国动物防疫法》等有关规定。

（4）有与保种规模相适应的畜牧兽医技术人员。主管生产的技术负责人具备大专以上相关专业学历或中级以上技术职称；直接从事保种工作的技术人员需经专业技术培训，掌握保护畜禽遗传资源的基本知识和技能。

（5）符合种用标准的单品种基础畜禽数量要求。

猪：母猪 100 头以上，公猪 12 头以上，三代之内没有血缘关系的家系数不少于 6 个。

牛、马、驴：母畜 150 头（匹、峰）以上，公畜 12 头（匹、峰）以上，三代之内没有血缘关系的家系数不少于 6 个。

羊：母羊 250 只以上，公羊 25 只以上，三代之内没有血缘关系的家系数不少于 6 个。

鸡：母鸡 300 只以上；公鸡不少于 30 个家系。

鸭、鹅：母禽 200 只以上；公禽不少于 30 个家系。

兔：母兔 300 只以上，公兔 60 只以上，三代之内没有血缘关系的家系数不少于 6 个。

犬：母犬 30 条以上，公犬不少于 10 条，三代之内没有血缘关系的家系数不少于 6 个。

蜂：60 箱以上。

抢救性保护品种及其他品种的基础畜禽数量要求由省级畜禽遗传资源委员会规定。

（6）有完善的管理制度、健全的饲养、繁育、免疫等技术规程和档案资料。

2. 省级畜禽遗传资源保护区应当具备下列条件

（1）设在畜禽遗传资源的中心产区，范围界限明确。

（2）保护区内应有2个以上保种群，保种群之间的距离不小于3km；蜂种保护区具有自然交尾隔离区，其中，山区隔离区半径距离不小于12km，平原隔离区半径距离不小于16km。

（3）保护区具备一定的群体规模，单品种资源保护数量不少于保种场群体规模的5倍，所保护的畜禽品种质量符合品种标准。

（三）遗传资源利用

1. 直接利用

培育品种以及地方良种大多具有较好的生产性能，对当地自然条件及饲养管理条件又有良好的适应性，因此可直接用于畜牧生产。

2. 间接利用

（1）杂交利用：通常用地方畜禽资源作母本，开展经济杂交，杂交后代全部用于商品生产，生产畜产品。

（2）作为育种素材：培育新品种时，为了使新育成的品种保持某一方面特性，并对当地气候条件和饲养管理条件具有良好的适应性，通常将地方畜禽资源作为新品种培育的育种素材予以利用。

第二节　畜禽饲料营养基础知识

一、饲料养分分类

凡是能被畜禽食用、消化、吸收利用且无毒无害的物质，皆可作饲料。饲料中能被畜禽用来维持生命、生产产品的物质，称为营养物质，简称养分。饲料中的养分分为六大类（如图1-1所示）。

- 饲料
  - 水分
  - 干物质
    - 无机物质（粗灰分或矿物质）
    - 有机物质
      - 含氮化合物（粗蛋白质）
      - 无氮化合物
        - 乙醚浸出物（粗脂肪）
        - 碳水化合物
          - 粗纤维
          - 无氮浸出物

图1-1　饲料养分与饲料组成的关系

（一）水分

各种饲料均含有水分。水分含量越多，则干物质含量越少，营养浓度也越低。同一种饲料植物，收割期不同，部位不同，水分含量也不一样。幼嫩时含水较多，成熟后含水分少；枝叶中水分较多，茎秆中水分较少。各类新鲜糟渣饲料和青绿多汁饲料中水分含量较多，谷物类籽实和糠麸类饲料中水分含量较少。水分含量多不利于饲料的贮存与运输，一般保存饲料要求水分低于14%。

饲料中的水分常以两种状态存在。一种是含于动植物体细胞间、与细胞结合不紧密、容易挥发的水，称为游离水或自由水；另一种是与细胞内胶体物质紧密结合在一起、形成胶体水膜、难以挥发的水，称为结合水。构成动植物体的这两种水分之和，称为总水分。除去总水分的饲料为绝干饲料，绝干物质是比较各种饲料所含养分多少的基础。

（二）粗灰分

粗灰分是饲料样品在550~600℃高温炉中氧化燃烧完所有有机物质后剩余的残渣。主要为矿物盐类等无机物质，有时还含有少量泥沙，故称粗灰分。

矿物质是畜禽不可缺少的营养物质，尤其是生长期的幼龄畜禽和繁殖期的种畜禽，饲粮中必须添加。

（三）粗蛋白质

粗蛋白质是饲料中一切含氮物质的总称，包括真蛋白质和非蛋白质含氮物。

常规饲料分析测定粗蛋白质，是用凯氏定氮法测出饲料样品中的氮含量后，乘以6.25系数，计算得粗蛋白质含量。

（四）粗脂肪

粗脂肪是饲料中脂溶性物质的总称。常规饲料分析是用乙醚浸提饲料样品所得的乙醚浸出物。粗脂肪中除真脂肪外，还含有其他溶于乙醚的有机物质，如叶绿素、胡萝卜素、脂溶性维生素等物质，故称粗脂肪或乙醚浸出物。

（五）粗纤维

粗纤维是植物细胞壁组成成分，包括纤维素、半纤维素、木质素等成分。

粗纤维中的木质素对畜禽没有营养价值，它是畜禽利用各种养分的主要限制因子。反刍动物能较好地利用粗纤维中的纤维素和半纤维素，非反刍动物借助盲肠和大肠微生物的发酵作用，也可利用部分纤维素和半纤维素。

（六）无氮浸出物

无氮浸出物主要由易被动物利用的淀粉、双糖、单糖等可溶性碳水化合物组成。

常用饲料原料中的无氮浸出物含量一般在50%以上，尤其是植物籽实和块根块茎饲料中含量高达70%以上。饲料中无氮浸出物含量高，则适口性好、消化率高，是畜禽能量的主要来源。动物性饲料原料中无氮浸出物含量很少。

二、饲料中营养物质及功效

（一）水

水是重要的营养成分。相对于其他养分，水的来源充足，实践中易忽视水的营养。缺水比其他养分不足对畜禽的影响和危害更大。

1. 功能

水是动物体的主要组成成分。水是一种理想的溶剂，体内各种养分的吸收、转运及代谢废物的排出必须先溶于水后才能进行。水是化学反应的介质，体内各种生化反应必须有水参与。水的比热大，导热性好，蒸发热高，可以很好地调节体温。动物关节囊内、体腔内及各种器官间组织液中的水，可减少关节和器官间的摩擦力，起到润滑作用。

2. 来源

畜禽所需要的水来自饮水、饲料水及体内代谢水。饮水是最主要的来源，一般占所需水量的80%以上。饲料水因饲料不同差异极大。体内养分在代谢过程中所产生的水约占总需要量的10%以下，是严重缺水状况下的重要来源。气温升高、生长迅速以及饲料中粗纤维、粗蛋白质及矿物质含量增加时需水量增大。

（二）能量

畜禽机体为维持生命和生产活动，均需一定的能量。饲料中的能量不是一种营养素，而是能产生能量的营养素在代谢过程中，被氧化时的一种特性。

1. 能量来源

饲料能量主要源于碳水化合物、脂肪和蛋白质，以化学能的形式贮存在于三大养分中。动物采食后，三大养分经消化吸收进入体内，通过氧化分解释放出能量来满足机体需要。

对于哺乳动物和禽类，饲粮能量最主要来源是碳水化合物，因碳水化合物在常用植物性饲料中含量最高、来源丰富；脂肪的有效能值约为碳水化合物的2.25倍，但在饲料中含量较少，不是主要的能量来源；蛋白质在体内不能完全氧化，会对机体产生危害，不宜作能源物质。对于鱼类，碳水化合物利用率较低，其有效供能物质第一是蛋白质，其次是脂肪。

2. 能量单位

营养学上，能量是基于养分在氧化过程中释放的热量来测定，并以热量单位来表示。国际上，以焦耳（Joule，J）作为能量单位，一般采用每千克千焦耳（kJ）或者兆焦耳（MJ）来计量。

3. 能量转化（见图1-2）

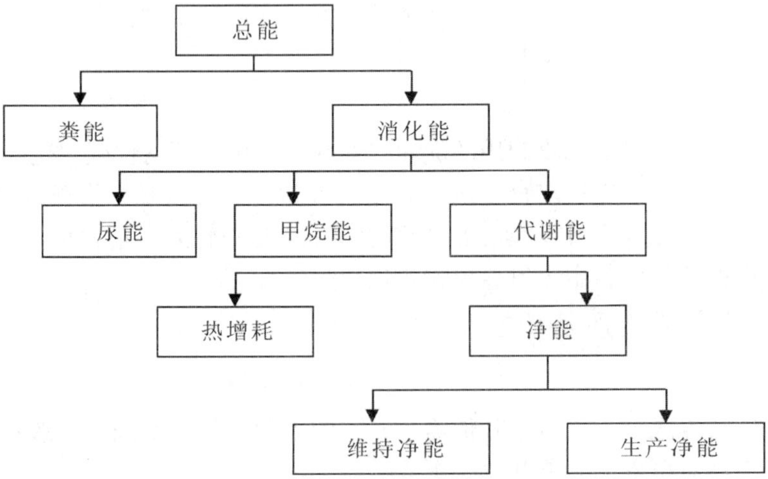

图1-2 饲料能量在动物体内的转化

动物从饲料中摄取的能量，伴随着养分的消化代谢过程，发生一系列转化。

总能：总能是指饲料所含的全部能量，即饲料完全氧化燃烧生成二氧化碳、水和其他氧化物时释放的全部能量，为碳水化合物、粗蛋白质和粗脂肪能值的总和。

消化能：消化能是饲料可消化养分所含的能量，即动物摄入饲料的总能与粪能之差。

代谢能：代谢能是指饲料消化能减去尿能及消化道可燃气体的能量后剩余的能量。尿能是尿中有机物所含的总能，主要来自于蛋白质的代谢产物，如尿素、尿酸、肌酐等。尿氮在哺乳动物中主要来源于尿素，禽类主要来于尿酸。消化道气体能来自动物消化道微生物发酵产生的气体，主要是甲烷。

净能：净能是饲料中用于动物维持生命和生产产品的能量，即饲料的代谢能扣去饲料在体内的热增耗后剩余的那部分能量。

热增耗又称为特殊动力作用，是指绝食动物在采食饲粮后短时间内，体内产热高于绝食代谢产热的那部分热能。热增耗以热的形式散失。

世界各国的猪营养需要多采用消化能体系，近年来净能体系开始在欧美流行。代谢能体系主要用于家禽，反刍动物主要采用净能体系。

（三）蛋白质

1. 蛋白质的营养生理作用

蛋白质在动物的生命活动中具有重要的营养作用，是构建机体组织细胞的主要原料；是机体内功能物质的主要成分；是组织更新、修补的主要原料；可供能（鱼类）和转化为糖、脂肪。

2. 蛋白质的组成和分类

蛋白质的主要组成元素是碳、氢、氧、氮，大多数的蛋白质还含有硫，少数含有磷、铁、铜和碘等元素。

（1）蛋白质的氨基酸组成

蛋白质的基本构成单位是氨基酸。动植物性饲料蛋白质中存在 20 种氨基酸。

（2）必需氨基酸、非必需氨基酸和限制性氨基酸

必需氨基酸指畜禽体内不能合成或合成的速度慢，不能满足机体需要而必须由饲料中获取的氨基酸，称为必需氨基酸。

非必需氨基酸是指可不由饲粮提供，畜禽体内的合成完全可以满足其需要的氨基酸，并不是说畜禽在生长和维持生命的过程中不需要这些氨基酸。

限制性氨基酸是饲料或饲粮所含必需氨基酸的量与动物所需必需氨基酸的量相比，比值偏低的氨基酸。由于这些氨基酸的不足，限制了动物对其他必需和非必需氨基酸的利用。其中比值最低的称第一限制性氨基酸。常用的玉米－豆粕型日粮中，赖氨酸一般是猪的第一限制性氨基酸，蛋氨酸一般是鸡的第一限制性氨基酸。

（3）氨基酸平衡

氨基酸平衡是指饲粮中各种氨基酸的数量和比例与动物维持、生长、繁殖、泌乳等的需要相符合。

水桶原理：将蛋白质比喻为由 20 块桶板组成的水桶，每块桶板代表一种氨基酸。当每种氨基酸的数量（桶板高度）都恰好达到水桶的上沿时，这个桶就是一个完整的蛋白质，这种情况下各种氨基酸之间的比例就是最佳的，即氨基酸是平衡的。由于饲料蛋白质中氨基酸通常是不平衡的，必然会有些桶板超过桶的上沿，有些则达不到上沿。这时用这个桶装水，水的深度只能达到最低的那块桶板那么高。这块最低的桶板所代表的氨基酸就

是前面所说的第一限制性氨基酸，它决定了整个蛋白质的质量。

（4）非蛋白氮的利用

非蛋白氮对猪、禽基本上没有利用价值，但在反刍动物营养中有重要意义。非蛋白氮中的尿素由于成本低、效果好，作为反刍动物饲粮氮源已有较长的历史，至今仍被广泛使用。但尿素溶解度高，在瘤胃中能迅速转化成氨，若大剂量饲喂，在瘤胃中可能积聚大量的氨而引起致命性的氨中毒；若饲喂恰当，则是反刍动物很好的氮源。

（四）矿物元素

对动物生理过程和体内代谢必不可少的矿物元素称为必需矿物元素。按动物体内含量或需要不同将其分成常量和微量矿物元素两大类。常量矿物元素一般指在动物体内含量高于0.01%的元素，主要包括钙、磷、钠、钾、氯、镁、硫等。微量矿物元素一般指在动物体内含量低于0.01%的元素，包括铁、锌、铜、锰、碘、硒、钴、钼、氟、铬等。

1. 钙、磷

铁的主要功能是钙与磷结合，形成骨骼和牙齿。缺乏时典型症有佝偻病、骨疏松症和产后瘫痪。

2. 钠、钾、氯

主要功能是作为电解质维持渗透压，调节酸碱平衡。各种饲料中的钠都较缺，其次是氯，钾一般不缺。奶牛缺钠初期有严重的异食癖，猪缺钠可导致相互咬尾，产蛋鸡缺钠易形成啄癖。

3. 镁

主要功能是参与骨骼和牙齿组成，作为酶的活化因子或参与酶组成，参与蛋白质等合成，保证神经肌肉的正常功能。缺乏时表现厌食、生长受阻、过度兴奋、痉挛和肌肉抽搐，严重的导致昏迷死亡。

4. 硫

硫是肌肉、骨骼、牙齿、毛、羽的组成成分。缺乏症为消瘦，角、蹄、爪、毛、羽等生长缓慢。

5. 铁

铁的主要功能是参与血红蛋白、肌红蛋白等的组成、转运和贮存营养素；作为酶的活化因子参与体内物质代谢；生理防卫机能，如转铁蛋白可预防新生动物腹泻。典型缺乏症状是贫血。

6. 锌

参与体内酶组成；维持上皮细胞和皮毛的正常形态；维持激素的正常作用；维持生物膜的正常结构与功能。皮肤不完全角质化症是很多种动物缺锌的典型表现。

7. 铜

铜作为金属酶组成部分直接参与体内代谢，维持铁的正常代谢，参与骨骼形成。草食动物易缺铜，绵羊缺铜，毛弯曲度消失。猪、禽基本不缺。

8. 锰

主要功能是作为酶活化因子或组成部分，参与碳水化合物、脂类、蛋白质和胆固醇代谢。缺乏典型症状是骨异常。禽类缺锰产生滑腱症（或叫骨短粗症）。

9. 硒

参与谷胱甘肽过氧化物酶组成，保护细胞膜结构完整和功能正常。猪缺硒主要表现为肝坏死、白肌病等，鸡缺硒主要表现渗出性素质病，牛、羊缺硒主要表现为白肌病。

10. 碘

主要功能是参与甲状腺组成，调节代谢和维持体内热平衡。缺乏症为甲状腺肿大，生长受阻，繁殖力下降。

11. 钴

钴是维生素 B12 的组成成分。反刍动物缺钴表现为食欲差、严重消瘦、异食癖等。

12. 钼、氟、铬

钼作为黄嘌呤氧化酶等酶的组成成份，参加体内氧化还原反应。氟的主要作用是保护牙齿健康。铬在调节碳水化合物、脂肪和蛋白质质代谢时有重要作用，生产条件下不易出现缺乏症。

（五）维生素

维生素是维持畜禽正常生理机能和生命活动所必需的微量低分子有机化合物。它不是形成动物机体各种组织器官的原料，也不是能源物质，它们主要以辅酶和催化剂的形式广泛参与体内代谢的各种化学反应，从而保证机体组织器官的细胞结构和功能的正常。

维生素分为脂溶性维生素和水溶性维生素，脂溶性维生素包括维生素 A、维生素 D、维生素 E 和维生素 K。水溶性维生素包括维生素 C 和 B 族。

1. 维生素 A

维生素 A 俗称抗干眼病维生素，只存在于动物体内。植物性饲料中只含有胡萝卜素，它是维生素 A 的前体物，作用是维持正常视觉功能；供应不足则对弱光的敏感度降低而引起夜盲症。

2. 维生素 D

维生素 D 又名抗软骨病维生素、抗佝偻病维生素。功能是促进钙磷的吸收，维持骨骼的正常钙化。缺乏时导致幼畜佝偻症及成年动物的骨质疏松症，母畜孕期维生素 D 过度缺乏会造成新生幼畜先天骨畸形；家禽缺乏维生素 D 可降低产蛋量和孵化率，还使蛋壳变薄。

3. 维生素 E

维生素 E 又称生育酚，主要是抗氧化作用。缺乏时，犊牛和羔羊出现白肌病；公猪睾丸退化，猪肝坏死、营养性肌肉障碍以及免疫力降低等；家禽表现为繁殖功能紊乱、胚胎退化、渗出性素质病以及免疫力下降等。

4. 维生素 K

维生素 K 又名抗出血维生素。参与凝血活动。缺乏时，凝血时间延长。

5. 维生素 C

维生素 C 又名抗坏血酸。广泛参与机体的多种生化反应。缺乏时可引起叶酸和维生素 B12 的利用下降而导致贫血。鱼类缺乏维生素 C，一般表现为食欲下降、生长受阻、骨骼畸形、脊柱弯曲、表皮及鳍出血等症状。

6. 维生素 B_1

维生素 B_1 又名抗脚气病维生素，化学名为硫胺素。参与碳水化合物代谢。缺乏时，猪表现为食欲差、神经症状及心肌水肿等；鸡表现为食欲差、消化不良、角弓反张等；鱼出现厌食、痉挛、碰撞池壁、体色减退等。

7. 维生素 B_2

维生素 B_2 化学名为核黄素。参与碳水化合物、脂肪和蛋白质的代谢。缺乏时，鸡的典型症状为足爪向内弯曲，用跗关节行走等；猪表现为腿的弯曲、皮疹等。

8. 维生素 B_3

维生素 B_3 化学名为泛酸或遍多酸。参与体内多种代谢。缺乏时，猪皮屑增多、眼周围分泌物增多、生长缓慢并表现为典型的鹅步症；鸡生长受阻、羽毛生长不良、眼睑出现细小结痂等。

9. 维生素 B_4

维生素 B_4 又名胆碱。作为甲基供体，与脂肪代谢密切相关。所有动物缺乏胆碱都可表现为生长迟缓。

10. 维生素 B_5

维生素 B_5 又名维生素 PP。化学名为烟酸（或尼克酸）。

功能与缺乏症：参与体内生物氧化。若缺乏，猪表现为腹泻、皮炎、贫血等；鸡生长缓慢、黑舌病、羽毛不丰满等。

11. 维生素 B_6

维生素 B_6 又名抗皮炎素。

功能与缺乏症：参与氨基酸等的代谢。缺乏时，猪表现为食欲差、阵发性抽搐或痉挛等；鸡缺乏表现为异常的兴奋、癫狂、痉挛等；鱼缺乏表现为食欲差、痉挛和高度兴奋。

12. 维生素 B_7

维生素 B_7 又名维生素 H、生物素。参与碳水化合物、脂肪和蛋白质的代谢。缺乏症一般为生长不良、皮炎、被毛脱落等。猪典型症状为蹄开裂等。家禽典型症状为胫骨粗短症。

13. 维生素 B_{11}

维生素 B_{11} 又名叶酸、蝶酰谷氨酸。参与体内一碳基团的转移、核酸的合成等。叶酸缺乏可使嘌呤和嘧啶的合成受阻，最后导致巨红细胞贫血。

14. 维生素 B_{12}

维生素 B_{12} 又名氰钴素、钴胺素。参与核酸及蛋白质的生物合成，维持造血功能。缺乏时，小牛表现为生长停止、食欲差、动作不协调；猪、鸡生长受阻、步态不稳等。

第三节　兽医基础知识

一、动物疾病与病因

动物与人一样也要生病，其表现形式也与人类相似，但动物不能描述其感受，只有通过人去观察、检查等。从事动物疾病诊断、治疗、预防、检验检疫等工作的医生，称为兽医。

动物发病均由相应的病因引起。病因的种类有很多，如气候、遗传、饲养、生物（也称为病原)、物理（如摔伤)、化学（如农药中毒）等，可将病因分为两大类，即非生物病因和生物病因。

非生物病因：主要包括气候因素，如天气突然变化，气温快速升高或降低、湿度增大等，可导致家畜家禽感冒等；遗传因素，动物群体或个体比其他动物群体或个体容易发病；饲料饲养方式突然变化也可引起畜禽发病，如仔兔采食精料过多容易导致拉稀等；物理因素，牛场地面光滑，走路打滑引起损伤或骨折；化学因素，家畜家禽经采食或饮水等吸收了过多的化学物质如农药、治疗药物等，导致其发病或死亡，如中毒；动物自身体况变化因素，如奶牛缺钙，导致奶牛易骨折等。

生物病因：畜禽感染了足量的其他生物时，该生物在畜禽体内大量繁殖，导致该畜禽发病。这种引起畜禽感染而发病的生物称为病原。病原可分为细菌（也称为病原菌，如致病性大肠杆菌、链球菌等)、病毒（如口蹄疫病毒、禽流感病毒等)、真菌（如引起兔脱毛癣的石膏样毛癣菌等)、支原体（如引起羊传染性胸膜炎的丝状支原体等)、寄生虫（如蛔虫、球虫等）等，最多见的是致病菌、病毒、寄生虫三大类。

细菌可以通过从环境中或动物体内等获取需要的营养物质来完成自身繁殖，我们可以根据细菌生长需要的营养物质来制作相应培养基，在培养基中该细菌可以大量繁殖。细菌经涂片染色后，在显微镜可以被看见。家畜家禽感染致病菌而发病后，在生产中常用抗生素治疗，也可用这种致病菌制成的疫苗来预防该疾病。

病毒的组成是由遗传物质（RNA 或 DNA）和蛋白质外壳组成，它不像其他生物有自己的细胞器、酶系统等，因此，它不能在外界环境中繁殖，它只有侵入其他生物细胞内，借助其他细胞的细胞器和酶系统等来完成自身的繁殖。不同的病毒需要的细胞种类不同。家畜家禽感染病毒发病后是采用抗病毒药物治疗，但一般效果相对较差，抗生素无效。在生产上，一般用病毒制成疫苗来预防该疫病。病毒体积比细菌更小，在一般显微镜下不能被看见，只有通过电子显微镜才能发现。细菌、病毒也称为原核生物。

寄生虫是一大类，他们有完整的细胞结构，即细胞膜、细胞核等，也称为真核生物。包括原虫、吸虫、绦虫、线虫、体表寄生虫、棘头虫、舌形虫等。其中吸虫、绦虫、线虫一起统称为蠕虫。除了原虫为分裂生殖外，其他寄生虫的发育一般有幼虫、成虫、虫卵阶段，也称为卵生，但有的寄生虫雌虫直接生出的是幼虫，如旋毛虫、丝虫等，称为胎生。寄生虫的幼虫往往有多个阶段。寄生虫完成发育史中，有的寄生虫只需要寄生于一个动物体内，有的寄生虫侧需要寄生于多种动物体内；寄生虫成虫寄生的动物称为终末宿主；如猪是猪蛔虫的终末宿主；寄生虫幼虫寄生的动物称为中间宿主，如猪是猪带绦虫的中间宿主。

原虫：为单细胞动物，肉眼看不见，只能借助显微镜观察，常见的原虫有球虫、锥虫、巴贝斯虫、泰勒斯虫、住白细胞虫、住肉孢子虫、弓形虫等。

吸虫：虫体扁平呈树叶状。除了日本分体吸虫外，其余吸虫为雌雄同体，即一条虫体内同时有雄性生殖系统和雌性生殖系统。虫体一般有口吸盘和腹吸盘、消化系统、排泄系统等。吸虫在发育过程中，有虫卵、毛蚴、胞蚴、雷蚴、尾蚴、囊蚴、童虫、成虫阶段，但有的虫种的幼虫阶段少一些阶段，如日本分体吸虫无雷蚴、囊蚴阶段。

绦虫：虫体一般呈背腹扁平的乳白色棉带形，由许多节片像竹节状连接而成。虫体最前面顶端称为头节，头顶端有或无吸盘、钩等附着器官；头节之后为颈节，节片内无成熟的生殖系统，也称为未成熟节片；再后面为成熟节片，节片内有成熟的生殖系统，有的绦虫在一个节片内同时有雄性和雌性生殖系统，有的绦虫在一个节片内只用雌性生殖系统，而在另一个节片内只用雄性生殖系统；成熟节片之后为孕卵节片，孕卵节片内主要是虫卵。虫体的孕卵节片不断脱落，虫体的头节又不断长出新的节片，因此，治疗绦虫病时，应将绦虫的头节驱除。绦虫在发育过程中，有虫卵（内有六钩蚴）、原尾蚴及实尾蚴或囊尾蚴与似囊尾蚴、成虫阶段。

线虫：线虫分为雄虫和雌虫，均呈线状，有发育良好的消化系统、生殖系统、神经系统等。多数雄虫尾端钝有呈鱼尾形的交合伞。支撑交合伞的2个复肋、3个侧肋、背肋及外背肋的形状、相对位置、大小等及交合刺、生殖锥等一般是线虫分类的重要依据。线虫在发育过程中，有虫卵、幼虫（第一期幼虫、第二期幼虫、第三期幼虫）、成虫；有的线虫为胎生，无虫卵阶段。

体表寄生虫，也称为外寄生虫或寄生性节肢动物，小的体表寄生虫如螨虫只有在显微镜下才能看见，大的体表寄生虫如吸饱血的微小牛蜱，接近人的中指头大小，无论是小的体表寄生虫还是大的体表寄生虫，均由明显的头部、体部、脚等组成。体表寄生虫在发育过程中，一般有虫卵、幼虫、若虫、成虫阶段，或者有虫卵、蛆、蛹、成虫（蝇）阶段等。

在自然界中存在很多种类的细菌和病毒，但并不是所有种类的细菌或病毒都能使动物感染而发病，只有一些种类细菌或病毒才能导致动物感染发病，能够使动物感染发病的细菌才称之为病原菌。换句话说，有的动物可能感染某种细菌，但这种细菌对该动物没有致病力，不会引起该动物发病。甚至在动物胃、肠内还有许多种类的细菌，他们不但对动物没用致病作用，相反他们对动物还是有益的，如果动物胃、肠内缺少这些细菌，还可能引起动物的消化道疾病，治疗该病时常用泡菜水、或同类动物的胃肠内容物、或微生态制剂喂养这些动物，其目的就是将泡菜水内、正常动物体内、或微生态制剂内的有益细菌接种到该发病动物的体内。此外，环境中或动物体内存在许多种类的大肠杆菌，但其中一些大肠杆菌对动物才有致病性，称之为致病性大肠杆菌。在动物体内的一些细菌是条件性致病菌，在正常情况下它对动物没有致病作用，但在特殊情况下如动物体况减弱等，它对该动物就有了致病作用，也就成了致病菌。

不同种类的病原可能导致一种、多种或一类动物感染发病，而对其他种类动物可能不感染或感染但不使动物发病，例如猪瘟病毒只感染猪，引起猪发病、死亡等，它不感染牛、羊、鸡等；但口蹄疫病毒感染的动物种类相对多，猪、牛、羊等偶蹄（蹄指数量成双的）动物均可感染口蹄疫病毒并发病或死亡。无论是细菌、病毒，还是寄生虫等，一般他们在动物体内有区域性（特异的器官、系统等）分布，如蛔虫成虫寄生于动物肠道，巴贝斯虫寄生于牛、羊的血液红细胞内。

二、动物疫病与预防

动物天生对疾病具有一定抵抗力，换句话说动物对外界致病因素具有一定的抵抗力。但当外界因素的致病力超过了动物的抵抗力时，就可能引起动物发病。如一只动物吃了1克农药可能不发病，因为它的抵抗力可以抵抗1g该农药的毒力，但如果这只动物吃进100g该农药，它就可能发病，因为它自身的抵抗力承受不了100g农药的毒力；同样，动物对感染细菌或病毒也有一定的承受量，只有动物感染细菌或病毒的量超过了动物自身抵抗力时，动物才因感染细菌或病毒而发病。

动物自身发生变化如体况下降、疲劳等，可以导致动物的自身抵抗力下降，当遇到同等致病力时就可能发病。例如，动物皮肤可以抵抗一般生物入侵，但当皮肤损伤后，其他生物就可以通过伤口进入动物体内而引起该动物发病；再如，家畜或家禽经长途运输后深感疲惫，或饲养因素导致营养等严重不足等，家畜或家禽自身抵抗力可能下降，此时的家畜或家禽容易发病。同一类动物而品种不同，可能对同一种病原的抵抗力也不同。比如猪，一般地方品种猪感染口蹄疫后的发病率、死亡率就可能比外种猪感染口蹄疫病毒的发病率、死亡率低。

动物对疾病的抵抗力也有后天（出生后）获得的，如提高动物体质、保持动物健康水平，可以提高动物对疾病的抵抗力；再如，给动物注射球蛋白等制剂，可以增强动物的免疫抵抗力。在生产上注射疫苗就是提高动物对特异疾病的抵抗力，例如给猪注射猪瘟疫苗，就是提高猪对猪瘟病毒的抵抗力，保护猪不被感染。

疫苗是一种生物制剂，它与常用的化学药物（如青霉素等）不同，不能直接杀死病原，如口蹄疫疫苗不能直接杀死口蹄疫病毒。疫苗可保护被注射动物不感染其疫病，是由于疫苗由病原（如猪瘟病毒、大肠杆菌等）来制成，该病毒或细菌上有许多抗原，制成疫苗的病毒或细菌经灭活或毒力致弱后，其抗原的活性仍然保持。当注射疫苗后，其抗原刺激家畜家禽的免疫细胞（T 细胞、B 细胞）等后，经一系列反应，其家畜家禽的免疫系统产生许多抗体，足够的抗体就可使被免疫家畜家禽避免遇到该制成这种疫苗的病原时而感染。因此，疫苗对免疫家畜家禽的保护效果，除了疫苗本身质量外，还取决于被免疫的家畜家禽状况。如果家畜家禽自身体质弱（如免疫系统有问题），即“制造抗体的能力差”，免疫的保护效果也就差。

疫苗作为一种生物制品，有很多特殊性，一是病原上的一种抗原刺激动物体产生相应的抗体，其抗体和抗原的结合是专一的，一种抗原只能与一种抗体结合；二是同一种病原（如口蹄疫病毒）有不同种类的抗原（如血清型、亚型等），同种病原的同血清型或亚型制成的疫苗才能保护动物不感染同种、同型、亚型的病原；如果一个地方可能流行的病原血清型或亚型不一样，如一个地方既有口蹄疫病毒有“亚洲 I 型”和“O 型”流行，这个地方的猪、羊、牛等同时需要免疫口蹄疫“亚洲 I 型”疫苗和口蹄疫“O 型”疫苗，换句话说“亚洲 I 型”口蹄疫疫苗就不能保护被免疫动物不感染“O 型”口蹄疫病。

现在市场上已有利用现代生物技术来研制的“现代疫苗”，这些“现代疫苗”不同于以上讲的“传统疫苗”。“现代疫苗”有多肽疫苗、基因缺失疫苗、核酸疫苗等。

第四节　畜禽生产相关现代技术的基本知识及其应用

一、现代繁殖技术基本概念

1. 人工授精

人工授精是用器械采取公畜的精液，再用器械把精液（或者是经过处理的精液）注入到发情母畜生殖道内，以替代公母畜自然交配的一种配种方式。其主要优点有：①减少公畜饲养数量，降低饲养成本；②提高了公畜的配种效能，可迅速增加良种牲畜的数量；③可防止疾病的传播；④可克服公母畜个体相差较大不易交配或生殖道异常不易受胎的困难；⑤可使母畜配种不受地区限制，也可解决公畜不足地区母畜配种问题。

2. 体外受精

体外受精就是使精子和卵子在母体外实现受精而结合成为有生命合子的一种技术。自1982年在美国成功产下世界上第一头体外受精犊牛以来，该项技术已在多种家畜和人类中获得成功应用。体外受精可极大地提高种畜的繁殖潜力，也是解决输卵管不通导致母畜不孕的有效手段。

3. 同期发情

对母畜发情周期进行同期化处理的方法称为同期发情或者同步发情，就是利用某些激素制剂人为地控制并调整一群母畜发情周期的进程，使之在预定的时间内集中发情。同期发情具有便于人工授精推广、生产组织、提高繁殖率等优点，是家畜繁殖的一种现代技术。

4. 超数排卵

超数排卵就是在母畜发情周期的适当时间，人为注射促性腺激素，使卵巢中较一般情况下有更多的卵泡发育并排卵。它主要用于单胎动物，其目的就是提高繁殖率。

5. 胚胎移植

胚胎移植又称受精卵移植，也称借腹怀胎或人工授胎，其含义是将一头良种母畜配种后的早期胚胎取出，或者是经体外受精获得的胚胎，移植到另一头生理状态相同的母畜子宫内，使之继续发育成为新个体的一种繁殖技术。提供胚胎的个体称为供体，供体通常为优良的母畜，接受胚胎的个体称为受体。胚胎移植的意义在于：可充分发挥优良母畜的繁殖潜力；加速品种改良，扩大良种规模；代替种畜引进，保存品种资源等等。

6. 胚胎性别鉴定

胚胎性别鉴定就是采用细胞生物学、免疫学、分子生物学等方法对早期胚胎进行性别鉴定的一种技术。经过胚胎性别鉴定可将已知性别的胚胎移植给受体，生产所需性别的个体。这对养牛业具有重要的经济意义，可让奶牛多生母犊，让肉牛多生公犊。

7. 克隆技术

克隆（Clone）又称无性繁殖，是一个生物体或细胞通过无性繁殖而产生的一个群体。克隆技术是通过显微操作、电融合等一系列特殊的人工手段，将供体核（胚胎分裂球或体细胞）植入成熟去核的卵母细胞（受体细胞）内，构成一个重组胚胎的过程。

8. 胚胎分割

胚胎分割是通过显微手术等操作，将一枚胚胎分割成2个，甚至4个或8个，经过体外培养和移植后，以获取同卵双生或多生后代的方法称为胚胎分割，胚胎分割是胚胎移植技术中增加胚胎来源的重要途径。

二、分子生物学技术基本概念

1. 分子生物学技术概念

分子生物学是从分子水平研究生物大分子的结构与功能从而阐明生命现象本质的科学。主要是通过生物大分子（核酸、蛋白质）的结构、功能和生物合成等研究，来阐明遗传、繁殖、生长和发育等各种生命现象的本质，从而为利用和改造生物奠定理论基础和提供新的技术手段。

生物技术是以生命科学为基础，利用生物（或生物组织、细胞及其他组成部分）的特性和功能，设计、改造或重新构建具有预期性能的新遗传物质或新品种，以及与生化工程相结合，加工生产产品或提供服务的综合性技术。

生物工程则是生物技术的统称，是以工业规模利用现有生物体系，以生物化学过程来制造工业产品。包括基因工程、细胞工程、酶工程、发酵工程、生物电子工程、生物反应器、灭菌技术以及新兴的蛋白质工程等。

基因工程（或称遗传工程、基因重组技术）是现代生物工程的核心，是将不同生物的基因在体外剪切组合，并和载体（质粒、噬菌体、病毒）的 DNA 连接，然后转入微生物或细胞内，进行克隆，并使转入的基因在细胞或微生物内表达，产生所需要的蛋白质。

2. 现代生物技术在畜禽生产中的应用

现代生物技术已在畜禽生产中得以应用，如动物分子育种与繁殖、疫病诊断与防治、生物制药、饲料资源开发等，为畜牧产业的发展提供了更为广阔的前景，在今后生物技术将成为畜牧产业发展的新亮点，并将成为推动畜牧业发展的变革性力量。如体外授精可获得更多的优良胚胎，有效提高繁殖率；性别控制技术可有针对性地生产所需性别的个体，获得更好的经济效益；核细胞移植技术，可在短时间内获得与母体同样特性的后代；利用基因工程技术研制的基因疫苗，防治各种疫病更是卓有成效等。

动物分子育种：包括胚胎工程、动物克隆、转基因及其以 DNA 重组技术为基础的各种技术，如胚胎和生殖细胞的冷冻保存，分子遗传标记辅助育种（MASB），畜禽基因文库、基因组图谱等。传统育种方法所需时间长，品种育成后引入新的遗传改善困难较大。各种现代生物技术的综合运用，结合传统的育种方法，在畜禽遗传资源保护和加快畜禽育种步伐方面均具有极大的优越性。

疾病防控与生物制药：现代生物技术用于动物的疾病诊断、防治更为高效、快捷、准确。如酶联免疫反应、DNA 分子杂交、荧光抗体试验、生物芯片技术等。生物技术最成功的成就是用于新型生物药物的研制，特别是运用基因工程研制新药，如猪巴氏杆菌病活疫苗、鸡新城疫中等毒力活疫苗等细菌或病毒活载体疫苗。

三、现代畜禽营养技术

动物营养调控兴起于 20 世纪 90 年代。在现代畜禽业中运用营养调控技术，最大限度地提高动物对营养物质的利用率、减轻应激、生产优质畜产品、降低畜产公害、保护环境、实现畜牧业可持续发展具有重要促进作用。

1. 猪鸡低蛋白质日粮配制技术

猪鸡低蛋白质日粮配制技术起始于 20 ~ 30 年前，现已经广泛用于生产，其理论基础是理想蛋白质及其氨基酸平衡模式。理想蛋白质是指饲料中氨基酸的组成与比例与动物所需要的氨基酸组成与比例能够恰好一致，此时，该蛋白质的质量最好，生物学价值最高，利用率为 100%，其实质是强调组成蛋白质的氨基酸绝对数量和氨基酸之间的比例。

以可消化氨基酸为基础，按照理想蛋白模式，通过添加工业合成氨基酸可使肉鸡饲粮蛋白质水平下降 2 ~ 3 个百分点、蛋鸡饲粮蛋白质水平下降 1 ~ 2 个百分点、猪饲粮蛋白质水平下降 2 ~ 4 个百分点，而对畜禽的生长性能无不良影响，还有利于维护肠道健康，提高养分利用效率，节省饲料成本，降低氮排放。

目前，猪鸡饲粮的蛋白质水平还不能进一步降低。以猪为例，当饲粮蛋白质水平降低4个百分点以上时，猪的生长性能下降。这主要是因为除现有几种必需氨基酸外，可能还涉及完整蛋白质、小肽，甚至某些非必需氨基酸的需要与利用。随着理想蛋白模式和氨基酸营养的深入研究，其他必需氨基酸、非必需氨基酸、小肽等产品的规模化生产，以及猪净能体系的完善和应用，进一步降低蛋白水平将成为可能。

2. 饲用酶制剂应用技术

酶是一类具有生物催化活性的蛋白质，广泛存在于动物、植物和微生物体内。和其他催化剂相比，酶具有催化效率高和底物特异性的特点。

饲用酶的研究起始于20世纪50年代，而在我国畜禽饲料中的大规模应用则始于20世纪80年代末期。饲用酶制剂主要有两大类。一类是用于补充幼龄动物内源性消化酶不足或刺激内源性消化酶分泌的酶，主要有淀粉酶、蛋白酶和脂肪酶等；另一类则是可通过破坏植物细胞壁、消除抗营养因子、降低畜禽肠道食糜黏度、提高营养物质消化率等最终提高动物生产性能的酶，这类酶主要有纤维素酶、β-葡聚糖酶、木聚糖酶、果胶酶和植酸酶等。在生产应用上，它有单一酶制剂和复合酶制剂之分。使用最多的单一酶制剂产品是植酸酶。复合酶制剂在生产上的使用最为普遍。饲用酶制剂的作用机理主要为补充或促进内源酶分泌，降低食糜黏度，破碎细胞壁，消除抗营养因子。

肉鸡、蛋鸡、猪、肉鸭、奶牛、肉兔、鱼等动物应用研究表明，饲用酶制剂添加到不同种类畜禽的不同基础日粮中，对生产性能的改善都有一定效果。但不同的研究报告报道提高动物生产性能的幅度差异较大，这不仅与所使用饲用酶制剂的种类与组成有关，也与日粮类型、酶添加量、动物品种及规模、生产阶段等因素有关。

3. 抗病营养理论与应用技术

营养是影响动物健康的最易调控的因素。四川农业大学在多年对营养与免疫、营养与疫苗、营养与抗病育种等研究基础上，于2005年在学科内率先提出了“抗病营养”新理念，其实质是通过揭示动物健康的营养调控规律与机制，建立营养抗病原理和技术，进而提高动物对应激和疾病的抵抗力，确保动物健康，减少疾病，降低用药，取消药物饲料添加剂，最终实现畜产品的安全高效生产。

抗病营养理论研究主要包括六个方面：营养对免疫系统发育和免疫功能发挥的影响；营养对肠道发育、功能和微生态环境的影响；营养与抗病基因表达的互作规律；各类应激对营养代谢和需要的影响；营养对疾病发生发展过程的影响及其机制；抗营养因子对免疫应答和营养代谢的影响。抗病营养的应用技术主要有：应用抗病营养需要参数配制抗病饲料；开发应用抗病饲料新产品，包括生物蛋白质饲料、生物能量饲料、生物饲料添加剂、功能性配合饲料等。

4. 优质畜产品营养调控技术

饲粮中的能量、蛋白质和脂肪是调控肉品品质的基础，部分添加剂如某些维生素、有机矿物元素化合物等的应用，对改善肉质也起到明显的调控作用。对猪肉肉质有显著改善作用的维生素主要有维生素E和维生素C。维生素E对肉质的改善作用主要与其抗氧化功能有关。维生素C具有抗氧化、缓解屠宰应激等作用，可减少PSE肉的发生率。饲料中添加有机矿物质（有机铬、有机镁、有机硒等）能缓解动物应激、增强机体抗氧化能力、减少脂质过氧化、改善肉品质。蛋鸡日粮中添加有机铬、大蒜素、壳聚糖、茶多酚、大豆黄酮等可显著降低鸡蛋胆固醇含量。给蛋鸡饲喂亚麻籽可使蛋黄脂质中沉积较多的 n－3 多不饱和脂肪酸。奶牛日粮中添加油料籽实，乳脂中的共扼亚油酸含量显著增加。

5. 低环境排放营养调控技术

使用低蛋白质日粮，可减少氮环境排放 20% ~50% 。添加植酸酶，可降低磷的环境排放量。日粮中添加有机微量元素，可减少微量元素的添加量，减轻环境污染。蛋鸡日粮中同时添加酶制剂、益生素和果寡糖，可显著降低粪便中硫化氢的排放量。丝兰提取物单独或与枯草芽孢杆菌组合使用，显著改善肉鸡生长性能，降低鸡舍内的氨气浓度。樟科植物提取物和丝兰植物提取物均能有效减少仔猪排泄物中氨和硫化氢散发，改善猪舍空气环境。

四、农牧结合型生产的基本要素与要求

以农养牧、以牧促农的农牧结合（或称农－畜结合）经营模式已成为一些经济较发达国家农业的主要发展形式。如以色列、美国在农牧结合经营方面就取得了显著成效。以色列人口不多，耕地较少，土地干旱，水资源缺乏，通过加强农业研究，将发展畜牧业作为重点，以牧养农，应用廉价的饲料进行蛋白生产，尽量减少饲料粮的进口，使农业生产获得了迅速发展。

1. 农牧结合的基本要素与要求

农牧结合是在土地、种植业、畜牧业三位一体的农牧生产系统，综合利用自然资源，提高资源利用率和产出率。“耕地－作物－畜禽”物质能量的高效流动及养分收支平衡是农牧结合的基本要求。重点按照“养分（如氮、磷）收支平衡”的原则，考查耕地生态功能及畜禽承载能力、自然生态对养殖废弃物的净纳能力，建立环境容量与畜牧产出的平衡模式。

2. 农牧结合型生产的作用

（1）转化增值。畜禽养殖可将种植业产品，特别是大量不能被人类直接利用的副产物转化为价值更高的畜产品；或将畜禽粪尿处理加工成优质有机肥后，种植出附加值更高的特色优质农产品。

（2）培育地力。改良土壤、提高地力的根本途径在于发展畜牧业提供的有机肥料，这不仅有利于促进土壤团粒结构的生成，增强土壤调节水、肥、气、热的功能，同时对提高农田生态系统转化率有着无机化肥无法替代的作用。

（3）优化生态环境。农牧结合使种植业和养殖业中的废弃物和得以充分利用，避免了环境污染。

3. 农牧结合型生产基本模式

现代农牧结合型生产模式本质特征是资源节约和产业链条延伸，目标在于提高资源利用率、减少排放、提升产业价值等。基本模式有“畜（禽）—农作物（粮食作物/蔬菜/水果/苗木）”模式和“畜（禽）—牧草”模式两种。即畜禽养殖产生的废弃物经过发酵等无害化处理，作为农作物、牧草生产的有机肥料进行资源化利用，实现农牧有机结合，在循环利用时应考虑畜禽粪污排放量（以氮计算）与种植利用量之间的平衡。

五、现代信息技术在养殖业中的应用

1. 现代信息技术的基本概念

信息指音讯、消息、通讯系统传输和处理的对象，泛指人类社会活动传播的一切内容，是不同于物质和能源的第三种资源。信息化是以现代通信、网络、数据库技术为基础，对所研究对象各要素汇总至数据库，供特定人群生活、工作、学习、辅助决策等和人类息息相关的各种行为相结合的一种技术。

现代信息技术包括微电子技术、光电子技术、通信技术、网络技术、感测技术、控制技术、显示技术等，主要特征是各种信息的数字化，以及信息传递、处理的计算机化和网络化。现代信息化社会的发展依赖的是高度发展的信息科技。

2. 现代信息技术在畜牧业中的应用

信息技术应用于畜牧业，大致始于20世纪50年代，经历了由简单到综合、由低级到高级、由单机到网络化的发展过程。近年来，信息技术与传统畜禽养殖业的结合，已在生产中产生了良好效果。如现代化猪场生产管理系统、奶牛场自动化管理信息系统、蛋鸡规模化养殖场生产管理系统、饲料营养配方软件、鸡常见疾病诊断专家系统（ESCCD）等应用，大大提高了信息的准确性、生产效率和管理效能。

3. 互联网+畜牧业

“互联网+畜牧业”是将互联网新技术（云计算、大数据、物联网、电子商务等）运用到传统畜牧业的生产、管理、加工、流通、经营和服务全产业链的过程，从而使畜牧业的管理效能、生产效率、产品质量、养殖效益等得到显著提升，实现真正意义上的“智慧畜牧业”，为现代畜牧业发展插上了升级的翅膀。

（1）“互联网+养殖”，创新畜禽智能化养殖模式。用物联网智能设施对养殖业（畜禽、水产）自动投料饲喂、温湿度及空气质量精准调控、圈舍环境监控、母畜（兔）发情产仔监测、畜禽耳标脚环登记上传、投入品及兽药使用监管、奶牛智能挤奶、乳制品收储及运输轨迹监控、蜜蜂群授粉采蜜监测、鱼塘智能增氧、动物疫病监（检）测及灾情调查等。

（2）“互联网+管理”，创新畜牧业现代管理模式。通过云计算、大数据和物联网等信息化新技术，在管理上对畜牧生产各环节提供各类历史的、现有的海量数据，进行存储、挖掘、图像视频的智能分析，实现数据的抓取、共享和交叉复用，可极大地提高现代畜牧业的管理效能和水平。

（3）“互联网+加工”，融合产业链新模式。借助互联网，将加工与产前（养殖）、产后（销售）等环节充分融合，管控整个生产经营过程。可将生产、加工、营销、销售等环节进行有机链接，将传统隔离的畜牧业一、二、三产业环节打通，形成完备的产业链，提高效率。

（4）“互联网+经营”，树立安全健康的品牌形象。从出场到进入市场前的畜禽（水产）产品初加工（屠宰检疫、分割分级、包装冷藏、生产地点和时间载入条码识别等），以及肉、蛋、奶和蜂蜜精深加工全过程进行视频监控、智能跟踪和数据管理。实现从地头收获、养殖场出场（经定点屠宰检疫）到市场（超市、农贸集市、直销店）全过程监控和产品溯源。

（5）“互联网+流通”，创新畜牧业新型电商模式。通过农产品的网络营销、电子支付、物流管理等，实现农产品产销对接，减少中间环节，做到信息透明化、交易公平化，解决农产品卖难买难的问题，增加种养实体的经济收入。

（6）“互联网＋服务”，提供快捷、准确、高效的信息服务。充分利用专业类等相关网站以及手机 APP、12316、农技宝等网络平台，加大政策、科技知识、实用技术和市场信息的发布力度，让信息彻底埋葬“数字鸿沟”，让农民了解惠农信息、养殖技术、市场动态等。

第五节　畜牧业标准化生产与产业化经营

一、畜禽标准化养殖基本要求

畜禽标准化规模养殖是现代畜牧业发展的必由之路。发展畜禽标准化规模养殖，是加快生产方式转变，建设现代畜牧业的重要内容。加快推进畜禽标准化规模养殖，有利于增强畜牧业综合生产能力，保障畜产品供给安全；有利于提高生产效率和生产水平，增加农民收入；有利于从源头对产品质量安全进行控制，提升畜产品质量安全水平；有利于有效提升疫病防控能力，降低疫病风险，确保人畜安全；有利于加快牧区生产方式转变，维护国家生态安全；有利于畜禽粪污的集中有效处理和资源化利用，实现畜牧业与环境的协调发展。

（一）畜禽标准化生产的概念和建设内容

畜禽标准化生产就是在规模养殖场场址布局、栏舍建设、生产设施配备、良种选择、投入品使用、卫生防疫、粪污处理等方面严格执行法律法规和相关标准的规定，并按程序组织生产的过程。其主要内容有：

1. 畜禽良种化。因地制宜，选用高产优质高效畜禽良种，品种来源清楚、检疫合格，实现畜禽品种良种化。

2. 养殖设施化。养殖场选址布局科学合理，符合防疫要求，畜禽圈舍、饲养和环境控制等生产设施设备满足标准化生产需要，实现养殖设施化。

3. 生产规范化。实施畜禽养殖场和小区备案制度，制定并实施科学规范的畜禽饲养管理规程，配备与饲养规模相适应的畜牧兽医技术人员，配制和使用安全高效饲料，严格遵守饲料、饲料添加剂和兽药使用有关规定，生产过程实行信息化动态管理。

4. 防疫制度化。防疫设施完善，防疫制度健全，加强动物防疫条件审查，科学实施畜禽疫病综合防控措施，有效防止重大动物疫病发生，对病死畜禽实行无害化处理。

5. 粪污无害化。畜禽粪污处理方法得当，设施齐全且运转正常，达到相关排放标准，实现粪污处理无害化或资源化利用。

6. 监管常态化。依照《畜牧法》《饲料和饲料添加剂管理条例》《兽药管理条例》等法规，对饲料、饲料添加剂和兽药等投入品使用，畜禽养殖档案建立和畜禽标识使用实施有效监管，从源头上保障畜产品质量安全，实现监管常态化。

（二）标准化规模养殖示范场建设的基本要求

1. 场址不得位于《中华人民共和国畜牧法》明令禁止区域，并符合相关法律法规及区域内土地使用规划。

2. 达到农业部畜禽养殖标准化示范场验收评分标准所规定的饲养规模：

生猪：能繁母猪存栏300头以上，育肥猪年出栏5000头以上。

奶牛：存栏奶牛300头以上，配套挤奶站有《生鲜乳收购许可证》，运送生鲜乳车辆有《生鲜乳准运证明》。

蛋鸡：产蛋鸡养殖规模（笼位）在1万只以上。

肉鸡：年出栏量不低于10万只，栋饲养量不低于5000只。

肉牛：年出栏量在500头以上。

肉羊：农区年出栏肉羊500只育肥场或存栏能繁母羊达100只以上的养殖场；牧区年出栏肉羊1000只育肥场或存栏能繁母羊250只以上的养殖场。

3. 按照畜牧法规定进行备案；养殖档案符合《农业部关于加强畜禽养殖管理的通知》（农牧发［2007］1号）要求。

4. 按照相关规定使用饲料添加剂和兽药；禁止在饲料和动物饮用水中使用违禁药物及非法添加物，以及停用、禁用或者淘汰的饲料和饲料添加剂；

5. 具备县级以上畜牧兽医部门颁发的《动物防疫条件合格证》，两年内无重大疫病和质量安全事件发生。

6. 从事奶牛养殖的，生鲜乳生产、收购、贮存、运输和销售符合《乳品质量安全监督管理条例》《生鲜乳生产收购管理办法》的有关规定，执行《奶牛场卫生规范》（GB16568－2006）。设有生鲜乳收购站的，有《生鲜乳收购许可证》，生鲜乳运输车有《生鲜乳准运证明》。

7. 饲养的商品代畜禽来源于具有种畜禽生产经营许可证的养殖企业，饲养、销售种畜禽符合种畜禽场管理有关规定。

二、“三品一标”基本知识

“三品一标”是政府主导的安全优质农产品公共品牌，是无公害农产品、绿色食品、有机农产品和农产品地理标志的统称。开展品牌创建有助于提高产品的附加值。

（一）无公害农产品

无公害农产品指产地环境、生产过程和产品质量符合国家有关标准和规范的要求，经认证合格获得认证证书并允许使用无公害农产品标志的优质农产品及其加工制品。

（二）绿色食品

根据我国生产力水平和依据我国国情而建立的国内产品形象称谓，指遵循可持续发展原则，按照特定的生产方式生产，经专门机构认定，许可使用绿色食品标志的安全、优质、营养类食品。绿色食品分为AA级和A级认证两类。AA级绿色食品生产中不允许使用任何化学物质（包括农药、化学肥料等），按照有机农业自然生产，产品质量与国际推崇的有机食品相接近。A级绿色食品生产过程中，允许使用一定数量的化学品投入，但控制在标准范围之内。

（三）有机产品

有机产品是按照有机产品标准（GB/T19630－2005）生产、加工、销售的供人类消费、动物食用的产品。有机产品是世界各国认同并推崇的一种安全消费产品。

（四）农产品地理标志

农产品地理标志是指标示农产品来源于特定地域，产品品质和相关特征主要取决于自然生态环境和历史人文因素，并以地域名称冠名的特有农产品标志。农产品地理标志名称由地理区域名称和农产品通用名称组合构成。

“三品一标”标志图案见彩图1。

三、养殖场生产经营管理

生产经营管理是养殖场提高生产效率和经济效益的重要环节，它同遗传育种、营养与饲养、疾病防治和环境工程构成了养殖场现代生产经营管理的五大重要要素。生产经营管理主要包括以下内容：

（一）市场分析和预测

市场分析与预测是养殖场计划安排和做出正确经营决策的重要依据。作为养殖场管理者，平时应借助专业网络、杂志、影视媒体、专项调研等途径，广泛收集市场等信息资料，通过整理和分析，预测产品产量、产品类型和市场价格变化规律。根据市场分析预测，结合自身资金状况、技术实力、存栏规模等因素，调整养殖场生产规模、产品类型，规避市场风险，获得良好效益。

（二）生产计划

养殖场的生产计划是指导养殖场未来一段时间内各项生产安排的主要依据。各类养殖场都应根据养殖规模、饲养工艺流程等，科学制订生产计划。生产计划一般按年度制订，主要包括饲料生产计划、原材料供应计划、繁殖配种计划、群体周转计划、疫病防治计划、产品销售计划、生产应急方案等。

（三）劳动组织和管理

根据养殖场的规模和经营范围，设立生产技术、计划财务、市场销售等相应的组织机构，明确各机构的主要职责职能；开展岗前培训和在岗培训，使劳动者熟悉和掌握各项技能，提高养殖技术水平；建立和实施目标经济责任制，奖惩分明，充分调动劳动者的积极性和主动性，提高生产效率和经济效益。

（四）生产记录和统计分析

生产记录是养殖场生产经营管理的重要工作内容，是经营管理者和技术人员分析生产状况，制定和修改各项生产管理规范的有效依据，也是养殖场经营管理水平的真实反映。与养殖场生产经营相关的所有信息都应如实、全面、准确进行记录记载，主要包括投入品消耗、规模变化、生产性能、疫病防治情况、销售情况、财务开支情况等。在全面记录记载基础上，定期开展统计分析，实施报表制度。用好用活分析结果，将统计分析结果进行纵向和横向比较分析，检查现在的情况与本场过去、与同类其他养殖场在成本控制、生产水平、生产效率等方面的差异，发现不足时应查找出影响的原因或存在的问题，及时进行改进；效果良好时，也要进行分析，看是否还有潜力可挖。

（五）成本核算与效益分析

成本核算是财务管理的重要工作，是指畜禽生产过程中，对生产费用的发生和产品成本的形成，用财务方法进行核算。要建立健全成本核算的原始凭证制度，利用财务记录计算投入产出，找到盈亏平衡点。通过成本核算和效益分析，分析构成产品成本的各项因素和贡献大小，找到降低成本的办法和途径，改善盈亏平衡点，获取更大的效益。

四、新型畜牧业经营主体

发展现代畜牧业，构建新型畜牧经营体系尤为重要。新型畜牧业经营主体主要包括养殖企业（大户、小区）、家庭牧场、畜牧园区（示范区）、畜牧合作社组织、畜牧集团及产业化龙头企业等。坚持农民家庭经营主体地位，引导土地经营权规范有序流转，创新土地流转和规模经营方式，积极发展规模适度的家庭农场和养殖大户，加快生产方式转变。引导和支持农民专业合作社发展，扩大成员规模，实施联社经营，创建一批辐射带动能力强、在市场竞争中有话语权的大型专业合作组织，提高农民组织化生产经营程度。

五、产业化生产经营模式

畜牧产业化是指畜牧业经济再生产过程中诸环节（产前、产中、产后）构成的一个完整的产业系统。其基本内涵是以市场为导向，以经济效益为核心，以养殖者为基础，以骨干企业或合作经济组织为龙头，以系列化服务为手段，实现产、供、销，贸、工、农一体化经营的一种经济运行方式。产业化是一个系统工程，需要一套与市场经济和产业化组织形式配套联动的经济运行和管理机制。

我国畜牧业产业化经营模式都是在“公司 + 农户”的基本构架基础下发展起来的。目前畜牧业产业化经营基本类型主要有企业带动型、市场牵动型、企业集团型、中介组织带动型等；发展模式主要有“公司 + 农户”“中介组织 + 农户”“专业市场 + 农户”“公司 + 协会 + 农户”等。不管哪种模式，都是畜牧产业链上各主体之间相互联结和影响所构成的一种一体化组织形态，即通过某种利益联结纽带将产、加、销各个环节联结起来，形成利益共同体，使产业化的各个组成部分能够从整个产业链条中分享更多利益，为农村发展、农业增效和农民增收发挥重要作用。但也存在产业链各环节利益联结不紧密、企业引领作用不强等问题。

第二章　畜禽生产

第一节　养猪生产

一、猪的生物学特性

家猪是由野猪驯化而来，在长期的驯养和进化过程中，形成了独特的生物学特征。了解和掌握这些特性是实现科学养猪的基础和前提。

（一）猪的重要生物学特性

1. 繁殖效率高，世代间隔短

猪一般 4～5 月龄性成熟，6～8 月龄可初配，猪是常年发情的多胎高产动物，每胎产仔 8～12 头，年可产 2～2.5 胎。

2. 食性广，饲料转化效率高

猪是杂食动物，门齿、犬齿和臼齿都很发达，能利用各种动植物和矿物质饲料。但是，猪对粗纤维的消化较差，因为猪胃内没有分解粗纤维的微生物。所以，在日粮配制中要注意精、粗饲料的搭配，控制粗纤维在日粮中的比例，保证日粮的全价性和易消化性。

3. 生长期短，发育迅速

由于猪的胚胎期短，同胎产仔数又多，出生时发育不充分，因此，出生后生长发育特别迅速，5～6 月龄体重增至 90～100kg，约为初生时的 90 倍。

4. 小猪怕冷，大猪怕热

猪对外界温、湿度变化较为敏感，“小猪怕冷，大猪怕热”。猪因汗腺不发达，皮下脂肪厚，对高温、高湿反应明显，生产中应特别注意。

5. 视觉不发达，听觉和嗅觉灵敏

猪的视觉很弱，对光线强弱和物体形象的分辨能力不强，近乎色盲。但其听觉很灵敏，能鉴别出声音的强度、音调和节律，很容易对呼名、口令和声音等养成习惯。猪的嗅觉也特别发达，能通过鉴别气味有效地寻找地下埋藏的食物和辨别群内个体。

6. 群居位次明显，爱好清洁

猪是多胎动物，过群居生活，群体内有明显的群居位次。猪有爱好清洁的习性，不在吃睡的地方排泄粪尿，喜欢在墙角、潮湿、阴暗、有粪便处排泄。

（二）猪的生物学特性基本参数

猪是恒温动物，其体温、呼吸频率和心跳等是反应健康状况的最重要参数，繁殖周期是制订生产计划的重要依据。

成年健康猪只的体温在38～39.5℃，2月龄仔猪体温在39.3～40.8℃，妊娠后期母猪体温比空怀母猪体温高0.2～0.3℃；呼吸频率为10～20次/分，心跳频率为70～80次/分。猪为常年发情动物。后备母猪在性成熟、经产母猪在断奶后进入发情周期，每个周期平均为21天，在每个发情期内排卵12～25枚，平均妊娠期为114天。

二、猪的主要品种

（一）引进品种

1. 长白猪

长白猪又称兰德瑞斯，原产于丹麦，在我国俗称长白猪（见彩图2），在养猪生产中常用于二元杂交的父本、三元杂交的母本或第一父本。长白猪被毛白色，耳较大，向前倾或下垂。经产母猪产仔数在10头以上，达100kg体重日龄160天，100kg体重背膘15mm以下，料重比2.8以下，屠宰率70%以上，瘦肉率63%以上。

2. 大约克夏猪

大约克夏猪又称大白猪，原产于英国，常用于二元杂交的父本、三元杂交的母本或第一父本。大白猪被毛白色（见彩图3），耳竖立，前夹宽，肢蹄健壮。经产母猪产仔数在10头以上，160日龄达100kg体重，100kg体重活体背膘15mm以下，料重比2.8以下，屠宰率70%以上，瘦肉率62%以上。

3. 杜洛克猪

原产于美国，常用于二元、三元杂交的终端父本。杜洛克猪以全身被毛棕色（见彩图4），背腰平直，体躯较宽，后躯发达，四肢结实。杜洛克猪是全世界公认优秀的父本品种。经产母猪产仔数9头以上，达100kg体重日龄170天以下，100kg体重活体背膘18mm，料重比2.8以下，屠宰率72%以上，瘦肉率63%以上。

4. 巴克夏猪

巴克夏猪原产于英国，以其良好的肉质著名。被毛黑色，并有“六白”（四肢下部、鼻端、尾帚为白色）特征（见彩图5）。平均产仔数9头，达100kg体重日龄180天左右，饲料转化率3.0左右，屠宰率72%以上，瘦肉率57%～60%。

5. 皮特兰猪

皮特兰猪，原产于比利时。肌肉特别发达，毛灰白，夹有黑色斑块（见彩图6）。平均产仔数9.7头。背膘薄，胴体瘦肉率高（60%以上），是杂交体系中的终端父本。但早期的皮特兰群体中含有氟烷隐性基因，使用时应注意。

（二）地方品种

1. 内江猪

内江猪原产于内江市。内江猪体型大，被毛全黑，皮肤较厚，额部横纹较深，嘴筒短，背腰微凹，腹部稍大，臀部稍后倾，四肢粗壮（见彩图7）。经产母猪产仔数在10～11.5头，育肥期日增重532g，料重比4.1，屠宰率71%，瘦肉率41%。

2. 成华猪

成华猪原产于成都平原。成华猪体型中等，被毛黑色（见彩图8），额部皱纹少而浅，嘴筒长短适中，背腰微凹、稍下垂，四肢较短，结实、直立。经产母猪产仔数10.5～11.5头，育肥期日增重497g，料重比3.93，屠宰率70%，瘦肉率41%～43%。

3. 雅南猪

原产于四川洪雅、丹棱、邛崃等县。雅南猪被毛黑色（见彩图9），头大，额部有顺八字或倒八字浅皱纹，口岔较深，腹大、略下垂，后驱稍倾斜，腿臀欠丰满。经产母猪多踏蹄。经产母猪产仔数10.5头，育肥期日增重420g，料重比4.05，屠宰率67%，瘦肉率35%～43%。

4. 丫杈猪

丫杈猪与黔江猪、青峪猪及南江猪统称为盆州山地猪，原产于四川古蔺县。全身被毛黑色（见彩图10），部分猪在额部、肢端、尾部有白毛，鬃毛粗长，皮肤灰白色。体型较大，背腰平直，腹大、不拖地，臀部较倾斜。经产母猪产仔数10头，育肥期日增重500g，料重比3.5，屠宰率70%，瘦肉率43%。

5. 四川藏猪

四川藏猪与西藏藏猪、迪庆藏猪、合作猪统称为藏猪。主产于四川阿坝和甘孜藏族自治州。被毛多为黑色，少数为棕色，也可见四肢、额部有少许白色（见彩图11），鬃毛长而密，冬季被毛下有绒毛。体型微小，嘴长而直、呈锥形；四川藏猪具很好适应高寒地区的环境条件、肌肉纤维细、肌内脂肪含量高、肉质优良等优点，但体型微小，生长发育缓慢。经产母猪产仔数8头，育肥期日增重260g，料重比4.3，屠宰率（60kg体重）73%，瘦肉率42%。

（三）培育猪种

1. PIC配套系

PIC猪是全球最大的种猪改良公司PIC培育的五系配套杂交猪。其商品猪具有生长速度快、瘦肉率高等特点。PIC亚洲康贝尔母猪产仔性能高，母性强，泌乳性能好，适应性强，性情温驯，易于管理。母猪产仔数初产10.5头以上，经产11.5头以上。商品猪达100kg体重日龄175天以下，饲料转化率2.7以下，屠宰率74%以上，瘦肉率64%以上，出栏的商品猪整齐度好，具有较高的加工价值。

2. 川藏黑猪配套系

川藏黑猪配套系是四川省畜牧科学研究院历经14年育成的三系配套系，2013年通过国家畜禽品种资源委员会审定，2014年获得畜禽新品种（配套系）证书。母本F01系为合成杂交育成的高产母系，具有繁殖性能高的特点；第一父本S05系由巴克夏猪选育而成，具有肌内脂肪含量高、生长快等特性；终端父本S04系是由杜洛克猪种选育而成，具有瘦肉率高、胴体品质等特点。

配套系父母代（CH51）母猪经产仔数12.5头，商品猪（SH451）达90kg体重日龄188天、料重比3.14、瘦肉率58%、肌内脂肪含量4%。该配套系（见彩图12）兼具地方猪肉质优、适应性强、耐粗和外种猪生长快等优点，是生产优质风味猪肉理想的品种。

三、种猪选择和配种技术

（一）种猪的选择

1. 种公猪的选择

（1）体型外貌：头和颈较轻细，占身体的比例小，胸宽深，背宽平，体躯长，腹部平直，肩部和臀部发达，肌肉丰满，骨骼粗壮，四肢有力（见图2－1、2－2），体质强健，符合本品种特征。

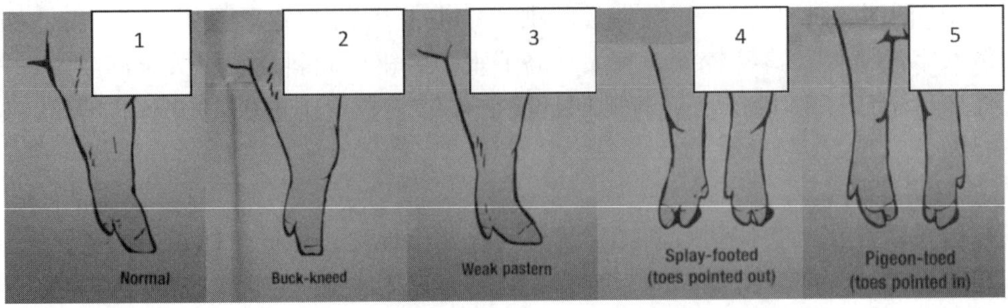

（1. 理想前肢 2. 前腿过直，导致膝关节弯曲 3. 系部不结实，整个脚掌都接触地面 4. 外向蹄 5. 内向蹄）

图 2－1　前肢

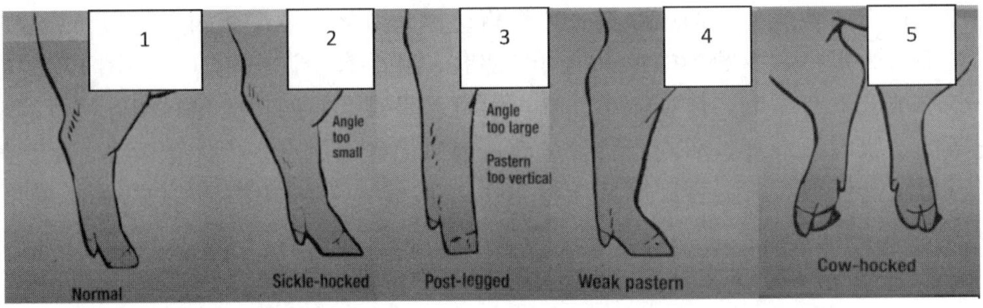

（1. 理想后脚；2. 角度太小；3. 角度太大；4. 系部太软；5. "X"腿）

图 2－2　后肢

（2）繁殖性能：生殖器官发育正常，无缺陷；精液品质优良、性欲良好。

（3）生长肥育与胴体性能：生长快，瘦肉型公猪体重达 100kg 的日龄在 175 天以下；耗料省，生长肥育期每千克增重的耗料在 3.0 以下；100kg 体重时背膘厚在 2.0cm 以下。生长速度、饲料利用率和背膘厚三个主要性状的选择标准因品种不同而异，但应达到本品种的标准。也可用体重达 100kg 的日龄和背膘厚两性状综合育种值的高低进行选择。

2. 种母猪的选择

（1）体型外貌：外貌与毛色符合本品种要求。乳房和乳头具有该品种所应有的奶头数外，还要求乳头排列整齐，分布均匀，无瞎乳头、瘪乳头。外生殖器官发育正常，四肢强健，体躯有一定深度。

（2）繁殖性能：发情明显，易受孕。淘汰发情迟缓、久配不孕或有繁殖障碍的母猪。当母猪有繁殖成绩后，要重点选留那些产仔数高、泌乳力强、母性好、仔猪育成多的种母猪。

（3）生长肥育性能：参照公猪的方法，但指标可适当降低。

（二）配种技术

1. 发情鉴定

母猪发情后，在行为、阴户等有明显的变化，表现出比较分明的三个时期：

（1）发情前期：表现兴奋不安、采食量明显下降、外阴部红肿，并试图爬跨其他猪只，但拒绝交配，人走近时就会走开。

（2）发情中期：外阴有可见黏稠分泌物，两耳竖立；被其他母猪爬跨时站立不动，这时用手按压母猪背部母猪站立不动（称为“静立反射”，见图 2－3），这时配种受胎率最高。

（3）发情后期：外阴部（见彩图 13）开始收缩，颜色变淡，食欲正常，精神安定，静立反射消失，拒绝爬跨和交配。

根据母猪发情表现，后备母猪达到适配年龄和经产母猪断奶后，应对其早晚进行一次发情鉴定。

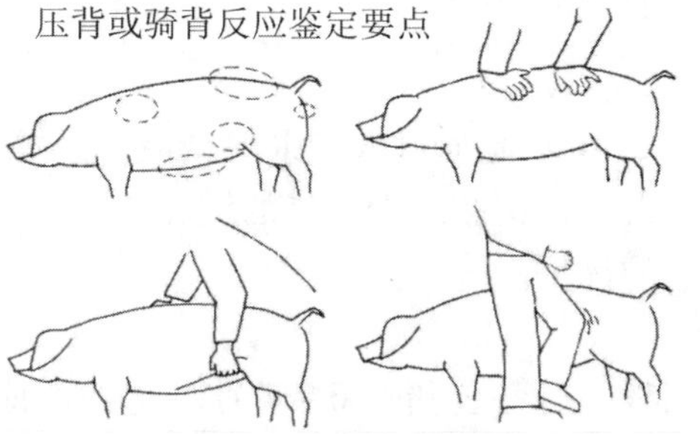

图 2－3　发情检查时对刺激起反应的部位

2. 适时配种

最佳配种时间为发情后 20～30 小时，阴户由充血红肿到紫红暗淡、肿胀开始消退并出现皱纹、黏液由稀薄到浓稠并带有丝状、出现“静立反射”时。由于老龄母猪发情持续时间短，而青年母猪发情期长，因此采用“老配早，少配完，不少不老配中间”。一般一个发情期进行二次配种（输精），即配一次后间隔 8～12 小时再复配一次（见图 2－4）。

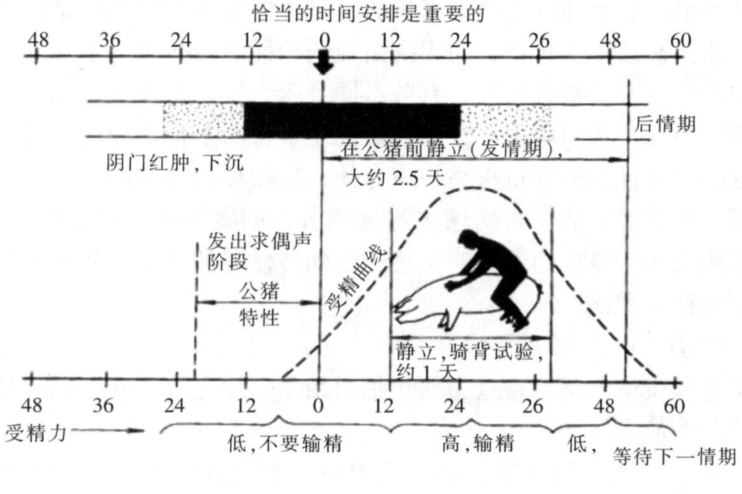

图 2－4　发情和输精时间安排

3. 妊娠诊断

在配种后 19～21 天采用超声波妊娠诊断仪进行诊断，可采用 A 型和 B 型超声波两种仪器进行诊断。方法是测定人员站在母猪的右侧，在倒数第二个奶头、后腿前缘、距乳头基线上 5cm 处用食用油或润滑油涂抹，同时涂抹探头，使探头和皮肤接触良好，将探头放在诊断仪主轴的方向分别向猪体前和猪体左倾斜45°，探头可左右移动10°，根据A型超声波发出的声音和B型超声波的图像判定母猪是否怀孕。

四、猪的繁殖技术

（一）自然交配

自然交配是指发情母猪与公猪直接进行交配。自然交配时可施以人工辅助。自然交配要求公母猪体格不能差别太大，在生产中初配母猪多采用自然交配。生产实践中，在自然交配的情况下公母猪比例一般为1:20:30。

（二）人工授精

人工授精（见图2-5、2-6）是通过人工采集精液，经镜检和稀释后进行人工输精，经产母猪多采用人工授精。人工授精在减少公猪的饲养数量、提高优秀种公猪的利用、减少疫病传播等方面具有明显的优势。

1. 公猪调教

采精的公猪需要进行调教，后备公猪在6~7月龄达到性成熟时进行调教，每次调教时间在15~20min。调教环境应整洁、干净，假台猪和地面不能太滑。

用发情母猪的尿液、废弃的精液、包皮冲洗液喷涂在假母台畜背部和后躯，引诱新公猪接近假台畜，等公猪阴茎伸出后用手握住阴茎头，有节奏地刺激阴茎可采集精液，通过3次左右调教即可形成条件反射。

2. 采精

采精有假阴道和徒手采精法两种。徒手采精法是目前生产上广泛使用的方法。操作时，采精员戴上消毒手套，待公猪爬上假母台后，用0.1%的高锰酸钾溶液将公猪包皮附近清洗消毒，并用生理盐水冲洗干净；采精员将右手握成空拳，当公猪阴茎伸出时，将阴茎导入空拳内，让其抽送转动片刻，用手指由轻到紧握住阴茎龟头不让转动，待阴茎充分勃起时，顺势向前牵引，手指有弹性、有节奏调节压力，公猪即可射精；射精时停止弹性调节，将手指微微松开，露出龟头，让精液射到左手持的集精杯内。刚开始射出的主要是一些副性腺分泌物，而且细菌含量很高，应弃掉；集精杯口用清洁纱布覆盖，以滤掉精液中的胶状物，第一次射精完成。再次恢复弹性调节，刺激公猪再次射精，直至完全射完。采集的精液应迅速放入保温杯中，以避免精子受到冷休克的打击，集精瓶最好为棕色，以减少光线照射而使精子受损。

3. 精液品质检查

包括感官检查和镜检。感官检查主要包括射精量、颜色、气味、酸碱度等；镜检包括精子活力、密度和畸形率。

（1）感官检查：公猪的射精量在200~300mL，如发现射精量过少或过多应查明原因。采精方法不当、采精次数过多、生殖器官机能衰退是造成射精量过少的原因；副性腺分泌物多、混入水、尿等异物也是造成量过多的原因。正常的精液颜色为乳白色或灰白色，精液浓度高时为乳白色，浓度低时为灰白、水样，甚至透明。如果精液中带有血丝、淡绿色、黄色、颗粒状黄白点，则表示公猪生殖器官有炎症、混有尿液等，这样的精液均应废弃不用。正常精液带有微腥味，如果带有恶臭味，则是有炎症的表现；带尿味、氨味以及其他气味的精液不能使用。精液的酸碱度用pH试纸进行测定，正常精液呈弱碱性或中性，

pH 值在 7 ~7.8 之间。一般精液 pH 值越低，精子密度越大；pH 值越高，精子密度越小。

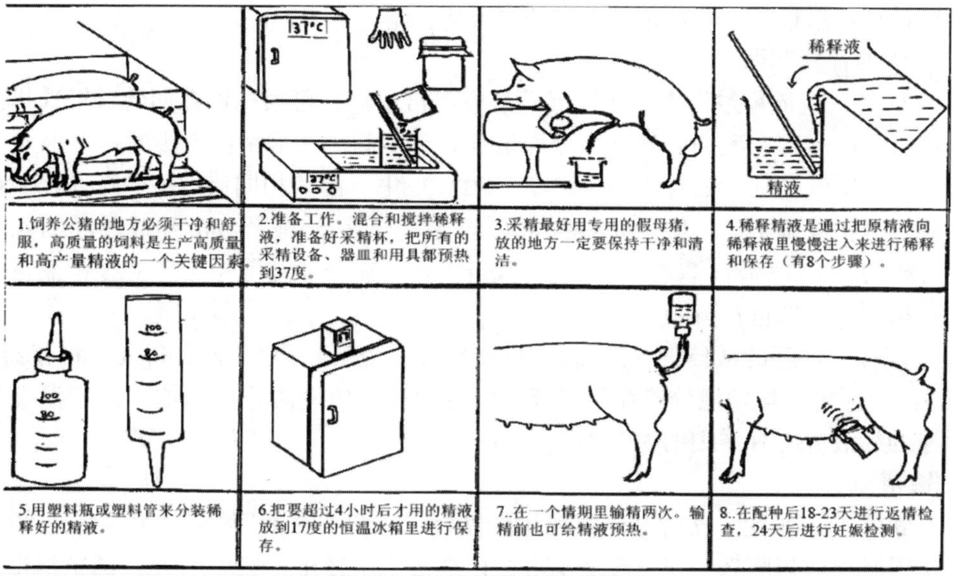

图 2－5　人工授精技术主要步骤

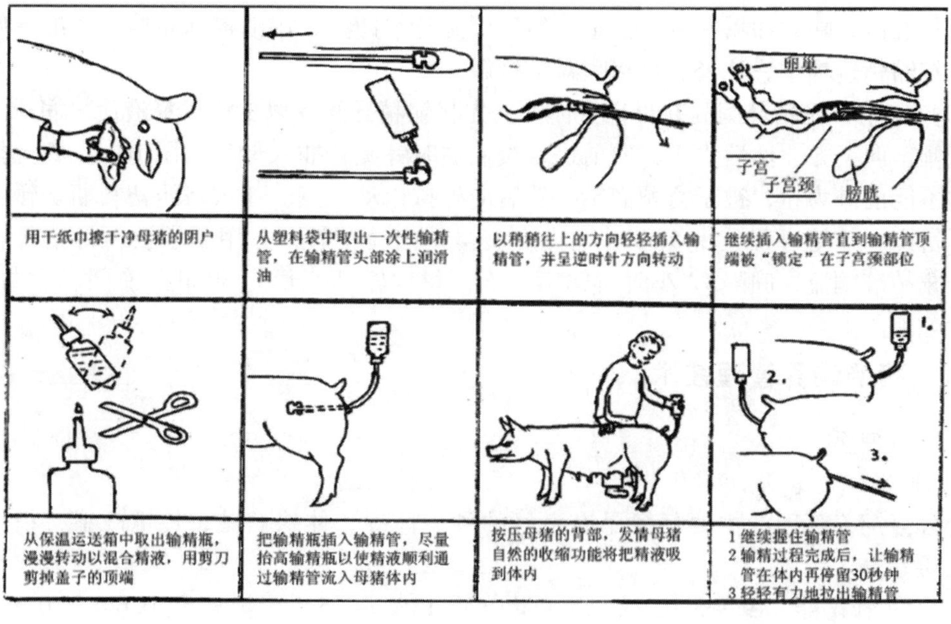

图 2－6　人工输精图解

（2）镜检：精子活力是通过在显微镜下观察精子呈直线运动的能力。方法是用恒温载物台将精液加热至 35 ~37℃，在 100 ~400 倍显微镜下观察呈直线前进运动的精子所占的百分率，一般用 0.1 ~1.0 的数字表示，刚采集和刚稀释的精液活力不得低于 0.7 级，保存 24 小时以上的精液活力不低于 0.6。精子密度是指每毫升精液中所含的精子数，是确定稀释倍数的重要指标，可用血细胞计数板或精液密度仪测定。精子畸形率是指异常精子的百分率，一般要求畸形率不得超过18%，采用伊红或姬姆萨染色，在400～600倍显微镜下观察，计算畸形精子占所数精子总数的百分率。

4. 精液的稀释和保存

（1）稀释：在稀释过程中，所有器械都应严格消毒，可根据保存期的长短选择商品稀释剂；也可自己配制，配制时各种成分称量务必要准确。在采精前1小时用蒸馏水将稀释剂配制好，将精液与稀释液置于同一温度（30℃）中，温度相同后即可进行稀释，精液的稀释倍数根据密度确定，一般以2～4倍为宜。将一定量的稀释液沿杯壁缓慢倒入精液杯中，轻轻摇匀；如果稀释倍数大，先进行低倍稀释。在分装过程中，应防止精液污染。按照一次输精剂量一瓶进行分装。

（2）保存：保存的最佳保存温度为16～18℃。在精液存放阶段，每天要将容器倒置1～2次，以保证精子均匀地分布在稀释液中。运输过程中应防止剧烈的震荡和温度变化过大。运输的精液应附有详细的说明书。

5. 输精

（1）准备：可采用一次性和重复使用的器材，采用重复使用的应彻底冲洗、消毒。输精员的指甲必须剪短磨光，充分洗涤消毒，以消毒毛巾擦干，然后用75%酒精消毒，待酒精挥发后即可进行操作。输精前应对精液进行镜检，保存后的稀释精液活力不低于6级、鲜精活力7级以上方能输精。经发情鉴定确定母猪处在发情盛期后，将发情母猪阴户用肥皂水充分洗涤，除去污垢并进行消毒，然后用温开水冲洗，用消毒抹布擦干。准备好试情公猪，在输精过程中，让公、母猪嘴对嘴接触。

（2）输精：输精员倒骑在母猪身体上，先将输精导管涂以少许稀释液使之润滑。将输精管先倾斜向上方，然后水平方向前进，缓慢逆时针旋转插入母猪的阴道中，直至插入子宫颈内不能前进为止，被子宫颈嵌牢，然后向外拉松动一点。通过挤压塑料瓶缓慢将精液注入子宫内，输精过程至少5min，输完后缓慢抽出输精管，并用手掌按压母猪腰荐结合部，防止精液倒流；间隔12小时再输精一次，每次输精剂量为80mL、有效精子数30亿个以上。

五、猪的饲养管理技术

（一）种猪

1. 种公猪

种公猪饲养管理的主要任务是有良好的种用体况，体格健壮，性欲旺盛，精液数量多，品质好。

日粮的消化能2.9～3.0Mcal/kg，蛋白质13%～15%，赖氨酸0.6%～0.8%，钙0.6%～0.8%，磷0.5%～0.7%，公猪日粮配合要全价，确保饲料原料无霉变、无杂质。一般日喂2～3次，配合饲料2.5～3.0kg，配种期间提高配合饲料喂量20%，并供给充足饮水。

公猪须单圈饲养，固定专人负责，公猪应经常运动，采精或配种时间宜在早、晚，使用频率合理，定期对种公猪称重和精液品质检查，同时做好防疫和夏季防暑工作。

2. 断奶母猪

饲养断奶母猪的主要任务是做好母猪体况恢复和发情配种工作。

日粮消化能 2.9～3.0Mcal/kg，蛋白质 13%～15%，钙 0.6%～0.7%，磷 0.5%～0.6%。日喂料两次，日喂量 1.8～2kg。如果母猪过瘦应增加 20%～25% 饲料量，实行“催情补饲”，促进母猪恢复体况；如果母猪过肥，应减少饲料量，背膘维持 18mm 左右，保证充足饮水。

断奶母猪可根据断奶日龄分群，4～6 头一栏小群饲养。在断奶后 4～7 天进行发情鉴定，并适时配种。配种前作好乙脑、细小病毒、猪瘟、口蹄疫、伪狂犬、蓝耳病等免疫。

3. 妊娠母猪

妊娠母猪饲养的主要任务是保证胎儿正常发育，防止死胎、早产和流产，以获得数量多、初生重大、生活力强的仔猪。

日粮消化能 2.9～3.0Mcal/kg，蛋白质 13%～15%，钙 0.6%～0.7%，磷 0.5%～0.6%，同时保证足够的微量元素和维生素。妊娠前 80 天日喂量 1.8～2kg，80～110 天日喂量 2～2.5kg。根据膘情调整，在妊娠末期维持背膘 22mm 左右，经产母猪增重保持在 30～35kg，初产母猪增重保持在 35～45kg。分娩前 4 天开始减少喂量，每天减少 20%～25%。

按照母猪的大小、体况和配种时间进行分群。妊娠前期和中期每个圈可饲养 3～4 头，妊娠后期须单圈饲养，临产前 1 周转入产房，防止流产。在气温达到 32℃以上时，应采取降温措施，冬季应采取保暖措施。

4. 哺乳母猪

哺乳母猪饲养的主要任务是保证母猪安全分娩，分泌充足的乳汁，维持母猪一定的膘情，保证母猪断奶后能正常发情配种。

日粮消化能 3.2～3.4Mcal/kg，蛋白质 15%～18%，钙 0.6%～0.7%，磷 0.5%～0.6%，同时保证足够的微量元素和维生素。对体况好的母猪，在分娩前 3～4 天，减少精料喂量的 20%～25%；对体况较差的，可不减料。母猪产仔当天少喂或停喂精料，在产后 6～8 小时喂给少许加食盐的麸皮水。分娩后逐渐增加喂量，第 2～3 天喂饲料定量的 60%～70%，以后逐步增加，3～5 天后自由采食，直到日饲喂量 4～5kg，提供足够的饮水。在断奶前 3～5 天逐渐减少喂量；对体况好的母猪，断奶前 5～7 天降低饲料喂量 20%。对断奶后瘦弱的经产母猪，在配种前 10 天增加饲料 20%～30%。产房温度控制在 22℃以上、相对湿度 65% 以下。

（二）仔猪

仔猪饲养管理的主要任务是获得最高的成活率和最大的个体重。

1. 接产

在仔猪出生后，用毛巾将其口鼻内和身体上的黏液清除干净，在距离腹部 3～4cm 处用消毒剪刀剪断脐带，并用碘酒棉球压住断头止血消毒；用消毒的钳子在距离尾根 2～3cm 处剪断尾巴，用碘酊消毒；用断齿钳剪断仔猪的两侧犬齿。

2. 哺乳

初乳中含有大量的免疫球蛋白，是仔猪早期获得抗病力最重要的途径，应保证仔猪能尽早吃到足够的初乳。待全部仔猪娩出后，立即进行人工辅助哺乳。在哺乳前应先挤掉最初的几滴乳，因为这部分乳汁贮存时间较长，易受污染，易导致仔猪下痢；将弱小的仔猪固定在前边的乳头，将初生重大的仔猪固定在后面的乳头。

3. 寄养

如母猪产奶量不足或窝产仔数超过 12 头，需要寄养和并窝。寄养应在产后 24 小时内进行。方法是将母猪产后的胎衣、黏液等涂抹于寄养的仔猪身上；同时在母猪鼻子上与仔猪身上擦些碘酒，使母猪无法区分自产与寄养仔猪，以防止咬伤。

4. 保温

由于初生仔猪的体温调节能力和保温性能差、产热少，故仔猪对环境温度的要求较高，仔猪最适宜的环境温度为：1 ~3 日龄为 30 ~34℃，4 ~7 日龄为 28 ~30℃，8 ~30 日龄为 25 ~28℃，61 ~70 日龄为 22 ~25℃。母猪的适宜温度是 15 ~20℃，目前普遍采用的保温措施是加设保温箱，内悬挂红外线灯或电热板。

5. 补充微量元素

在出生 2 ~3 日龄内于颈部肌肉注射 150 ~200mg 铁制剂，2 周后再注射一次，开食后在饲料中添加铁元素。在缺硒的地方，在 3 ~5 日龄肌肉注射 0.1% 亚硒酸钠 0.5mL，2 周后再注射 1mL，开食后在饲料中添加 0.3ppm（1ppm 即为百万分之一），但应注意须充分混匀。

6. 开食补饲

在仔猪出生后 3 ~5 日龄开始训练其饮水。5 ~7 日龄开始诱饲，方法是先将仔猪料拌成糊状，用手指蘸取少许放入仔猪口内，之后将少量颗粒料撒在补饲栏地板或放在食槽中让仔猪采食。仔猪开食后进入旺食期，每天投料 5 ~6 次，让其自行采食，并提供足量、清洁的饮水。

7. 防止下痢

采取综合措施防止下痢：一是搞好各类传染性疾病，如繁殖呼吸综合征、伪狂犬、猪瘟、球虫等疫病的预防；二是产前彻底消毒产房，哺乳期保持产房干燥、空气清新、温暖，尤其要注意仔猪保温；三是按照饲养标准配制仔猪全价补料，注意补料的适口性和消化性。

8. 去势

一般在 2 ~4 周龄对公仔猪进行去势，母猪可不去势。仔猪去势后，应给予特殊护理，防止仔猪互相拱咬创伤，引起失血过多而影响仔猪的活力，并应保持圈舍卫生，防止创口感染。

9. 断奶

哺乳仔猪通常在 4 ~6 周龄断奶。可采用一次性断奶、逐渐断奶、分批断奶等方式。

（三）商品猪

商品猪饲养管理的主要任务是让猪只快速生长，适时出栏并确保安全。

日粮的消化能 3.1 ~3.2 兆卡/kg，粗蛋白 13% ~16%（20 ~50kg 阶段 15% ~16%，50 ~100kg 阶段 13% ~14%），粗纤维在 4% ~8%（前期不超过 5%，后期不超过 9%）。

在上圈前应对猪舍、圈栏、用具等进行彻底的清洗、消毒、干燥，并在指定的排泄区堆放少量的粪便或泼点水，使猪养成定点排泄的习惯。定期用对猪只安全的消毒液进行带猪消毒。按体重大小、性别等进行组群，要求小猪阶段体重差异不超过 4 ~5kg，中猪阶段不超过 7 ~10kg，组群 2 ~3 天内应加强管理，减少发生争斗。群体密度要适宜，根据猪只的大小，保持猪舍温度在 15 ~25℃、相对湿度为 45% ~75%。前期每天饲喂 3 次，后期每天饲喂2次，全程严禁使用高铜、高锌、兴奋剂、镇静剂、激素类和砷制剂等添加剂，自由饮水。商品猪在达到110kg体重时应上市，出栏前30天内严格执行休药规定。

六、猪场建设与设计

（一）猪场选址

1. 地形地势

猪场地形要求开阔整齐，地势较高、干燥、平坦或有缓坡，背风向阳，在丘陵山地建场应尽量选择阳坡，坡度不得超过20°。

2. 周围环境

猪场应选择交通便利、电力供应充足的地方，但因防疫需要和对周围环境的影响，最好选择在距交通400m以上、距离居民区500m以上的地方。

3. 水源水质

猪场水源充足，能满足生产、生活用水的需要；水质良好，符合饮用水标准，取用方便。

4. 场地面积

猪场生产区面积一般可按每头繁殖母猪45～50m^2或上市商品猪每头3～4m^2，其他辅助建筑总面积按每饲养每头基础母猪2～3m^2计算。

（二）猪场布局

猪场一般分为生活区、管理区、生产区和隔离区4个功能区，应根据当地全年主风向与地势，顺序安排上述各区，各功能区之间界限分明、联系方便。

1. 生活区

生活区包括办公室、接待室、财务室、食堂和宿舍等，是管理人员日常生活的地方，应单独设立，一般位于生产区的上风方向。

2. 管理区

管理区包括饲料加工车间、饲料仓库、修理车间、变电所、锅炉房等，管理区与日常饲养有密切关系，应与生产区毗邻。

3. 生产区

生产区包括各类猪舍和生产设施，这是猪场中主要的建筑区，其建筑面积占猪场总建筑面积的70%～80%。生产区入口处应设专门的消毒间和消毒池，区内道路分净道和污道，两者应严格分开，不得交叉与混用，禁止外来人员和车辆进入。生产区又可细分为种猪、仔猪、肥猪三个功能小区，实行分区管理。猪舍排列按风向和流程顺序依次为种公猪舍、配种妊娠舍、分娩哺乳舍、保育舍和育肥舍，舍间距一般为10m，猪舍朝向一般为南北向，每相邻猪舍端墙间距不少于5m。

4. 隔离区

隔离区包括兽医室、隔离猪舍、病猪焚烧处理和粪便污水处理设施。隔离区距生产区50m以上，应布局在下风、地势低洼的地方。

（三）圈栏设计基本参数

1. 圈栏数量的计算公式

产仔栏 =（母猪数 × 年产胎数 × 占用天数）÷365天 +10%机动数

保育栏 =（母猪数×年产胎数×每窝断奶仔猪数×占用天数）÷（365 天×每圈关仔猪数）+10% 机动数

空怀和妊娠母猪圈 =（母猪数×占用天数）÷365 天 +10% 机动数

后备圈 =（母猪数×淘汰率×占用天数）÷（365 天×选留率）

公猪圈 = 母猪数÷每头公猪与配母猪数

肥猪圈 = {[（母猪数×年产胎数×每窝仔猪育成数）~选留的后备母猪数]×占用天数×留用肥育的百分率}÷（365 天×每圈关的肥猪数）

2. 圈栏和食槽的规格

圈栏和食槽的规格是猪场建设和饲养管理的重要参数，各类圈栏和食槽的规格见表 2－1。

表 2－1　各类圈栏的规格

类别		面积（m^2）	每圈头数（头）	食槽（cm）		
				l	w	h
种公猪		6~8	1	50	35~45	25
母猪	空怀及孕前期	2~3	4	35~40	35~45	20
	怀孕后期	4~6	1~2	40~50	35~45	20
	哺乳	5~8	1	40~50	30~40	20
后备种猪（公、母）		1.5~2	2~4	30~35	30~35	15~18
育成猪		0.7~0.9	10	30~35	30~35	15
肥育猪		1~1.2	10	35~40	35~40	18

3. 耗水量

饮水量是猪场饲养管理和猪场建设的重要参数，各类猪只的耗水量见表 2－2。

表 2－2　各类猪平均日耗水量

猪群类别	总耗水量（升/头.天）	其中饮用水（升/头.天）
种公堵	40	22
后备猪	15	8
育肥猪	10	7
育成猪	8	4
保育仔猪	6	2
哺乳母猪	40	22
空怀及妊娠母猪	25	18

4. 粪尿产量

粪尿产量是猪场建设和粪污处理设施建设的重要参数，各类猪只的平均粪尿产量见表 2－3。

表 2－3　各类猪平均粪尿产量

项目	公猪	生产母猪	后备母猪	育成母猪	
				大猪	中猪
产粪量（千克/天）	3.0	5.0	2.2	2.17	1.30
产尿量（千克/天）	6.9	5.5	4.0	3.5	2.0

5. 漏缝地板

现代化的猪场为了保持圈栏卫生、改善环境、降低劳动强度，普遍采用漏缝地板。漏缝地板有铸铁和钢筋混凝土，其结构规格见表 2－4。

表 2－4　漏缝地板结构规格

猪别	铸铁		钢筋混凝土	
	板条宽（mm）	漏缝宽（mm）	板条宽（mm）	漏缝宽（mm）
幼猪	35～40	14～18	120	18～20
大猪	35～40	20～25	120	22～25

第二节　养牛生产

一、牛的生物学特性

（一）牛的生物学特性

1. 单胎，世代间隔长

牛为单胎动物，生长周期和世代间隔长；发情周期平均为 21 天，性成熟期为 8～14 月龄，初配年龄为 14～24 月龄，普通牛（黄牛）妊娠期平均为 285 天，水牛 330 天，牦牛 255 天。

2. 反刍和嗳气

牛是反刍动物，有瘤胃、网胃、瓣胃和皱胃 4 个胃。瘤胃容积较大，约占胃总容积的 80%。牛的上颌无门齿，采食时不经充分咀嚼即将饲料咽入瘤胃内，经过一段时间的浸泡和软化，再返回口腔咀嚼并混入唾液，重新咽下，称为反刍。健康的成年牛，一昼夜约反刍 9～16 次，每次反刍持续 14～45 分钟。

瘤胃中寄居着大量微生物，是饲料发酵的主要场所。饲料在微生物的作用下，不断发酵产生挥发性脂肪酸和各种气体（二氧化碳、甲烷等），这些气体由食道进入口腔排出体外，称为嗳气。牛平均每小时嗳气 17～20 次。

3. 耐寒不耐热

牛的体积大，单位重量的体表面积小，散热机能不发达，耐寒而不耐热。

4. 群居性，优势序列明显

牛喜群居。牛群在长期共处过程中，通过相互交锋，可以形成群体等级制度和优势序列。这种优势序列在规定牛群的放牧游走路线，按时归牧，有条不紊进入挤奶厅以及防御敌害等方面都有重要意义。

5. 适应性强，分布广

牛因抗逆性强、耐粗饲、适应性强而分布广泛。

（二）牛的生物学特性基本参数

牛的正常体温范围为37.5℃～39.1℃，初生犊牛脉搏70～80次/分，成年牛40～60次/分。泌乳牛和怀孕后期的母牛比空怀母牛高，正常呼吸次数为20～28次/分。

二、牛的主要品种

按照牛品种资源的来源与培育程度，分为地方品种、培育品种和引进品种。2011年版《中国畜禽遗传资源志·牛志》中收录地方品种92个，培育品种9个，引进品种13个；2012年和2014年我国分别新增1个培育品种，分别是乳肉兼用型新品种蜀宣花牛、肉用型新品种云岭牛。

我国地方黄牛品种有53个，培育普通牛品种11个，引进普通牛品种10个。由外来品种与我国地方品种杂交培育的品种，包括乳用品种中国荷斯坦牛，兼用品种中国西门塔尔牛、三河牛、新疆褐牛、中国草原红牛、蜀宣花牛、科尔沁牛以及肉用品种夏南牛、延黄牛、辽育白牛和云岭牛。我国地方水牛品种有26个，引入品种2个（摩拉水牛和尼里—拉菲水牛），主要分布于南方18个省、自治区。我国牦牛有12个地方品种，主要分布于青海、西藏、四川、甘肃、新疆、云南等地，1个培育品种为大通牦牛。

在《中国畜禽遗传资源志·牛志》中，四川地方牛种资源有12个，其中地方黄牛有7个，地方水牛有2个，牦牛有3个。四川还有荷斯坦牛、西门塔尔牛、蜀宣花牛等引进和培育品种。下面介绍四川区域内的主要牛种资源（品种）。

（一）主要牛品种

1. 地方品种

（1）巴山牛

巴山牛（见彩图14）为役肉兼用型黄牛地方品种。主产于四川、湖北、陕西三省交界的大巴山区。成年公牛体高为124±5.8cm，体重为404±61.7kg；母牛体高为114±4.4cm，体重为313±38.9kg。屠宰率为52.4±0.5%。净肉率为44.6±0.6%。犊牛成活率为90.7%。

（2）川南山地黄牛

川南山地黄牛（见彩图15）属小型役用型黄牛地方品种。产于四川盆地东南部边缘山区，主产于筠连、珙县、古蔺、叙永等县，分布于兴文、天全、荥经、宝兴、汉源等县。成年公牛体高121.6±6.4cm，体重372.4±58.5kg；母牛体高113.5±5.2cm，体重298.4±53.4kg。性成熟年龄为12～18月龄，公牛36月龄、母牛42月龄初配。犊牛成活率较高，可达93%。

（3）峨边花牛

峨边花牛（见彩图16）属肉役兼用型地方黄牛品种。中心产区在四川省凉山彝族自治州东北部小凉山北坡的峨边县中山地带的彝族聚居区。成年公牛体高121.6±4.4cm，体重330.4±34.7kg；母牛体高109.5±6.2cm，体重259.5±51.7kg。公牛性成熟年龄为18月龄，母牛为16月龄。初配年龄公牛36月龄、母牛42月龄。犊牛成活率达95.6%。

（4）甘孜藏牛

甘孜藏牛（见彩图17）为乳役兼用型地方黄牛品种。主产于四川省甘孜藏族自治州的半农半牧区，包括康定、九龙、雅江、炉霍、甘孜等，遍布全州18个县。成年公牛体高118.8±7.3cm，体重397.5±112.6kg；母牛体高110.8±7.4cm，体重287.8±66.7kg。180天泌乳250kg，乳脂率为4.1%。公牛性成熟年龄为20～30月龄，母牛为15～20月龄。公牛初配年龄为42月龄，母牛为36月龄。犊牛成活率为86.8%。

（5）凉山牛

凉山牛（见彩图18）属役用型地方黄牛品种。中心产区为四川省凉山彝族自治州的盐源、会东、会理、昭觉、美姑、普格、布拖7个县。成年公牛体高116.2±5.4cm，体重356.5±72.4kg；母牛体高108.8±4.6cm，体重269.2±42.4kg。公牛性成熟年龄为12月龄，母牛为18月龄。公牛初配年龄为18月龄，母牛为30月龄。犊牛成活率为94.9%。

（6）平武牛

平武牛（见彩图19）属役肉兼用型地方黄牛品种。主产于四川省平武县的南坝、平通、大桥、土城、旧堡、锁江、大印、豆叩八个乡镇。成年公牛体高127.1±4.6cm，体重463.9±85.2kg；母牛体高113.7±4.4cm，体重294.1±31.7kg。公牛性成熟年龄为10月龄，母牛为12月龄。公牛初配年龄为36月龄，母牛为30月龄。犊牛成活率为85.9%。

（7）三江牛

三江牛（见彩图20）属役用型地方黄牛品种。中心产区在四川省阿坝藏族羌族自治州汶川县的三江、白石、水磨等乡（镇）。成年公牛体高116.0±6.4cm，体重346.9±80.2kg；母牛体高111.0±5.7cm，体重302.7±43.3kg。性成熟年龄为18月龄。公牛初配年龄为36月龄，母牛为30月龄。犊牛成活率为91.65%。

（8）德昌水牛

德昌水牛（见彩图21）属役肉兼用型水牛地方品种。原产地及中心产区位于四川省凉山彝族自治州安宁河流域的德昌、西昌、冕宁、会理、会东等市、县。成年公牛体重646.7±124.6kg，母牛438.6±22.2kg；公牛体高139.8±6.6cm，母牛126.9±2.4cm。主要用于农耕，全年使役120天左右。公牛30～36月龄性成熟，36～42月龄可初配。母牛18～24月龄性成熟，30～36月龄可初配。妊娠期324天左右。犊牛成活率95%以上。

（9）麦洼牦牛

麦洼牦牛（见彩图22）属肉乳兼用型牦牛地方品种。原产于四川省阿坝藏族羌族自治州，以红原县麦洼、瓦切、色地等地为中心产区。麦洼牦牛初生重较小，公犊13.1±0.4kg，母犊11.6±0.5kg。成年公牛体重207.1±39.1kg，母牛176.3±23.3kg。成年公牛体高117.7±5.5cm，母牛113.0±4.8cm。

（10）九龙牦牛

九龙牦牛（见彩图23）属以产肉为主的牦牛地方品种。原产地为四川省甘孜藏族自治州九龙县及康定县南部的沙德区海拔3000m以上的灌丛草地和高山草甸。中心产区于卫浴九龙县斜卡和洪坝。成年公牛体重359.3±53.2kg，母牛274.8±24.7kg，公牛体高为139.8±6.5cm，母牛118.8±3.0cm。24～36月龄性成熟，公牛48月龄初配，母牛36月龄初配。季节性发情，7月份进入发情季节，8月份为配种旺季。妊娠期255～270天。犊牛断奶成活率平均为8.09%。

2. 引进和培育品种

我国在19世纪、20世纪先后引进了荷斯坦牛、西门塔尔牛、娟姗牛、安格斯牛、利木赞牛等品种进行纯繁或对本地黄牛进行杂交改良，现四川引进和利用较多的品种主要为荷斯坦牛、西门塔尔牛、娟姗牛。

我国从1983年以来培育的品种共12个：乳用品种中国荷斯坦牛，兼用品种中国西门塔尔牛、蜀宣花牛、三河牛、新疆褐牛、草原红牛、科尔沁牛，肉用品种夏南牛、延黄牛、辽育白牛、云岭牛，牦牛品种为大通牦牛。现四川利用较多的品种主要有：中国荷斯坦牛、中国西门塔尔牛、蜀宣花牛。

（1）荷斯坦牛

荷斯坦牛（见彩图24）原产于荷兰，具有典型的乳用特征。成母牛年产奶量一般为8000～10000kg，乳脂率3.5%～4.0%，乳蛋白率3.0%～3.5%。成年公牛体重900～1300kg，母牛600～750kg，犊牛初生重38～50kg；公牛平均体高160cm，母牛体高140cm。

中国荷斯坦牛：中国荷斯坦牛为我国培育的第一个乳用型牛专用品种。遍布中国各个地区，以东北、华北和西北居多。成年公牛的体重900～1200kg，母牛550～750kg，公牛体高150～175cm，母牛135～155cm。通常母牛305天产奶量为7965±1398kg，乳脂率3.81%±0.57%，乳蛋白率3.15%±0.39%。目前我国饲养的奶牛80%以上为中国荷斯坦牛及其杂交改良牛。

（2）西门塔尔牛

西门塔尔牛（见彩图25）原产于瑞士西部阿尔卑斯山区的河谷地带，属于乳肉兼用大型品种。泌乳期产奶量4000kg，乳脂率4%左右。成年公牛体重为1100～1200kg，母牛为650～800kg。产肉性能良好，12月龄体重可以达到450kg。公牛经育肥后，屠宰率可以达到65%。胴体瘦肉多，脂肪少，且分布均匀。为杂交改良我国黄牛的主推品种，杂交改良效果好。

中国西门塔尔牛：2002年育成的乳肉兼用型品种。遍布全国26个省区。成年公牛的体重866±842.2kg，母牛524±45.2kg，公牛体高145±10.7cm，母牛132±5.3cm。核心群母牛305天产奶量为4327±357kg，乳脂率3.81%±0.57%，乳蛋白率4.03%±0.31%。育肥期平均日增重1106±211.3kg，屠宰率60.4%±4.9%，净肉率50.0%±5.6%。

（3）娟姗牛

娟姗牛（见彩图26）是原产于英国的一个小型乳牛品种，还以耐热性和抗病力强而著称。体格小，成年公牛活重为650～750kg，母牛为340～450kg。犊牛初生重为23～27kg。成年母牛体高120～122cm。一般年平均产奶量3500～4000kg；乳脂率5%～7%，乳脂肪球大，风味好。我国于19世纪引入娟姗牛，在我国南方有少量分布。

（4）安格斯牛

安格斯牛（见彩图27）原产于苏格兰东北部的阿拉丁、安格斯、班芙和金卡丁等郡。体型较小，成年公牛体重700～900kg，母牛500～600kg。公、母牛体高分别为130.8cm和118.9cm。肉用性能良好，被认为是世界上各种专门化肉用品种中肉质最优秀的品种。屠宰率为60%～65%。我国1974年开始陆续引进安格斯牛，与本地黄牛进行杂交。在四川地区引入安格斯牛与本地黄牛杂交后，其后代前期生长发育快、饲料利用率高、肉质好，深受广大饲养者的喜爱。

（5）蜀宣花牛

蜀宣花牛（见彩图28）是我国南方地区第一个具有自主知识产权的乳肉兼用型牛国家审定新品种。原产于四川省宣汉县。体型中等，成年公牛的平均体重782.2kg，成年母牛522.1kg；18月龄育肥体重509.1kg，屠宰率58.1%，净肉率48.2%；母牛泌乳期平均产奶量4495.4kg，乳脂率4.2%，乳蛋白率3.2%。与本地黄牛杂交改良效果好。

（6）三河牛

三河牛（见彩图29）为乳肉兼用品种，因产于内蒙古呼伦贝尔盟大兴安岭西麓的额尔古纳右旗三河地区而得名。成年公牛平均体重为1050kg，体高156.8cm；成年母牛547.9kg，体高131.8cm。群体年平均产奶量2000kg，乳脂率3.8%～4.0%；2～3岁公牛屠宰率为50%～55%，净肉率为44%～48%。母牛一般20～24月龄初配，终生可繁殖10胎以上。在内蒙古条件下，该牛的繁殖成活率为60%左右。

（7）新疆褐牛

新疆褐牛（见彩图30）为乳肉兼用品种。主产于新疆天山北麓西端的伊犁地区和准噶尔界山塔城地区的牧区和半牧区。放牧条件下，成年公牛平均体重950kg，体高144.8cm；成年母牛平均体重430kg，体高121.8cm。平均产乳量2100～3500kg，乳脂率4.03%～4.08%。在自然放牧条件下，2岁以上牛只屠宰率50%以上，净肉率39%，育肥后净肉率则超过40%。

（二）品种及组合选择

我国饲养的主要奶牛品种有中国荷斯坦牛和娟姗牛；我国培育及引入的兼用牛品种有西门塔尔牛、蜀宣花牛、新疆褐牛、草原红牛、三河牛等；引入的肉牛品种主要有夏洛莱牛、利木赞牛、安格斯牛、海福特牛、日本和牛。在生产实践中，可根据养殖者的生产需要来选择不同品种及组合。

1. 奶牛品种的选择

目前我国应用最广泛的奶牛品种为中国荷斯坦牛。

2. 育肥牛品种选择

（1）杂交牛

品种组合可选择西本、夏本、利本等，其杂交牛特点为增重快、肉质好。

（2）国内培育品种或地方品种

可选择国内培育品种，其特点是体型较大，增重快，肉质较好；选择地方品种育肥其特点为肉质较好。

3. 肉牛杂交组合选择

（1）二元杂交

适用于未经改良的区域。杂交组合示例如下：

西门塔尔牛（♂）×本地黄牛（♀）。

皮埃蒙特牛（♂）×本地黄牛（♀）。

安格斯牛 （♂）×本地黄牛（♀）。

（2）三元杂交

适用于有改良基础的区域。杂交组合示例如下：

①产肉率高：夏洛来牛（♂）×西杂牛或培育品种（♀）。

皮埃蒙特牛（♂）×西杂牛或培育品种（♀）。

②肌间脂肪高：利木赞牛（♂）×西杂牛或培育品种（♀）。

安格斯牛（♂）×西杂牛或培育品种（♀）。

三、选种与选配

（一）生产性能测定

1. 奶牛生产性能测定

（1）产奶性能测定

1）个体产奶量

305 天产奶量：自产犊后从第一天开始累加到 305 天为止的总产奶量。不足 305 天用实际产奶量（注明产奶天数）；超过 305 天以 305 天为准，超出部分不计算在内。

305 天校正产奶量：使用 240～370 天产奶量记录的奶牛可统一乘以相应系数（表 2－5），获得理论 305 天产奶量。

表 2－5　产奶校正系数

	产奶不足 305 天的校正系数							
天数	240	250	260	270	280	290	300	305
1 胎	1.182	1.148	1.116	1.036	1.055	1.031	1.011	1.000
2～5 胎	1.165	1.133	1.103	1.077	1.052	1.031	1.011	1.000
6 胎以上	1.155	1.123	1.094	1.070	1.047	10.25	1.009	1.000
	产奶超过 305 天的校正系数							
天数	305	310	320	330	340	350	360	370
1 胎	1.000	0.987	0.965	0.947	0.924	0.911	0.895	0.881
2～5 胎	1.000	0.988	0.970	0.952	0.936	0.925	0.911	0.904
6 胎以上	1.000	0.988	0.970	0.956	0.900	0.928	0.916	0.993

全泌乳期实际产奶量：指产犊后第一天开始到干奶为止的总奶量。

终生产奶量：指母牛各胎次的产奶量累加值，胎次产奶量应以全泌乳期实际产奶量为准。

2）群体产奶量

群体产奶量有成母牛全年平均产奶量和泌乳牛全年平均产奶量两种统计方法。

成母牛全年平均产奶量：成母牛全年平均产奶量（千克/头）＝全群全年总产奶量（千克）/全年平均每天饲养成母牛头数（头）。

泌乳牛全年平均产奶量：泌乳牛全年平均产奶量（千克/头）＝全群全年总产奶量（千克）/全年平均每天饲养泌乳牛头数（头）。

（2）生长发育性能测定

1）体重测定

测定 6 月龄（断奶）、12、18、24、36 月龄的体重时，连续测定空腹重 2 天，取其平均值。犊牛出生后未吃初乳测定初生重。

2）体尺测定

测定体尺时奶牛姿势应端正。牛体各部位名称见图 2 –7，测定的主要体尺性状见表 2 –6。

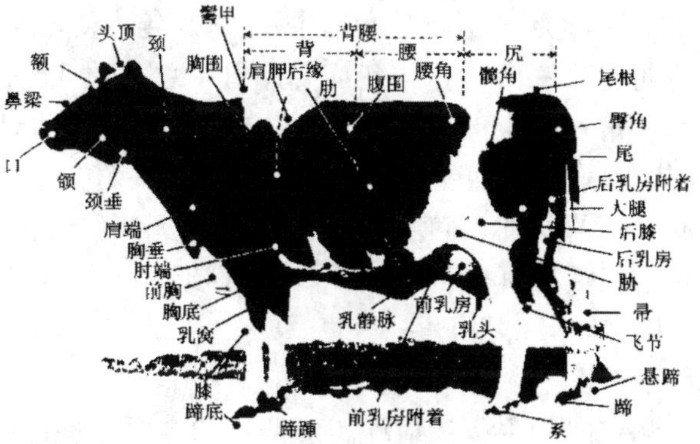

图 2 –7　奶牛体躯各部位名称

表 2 –6　牛体尺测定

序号	测量项目	测量方法	测量工具
1	体高	又称鬐甲高，自鬐甲最高点到地面的垂直距离	测杖
2	胸围	肩胛后缘处体躯的垂直周径	皮尺
3	体斜长	肩端至坐骨端的距离	皮尺
4	管围	前肢胫部上 1/3 处的周径	皮尺
5	头长	额顶（角间线中点）至鼻镜上缘的距离	皮尺
6	体直长	肩端至坐骨端后缘垂直线的水平距离	测杖
7	背高	最后胸椎棘突到地面的垂直距离	测杖
8	腰高	两腰角的中央到地面的垂直距离，亦称十字部高	测杖
9	尻高	荐骨最高点到地面的垂直距离	测杖
10	胸深	肩胛骨后缘鬐甲到胸骨的垂直距离	测杖
11	胸宽	左右第六肋骨间的最大距离	测杖
12	颈长	枕骨脊中点到肩胛前缘下 1/3 处的距离	皮尺
13	额小宽	颞颥部上面的额的最小宽度	圆测器
14	额大宽	两眼眶的最远点距离	圆测器
15	臀端高	坐骨结节至地面的高度	测杖
16	背长	从肩端垂直切线至最后胸椎棘突后缘的水平距离	测杖
17	腰长	最后胸椎棘突的后缘至腰角前缘切线的水平距离	测杖
18	尻长	腰角前缘至臀端后缘的水平距离	测杖
19	后躯宽	又称腰角宽，腰角处最大宽度	圆测器
20	髋宽	髋的最大宽度	圆测器
21	坐骨端宽	左右坐骨端最外缘之间的宽度	圆测器

（3）繁殖性能的测定

1）总受胎率：受胎率（%）=年内受胎母牛总头数/年内受配母牛总头数×100。

2）情期受胎率：情期受胎率（%）=年内受胎母牛总头数/配种总情期数×100。

3）第一情期受胎率：第一情期受胎率（%）=第一情期受胎母牛头数/第一情期配种母牛总数×100。后备牛的第一情期受胎率一般要求65%～70%，经产牛55%～60%。

4）产犊率：产犊率（%）=本年度出生犊牛总数/上年度末成母牛头数×100。

5）犊牛成活率：犊牛成活率（%）=生后3个月犊牛成活数/总产活犊牛数×100。

2. 肉牛生产性能测定

（1）生长发育性状测定

1）体尺测定：体尺测定时的牛姿势应端正。测定的主要体尺性状见表2－7。

表2－7　牛体尺测定

序号	测量项目	测量方法	测量工具
1	体高	自鬐甲最高点到地面的垂直距离。	测杖
2	胸围	肩胛后缘处体躯的垂直周径。	皮尺
3	体斜长	肩端至坐骨端的距离，简称体长。	皮尺
4	管围	前肢胫部上1/3处的周径	皮尺
5	腹围	于十字（髋结节）前缘测量腹部最大处的垂直周围。	皮尺
6	坐骨端宽	左右坐骨端最外缘之间的距离。	圆测器

2）体重测定：测定6月龄（断奶）、12、18、24、36月龄的体重时，连续测定空腹重2天，取其平均值。犊牛出生后未吃初乳测定初生重。

（2）育肥性状测定

1）育肥始重：预饲期结束，开始正式育肥时，称育肥牛的空腹重。

2）育肥期日增重：育肥期日增重=（育肥终重～育肥始重）/育肥天数。

（3）胴体性状测定

1）宰前重：宰前禁食24小时后，称牛的活重。

2）胴体重：宰后剥皮、去头、内脏，劈半后、冲洗前，称胴体重量。

3）屠宰率：屠宰率=胴体重/宰前重×100。

4）净肉率：胴体剔骨后，称量全部肉重。净肉率=净肉重/宰前重×100。

5）肉骨比：胴体剔骨后，称量全部骨头（要求骨头带肉不超过2～3kg），肉骨比=骨重/净肉重×100。

6）眼肌面积：宰前用超声波活体测膘仪测定。屠宰后，取左半胴体，将第12～13肋间的眼肌垂直切断，用方格透明卡直接计算眼肌面积。

7）背膘厚：宰前用超声波活体测膘仪测定。屠宰后，取左半胴体，将第12～13肋间眼肌横切面，从靠近脊柱一段起，在眼肌长度的3/4初，垂直于外表面测量背膘厚。

（二）种牛选择

1. 奶用种牛选择

（1）种公牛选择

1）犊牛阶段：一般采用系谱指数并结合公犊牛本身的生长发育情况进行选择，必须选最优秀的公母牛的后代。

公牛母亲的要求：一胎305天产奶量7500kg以上，二胎以上产量高于8000kg，乳脂率在3.3%以上，外貌评分80分以上；乳房结构、肢蹄和胸腹容积无明显的缺陷，相对复合育种值在102%以上。

公牛父亲的要求：公牛女儿头胎305天产奶量8000kg以上，乳脂率3.5%以上，乳蛋白率3.0%以上；主要功能性外貌性状，如乳房结构和质地、肢蹄等，育种值不可为负值，并要有明显的改良作用，外貌总评分80分以上。

2）1岁以上阶段：参考本身表现来选择，直接测量其某些经济性状。在环境一致并有准确记录的条件下，与牛群的其他个体进行比较。种公牛的体型外貌主要看其体型大小，全身结构是否匀称，外形和毛色是否符合品种要求，雄性特征是否明显，有无明显的外貌缺陷。

3）青年公牛阶段：根据公牛女儿的生产性能及外貌进行后裔测定。在公牛12月龄时，就采集精液保存，每头公牛保存1～4万头份后，将公牛淘汰。如后裔测定证明为优秀公牛，则利用这些公牛的精液，否则将全部精液废弃不用。

（2）种母牛选择

1）种母牛的选择性状

产奶性状：主要包括产奶量（千克）、乳脂率（%）、乳蛋白率（%）、非脂固形物含量（%）等。

生长发育性状：主要包括日增重（克/日）、饲料利用率（千克饲料/千克增重）、及生长能力（一定时期内所达到的体重）。

繁殖性状：主要包括头胎产犊年龄（月）、产犊间隔（天）、平均妊娠输精次数（次）、情期受胎率（%）、长寿性（胎或年）等。

体型外貌：主要以体型外貌线性评分来衡量。

抗病力：主要利用辅助性状进行检测，如：SCC作为是否发生乳房炎的标记，奶或血清中酮体含量作为酮病的标记，血清中钙、钠和镁的含量作为乳热症的标记等。

质量性状：奶牛的毛色、角型、血型、遗传缺陷等属于质量性状。

2）种母牛的选择方法

单一性状选择法：按顺序逐一选择所要改良的性状，即当第一个性状经选择达到育种目标后，再选择第二个性状；以此类推地选择下去，直至全部性状都得到改良。

独立淘汰法：同时选择几个性状，分别规定最低标准，只要有一个性状不够标准的即予淘汰。

综合选择指数法：综合指数是应用数量遗传学原理，将要选择的若干性状的表型值，根据其遗传力、在经济上的重要程度及性状间的表型相关和遗传相关给予不同的适当加权而制订的一个可以使个体间互相比较的数值，根据综合选择指数进行选择。

2. 肉用种牛选择

（1）种公牛选择

1）系谱选择：一般采用系谱指数并结合公犊牛本身的生长发育情况进行选择，必须选最优秀的公母牛的后代。

2）本身表现选择：直接测量其某些经济性状。在环境一致并有准确记录的条件下，与牛群的其他个体进行比较。种公牛的体型外貌主要看其体型大小，全身结构是否匀称，外形和毛色是否符合品种要求，雄性特征是否明显，有无明显的外貌缺陷。

3）后裔测验：根据公牛女儿的生产性能及外貌评定种公牛的好坏。

4）旁系选择：根据公牛的兄弟、姐妹、堂表兄妹等同胞个体的生产性能及外貌来定种公牛的好坏。

（2）繁殖母牛选择

1）繁殖母牛的选择性状

体型外貌：符合肉牛的外貌特点的基本要求。

体尺体重：包括初生、断奶、周岁、18 月龄等各生长发育阶段的体尺体重。

生长发育：主要包括日增重（克/日）、饲料利用率（千克饲料/千克增重）及生长能力（一定时期内所达到的体重）。

产肉性能：包括宰前重、胴体重、净肉重、屠宰率、净肉率、肉脂比、眼肌面积、皮下脂肪厚度等。

繁殖性能：包括受胎率、产犊间隔、发情的规律性、产犊能力以及多胎性。

2）能繁母牛的选择方法

参见奶用种母牛的选择方法。

（三）选配技术

1. 选配的原则

（1）育种目标明确。

（2）选择亲和力好的个体进行交配。

（3）公牛等级要高于母牛。

（4）相同缺点或相反者不配。

（5）不任意近交。一般情况下，三代以内有亲缘关系的公母牛，不进行交配。

（6）搞好品质选配。优秀母牛进行同质选配；欠优母牛在特殊育种目的时进行异质选配；改良到一定程度的牛群，不与本地公牛或低代公牛配种。

（7）尽量避免用太幼或过老的公母牛交配。

（8）充分利用杂交优势。

2. 选配的程序

（1）数据资料的收集

首先，收集整个群体的系谱结构、形成历史、现有水平以及有待改进的性状。

（2）分析交配双方的优缺点

分析群体的优缺点，明确要保留的特性、要提高的特性以及要清除的特性，选配最适合的公牛。

（3）绘制牛群系谱图，分析系、族间亲和力

绘制群体系谱图，追溯个体所属的系和族，比较不同系、族的交配结果，以判断不同系、族间的亲和力大小。

四、牛的繁殖技术

（一）配种年龄

1. 初配年龄

普通牛一般 13～16 月龄，体重为成年体重的 60%～70% 时才能配种。

2. 产后配种时间

通常需要 21～50 天。产后第一次发情时间变化范围为 30～45 天，产后配种应在产后 60～90 天内完成。

（二）适时配种

通常在发情开始后 12～18 小时配种受胎率最高。日常生产过程中，观察发现母牛早上接受爬跨，下午配种；下午或傍晚接受爬跨，次日早上或上午配种。

生殖道观察，发现黏液较黏稠，用手指蘸取黏液，拇指和食指间的黏液牵拉 6～8 次不断时，适合配种；直肠把握检测，当卵泡直径在 1.5cm 以上，波动明显，泡壁薄，有一触即破之感，适合配种。

（三）发情鉴定

发情观察每天至少进行 3 次，即早晨 6～7 点，中午 10～4 点，下午 17～20 点。鉴定发情方法有外部观察法、试情法、直肠检查法、阴道检查法，生产上常用外部观察法和直肠检查法或两者结合。

1. 外部观察法

发情牛眼睛充血有神；兴奋不安；鸣叫，食欲减退甚至拒食；排尿次数增多；有爬跨或被爬跨现象，特别在发情盛情，发情牛当被爬跨时，常静立不动，愿意接受交配；阴户充血肿胀，流出黏液；发情初期黏液稀薄量少，盛期黏液量增加且度增高，牵拉 6～8 次不断；另外，在发情后期有 90% 的育成牛和 50% 的成年牛有从阴道排出少量血液的现象。

2. 直肠检查法

主要检查卵泡发育情况，卵泡直径 0.5～0.75cm，波动不明显，表明发情开始；卵泡直径增加到 1～1.5cm 时，呈小球状，波动明显，表明母牛由发情盛期进入后期；排卵后成为一个小窝，排卵后 6～8 小时，黄体开始生长，小窝被黄体填平。

（四）配种方式

配种方式包括直配和人工输精两种，目前生产中应用最为广泛的是人工输精。在此仅对人工输精方式进行简述。

1. 输精前的准备

（1）母牛准备

母牛最好保定在输精架上或牛床颈架上进行配种。保定好后，先用 1% 的新洁尔灭或 0.1% 的高锰酸钾溶液洗净外阴部，然后用干净的毛巾或纱布擦干。输精时让助手或饲养者将母牛尾巴拉向一侧。

（2）输精器械的准备

所有输精器械必须严格消毒，每次使用后应及时消毒备用。一支输精器一次只能为一头牛输精，未经消毒的输精器不能再次给另一头牛或几头牛输精。

（3）输精人员准备

输精人员剪短磨光指甲，洗净消毒手及手臂，用消毒毛巾擦干，再用75%的酒精消毒药棉擦手，待酒精挥发后即可操作。操作时应穿戴上长臂乳胶手套、工作服和鞋。

（4）精液准备

冻精解冻：目前广泛使用细管冻精，其解冻方法是，将细管直接投入40±2℃温水中，待管内精液一半融化时，立即取出备用。

2. 输精技术

现阶段主要采用直肠把握子宫颈输精法，具体操作步骤为：先用手轻轻柔动肛门，使肛门括约肌松弛，然后将直肠内粪便掏出，用手指从子宫颈的侧面，握住子宫颈的外口端（见彩图31）。另一只手持输精枪自阴门以35°~45°的角度向上插入5~10cm，避开尿道口后，再改为平插或略向前下方进入阴道。当输精枪接近子宫颈外口时，握子宫颈外口处的手将子宫颈轻提向阴道方向，使之接近输精枪前端，并与持输精枪的手协同配合，将输精枪缓缓穿过子宫颈内侧的螺旋皱褶，插入子宫颈深部约2/3~3/4处，当确定注入部位无误后再将精液注入。

（五）妊娠诊断

目前在生产实践中应用的主要有外部观察法、直肠检查法和超声波诊断法3种。

1. 外部观察法

妊娠最明显的表现是发情周期停止，配种后18~24天不再发情；食欲增加，被毛光亮，性情温顺；到5个月后，腹围出现不对称，右侧腹壁突出，乳房逐渐发育。外部观察法通常作为一种辅助的诊断方法。

2. 直肠检查法

直肠检查法是判断是否妊娠和妊娠时间的最常用且最可靠的方法。有经验的人员配种后在40~60天就能做出判断，准确率高达90%以上。

母牛妊娠21~24天，在排卵侧卵巢上，存在有发育良好，直径为2.5~3cm的黄体，90%已受孕。

妊娠30天后，两侧子宫大小不对称，孕角略为变粗，质地松软，有波动感，孕角的子宫壁变薄；而空角仍维持原有状态。用手轻握孕角，从一端滑向另一端，有胎膜囊从指间滑过的感觉，若用拇指与食指轻轻捏起子宫角，然后放松，可感到子宫壁内有一层薄膜滑过。

妊娠60天后，孕角明显增粗，相当于空角的2倍左右，波动感明显，角间沟变得宽平，子宫开始向腹腔下垂，但依然能摸到整个子宫。

妊娠90天，孕角的直径为12~16cm，波动极明显；空角也增大了1倍，角间沟消失，子宫开始沉向腹腔，初产牛下沉要晚一些。子宫颈前移。孕侧的子宫中动脉根部有微弱的震颤感（妊娠特异脉搏）。

妊娠120天，子宫全部沉入腹腔，子宫颈已越过耻骨前缘，一般只能摸到子宫的背侧及该处的子叶（如蚕豆大小），孕侧子宫动脉的妊娠脉搏明显。

3. 超声波诊断法

采用较精密的B型超声波诊断仪。其探头放置在右侧乳房上方的腹壁上，探头方向应朝向妊娠子宫角。通过探头的方向和位置的移动，可见到胎儿各部的轮廓，心脏的位置及跳动情况，单胎或双胎等。在具体操作时，探头接触的部位应剪毛，并在探头上涂以接触剂（凡士林或石蜡油）。

五、奶牛饲养管理

（一）犊牛饲养管理

1. 犊牛的饲养

（1）及时哺喂初乳

犊牛出生后1小时内喂初乳1～2kg，出生当天饲喂4次初乳，24小时内喂足5kg；而后每天饲喂3次，连续饲喂4天，4天后逐渐过渡到常乳。

（2）哺喂常乳

前10天，日喂奶2～3次，不低于6kg/天。20～30天，日喂奶2～3次，5kg/天；30～60天，日喂奶2～3次，4kg/天；60～90天，日喂奶2次，随着精料采食量的增加，逐渐减少牛奶用量，每天2～3kg。

（3）早期训食精料

出生15～20天，应训练采食专用犊牛精料，先涂抹在口角和鼻端任其舔食，每天喂量10～20g，1周后增至80～100g，1月龄日采食量达250～300g，2月龄时达500g。犊牛全期耗精料量250～300kg。当犊牛连续3天采食超过500g精料时，即可断奶。

（4）补饲青、粗料的方法

1周左右开始投放优质干草供其自由采食。1个月以后可供给少量块根和青贮饲料。

2. 管理要点

（1）搞好卫生工作

犊牛栏勤打扫，保持犊牛栏和垫草的清洁、干燥，定期消毒牛栏、牛舍。每天定时刷拭牛体，保证牛体清洁。

（2）保温和通气良好

犊牛舍冬季要尽可能保温；舍内阳光充足，通风良好，使空气新鲜，但注意防止贼风、穿堂风；夏季防暑。

（3）运动和调教

温暖季节，犊牛2周后，寒冷季节犊牛1月龄后可放出舍外，任其自由活动。饲养员要经常抚摸、梳刷牛体，实现人畜亲和，培养温顺的性格，便于饲养管理。

（4）饮水

保证供给犊牛清洁的饮水，喂奶期犊牛用32～38℃清洁饮水，以2份奶，1份水混匀饲喂，2周后改为饮用常温水。一月龄后，除混入奶中饲喂外，还应在犊牛栏内或活动场所设置饮水槽，供给充足的清洁饮水。

（5）去角

犊牛出生后2～5周去角。常用的去角方法有电烙铁法和火碱棒法。

1）电烙铁法：去角时将犊牛简单保定，防止挣扎。将枪式去角器通电10min加温至480℃～540℃后，放在犊牛角突起的基部处10秒钟，使基部组织变为古铜色为止。适用于15日龄～35日龄以内的犊牛。

2）火碱棒法：首先将犊牛角突起的基部周围3cm处剪毛，用5%碘酊消毒，注射麻醉剂，周围涂凡士林。用火碱棒在角突起的基部涂搽到基部组织皮下出血为止。去角后24小时内要防止雨水或者奶汁等液体淋湿犊牛头部。

（6）去除副乳头

去副乳头的最佳时机在2～4周龄。先对副乳头周围清洗消毒，再轻拉副乳头，用消毒剪刀在副乳头基部剪除，然后5%碘酒消毒即可。

（二）育成牛饲养管理

断奶以后即进入育成牛阶段，让牛自由采食优质牧草、干草等。精料的补充也可以适当减量，一般0.5～1.5kg/天即可满足需要。注意补充蛋白质、矿物质和维生素，供应清洁充足的饮水，勿喂霉变腐败的饲料。控制优质青贮玉米即淀粉的摄入量，防止乳腺中脂肪沉积，导致中看不中用的肉乳房。至分娩的前三个月，可以在原基础上每天再补料0.5～1kg。

1. 定期称重和测量体尺

密切注意体重、体高、体长和胸围的变化，以便确定饲养方案。保证14～16月龄能够达到初配体重360～380kg。

2. 乳房按摩

12月龄后每天按摩乳房一次，18月龄后增加到2至3次。按摩的时间要与日后挤奶的时间一致，并在按摩时用热毛巾敷擦乳房。产前1～2月停止按摩。

3. 刷拭和修蹄

刷拭每天1～2次。修蹄每年春秋季节应各修蹄一次，以保证牛蹄健康。

4. 运动

每天至少有2小时以上的驱赶运动。

5. 适时配种

适时配种对于延长母牛利用年限，增加泌乳量和经济效益非常重要。

（三）成年母牛饲养管理

1. 干奶牛的饲养

（1）干奶方法

1）逐渐干奶法：用1～2周的时间将泌乳活动停止。在预定停奶前1～2周开始停止乳房按摩，改变挤奶次数和挤奶时间，由3次挤奶改为2次，而后1天1次或隔日1次；改变日粮结构，停喂糟粕料、多汁饲料及块根饲料，减少精料，增加干草喂量，控制饮水量（夏季除外），当奶量降低至4～5kg时，一次挤净。此法适合于患隐性乳腺炎或过去难以停奶的高产牛。

2）快速干奶法：在预定的干奶之日，不论奶量多少，由有经验的挤奶员，认真热敷按摩乳房，将奶挤净。挤完奶后即刻用酒精消毒乳头，而后向每个乳区注入一支含有长效抗生素的干奶药膏，最后再用3%的次氯酸钠或其他消毒液浸浴乳头。这种方法对于曾有乳腺炎病史或正患乳腺炎的母牛不宜采用。对于奶量较高的奶牛，建议在干奶前一天停止饲喂精料。

（2）干奶期的饲养管理

1）日粮搭配：日粮保持适宜的纤维含量，限制能量过多摄入，避免过多采食蛋白质，满足矿物质和维生素的需要。

2）保持卫生清洁的环境：每日刷拭2次。同时保持牛床清洁干燥，尤其注意保持后躯和乳房的清洁卫生。

3）运动：干奶牛每天运动时间2~3小时为宜，进出的通道要铺垫草，防止打滑，出入门要防止相互挤撞。此外，运动场要注意清除铁器、异物并保持清洁。

2. 围产期母牛的饲养管理

（1）围产前期的饲养管理

1）日粮结构：从分娩前2周开始，逐渐增加精料的喂量（每天增加0.5kg）到奶牛体重的1%。适当补充维生素A、D、E和微量元素，日粮钙含量从占干物质的0.60%降到0.40%，防止乳热症的发生。

2）日常管理：适量运动，加强刷拭，增加光照，运动场所应清理障碍物及做好防滑措施，做好保胎工作；临产前15天转入产房，临产前用0.1%的高锰酸钾液（或其他消毒液）擦洗生殖道外部及后躯，并备好消毒药品、毛巾、产科绳以及剪刀等接产用具。

（2）围产后期的饲养管理

1）日粮结构：日粮钙含量调整到占干物质的0.8%~1.0%。产后一周内，以优质干草为主，任其自由采食。分娩后4~5天起精料逐日增加0.45~0.5kg，饮温水（37~38℃）。

2）日常管理：产后立即灌服营养补充液（10~20kg温水+食盐100~200g+麸皮少许或10~20kg温水+红糖300g+白酒15mL），以利于奶牛恢复体力和胎衣排出。产后1小时以内进行第一次挤奶，挤奶前先清洗，消毒，然后再清洗乳房四周。产后12小时以上胎衣尚未完全排除，应及时请兽医处理。

3. 哺乳母牛的饲养管理

按照饲养标准全面饲养，特别是要供应充足的蛋白质、矿物质和维生素。进行合理运动。

六、肉牛饲养管理

（一）犊牛饲养管理

犊牛生后要在1小时内吃上初乳。一般肉用犊牛随母牛自然哺乳，直到6月龄左右断奶，这期间让犊牛吃到足够的乳。为防止争斗便于管理，犊牛生后10天去角。

（二）育成牛饲养管理

1. 育成母牛的饲养管理

（1）育成母牛的饲养

育成牛饲养以青粗饲料为主，自由采食，强调饲喂优质青草和青贮饲料。日精料供给量为1~4kg。注意矿物质钙、磷、钠等的供给，保证微量元素、维生素A和维生素E的供给，干物质进食量占体重的2.5%~2.8%，7~12月龄日粮中推荐粗蛋白14%，能量5.86~6.69MJ/kg，钙、磷分别为0.41%、0.3%；13~19月龄日粮中推荐粗蛋白12%，能量5.44~5.86MJ/kg，钙、磷分别为0.41%、0.3%。

（2）育成母牛的管理技术

1）分群：按年龄分群，6~12月龄，13~18月龄，初孕后期的牛各为一群。

2）梳刮：每天应刷拭 1～2 次，每次 5～10min。

3）加强运动：晴天到运动场自由活动，舍饲期的育成牛每天至少进行 2 小时以上的运动。

4）青年母牛的初次配种：观察记录每头牛的初情期，对长期不发情的母牛请人工授精员或兽医进行检查。

5）受胎后的管理：分娩前 1 周进入产房单独饲养。冬季勿饮冰碴水，牛舍防止地面结冰，上下槽不急赶，不喂发霉冰冻变质饲料。

2. 育成公牛的饲养管理

（1）育成公牛的饲养

育成公牛的生长比育成母牛快，因而需要的营养物质较多，特别需要以补饲精料的形式提供营养，以促进其生长发育和性欲的发展。对育成公牛的饲养，应在满足一定量精料供应的基础上，让其自由采食优质的精、粗饲料。

（2）育成公牛的管理

与育成母牛分群饲养。保持牛体清洁，经常刷拭牛体，每天刷拭 1～2 次，每次 5～10min。

（三）成年母牛饲养管理

1. 妊娠母牛的饲养管理

（1）妊娠母牛的饲养

妊娠前期，胎儿生长速度慢，以母体生长发育为主，营养需要量不大。营养的补充以粗饲料为主，适当补充维生素（预混料）及微量元素（舔砖）；妊娠后期，保证胎儿的正常生长及母体营养的储备，保证营养的供给，营养的补充以精饲料为主，控制饲喂量，避免胎儿过大。维生素、矿物质补充（预混料、添砖）。

（2）妊娠母牛的管理

妊娠前期做好保胎工作。妊娠后期，加强运动，保证母体良好体质，做好转群工作，消毒及助产机械的准备。

2. 带犊母牛的饲养管理

母牛产后及时供给温热的麦麸盐水 10kg（麦麸 1kg、食盐 30g），以补充体液损失和体力，调节酸碱平衡。饮水要清洁卫生，冬天温度不低于 10℃。产后要喂易消化的饲草饲料，如优质青干草和少量精料，3～5 天恢复到 1kg。要特别注意泌乳早期（产后 70 天）的补饲，除增加青干草、青贮料、作物秸秆和配合精料等日常饲料的数量外，每天最好补喂饼粕类蛋白质饲料 0.5～1kg，同时保证矿物质和维生素的需要。

3. 空怀母牛的饲养管理

（1）空怀母牛的饲养

需增加饲喂量，以便提高营养，促进发情。推荐每牛每天精饲料喂量为 2.5kg，每天 3 次，青贮饲料 16kg，青干草 3～3.5kg，自由采食。

（2）空怀母牛的管理

改善饲养管理条件、保持牛舍通风干燥增加运动和日光浴，增强牛群体质，提高繁殖力。

（四）育肥牛饲养管理

1. 育肥方法

（1）持续育肥法

牛6月龄断奶以后，一直用育肥日粮催肥到18~20月龄，体重达到400kg以上。日粮配合可根据牛体重的不断增加，日粮应每个月调整一次，使其获得计划的日增重。当气温低于0℃和高于25℃时，气温每升降5℃应加喂10%的精料。对育成牛宜采用栓系喂养方式：定时喂给精料和主要辅助饲料（如胡萝卜等），粗粮不限量；自由饮水，夏天饮凉水，冬天不饮低于20℃的温水，尽量限制其活动，保持环境安静。对乳用品种育成公牛作强度育肥时每千克增加所需精料量较肉用品种牛高30%以上。

（2）架子牛育肥法

一般牛断奶后，在低营养水平下，养到12~18月龄后，再供给较高的营养水平日粮，集中催肥3~6个月，体重达到400~500kg。在饲养上，以粗料为主，精料要注意蛋白质的浓度，日粮中的钙、磷含量及比例必须合适。每天饲喂2~3次，时间间隔均等，先喂草、后喂料，最后饮水。

育肥前，第1天用复方阿维菌素驱虫，第3天用大黄苏打片（30~100片）健胃。肥育期间，一般不强调运动；搞好圈舍日常清洁卫生和防疫工作；每月或隔月称重，检查牛体生长发育情况，作为调整日粮的依据。

3. 淘汰牛育肥

丧失劳动和繁殖能力的牛，采取强度育肥法，育肥期一般2~3个月。日粮以能量为主，适口性要好。一般育肥期以每年的6~11月为宜，秋末膘情好时出栏。可利用酒糟进行育肥，每日喂酒糟15~20kg，加入玉米或米糠1~1.5kg，其他饲料自由采食。利用糟渣类如豆腐渣和玉米粉进行育肥，每天最多可喂40kg。

七、牦牛（犏牛）饲养管理

（一）犊牛饲牧管理

1. 接产

犊牛出生后立即清除口鼻黏液，并轻压肺部，以防黏液进人气管。随后实施断脐，将耗犊牛的脐带在距离腹部10cm处剪断，用5%的碘酒浸泡1~2min消毒。耗犊牛身上其他部位的胎液最好让母牛舔干净。

2. 犊牛断奶

在母牦牛妊娠后期和犊牛出生后3个月内，不论是随母哺育或人工哺育的牦犊牛，均需补饲草料（特别是在冷季）。犊牛5~6个月，自然断奶。

（二）种公牦牛的饲牧管理

牦牛为自然交配，充分利用处于优胜地位公牦牛，并注意及时淘汰虽居优胜地位而配种能力减退的个体。配种年龄为4~8岁，以4.5~6.5岁的配种能力最强。公母牦牛的比例以1:14~1:25为宜。

非配种季节应与母牦牛分群放牧，或与阉牛、组群，远离母牦牛群放牧；配种季节每日或隔日补饲，饲喂含蛋白质高的精料或配合饲料。

（三）冷季饲牧管理

冬、春季放牧的主要任务是保膘和保胎，可采用“放牧+暖棚+补饲”的方式。放牧要晚出牧，早归牧。晴天放较远的山坡和阴山；风雪天放避风的洼地或山湾，放牧牛群朝顺风方向行进。怀孕母牦牛避免在冰滩地放牧，也不宜在早晨及空腹时饮水。刚进入冬春季牧场的牦牛，尽量选择未积雪的边远牧地、高山及坡地放牧，推迟进定居点附近的冬春季牧地放牧的时间。在牧草不均匀或质量差的牧地上放牧时，要采取散牧的方式，让牛只在牧地上相对分散自由采食。归牧后，夜宿暖棚加补饲，首先补饲青干草和芫根（每头每天各按1kg计算，如草料充足可增加饲喂量）。待青干草和芫根吃完后，再补饲精料（玉米面0.2kg、碳酸氢钙30g和食盐5g）。补饲时间为11月至翌年5月。

（四）暖季饲牧管理

秋季放牧的主要任务是提高产乳量，搞好抓膘和配种，使当年要屠宰的牦牛在入冬前出栏，采用“放牧+补饲”的育肥方式。早出牧、晚归牧，延长放牧时间，让牦牛多采食。出牧后由低逐渐向通风凉爽的高山放牧，由牧草质量差或适口性差的牧场，逐渐向牧草质量好的牧场放牧，可在头一天放牧过的牧场上让牦牛再采食一遍，以减少牧草的浪费。当定居点距牧场2km以上时搬迁，以减少每天出牧、归牧赶路的时间及牦牛体力的消耗。带犊泌乳的牦牛，10天左右搬迁一次，3～5天更换一次牧地。归牧后，补饲精料（每头每天按玉米面0.2kg、碳酸氢钙30g和食盐5g，拌匀后饲喂）进行抓膘，补饲时间为5月中上旬至10月中旬。

八、牛场建设与设计

（一）新常态下牛场选址

牛场场址的选择，必须与农牧业发展规划、农田基本建设规划以及今后修建住宅等规划结合起来，且需符合《畜牧法》的要求，以适应现代化养牛的需要。所选择的场址要有发展的余地。牛场的位置应选在离饲料生产基地和放牧地较近、交通便利、供电方便的地方。但不要靠近交通要道与工厂、住宅区，以利防疫和环境卫生。

在四川农区，牛场建设主要以应对夏季热应激为主。根据一年内主风向确定牛场牛舍朝向。牛舍要修建在地势高燥、背风向阳、空气流通、土质坚实、地下水位低、排水良好，具有缓坡的开阔平坦地方。

牛场场址应选在有充足良好水源之处，以保证常年用水，取用方便。要注意水中的微量元素成分与含量，特别是工业污染和微生物、寄生虫的污染程度。通常井水、泉水等地下水的水质较好，而溪、河、湖、塘等地面水，则应尽可能地经过净化处理后再使用，并要保持水源周围的清洁卫生。

（二）牛场布局

牛场场地规划应本着因地制宜和科学饲养管理的原则，合理布局，统筹安排。场地建筑物的配置应做到整齐、紧凑，提高土地利用率，节约供水管道，有利于整个生产流程和便于防疫，并注意防火安全。

1. 牛舍

牛舍应建造在场内中心。修建数栋牛舍时，应采取长轴平行配置。当牛舍超过四栋时，可两行并列配置。前后对齐，相距10m左右。奶牛舍建筑应包括挤奶台、牛奶处理室、工具室、产房、值班室。没有设置水塔和饲料调制间的小型牛场，还应在牛舍内设水井、水箱（或贮水槽）及调料室。在牛舍四周和场内舍与舍之间都要规划好道路。道路两旁和牛场各建筑物四周都应绿化，种植树木。

2. 饲料库、饲料调制室、草料棚

饲料调制室应设在各牛舍中央、距离各栋牛舍较近，并且饲料库靠近调制室以便运输饲料比较方便。

3. 兽医室

兽医室和病牛舍要建筑在距牛舍200m的地方，以免疾病传播。

4. 办公室和职工宿舍

大型牛场的办公室和宿舍区应设在牛场大门口或场外，以防外来人员联系工作时，穿越场内和职工家属随意进入场内，传播疫病。牛场大门口应设门卫值班室及消毒池。

5. 建立蓄水池、贮粪场、沼气池、青贮池等配套的附属设施

青贮池可设在牛舍附近，便于取用，但必须防止牛舍和运动场的污水渗入池内。沼气池标准按农能办标准修建。牛尿和牛粪实行干湿分离，牛粪堆积发酵，牛尿进沼气池或沉淀池。

（三）圈舍（栏）设计参数

1. 奶牛圈舍设计参数

目前，大多数奶牛场都采取散栏式（见图2－8）饲养奶牛，具体参数指标见（表2－8、2－9、2－10）。

表2－8　奶牛场生产区占地面积参考表

总头数	成乳牛	后备牛	占地（亩）	备注
700	385	315	70	成乳牛占60% 后备牛（犊牛、育成牛、青年牛）40%
400	220	180	40	
200	110	90	20	
100	55	45	10	
50	27	23	5	

（引自王根林，《养牛学》2000）

表2－9　牛舍各种设施规格参考表

设施 牛只	牛床宽（m）	牛床长（m）	粪尿沟宽（m）	粪尿沟深（m）	走道宽（m）	饲槽宽（m）	饲喂走道宽（m）
大牛（600～750kg）	1.2～1.40	1.65～1.80	0.4～0.5	0.25～0.4	1.80～1.40	0.45～0.60	1.0～1.40
中牛（450～600kg）	1.1～1.2	1.55～1.65	0.4～0.5	0.25～0.4	1.80～1.40	0.45～0.60	1.0～1.40
小牛 450kg以下	1.0～1.1	1.40	0.4～0.5	0.25～0.4	1.80～1.40	0.45～0.60	1.0～1.40

表 2－10　散栏式牛床尺寸表

阶　段	宽度（m）	长度（m）
（680kg 以上）大型成母牛	1. 22	2. 50
（500～680kg）中型成母牛	1. 14	2. 30
（小于 500kg）中型成母牛	1. 07	2. 20
（320～500kg）青年母牛	0. 91	1. 83
（小于 320kg）育成牛	0. 76	1. 52
犊牛	0. 61	1. 40

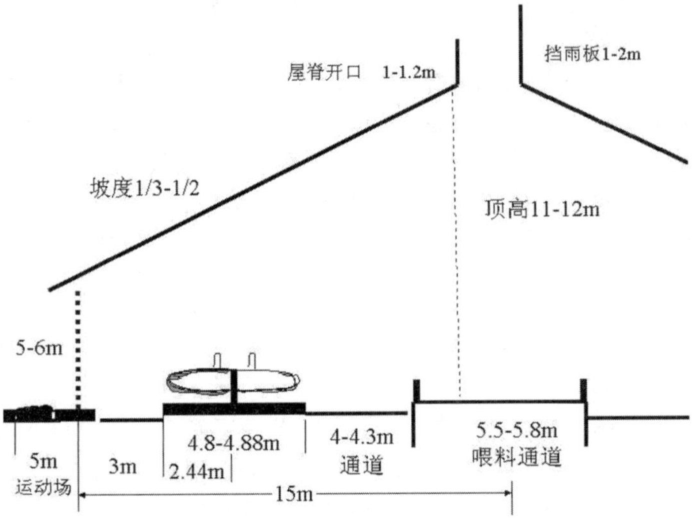

图 2－8　散栏式牛舍（四列式）示意图

2. 肉牛圈舍设计参数

牛舍通常采用双列开放式设计，为砖木或钢架结构。牛舍脊高 5m，中间通道为 1. 8m（人工饲喂）或 4. 5m（机械饲喂）。颈护栏 1. 1m，饲槽后接牛床长 1. 7m，坡度为 4. 0%，前高后低，平均每个牛床宽度 1m。粪尿沟宽 30cm，深 15cm。粪尿沟后过道 1m。如果饲喂挤奶牛，牛床宽度增加到 1. 2m，每头牛之间隔开，防止相互斗殴。

第三节　养羊生产

一、羊的生物学特性

（一）羊的生物学特性

羊的生物学特性有合群性强；喜干燥，恶潮湿；爱清洁，厌污浊；适应性强；活泼爱动，喜登高；抗病力强；采食面广。羊是典型的反刍动物，具有复胃，分为瘤胃、网胃、瓣胃和皱胃（真胃），成年后的羊，瘤胃容积大，约占到腹腔体积的 2/3，其功能是储藏在较短时间采食的未经充分咀嚼而咽下的大量饲草，待休息时反刍；内有大量的能够分解消化纤维素的微生物，因此瘤胃是羊消化纤维素的主要器官。羊采食饲料中的全部纤维素，在瘤胃被消化的达 78.9%，而在盲肠和结肠中被消化的仅为 11.6%。羊的小肠是消化吸收营养物质的主要器官。

（二）羊的生物学特性基本参数

见表 2－11、2－12、2－13、2－14。

表 2－11 羊的体温、呼吸、脉搏

种类	体温（℃）	呼吸（次/min）	脉搏（次/min）
绵羊	38.5～39.5	12～13	70～80
山羊	38.0～39.0	10～25	60～80
羔羊	39.5～40.0	25～35	90～100

表 2－12 羊的反刍和肠胃蠕动

年龄	每个食团咀嚼次数（次）		每个食团反刍时间（秒）		反刍间隔时间（秒）		瘤胃蠕动次数（10min）	
	范围	平均	范围	平均	范围	平均	范围	平均
4～12 月龄	54～100	81	38～58	44	4～8	6	18～24	22
12 月龄以上	69～100	76	34～70	47	34～70	47	16～28	22

表 2－13 繁殖生理指数

项目	绵羊	山羊
开口期	不超过 8 小时	不超过 8 小时
产出期	3 个小时以上，如有两个胎儿以上，产出间隔时间是 0.5～1 小时	3 小时以内，如有两个胎儿以上，产出间隔时间是 0.5～1 小时
胎衣排出期	最后一个胎儿产出后 2～4 小时	最后一个胎儿产出后 2～4 小时
尿水（mL）	700～800	500～1500
羊水（mL）	300～500	400～1200

表 2－14 分娩过程

项目	绵羊	山羊
性成熟期（月）	6～8	6～8
体成熟期（年）	1.5～2	1.5～2
衰老期（年）	8～9	10～11
发情周期（天）	平均 17 天	平均 21 天
发情持续期（小时）	24～36	24～48
妊娠期（天）	146～157	146～160

（续表）

项目	绵羊	山羊
脐带长度（cm）	7～12	7～12
胎儿数	通常为单羔，个别为双羔至三羔	通常为单羔或双羔，黑山羊可达3～5羔
产后第一次发情（月）	1.5～2	1～1.5
公羊每天可交配次数	3～4	3～4

二、羊的主要品种

（一）波尔山羊

波尔山羊（见彩图32）是世界上著名的肉用山羊品种，以体型大、增重快、产肉多、耐粗饲而著称。全身皮肤松软，颈部和胸部有较多的皱褶，尤以公羊为多。眼睑和无毛部分有色斑。全身毛细而短，有光泽，有少量绒毛。头颈部和耳棕红色。额端到唇端有一条白色毛带。体躯、胸部、腹部与前肢为白色，允许有棕红色斑。额部突出，鼻呈鹰钩状，角坚实且长度适中，耳宽下垂，背腰平直，胸宽深，四肢粗壮。公羊体态雄壮，睾丸发育良好。母羊外貌清秀，乳房发育良好，允许有附乳头。体躯被毛为白色，头部和颈部为棕红色，紧贴皮肤。允许头部皮肤有一定数量的色斑。头大小适中，公、母羊均有角，耳大下垂，鹰爪鼻，公、母羊胡须很短。颈肩结合良好，前胸较宽，肋开张良好，背腰宽平，后躯发达，四肢粗壮，蹄质坚实。母羊乳房发育良好，公羊雄性特征明显。体躯各部结构匀称，整个体躯略呈圆桶形。波尔山羊成年公羊体重90～130kg，母羊60～90kg。周岁屠宰率达50%。产羔率193%～225%。波尔山羊适合放牧和舍饲饲养。

（二）南江黄羊

南江黄羊（见彩图33）是我国人工培育的第一个肉用山羊新品种，主要分布于四川省南江县、通江县及邻近的地区。全身被毛黄色，毛短、富有光泽，自枕部沿背脊有一条黑色毛带至十字部后渐浅。头大小适中，耳长直或微垂，鼻微拱，公羊、母羊均有毛髯。背腰平直，四肢粗壮，体躯各部结构良好，整个体躯略呈圆桶形。南江黄羊公羊周岁体重35kg，母羊28kg，成年公羊体重60kg，母羊42kg。母羊常年发情，一般年产两胎，部分两年产三胎，经产母羊产羔率为200%。周岁羯羊胴体重15.5kg，屠宰率为49%。南江黄羊适合放牧、半舍饲和舍饲饲养。

（三）简州大耳羊

简州大耳羊（见彩图34）于2013年通过农业部审定，是我国成功培育的第二个肉用山羊新品种，中心产区位于四川省简阳市。体型高大，体质结实，体躯呈长方形；被毛为黄褐色，腹部及四肢有少量黑色，从枕部沿背脊至十字部有一条宽窄不等的黑色毛带；头中等大小；耳大下垂，成年羊耳长18～23cm；大部分有角，公羊角粗大，向后弯曲；母羊角较小，呈镰刀状；鼻梁微拱；成年公羊下颌有毛髯，少数有肉髯；颈长短适中，背腰平直，四肢粗壮，蹄质坚实。公羊体态雄壮，睾丸发育良好、匀称；母羊体形清秀，乳房发育良好，多数呈球型。成年公羊70kg，成年母羊47kg。初产母羊产羔率153%，经产母羊242%。周岁阉羊屠宰率50.04%，净肉率38.46%。

（四）川中黑山羊

川中黑山羊（见彩图35）分为金堂型和乐至型两类，属以产肉为主的大型山羊地方遗传资源，原产于四川省金堂县和乐至县。全身被毛黑色，具有光泽，冬季内层着生短而细密的绒毛。有角或无角。公羊角粗大，向后弯曲并向两侧扭转；母羊角较小，呈刀状。耳中等偏大，有垂耳、半垂耳、立耳。公羊鼻梁微拱，母羊平直。成年公羊下颌有毛髯，成年母羊部分颌下有毛髯，部分羊颌下有肉髯。头中等大，颈长短适中，背腰宽平，四肢粗壮，蹄质坚实。体型大，体质结实，全身各部结合良好。公羊体态雄壮，前躯发达，睾丸发育良好。母羊后躯较发达，肌肉发育良好，乳房发育良好，呈球形或梨形。乐至型中部分头部有枝子花色，体型上乐至型比金堂型略大。川中黑山羊成年体重公羊69kg、母羊48kg。周岁公羊屠宰率49.94%、母羊屠宰率47.58%。母羊平均产羔率236.78%。

（五）川南黑山羊

川南黑山羊（见彩图36）分为自贡型和江安型两类，属肉皮兼用型山羊地方遗传资源，原产地在四川省富顺县、荣县和江安县。全身被毛呈黑色，富有光泽，毛细匀短浅，成年羊换毛季节有少量毛纤维末梢呈棕色。成年公羊有毛髯，颈部、肩部、股部披蓑衣状长毛，沿背脊有粗黑长毛，自贡型部分额部有鬈毛。体型中等，体质结实。有角或无角，公羊角粗大，向后下弯曲呈镰刀形，母羊角呈八字形。立耳，鼻梁直。公羊颈部粗短，母羊细长。背腰平直，后躯丰满。四肢粗壮端正、蹄坚实。公羊体态雄壮，睾丸发育良好。母羊乳头两个，无附乳头，呈球形。成年体重公羊42.40kg，母羊38.22kg。周岁平均屠宰率公羊46.05%、母羊45.42%。母羊平均产羔率205.24%，其中初产为161.77%，经产为223.35%。

（六）成都麻羊

成都麻羊（见彩图37）俗名四川铜羊，属肉皮兼用型山羊地方品种，原产于四川省的大邑县和双流县。全身被毛短，有光泽，冬季内层着生短而细密绒毛。体躯被毛呈赤铜色、麻褐色或黑红色，并具有十字架和画眉眼特征。但腹部被毛颜色较浅，呈浅褐色或淡黄色。头中等大，两耳中等长，侧伸，额宽微突，鼻梁平直，嘴齐唇薄。公母羊大多有角，公羊角粗大，向后方弯曲并略向两侧扭转；母羊角较短小，多呈镰刀状。公羊及大多数母羊下颌有髯，部分羊颈下有肉垂。颈长短适中，背腰宽平，尻部略斜，尾短上翘，四肢粗壮，蹄质坚实。公羊前躯发达，体型长方形，体态雄壮，睾丸发育良好。母羊后躯深广，体型清秀，略呈楔形，乳房发育良好，呈球形或梨形。成年公羊体重42kg，母羊35kg。周岁阉羊屠宰率48%。母羊平均年产1.7胎，产羔率：初产160%，经产210%。

（七）北川白山羊

北川白山羊（见彩图38）属以产肉为主的山羊地方遗传资源，原产于四川省北川县。北川白山羊结实，结构紧凑。头较小，额微突，耳中等大小，直立。颈略长、粗壮，少数颈下左右有一对肉垂。体躯呈圆桶状，前胸深宽，背腰平直，尻略斜。四肢较短、粗壮结实，蹄质坚实。成年公羊体重52.20kg，母羊40.10kg。周岁公、母羊屠宰率分别为47.80%、46.10%。母羊平均产羔率192%。

（八）藏山羊

藏山羊（见彩图39）是长期生活在高原严寒条件下的一个古老地方品种，为高寒地区肉、绒、皮兼用型地方品种，广泛分布在甘孜藏族自治州和阿坝藏族羌族自治州的牧区、半农半牧区和农区。被毛以全白、全黑者居多，头黑、体花、褐色、体白者相对较少。骨骼健壮、头型略显狭长、体型矮小。头较小，面部清秀，鼻梁平直，眼大有神，耳大小适中。颈较细长，胸较宽、深，背腰平直。四肢粗壮，蹄坚实。瘦尾、细长、呈锥形。成年公羊体重28.16kg，母羊22.39kg。周岁公羊屠宰率43.12%，母羊44.00%。母羊平均产羔率100.93%。由于藏山羊分布广，海拔高低悬殊大，各地藏山羊产毛和产绒性能差异也较大，一般海拔较高地区的藏山羊产毛和产绒性能较高。藏山羊是适应高寒牧区的对高寒牧区严酷的生态条件有较强的适应能力，具有耐粗放、抗逆性强、羊绒细长柔软、肉质鲜美等特点。

（九）藏绵羊

藏绵羊（见彩图40）中心产区位于阿坝藏族羌族自治州的若尔盖、阿坝、红原县，甘孜藏族自治州的石渠、色达、德格、白玉、理塘，凉山州的木里、盐源、布拖、普格、冕宁等县。藏绵羊分为草地型、山谷型和山地型。被毛颜色：草地型以体躯白色为主；山谷型毛色白色；山地型以体躯白色、头肢杂色为主。体型特征：草地型体格大，体质结实，结构匀称，体躯较长，近似长方形；山谷型体格较大，体质结实，结构匀称，体躯呈长方形；山地型体格较大，结构匀称，体躯呈方形。头部特征：草地型大小适中，鼻梁隆起，近似三角形，绝大多数公、母羊均有角。山谷型大小适中，近似三角形，鼻隆起，螺旋形角；山地型头部近似三角形，鼻隆起，公母羊多有旋型角。颈部特征：草地型颈较细长；山谷型颈大小适中、无皱纹、无肉垂；山地型颈粗短。胸深广，肋骨弓张良好，背腰平直，后躯略高。四肢较长，关节轮廓明显，筋腱发达。蹄黑色或者深褐色，蹄质坚实。短脂尾，呈锥形。草地型成年公羊体重60.35kg，母羊59.77kg；成年公羊剪毛量1.44kg，母羊0.88kg；成年公羊屠宰率56.43%，母羊48.50%。山地型成年公羊体重45.58kg，母羊44.35kg；成年公羊剪毛量1.07kg，母羊0.87kg；成年公羊屠宰率41.87%，母羊43.05%。山谷型成年体重51.60kg，母羊40.70kg；成年公羊剪毛量1.02kg。藏绵羊产羔率90%。藏绵羊是我国原始地方品种之一，有很强的适应能力，耐寒、耐粗饲，采食能力强，放牧性能好，在海拔高度4200m以上，仍生长繁殖。

（十）凉山半细毛羊

凉山半细毛羊（见彩图41）是2009年通过农业部审定，属毛肉兼用半细毛羊培育品种，中心产区位于四川省凉山州彝族自治州的昭觉、会东、金阳、布拖、越西等县。凉山半细毛羊体质结实，结构匀称，体格中等。公、母羊均无角。胸部宽深，背腰平直，体躯呈圆桶状。四肢坚实，姿势端正。被毛白色同质、光泽强、匀度好，呈大波浪形辫状毛从结构。头毛着生至两眼连线，前额有小绺毛。腹毛着生良好。成年公羊剪毛后体重83.58kg，剪毛量6.74kg，体侧毛长17.30cm；成年母羊剪毛后体重45.21kg，剪毛量4.25kg，体侧毛长14.40cm；净毛率67.30%。母羊产羔率达105%，核心群母羊产羔率达120.5%。主要以放牧为主，也适合在中低海拔放牧半舍饲。

三、选种与选配

（一）种羊选择

选种也叫选择，即选出优良的公、母羊作种用。具体地讲，就是把那些符合期望要求的个体，按相关标准从现有羊群中选出来，组成新的繁殖群或更换现有繁殖群中的老弱病羊。搞好选种，是科学养羊的重要组成部分，是提养羊的生产水平的关键技术之一。农谚说“公羊好好一坡，母羊好好一窝”。在我国现阶段，绵羊、山羊选种的主要对象是种公羊。养羊选种的最终目标是：经过多个世代不断地选优去劣，使羊群的整体生产水平逐步提高，或者把羊群变成一个全新的群体或者品种。如果能够选出优秀的个体留作种用，那么羊群的品质就会提高，越选越好，在相同的饲养管理条件下和同样的时间内就可降低饲养成本、增加经济效益。选种的主要方法为：

1. 鉴定

选种要在对羊只进行鉴定的基础上进行。羊的鉴定有个体鉴定和等级鉴定两种，都按鉴定的项目和等级标准准确地进行择定等级。个体鉴定要有按项目进行的逐项记载，等级鉴定则不做具体的个体记录，只写等级编号。进行个体鉴定的羊包括特级、一级公羊和其他各级种用公羊，准备出售的成年公羊和公羔，特级母羊和指定作后裔测验的母羊及其羔羊。除进行个体鉴定的以外，都作等级鉴定。等级标准可根据育种目标的要求制定。羊的鉴定一般在体型外貌、生产性能达到充分表现，且有可能做出正确判断的时候进行。公羊一般在到了成年，母羊第一次产羔后对生产性能予以测定。为了培育优良羔羊，对初生、断奶，6 月龄、周岁的时候都要进行鉴定。对后代的品质也要进行鉴定，主要通过各项生产性能测定来进行。对后代品质的鉴定，是选种的重要依据。凡是不符合要求的及时淘汰，符合标准的留作种用。除了对个对鉴定和后裔的测验之外，对种羊和后裔的适应性、抗病力等方面也要进行考察。

2. 审查血统

通过审查血统，可以得出选择的种羊与祖先的血缘关系方面的结论。血统审查要求有详细记载，凡是自繁的种羊应做详细的记载。购买种羊时要向出售单位和个人，索取卡片资料，在缺少记载的情况下，只能根据羊的个体鉴定作为选种的依据，无法进行血统的审查。

3. 选留后备种羊

为了选种工作顺利进行，选留好后备种羊是非常必要的。后备种羊的选留要从以下几个方面进行。一是要选窝（看祖先），从优良的公母羊交配后代中，全窝都发育良好的羔羊中选择。母羊需要第二胎以上的经产多羔羊。二是选个体，要选留初生重和生长各阶段增重快、体尺好、发情早的羔羊中选择。三是选后代，要看种羊所产后代的生产性能，是不是将父母代的优良性能传给了后代，凡是没有这方面的遗传，不能选留。后备母羊的数量，一般要达到需要数的 3 ~ 5 倍，后备公羊的数也要多于需要数，以防在生产过程中有不合格的羊不能种用而数量不足。

（二）选配技术

选配是选种的继续和发展，即在选种的基础上，根据母羊的特性，选种恰当的种公羊与其配种，以期获得理想的后代。选种选配是改良和提高羊群品质最基础的方法。选配的作用在于巩固选种效果，使亲代固有的优良性状和特征稳定地遗传给下一代，把分散在双亲个体上的不同的优良性状结合起来传给下一代，使生产性能逐代提高，实现快速改良和提升羊群品质和生产效益。

选配应遵循的原则是：①为母羊选配的公羊，在综合品质和等级方面必须优于母羊。②为具有某些缺点或不足的母羊选配公羊时，必须选择在这方面有突出优点的公羊与之配种，决不可以用具有相反缺点的公羊与之配种。如想凹背母羊生出平背羔羊，不能用凸背公羊配，而是用背腰平直的健壮公羊配，以达到提高后代品质的目的。③一般情况下，应尽量避免有血缘关系的公、母羊进行配种，即避免亲缘选配。如果根据生产要求，需要进行亲缘选配，选配双方要进行严格选择，必须是体质结实，健康状况良好，生产性能高，没有缺陷的公、母羊才能进行亲缘选配，对所生后代必须进行仔细的鉴定，选留那些体质结实、体格健壮、符合育种要求的个体继续作为种用，凡体质纤弱、生活力衰退、繁殖力降低、生产性能下降以及发育不良甚至有缺陷的个体要严格淘汰。④及时总结选配效果，如果选配效果良好，可按原方案再次进行选配；否则，应修正原选配方案，并更换公羊进行选配。

在生产实践中，选配公、母羊的年龄差异不宜悬殊过大，一般青年公羊可配成年母羊；成年公羊可配青年、成年、老年母羊，不允许幼龄公母羊或老龄公母羊相配。实践证明，最佳搭配是“壮配壮”，壮年时的生活力最强，生产性能最高，壮年公、母羊交配所生的后代，生活力和生产性能表现最好。其次是“壮配少，少配老”，不宜幼配幼、老配老、老配幼。

四、羊的繁殖技术

（一）人工授精

即用人工器械将公羊的精液采出，经过稀释处理，再用器械把精液输入发情母羊子宫内，使母羊受孕的配种方法，主要包括以下步骤：

1. 采精

假阴道采精前，内胎和外胎之间加入 50～55℃的热水，约占其空间的 1/2～1/3，内胎表面应用消毒过的玻璃棒均匀地涂上凡士林等润滑剂，再从活塞孔吹入适量的空气，使假阴道口的一端内胎呈三角形，假阴道温度应保持在 40～42℃。采精时，选择健康的母羊做台羊，操作人员右手拿假阴道，使假阴道与地面呈 35～40 度的角度，公羊爬跨母羊伸出阴茎时，左手轻托包皮，将阴茎导人假阴道内，射精后迅速将集精瓶的一端向下倒立，送往精液处理室，准备作精液检查。

2. 精液品质检查

采出的精液要用肉眼，嗅觉和显微镜检查。公羊的每次射精量为 0.5～2.0mL，正常精液为乳酸色、无味或略带腥味，凡是带有腐败味，呈红色、褐色、绿色的精液，不能用于输精。用 300～600 倍光学显微镜检查精子的密度和活力，密度为中（精子间孔隙为 1～2 个精子的长度），活力在 0.6 以上的精液才能做输精用。

3. 精液的稀释、运输和保存

采精后用葡萄糖 3g、卵黄 20mL、柠檬酸 1.4g 和蒸馏水 100mL 配制而成的稀释液进行 1～3 倍的稀释。稀释液应现配现用。精液的运输：低温保存的液状精液，利用广口保温瓶运送，把精液盛入双层集精瓶或小试管内，封好盖子放入广口保温瓶后，用棉花充塞固定，使温度保持在0～5℃，即可运输。精液的保存：可采用低温法（2～4℃）。山羊的精液保持时间较短，应尽早使用。

4. 输精

根据母羊的排卵规律，通常采用两次输精，如早晨发情，下午进行第一次输精，第二天再输精一次。输精时应首先把发情母羊固定到输精架上，用温水把母羊外阴部擦洗干净，用消毒过的开腟器打开阴道，将输精管插入子宫颈深部，慢慢地输入精液，每次输入做直线前进运动的精子要在7500万个以上。

（二）自然交配

自然交配是让公羊和母羊直接交配的方式。这种方式又称本交。由于生产计划和选配的需要，自然交配又划分为自由交配和人工辅助交配。

1. 自由交配

在繁殖季节将公羊和母羊按一定比例同群放牧饲养，一般公母比例为1∶15～20，最高为1∶30，任公羊随时和发情母羊自然交配。

2. 人工辅助交配

由山羊生产者有目的、有计划地安排公羊、母羊配种，这种方式称之为人工辅助交配。办法是平时把公羊、母羊分开饲养，当母羊发情后，便按预先选好的优秀公羊，在人工控制下配种，配种后公羊和母羊仍然分开饲养，这种配种方法公母比例一般以1∶25～30为宜。

（三）同期发情

同期发情就是应用技术手段使整个羊群在同一时期内集中发情、集中配种、集中产羔的繁殖技术，这种方式可以大大提高劳动生产率，便于组织管理。同期发情技术有两条途径：一是对母羊群同时使用孕激素，控制卵泡的生长发育，达到同期发情；二是使用与前者功效相反的合成激素，抑制黄体，加速黄体退化，使之发情同时到来，达到同期发情。同期发情使用的常用药物有孕激素类药物、前列腺素以及三合激素。为提高受胎率，根据具体情况还可结合使用促性腺激素释放激素。

（1）肌肉注射，应用国产三合激素制剂，给母羊一次性肌肉注射0.5～1mL，用药后2～4天内有90%的母羊发情。一般在调整母羊发情期后，因其受胎率较低，第一个情期不宜配种，应在第二个情期配种。

（2）口服孕激素，每日将定量的孕激素药拌在饲料中供母羊采食服用，持续12～14天，每日每头羊用药量为孕酮15～30mg或甲地孕酮8～15mg或氟孕酮3～6mg，这种方法应保证饲料混合均匀，并要求每头羊的采食量相对一致。最后一天口服停药后，随即肌肉注射孕马血清（PMSg）400～750国际单位，并在24小时内用公羊试情配种。

（3）皮下埋植法，一般丸剂可直接用于皮下埋植，或将一定量的孕激素制剂装入管壁有小孔的塑料细管中，用专门的埋植器将药刃或药管埋在羊耳背皮下，经过15天左右取出药物，同时肌肉注射孕马血清（PMSg）500～800国际单位，并在24小时内用公羊式情配种。

（4）阴道栓塞法，将乳剂或其他剂型的孕激素按剂量制成悬浮液，用泡沫海绵浸取一定药液或在表面敷硅胶，制成孕激素阴道栓，用尼龙绳把阴道拴连起来，塞进阴道深处子宫颈外口，将尼龙细绳一端留在阴户外，以便停药时拉出栓塞物。处理15天左右取出栓塞物，肌肉注射孕马血清400~750国际单位，同时肌肉注射孕马血清（PMSg）500~800国际单位，并在24小时内用公羊试情配种。

（5）前列腺素类药物处理法，用前列腺素PgF2α或类似药物直接注入子母羊宫颈或肌肉注射，注入子宫颈的用量为3~5mg，肌肉注射的用量为0.5mg，并在2~3天内用公羊试情配种。

五、山羊饲养管理

（一）种公羊饲养管理

种公羊的饲养特点是：营养全面，长期稳定，保持既不过肥、也不过瘦的种用体况。在配种前1.5~2个月就要增加营养物质的供应量。

饲养种公羊的注意事项：一是在配种期提高营养水平，每天补喂混合精料0.5~1.0kg，同时补喂青干草、胡萝卜、南瓜等饲料，每天补充鸡蛋1~2个。二是给予种公羊适当的运动，提高精子的活力。一般每天放牧运动6~8小时，如果运动不足，会产生食欲不振，消化能力差，影响精子活力。三是合理掌握配种次数，每天采精2~3次，连续采精3天，休息1天。四是与母羊分开饲养，并做好修蹄、圈舍消毒及环境卫生等工作。后备种公羊要加强培育工作，并与母羊分开饲养。在日常管理中给予公羊充足的运动，保持健壮体况。

（二）繁殖母羊饲养管理

繁殖母羊要求常年保持良好的饲养管理条件，以完成配种、妊娠、哺乳和提高生产性能等任务。繁殖母羊的饲养管理可分为空怀期、妊娠期和哺乳期三个阶段：

1. 空怀期

主要任务是恢复体况，配种前2个月应开始补饲，放牧饲养的每天应补饲200g混合精料，舍饲饲养的应在常规营养的基础上增加100g混合精料，并补充足量的优质饲草，使母羊体况恢复到中等以上，为配种做好准备。

2. 妊娠期

怀孕的前3个月为怀孕前期。此期的饲养任务是维持母羊处于配种时的体况，怀孕前期母羊对于粗饲料的消化能力较强，可以用优质秸秆部分地代替干草来饲喂。舍饲的山羊应按羊只体重大小，调整粗饲料和精饲料的喂量，适当增加粗饲料的饲喂量。

怀孕的后2个月为怀孕后期。此期须加强营养，根据当地草料条件尽可能抓好补饲，除了补饲干草等粗饲料外，有条件的还要适量补饲精料和矿质元素；应喂给体积较小、营养价值更高的饲料；严禁饲喂发霉变质的饲草饲料；不饮冰冻水。母羊临产前1周左右，放牧羊不得远牧，但也不可把临近分娩的母羊整天关在羊舍内，放牧时做到慢赶，不打，不惊吓，不跳沟，不走冰滑地和出入羊圈不得拥挤；舍饲羊此时应转到产羔舍，提供足够的空间，保持适当的运动量。对于可能产双羔的母羊及初产母羊要更加注重管护饲养。

3. 哺乳期

在哺乳初期，母羊刚生下小羊后身体虚弱，而母乳是羔羊重要的营养物质，应按母羊膘情及产羔数量，保证母羊全价饲养，并增加青绿多汁的饲料，适当提高粗脂肪与粗蛋白的摄入量，以提高产乳量。一般来说，在放牧基础上，每天每只羊补喂多汁饲料2kg、干草 0.5～1kg、混合精料 0.3～0.5kg。

（三）青年羊饲养管理

羔羊断奶后至 10 月龄间，生长发育速度很快，营养物质需要较多，应根据品种类别、性别等单独组群，给予精细的饲养管理，放牧羊应安排较好的草场，并适当补充精饲料；舍饲羊应给予充足的优质饲草料，以锻炼青年羊的咀嚼能力和瘤胃消化能力，同时应补充足量的矿质元素。

（四）羔羊饲养管理

初乳期（初生 7 天内）：初乳中含有丰富的蛋白质（17%～23%）、脂肪（9%～16%）等营养物质和抗体，具有营养、抗病和轻泻作用。羔羊初生后应及时吃到初乳，对增强体质、抵抗疾病和排出胎粪具有很重要的作用。因此，应让初生羔羊尽量早吃、多吃初乳，吃得越早，吃得越多，增重越快，体质越强，发病少，成活率高。

常乳期（8～60 天）：这一阶段，是羔羊体重增长最快的时期，奶是羔羊的主要食物，应辅以少量草料。同时，羔羊应早开食，尽早训练吃草料，以促进前胃发育，增加营养来源。一般从 10 日龄后开始给草，开始要喂幼嫩青草，让小羊自由采食。出生后 20 天开始训练吃料，可在饲槽里放些用开水烫后的半湿料，引导小羊啃食。

奶、草过渡期（2 月龄到断奶）：2 个月龄以后的羔羊逐渐以采食为主，哺乳为辅。日粮中可消化蛋白质以 16%～18% 为宜，并补充足量的优质饲草饲料，放牧羊也应补充适量精饲料。此时的羔羊应与母分开放牧或饲养，有利于增重、抓膘和预防寄生虫病，断奶的羔羊在转群或出售前要全部驱虫。

六、绵羊饲养管理

（一）种公羊饲养管理

种公羊的基本要求是体质结实，不肥不瘦，精力充沛，性欲旺盛，精液品质好。在饲养上应根据饲养标准配合日粮，应选择优质的天然或人工草场放牧。补饲日粮应富含蛋白质、维生素和矿物质，品质优良、易消化、体积较小和适口性好等。理想的粗饲料苜蓿干草、三叶草、干草等。适宜的精料有玉米、高粱、豌豆、黑豆、豆饼。优质的多汁饲料有胡萝卜、玉米青贮、甜菜等。

种公羊最好的饲养方式是放牧加补饲，种公羊的饲养管理按配种期和非配种期调整精料给量，以满足种公羊的营养需要。

配种期：配种期包括配种预备期（1～1.5 个月），配种期和配种后复壮期（1～1.5 个月），配种预备期应按配种期喂量的 60%～70% 给料，从每天补给混合精料 0.3～0.5kg 开始，逐渐增加到配种期的饲养水平。配种期喂给混合精料 0.8～1kg，青绿饲料 1.0～1.3kg，优质青干草 2～2.5kg，胡萝 0.2～0.4kg，盐 8～10g，随着配种任务的增加还要另加 3～4 枚鸡蛋。配种复壮期，精料喂给量不减，增加运动量逐渐过渡到非配种饲养标准。

（二）繁殖母羊饲养管理

繁殖母羊是羊群正常发展的基础，饲养得好与坏是关系到羊群能否发展，品质能否改善和提高的重要因素。繁殖母羊除要求本身生长发育好，具有高产性能外，还需具备较高的繁殖力，能正常受孕，所产初生胎儿重，生长发育好，羔羊成活率高。为实现这些目的，对繁殖母羊应分别做好配种前期、怀孕前期、怀孕后期以及哺乳期的饲养管理工作。

1. 配种前期母羊的饲养

这个时期主要保证母羊有一个良好的体况，能正常发情、排卵和受孕。在配种前1~1.5个月就开始给予短期优饲，使母羊获得足够的蛋白质、矿物质、维生素，以保持良好的体况。这样可以使母羊早发情、多排卵，发情整齐，产羔期集中，提高受胎率和多羔率。在配种前补饲，对营养状况差的母羊提早发情尤为重要。

2. 怀孕前期母羊的饲养

母羊的怀孕期为5个月，前3个月称为怀孕前期，这一时期，怀孕母羊除满足本身所需要的营养物质外，还要满足胎儿生长发育所需的营养物质，要加强补饲工作。

3. 怀孕后期母羊的饲养

即母羊临产前2个月。这个时期胎儿在母体内生长发育迅速，胎儿重量的90%是在这一时期增长的，所需要的营养物质多，而且质量高。应该补喂含蛋白质、维生素、矿物质丰富的饲料，例如青干草、豆饼、骨粉、食盐等。每天每只羊补喂混合饲料0.25~0.5kg。如果母羊怀孕后期营养不足，胎儿发育就会受到很大影响，造成初生重小、抵抗力差、成活率低。应注意不要喂发霉、变质、腐烂的饲料，防止流产；临产前三天，做好接羔准备工作。

4. 哺乳期母羊的饲养

母羊刚生下小羊后身体虚弱，应加强喂养。补喂的饲料要营养价值高、易消化，使母羊恢复健康和有充足的乳汁。泌乳初期主要保证泌乳机能正常，细心观察和护理母羊及羔羊。对产羔多的母羊更要加强护理，多喂些优质青干草和混合饲料。泌乳盛期一般在产后30~45天，在泌乳量不断上升阶段，体内贮存的各种养分不断减少，体重也有所下降。在这个阶段，饲养条件对泌乳量有很大影响，应该给予母羊最优越的饲料条件，配合最好的日粮。日粮水平的高低可根据泌乳量多少而调整，一般说来，每天每只羊补喂多汁饲料2kg，混合饲料0.25kg。泌乳后期要逐渐降低营养水平，控制混合饲料的用量。羔羊哺乳到一定时间后及时断奶，羔羊断奶时间一般为两个月，羔羊断奶后，母羊进入空怀期，这一时期主要做好日常饲养管理工作。

（三）育成羊饲养管理

育成羊是指断奶至第一次配种这一年龄段的幼龄羊。断奶后3~4个月，生长发育快，增重强度大，对饲养条件需要高。8月龄后，羊生长发育强度逐渐下降。

1. 育成前期的饲养管理

在这个时期，尤其是刚断奶的羔羊，生长发育快，瘤胃容积有限且机能不完善，对粗饲料的利用能力较差。因此，此时期羊的日粮应以精料为主，并能补给优质干草和青绿多汗饲料，日粮的粗纤维含量不超过15%~20%。

2. 育成后期的饲养管理

此时期羊的瘤胃机能基本完善，可以采食大量的牧草和青贮、微贮秸秆。日粮中粗饲料比例可增加到25%~30%，同时还必须添加精饲料或优质青贮、干草。育成期羊的管理，直接影响到羊的提早繁殖，必须予以重视。母羔羊6月龄体重达到40kg，8月龄可以达到配种。实现当年母羔80%参加当年配种繁殖，育成期的饲养至关重要。

（四）羔羊饲养管理

1. 早吃初乳

羔羊出生后，要尽早吃到初乳，吃饱初乳。羊初乳是母羊分娩后4~7天内分泌的乳汁。初乳对增强羔羊体质、抵御疾病具有重要作用。其中镁盐还有促进胃肠蠕动，排出胎粪的功能。要及时吃到初乳，还因为羔羊胃肠对抗体的接收能力每小时都在下降，出生36小时后，就不再吸收完整的带抗体的蛋白质大分子。所以，要保证初生羔羊在30min之内吃上初乳。对母性强的母羊，一般产后就能哺乳羔羊，但初产母羊或护羔行为不强的母羊所产羔羊及初生弱羔，均需人工辅助羔羊吃奶。方法是保定好母羊，然后把羔羊推到母羊乳房跟前，羔羊就会吃奶，反复几次之后羔羊就能自行吃奶了。对丧母的初生孤羔，应为其找保姆羊，如产单羔或死了羔的母羊喂养。为避免保姆羊拒绝给奶，可把母羊的乳汁或尿液涂到羔羊头部和躯体上，以骗取母羊认仔。初生羔羊要跟母羊共同生活7天左右才能建立感情。在哺初乳的几天内，羔羊生长很快，平均日增重可达200~220g。

2. 安排好吃奶时间

在出生后10多天内，母子同圈，羔羊自由吃奶，几乎隔1~2小时就需吃奶1次。20天以后吃奶次数减少到每隔4小时1次。若白天母羊放牧，可将羔羊留在羊舍饲养，中午母羊回羊舍喂奶1次，加上出牧、归牧各1次，就等于羔羊白天吃奶3次。

3. 及早补饲

补饲是为了锻炼羔羊的胃肠功能，尽早建立采食行为。羔羊生后15~20天时，就应开始训练吃草料。羔羊喜食幼嫩的豆科干草或嫩枝叶，可在羊圈内安装羔羊补饲栏，将切碎的幼嫩干草、胡萝卜放在食槽里任其采食。20天后开始训练吃混合精料。一般要求混合精料中粗蛋白质含量在15%以上，并注意供给优质易消化、适口性好的蛋白质饲料，粗纤维含量不超过6%，同时还要补钙和补磷。精料的组成可为粉碎的玉米、小麦、麸皮、豆饼、食盐等。初喂饲料应质地疏松，易于消化，可先炒熟后粉碎，提高适口性，不可喂饲豆类以及脂肪含量高的饲料，以免引起消化不良。为使羔羊更好地利用淀粉，可在混合精料中加入少量麦芽，以促进淀粉糖化。待全部羔羊都会吃料后，转入定时定量饲喂，喂料量由少到多，少给勤添。20日龄后用小盆盛些清洁饮水放在运动场上让羔羊自由饮用。从1月龄起，除随母羊放牧外，每只每天补饲精料25~50g，食盐1~2g，青干草自由采食。羔羊50日龄后，随着母羊泌乳逐渐减少，羔羊进入增料阶段，对蛋白质需要逐渐转入补喂的草料上，此时在日粮中应注意补加豆饼、鱼粉等优质蛋白质饲料，以利羔羊快生长、多增重。

4. 做好对奶和人工哺乳工作

羔羊在1月龄内要做好对奶工作，以保证双羔和弱羔都能吃到奶。缺奶羔羊和多胎羔羊，可进行人工哺乳。人工哺乳的羔羊也应吃过初乳。若生母已死去，可挤下其他母羊或母牛初乳哺喂，喂量掌握在300g左右，在12~18小时分3次喂给。生产中常选用新鲜牛奶、山羊奶、奶粉或代乳粉等作为代乳品。有条件的可在奶内添加多种维生素和微量元素，以确保营养的全价性。哺乳工具可用奶瓶或奶槽，应注意定期消毒，保持清洁卫生。具体喂量以羔羊体重和体格大小来定。一般初生羔羊全天喂奶量相当于初生重的1/5，以后每隔1周较前期增喂1/4~1/3。每天哺乳的时间、次数也要固定。10日龄内日喂10次，10~20天日喂4~5次，20日后日喂3次，直至4~5周龄时停喂代乳品。这时切忌改变原来的补饲方式和日粮类型，也不宜更换圈舍，因为羔羊已熟悉周围的环境。停喂1周后，要增加放牧，减少应激。

七、羊场建设与设计

（一）羊场选址

羊适于在干燥、通风的条件下生活，因此，场址应是宽阔高燥、平坦、背风向阳、交通与电力便利、周围饲料和饮水充足的地势，土质应选砂质土壤，地下水位在2m以下。场址位置应选在最近居民点常年主导风向的下风向处或侧风向处，距离居民点、公路、铁路等主要交通干线1000m以上，距离其他畜牧场、畜产品加工厂、大型工厂等3000m以上。应符合《畜牧法》的要求。

（二）羊场布局

羊场应根据其生活习惯、生产工艺流程及防疫卫生规定进行布局，场内实行分区布置。羊舍独立成为一个区域，与其他区有分隔措施；饲料区布置饲草堆场，加工房、精饲料仓库和氨化池、青贮池；防疫区设隔离羊舍；办公区布置兽医室、值班室、办公、食堂等。羊舍包括种公羊、繁殖母羊舍、后备（育成）公羊舍、后备（育成）母羊舍羔羊舍等各类羊舍，配套设施齐备包括消毒道、精料房、草料库房、青贮窖、人工草场、药浴池、兽医诊疗室等。羊场的总体布局平面示意图见图2－9、图2－10。

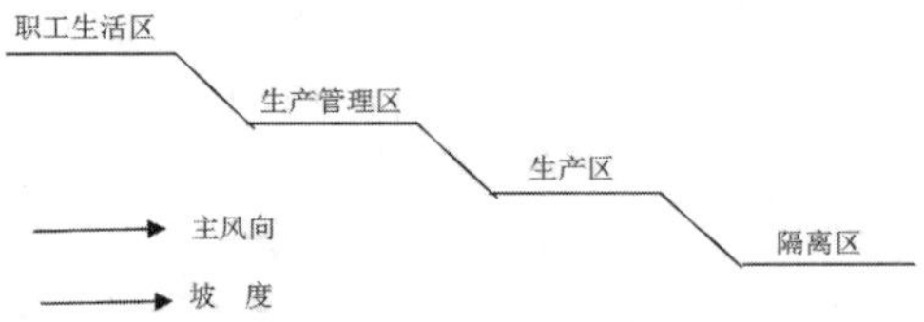

图2－9 羊场各区域依风向、坡度配置示意图

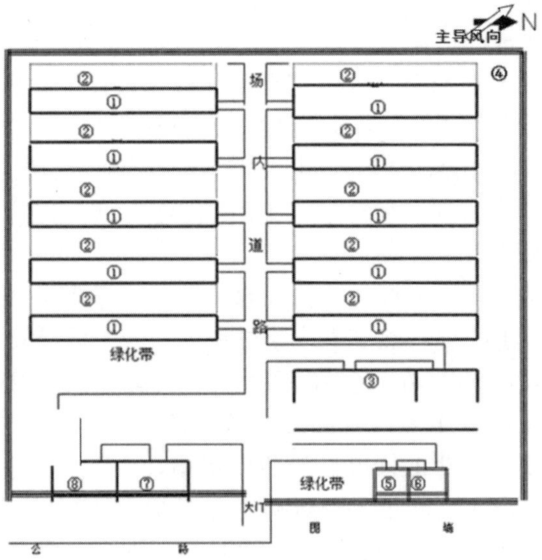

图2－10 标准化羊场布局图

说明：①羊舍；②运动场；③饲料加工及草料贮存库房；④隔离室、兽医诊疗室、无害化处理区；⑤氨化池；⑥青贮池；⑦培训、办公楼、职工宿舍；⑧职工宿舍

（三）羊圈舍设计及参数

1. 羊舍建筑

羊舍建筑要求：坚固、耐用、抗震、通风透光、清洁干燥、冬暖夏凉。羊舍可选择单列式或双列式、单坡或钟楼式建筑，可用砖混结构或轻钢结构，周围设隔离带。羊舍跨度6～6.5m，羊舍高度3m，羊舍过道2m。

2. 羊舍面积

公羊（单饲）4～6m^2/只，公羊（群饲）2～2.5m^2/只，母羊1.5～2m^2/只，青年羊1.0m^2/只，育肥羊0.8～1m^2/只，断奶羔羊0.5m^2，产羔母羊2～3m^2/只。产羔舍面积按产羔母羊圈舍面积的35%修建。

3. 羊床

床内过道地面应做25%～30%的坡度处理，表面应光滑易于排水、排粪，采用混凝土、三合土等材料，底端应设有排污沟。

床面采用漏缝地板，木质材料，缝宽1～1.5cm，木条宽3～5cm，木条厚3cm，木条排列方向应与饲槽平行，羊床离地面30～50cm。

4. 饲槽

主要用于补饲或舍饲饲养用，设在羊床以上靠过道一侧，由砖、土坯和混凝土砌成。槽体高25cm，槽内径20cm，深15cm，槽壁应用水泥砂浆抹光。

5. 隔栏

隔栏宜采用钢筋结构，高1.5m，隔栏钢筋纵向间隔20～25cm，横向间隔15cm。

6. 运动场

羊舍应配建相应的运动场，运动场设在羊舍两侧，面积为舍内羊床面积的1.5～2.0倍。各运动场间及外周用砖墙结构隔离，隔栏高1.5m。地面应做2%～5%的坡度设计，并设置排水沟。

（四）羊场主要设施设备

标准化规模羊场的主要设施设备有：饲槽、水槽、饲草架、活动母子栏、药浴池、兽医室、人工授精室、饲料库、青贮池（窖）、堆草棚、水塔、沼气池等设施以及铡草机、饲料粉碎机、秸秆揉搓机、消毒器械、推粪车等设备。

1. 饲槽和饲草架

饲槽和饲草架主要是用来饲喂精料、青贮饲料、青草和青干草等。根据建造方式和用途，一般可以分为固定式、移动式和悬挂式饲槽，固定式、移动式饲草架以及草料结合饲喂的饲槽架。

（1）固定式饲槽：一般设置在羊舍内，用水泥砌成，结实耐用（见彩图42）。

（2）移动式饲槽：用木板或铁皮做成，制作简单，便于搬运。一般长1.5～2m。移动式饲槽也可用于羔羊饲槽，放于羊舍内或运动场内，作为羔羊补饲之用。

（3）饲草架：利用草架喂羊，可避免践踏饲草，减少浪费。饲草架的形式多样，有“V”形草架，有靠墙设置的草架。一般木制或竹制草架成本低，容易移动，在放牧或半放牧饲养条件下实用。

2. 药浴设施

药浴设施指建造一个药浴池（见彩图43），定期给羊群进行药浴，目的是防治疥癣等体外寄生虫病的发生，多在夏、秋季节使用。药浴池一般为长方形，池深1m，长10～15m，上口宽60～80cm，底宽40～60cm，以一只羊能通过而不能转身为度。入口处设漏斗形围栏，入口坡较陡，羊群依次滑入池中洗浴。出口处为缓坡，以利于羊浴后攀登，并设滴流台，使药浴后羊只身上多余的药液流回药浴池内。羊群较小时，可以用小型的药浴槽、药浴缸等代替。

3. 青贮设施

为制作和保存青贮饲料，应在羊舍附近修建青贮设施，主要的青贮设施有青贮池（窖）和青贮袋。

（1）青贮窖。按照窖的形状的不同，可分为圆形窖和长方形窖两种。按照窖的位置的不同，可分为地上式、半地下式和地下式3种。青贮窖应选择地势高、干燥、地下水位低、土质坚实、离羊舍近的地方。窖底、窖壁应用砖、水泥砌成。窖壁光滑、坚实、不透水、上下垂直，窖底呈锅底状。青贮窖大小、多少可以根据羊只数量和青贮制作量而定。青贮窖的优点是造价较低，便于机械化作业。青贮窖可大可小，能适应不同生产规模。缺点是贮存损失较大。

（2）青贮袋。利用塑料袋形成密闭的环境，进行饲料青贮。袋贮的优点是方法简单，贮存操作灵活，不受气候和场地限制，袋的大小可根据需要调节，饲喂方便，浪费损失少，运输方便。为防止穿孔，宜选用厚度0.2mm以上的塑料袋，可用两层。塑料袋可放在舍内保存，在保存过程中，应注意严防鼠害。

4. 通风设备

封闭式羊舍通常采用机械通风，用机械驱动空气产生气流，一般为负压通风，用风机把舍内的污浊空气往外抽，舍内气压低于舍外，舍外空气由进气口入舍。风机装置安装在侧壁或屋顶。羊舍通风不建议采用吊扇压风，压风搅动下层氨气和水分，加速氨气散发和水分蒸发，增加了羊舍的氨气浓度和湿度，不利于羊只生长。

5. 饲草料加工设备

规模化羊场的饲草料用量很大，一般要配备必要的饲草料加工设备，包括饲料粉碎机、饲草切碎机、饲草揉搓机、饲料混合机、割草机等。

（1）饲料粉碎机。它主要是用于粉碎各种饲料和各种粗饲料。饲料粉碎的目的是增加饲料表面积和调整颗粒度，增加表面积提高了适口性，且在消化道内易于消化液接触，有利于提高消化率。调整颗粒度一方面减少了羊咀嚼耗用的能力，另一方面使贮存运输、混合、制粒更方便，饲料质量更好。常用的饲料粉碎机有锤片式粉碎机和爪式粉碎机两种。

（2）饲草切碎机。它主要用来切断茎秆类饲草，如谷草、干草、各种青饲料及农作物秸秆等。饲草切碎机按机型种类可以分为大型、中型和小型。小型饲草切碎机常称为铡草机，农村应用很广泛，主要用来铡切稻草、秸秆等；大型饲草切碎机常用于大型规模化养殖场，主要用于切碎青贮料；中型饲草切碎机一般可以作为铡草和铡切青贮料两用。养羊场选用时，要求切割长度能在3～10cm范围内调节，切割各种作物茎秆、牧草、青饲料，压碎粗硬秸秆，切茬平整。喂料、出料机械化，运转符合均匀，能量消耗小。

（3）TMR饲料混合机。它是新一代养羊场饲养设备，能将各种干草、农作物秸秆、青贮饲料等纤维饲料和精饲料直接混合饲喂。可直接用拖拉机牵引、边移动边混合，直接在羊场内给料饲喂，节省时间和劳动力。TMR 饲料混合机带有自动称重装置，添加量随时设定。充分利用各种饲草料和农作物秸秆，不破坏纤维质成分，使饲料的能量效率最大化。饲料混合均匀度高，能量摄取均衡，提高了生产效率。TMR 混合机适合大中型规模化养殖场使用。

6. 其他设备

标准化养殖场的其他养殖设备主要包括日常消毒设备、兽医诊断设备、人工授精设备、粪污处理设备等。

第四节　家禽生产

一、家禽的生物学特性

（一）体温高，新陈代谢旺盛，生长迅速

1. 体温高

家禽的体温比家畜高，一般在 40～44℃之间，成年家禽的正常体温如表 2－15。

表 2－15　成年家禽的正常体温（℃）

种类	体温	种类	体温
鸡	41.5	火鸡	41.2
鸭	42.1	鹌鹑	44.0
鹅	41.0	鸽	42.2

2. 心率高，血液循环快

家禽心率的范围一般在 160～470 次/分钟，鸡平均心率为 300 次/分钟以上。同类家禽中一般体型小的比体型大的心率高，幼禽的心率比成年高，以后随年龄的增长而有所下降。

3. 呼吸频率高，对环境变化敏感

禽类呼吸频率随品种和性别的不同，其范围在 22～110 次/分钟之间。同一品种中，雌性较雄性高。禽类对氧气不足很敏感，它的单位体重耗氧量为其他家畜的 2 倍。光照时间和光照强度对家禽的性成熟有影响，种禽在育成阶段要严格控制光照。

4. 家禽生产周期短、生产效率高

肉鸡和肉鸭 7～8 周龄可以出栏上市，蛋鸭和蛋鸡 16～20 周龄即可开始产蛋。现代商品肉鸡 7 周龄体重可达到 2.0～2.2kg，料肉比 2∶1 左右。肉鸭 8 周龄体重 3～3.5kg，料肉比 2.5∶1。仔鹅生长更快，9 周龄体重可达到 3.5～4.0kg。

5. 抗病力差，淋巴结不发达

6. 粗纤维消化率低

家禽口腔无咀嚼作用，且大肠较短。除鹅与火鸡外，鸡与鸭对粗纤维的分解能力均弱。

（二）体温调节机能不完善

家禽与其他恒温动物一样，依靠产热、隔热和散热来调节体温。但由于家禽皮肤没有汗腺，又有羽毛紧密覆盖而构成非常有效的保温层，因而当环境气温上升达到26.6℃时，辐射、传导、对流的散热方式受到限制，而必须靠呼吸排出水蒸气来散发热量以调节体温。对高温高湿敏感。一般说来，鸡在5～30℃的范围内，体温调节机能健全，体温基本上能保持不变。

（三）繁殖潜力大

雌性家禽繁殖能力很强，高产鸡和蛋鸭年产蛋可以达到300枚以上。各种家禽的孵化期见表2－16。种鸡的利用年限以68周龄最为理想，种鸭的利用年限以一个产蛋年最为理想，鹅的利用年限以2～3年最为理想。

表2－16　各种家禽的孵化期

种类	孵化期（天）	种类	孵化期（天）
鸡	21	火鸡	27～28
鸭	28	鹌鹑	16～18
鹅	30～33	鸽	18

二、家禽主要品种

（一）肉鸡品种

1. AA＋肉鸡

（见彩图44）属于快大型白羽肉鸡，其商品代仔鸡42天成活率达98%以上。AA＋肉鸡生产性能见表2－17。

表2－17　AA＋肉鸡生产性能

AA＋父母代生产性能		AA＋商品代生产性能		
开产周龄	25	上市日龄	35天	42天
66周龄产蛋数（个）	191	体重（kg）	1.95	2.77
66周龄种蛋数（个）	181	料肉比	1.66	1.82
66周龄健雏数（只）	155			
入孵蛋孵化率（%）	87			

2. 大恒699肉鸡配套系

大恒699肉鸡配套系（见彩图45）属于黄羽肉鸡，为四川大恒家禽育种有限公司培育，已通过国家品种审定。该鸡青脚麻羽白皮，公鸡冠红、大而直立，母鸡浅麻羽，抗逆性强，成活率高，父母代产蛋率高，商品代生长速度快，肉质鲜嫩美，特别适合在林地、果园、竹林、草场、农田以及荒山等进行放牧。表2－18为大恒肉鸡生产性能。

表 2－18 大恒肉鸡生产性能

大恒 699 父母代生产性能		大恒 699 商品代生产性能			
开产周龄	20	鸡种	日龄（天）	体重（g）	料肉比
开产体重（g）	2050	公鸡	60	2140	2.2:1
产蛋高峰周龄	28		80	2920	2.5:1
高峰期周产蛋率（%）	81	母鸡	60	1650	2.3:1
68 周龄产蛋数（个）	183		80	2300	2.6:1
68 周龄健雏数（只）	150				

3. 四川山地乌骨鸡

四川山地乌骨鸡（见彩图 46）属四川地方鸡种，商品鸡 90 天体重，公鸡 1.35kg，母鸡 1.02kg；170 天开产，年产蛋 140～150 个。

（二）蛋鸡品种

1. 海兰白壳蛋鸡

海兰白壳蛋鸡（见彩图 47）155 天产蛋率达 50%，高峰产蛋率 93%～94%，入舍鸡 80 周龄产蛋数 330～339 枚，成活率 96%，料蛋比为 1.99:1。

2. 罗曼褐壳蛋鸡

罗曼褐壳蛋鸡（见彩图 48）145～150 天产蛋率达 50%，高峰产蛋率 92%～94%，入舍鸡 72 周龄产蛋数 295～305 枚，料蛋比 2.0～2.1:1。

（三）水禽品种

1. 肉鸭

（1）樱桃谷肉鸭（见彩图 49）：175 天开产，65 周龄入舍母鸭产蛋 220 个；商品鸭 47 日龄体重可达 3.4kg，料肉比 2.6～2.8:1。

（2）北京鸭（见彩图 50）：种鸭 165 天开产，年产蛋 240 个；商品鸭 49 天体重达 3.5kg，料肉比 2.72:1。

2. 蛋鸭

（1）绍鸭（见彩图 51）：110 天开产，150 天产蛋率达 50%，年产蛋 280～310 个，平均蛋重 67～70g，蛋壳白色居多。

（2）金定鸭（见彩图 52）：110～120 天开产，年产蛋 260～300 个，平均蛋重 72g，95% 以上为青壳蛋。

3. 鹅品种

（1）天府肉鹅配套系（见彩图 53）：父母代 200～210 天开产，年产蛋 85～90 个，蛋壳白色；商品鹅 8 周龄体重 3.4kg，10 周龄 4.2kg，补饲料肉比 1.68:1。

（2）四川白鹅（见彩图 54）：200～240 天开产，年产蛋 60～80 个，平均蛋重 146g，蛋壳白色；肉用仔鹅 8 周龄体重 2.94kg，10 周龄 3.5kg，12 周龄 3.8kg。

（四）其他品种

1. 朝鲜鹌鹑

属蛋用型，40～50 天开产，年产蛋 260～280 个，平均蛋重 12g，料蛋比 3.3∶1；肉用仔鹌鹑 35～40 天体重达 130～140g。

2. 迪法克 FM 系肉用鹌鹑

属肉用型，42 天体重 240g，屠宰率 80%～85%；种鹑 40～50 天开产，产蛋率 75%～80%。

3. 美国王鸽

属肉用型，28 日龄乳鸽体重 620g，料肉比 3∶1，全净膛重 400～500g；母鸽 185 天开产，年产蛋 20～23 个，年育成乳鸽 16～18 只。

三、现代禽种及其繁育体系

（一）现代禽种的生产

现代家禽生产需要有高产、优质、高效、专门化的优良品种，而原始标准品种难以满足这一需求。因此，杂交配套作为充分利用杂种优势发挥物种遗传潜力的最佳模式被广泛地应用于现代禽种的生产。现代禽种主要是利用丰富的家禽品种资源，在现代遗传育种理论指导下培育出的各种商用配套系。

现代禽种生产为了利用杂种优势，在杂交繁育体系中利用几个纯系配套使用，商品代家禽通常是两个或两个以上纯系杂交后的产品，根据杂交配套的纯系数目可分为两系杂交、三系杂交、四系杂交、五系杂交配套系等。其中以三系和四系杂交最为普遍。由于各纯系在配套系中的位置决定了对后代的影响程度，因此每个系的育种目标不完全相同。这些纯系通过配合力测定，筛选出符合商品生产的纯系组合，推向市场，这一特定的纯系组合称为配套系，配套系是有特定商业代号的高产群体，也称为商用品系，有时在生产中也称为商业品种，如大恒 699 肉鸡配套系、海兰（Hyline）W36。

配套系与标准品种是两个不同的概念。标准品种是经验育种阶段的产物，强调品种特征，注重血统的一致和典型的外貌特征，尤其注意羽色、冠形、体型等；而配套系则是现代育种的结晶，主要强调生产性能。

（二）现代禽种的繁育体系

繁育体系是指为了提高整个地区育种及杂种优势利用效果，经过规划建立起来的一整套合理的组织机构，相互间密切配合，从而达到工作效率高、遗传进展快和经济效益大的目的。杂交繁育体系将纯系选育、配合力测定、种禽扩繁以及商品代生产等环节有机结合起来形成的一套体系，育种工作、杂交扩繁任务被划分给相对独立而又密切配合的育种场和各级种禽场来完成，使各部门的工作专门化。

家禽杂交繁育体系的建立，决定了现代养禽生产的基本结构。杂交繁育体系的结构首先是多个专门化品系的选育，接着父母代种禽扩繁、杂交生产商品代的金字塔模式（见图 2－11），大致包括两大部分，一是育种过程的品种选育提高和杂交配套筛选；二是推广过程的逐级扩繁和杂交生产。

1. 选育阶段

指处于金字塔顶的育种群，主要的选育措施都在这部分进行，其工作成效决定整个系统的遗传进展和经济效益。在这里同时进行多个纯系的选育工作，经过配合力测定，选出生产性能最好的杂交组合，纯系配套进入扩繁阶段推广应用。

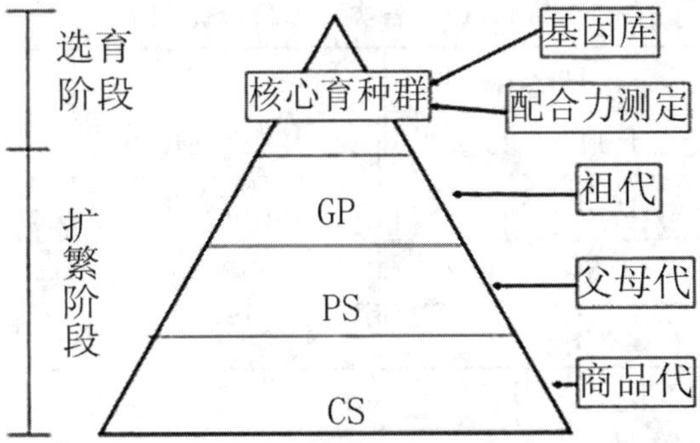

图 2－11　杂交繁育体系的结构图

2. 扩繁阶段

纯系以固定的配套组合形成曾祖代、祖代和父母代，最后通过父母代杂交生产商品代禽苗。在纯系内获得的遗传进展依次传递下来，最终体现在商品代，使商品代的生产性能得以提高。

扩繁阶段的首要任务是传递纯系的遗传进展，并将不同纯系的特长组合在一起，产生杂种优势，同时还要在数量上满足生产对商品代的需求。因此，各代的合理组织和协调对于保证育种群遗传进展的顺利传递是很重要的。

在扩繁阶段，必须按固定的配套方式向下垂直进行单向传递，即祖代种禽只能生产父母代种禽，而父母代种禽只能提供商品代。商品代是整个繁育体系的终点，不能再作为种用。

四、家禽配种技术

（一）种公禽的选择

无论是自然交配，还是人工授精，认真挑选种公禽都十分重要。一般分阶段进行挑选。

1. 第一次选择

鸡在孵化后进行雌雄鉴别，选留生殖突起发达、结构典型的小公雏；鸭在饲养至 8～10 周龄时根据其生长发育状况进行选择；鹅在育雏结束时选留体重大且无杂色羽毛大公鹅。

2. 第二次选择

鸡在 35～45 日龄时进行，根据体重和鸡冠的发育来选择；鹅在 70～80 日龄进行；鸭在 6～7 月龄进行，这时公鸭已达到性成熟，即可留做种用。

3. 第三次选择

公鸡在 17 周龄左右，或根据转群时间进行，可结合按摩采精选留；鹅在 150～180 日龄进行。

（二）家禽的自然交配

在一个群体中，通常是一只公禽与数只母禽交配。但要注意公母比例（表 2－19），公禽过多会发生斗架，踩伤母禽，干扰交配，降低受精率；母禽过多，则公禽配种任务过大，影响精液品质，从而降低受精率。

表 2－19　各类种禽公母比例

品种	公母比例	品种	公母比例
轻型蛋用种鸡	1∶12～1∶15	轻型鸭	1∶15～20
中型蛋用种鸡	1∶10～1∶12	中型鸭	1∶10～15
肉用种鸡	1∶8～1∶10	重型鸭	1∶8～10
鹅	1∶4～6		

（三）家禽的人工授精

种禽场广泛采用的繁殖方法，能充分发挥优良公禽的配种能力，扩大公母比例，节省饲料、禽舍用量，降低成本。人工授精技术操作简单易行。

1. 采精

种公禽适宜采精周龄，种公鸡为 22～26 周龄，种公鸭为 24～27 周龄，种公鹅为 32～36 周龄。

（1）采精前的准备：应选择体质结实、发育良好、雄性强的鸡，输精前一周把公鸡单独隔开饲养，并剪去泄殖腔周围约 1cm 宽的羽毛，每天早晨用手按摩公鸡腰荐部（向尾的方向）数次，以建立条件反射。过 3～4 天后试采，采不出精液的予以淘汰。鸭、鹅的要求基本相同。

（2）采精方法采用按摩法，程序如下：

①保定：通常两人配合，一人保定，一人采精。保定员用双手各握住公鸡一只腿，自然分开，拇指拉住鸡翅，使公鸡头部向后，尾部朝向采精员。

②固定集精杯：采精员右手中指与无名指夹住集精杯，杯口朝下。集精杯一般由优质棕色玻璃制成（见图 2－12）。

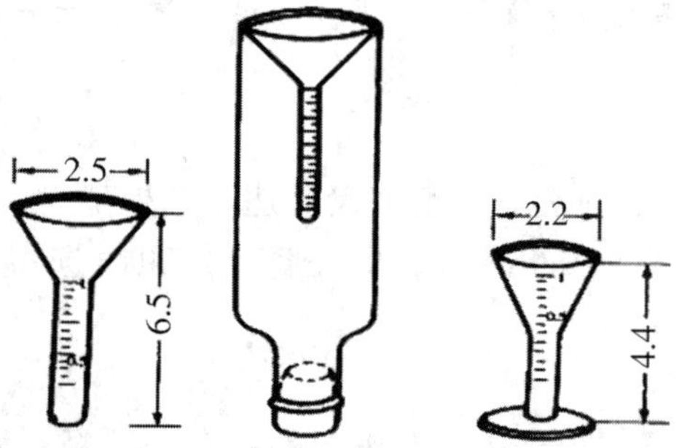

图 2－12　鸡的集精杯

③按摩以及采精：采精者以左手自背鞍部向尾部方向抚摩数次以引起公鸡的性感，接着以左手将尾羽翻向背侧，并将拇指和食指置于耻骨下泄殖腔两侧的柔软部，抖动按摩若干次，当泄殖腔外翻时用左手拇指与食指在泄殖腔两侧适当挤压，精液便可顺利排出。当肛门有乳白色液体流出时，右手掌翻转使集精杯杯口向上贴向肛门，接收精液。对公鸭鹅采精时，注意当其阴茎外露后，左手捏住泄殖腔左右两侧，防止阴茎缩回，并继续按摩。右手迅速将集精杯至于阴茎下，接取精液，左手继续捏压阴茎基部，直至精液排完为止。

采精结束后保定员将公禽放回笼中。

④注意事项：采精前要停食，以免污染精液品质。采精人员要相对固定。每只公鸡隔天采1次精。采集期间满足饲料中蛋白质水平。精液应于30min内用完，冬季放在30℃的保温杯中避光保存。

2. 输精

①输精器具：1mL的注射器，或带胶头的玻璃吸管（见图2－13）。

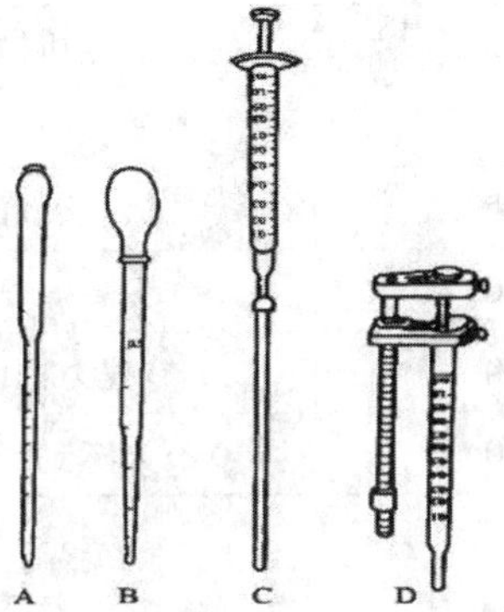

图2－13 鸡的输精器

A、B. 有刻度的玻璃滴管；C. 前端连接无毒素塑料管的1mL玻璃注射器；D. 可调注射器。

图2－14　母鸡的泄殖腔

1. 输尿管开口；2. 直肠开口；3. 粪窦；4. 输卵管开口

②输精方法：两人配合，一人抓鸡（或鸭鹅）翻肛，一人输精。翻肛人员打开笼门，用右手抓住鸡（或鸭鹅）的双腿，稍向上提将其提到笼门口，左手大拇指与食指分开呈“八”字形紧贴母禽肛门上下方，使劲向外张开肛门并用拇指挤压腹部，使肛门向外翻出（见图2－14），输精人员立即输精，然后将母禽放回笼内。

③操作要点：一般采用阴道输精法，注意输精位置、输精时间以及输精量（表2－20）。

表2－20　不同家禽适宜的输精时间、输精位置及输精量

品种	输精时间	输精位置	输精量（mL）	有效精子数（亿个）
鸡	下午四点以后	1.5～3cm	0.025～0.05	0.5～1
鸭	上午	4～6cm	0.05～0.08	0.5～0.8
鹅	下午	5～7cm	0.03～0.08	0.2～0.8

五、家禽人工孵化关键技术

（一）孵化场的建场要求

1. 场址选择

孵化场要建在地势较高、交通方便、水电资源充足的地方，周围环境要清静优雅、空气新鲜。孵化场应是一个独立的场所，远离主要交通干线500m以上，远离市中心、居民区等人口密集的区域，更要远离震动较大、粉尘严重的工矿区和污染严重的企业，以防震伤胚胎或使胚胎中毒、感染疾病。

2. 孵化场的布局

孵化场的规模应根据当前本地区养鸡发展情况而定。孵化场的布局必须严格按照“种蛋→种蛋消毒→种蛋保存→种蛋处置→孵化→移盘→出雏→雏鸡处置→雏鸡存放”的生产流程进行规划。

表2-21　孵化场各室的温、湿度及通风技术参数

室别	温度（℃）	相对湿度（%）	通风
孵化室、出雏室	24~26	70~75	最好用机械通风
雏鸡处置室	22~25	60	有机械通风设备
种蛋处置兼预热	10~24	50~65	人感到舒适
种蛋贮存室	10~18	75~80	无特殊要求
种蛋消毒室	24~26	75~80	有强力排风扇
雌雄鉴别室	22~26	55~60	人感到舒适

3. 孵化场的建设

孵化场屋顶要铺防水材料，天花板、墙壁、地面最好用防火、防潮、既便于冲洗又便于消毒的材料来建。地面要平整光洁，在适当的地方设下水道，以便冲洗室内。孵化室和出雏室最好是无柱结构，便于工作，也便于通风。

4. 孵化场的设备

孵化设备主要是孵化机。孵化机是孵化器和出雏器的总称。按照入孵方式的不同，可将其分为箱体式孵化机和巷道式孵化机。

（二）种蛋的收集与管理

1. 种蛋的选择

过大、过小、过长、过圆以及双黄蛋、畸形蛋不能作种用。蛋重：蛋用鸡50~65g，肉用鸡52~68g，鸭蛋80~100g，鹅蛋160~200g。蛋壳质地致密均匀，壳厚适中，无裂纹，无畸形，剔除钢蛋、薄皮蛋、砂皮蛋、皱纹蛋、破壳蛋。被粘粪便等脏物污染的蛋不可做种用，轻微污染的种蛋应及时用酒精清洁干净，单独存放。

2. 种蛋冷藏

种鸡场冷藏库是临时存放种蛋的地方，温度20℃~22℃，相对湿度70%~80%。临时冷藏库内的种蛋应在当天运送到孵化厂。运送到孵化厂的种蛋一般用甲醛熏蒸消毒20min，或喷雾消毒15min，然后进入冷藏库贮存。孵化厂的种蛋在10℃~15℃温度下保存不要超过7天；在21℃~25℃的环境下保存不能超过3天。保存时间越长，孵化效果越差。

3. 种蛋的消毒

种蛋入孵前，必须进行一次消毒。常用的消毒方法是甲醛熏蒸法。

4. 入孵

将验收合格，码放整齐的种蛋，按产蛋日期的先后顺序，依次装入蛋车入孵。

（三）人工孵化技术

1. 孵化温度

种蛋入孵前12小时要进行预热处理。方法是将种蛋大头朝上码在蛋盘里，放在22℃～25℃环境下预热。上蛋时间最好在下午4点钟左右，这样能使出雏高峰出现时间在白天便于工作。孵化温度1～18天的温度是37.8℃，19～21天（出雏）的温度是37.2℃。冬季及早春升高0.2～0.4℃；夏季降低0.2～0.4℃。

2. 孵化湿度

胚胎的发育对湿度适应范围较宽，一般在50%～70%之间。1～7天为前期，相对湿度应为60%；8～17天为中期，相对湿度应为50%；18～21天为后期，相对湿度为70%。湿度适当，可使胚胎受热均匀。出雏时湿度高，雏鸡容易破壳。

3. 孵化时通风

通风就是提供新鲜空气中的氧气，并能保证孵化器内的温度、湿度均匀，排除污浊气体。

4. 定时翻蛋

翻蛋时要轻、稳、慢。角度要够，动作要安稳，一般每隔1.0～2.5小时翻蛋一次，翻蛋角度为±45°；当蛋盘翻至最大角度时，蛋与蛋盘都不能掉下。孵化到18天时，停止翻蛋。

5. 按时照蛋

照蛋的目的是拣出无精蛋、死精蛋，观察胚胎的发育情况。鸡在孵化过程中可照蛋2～3次。如果照2次，第一次照蛋可安排在孵化的第5～6天；第二次在移盘前，即第18～19天。如果照3次，除上述两次外，在第10～11天也进行一次照蛋，这一次主要抽检部分胚蛋。照蛋要稳、准、快，尽量缩短时间，有条件时可提高室温。照蛋时发现胚蛋小头朝上的要倒过来。最后统计无精蛋、死精蛋及破蛋数并记录，计算受精率。

6. 按时移盘

将发育正常的胚胎蛋转入出雏器中继续孵化叫移盘。种蛋孵化到18天时移盘，19天时雏鸡嘴已入气室内，开始啄壳，20天陆续出壳，21天时出壳结束。

雏鸡出壳后，应在24小时内接种马立克疫苗。

（四）雏禽的雌雄鉴别

对雏禽一般采用翻肛法鉴别雌雄。此法最好在雏鸡出壳后2～12小时之内进行，最迟不要超过24小时，否则生殖突起萎缩，鉴别比较困难。操作方法：在雏鸡出壳后毛干燥能够站立时，将其握在手中，排除粪便，将头夹在中指与无名指之间，大拇指固定肛门上方，用右手大拇指和食指轻轻地按搽肛门旁边，使肛门轻轻翻开，在明亮的光照下，如很小的粒状阴茎突起，就是雄雏鸡，无突起的就是雌雏鸡。准确率可达85%以上。

六、蛋鸡的饲养管理关键技术

（一）商品蛋鸡的饲养管理

1. 育雏期的饲养管理（0～6周龄）

（1）育雏前的准备工作：雏鸡到达前2周，清洗、消毒育雏舍，全面检查育雏设备，计算料盘、饮水器等的数量，并做好相应准备。进雏前3天，用福尔马林对育雏舍熏蒸消毒，紧闭门窗至少12小时，进雏前48小时打开门窗通风。进雏前24小时，启动育雏舍的保温系统。

（2）雏鸡的饮水与饲喂：雏鸡进舍后应尽快饮水，水温应该在18℃以上。在开始几天，水中可以加入适量的维生素与电解质，能有效地提高雏鸡的成活率。

开食一般在初饮后3～4小时，应选择营养丰富的全价雏鸡料，以粉料或破碎料为宜。雏鸡要少喂勤添，以刺激食欲。第一周龄为每天6次，以后每周可减少1次，直到每天3～4次为止。

（3）温度：1～3天，采用34～35℃；4～7天，采用32～33℃；以后每周降低2～3℃，至室温达20～22℃。图2－15所示为雏鸡在不同温度下的行为。

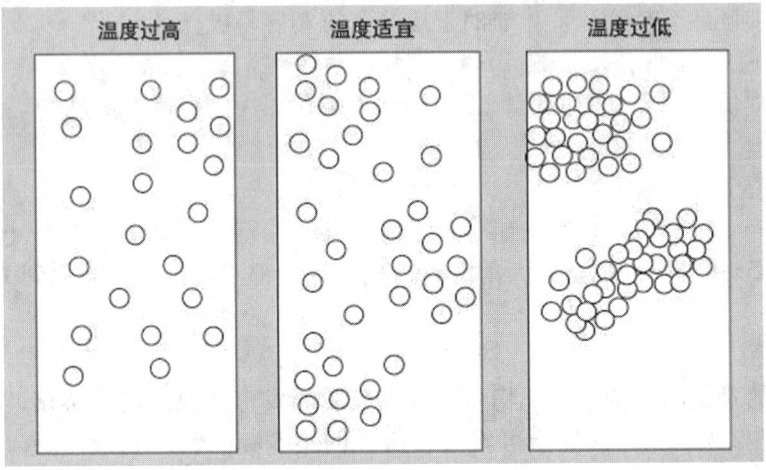

图2－15　雏鸡在不同温度下的行为

（4）湿度：10日龄前为60%～70%，10日龄后55%～60%较为适宜。

（5）通风：通风与保温是一对矛盾，应该在保温的前提下，搞好通风换气。注意观察鸡群，根据室内的温度与鸡群表现来决定通风的时间长短与次数。

（6）光照：育雏育成期的光照原则是前3天或第一周龄为光照23～24小时，第2周至产蛋前每天光照时间必须逐渐减少或者保持恒定，绝不能增加。

（7）断喙：7～11日龄是断喙的最佳时间，断喙前一天和后一天在饮水中加入维生素K可以减少断喙时出血。

（8）疫苗免疫和投药：根据养鸡场制订的免疫程序进行免疫接种和投药，以确保鸡群健康生长。

2. 育成期的饲养管理（7～20周龄）

（1）日粮过渡：用5到7天的时间，在育雏鸡料按比例每天添加15～20%的育成料，或者逐渐按1/3、1/2和2/3的比例添加育成料，直到全部换成育成料。

（2）生长控制与限制饲养：目前对蛋鸡的限制饲养多采用限量法，即每天每只鸡的饲喂量为正常采食量的85%～90%。

蛋鸡限饲一般从8周龄开始。每周随机抽取10%的鸡只进行称重，用平均体重与标准体重相比较。如体重低于标准，就应增加采食量；如体重超过标准，可减少饲料喂量。同时，应根据体重大小进行分群饲喂，保证其均匀度。

限饲时应备有充足的水槽、食槽，喂料要均匀，吃料同步化。如遇鸡群发病与处于应激状态，应停止限饲改为自由采食。

（3）分群与转群：鸡群根据体重大小进行分群饲喂。雏鸡应在5～6周龄转入育成鸡舍，17～18周龄转入产蛋鸡舍，转群最好在清晨或晚上进行。转群同时可以选择淘汰病鸡、弱鸡，发育不良、畸形、第二性征（冠的大小和颜色等）表现差的鸡只。

3. 产蛋期的饲养管理

（1）日粮要求：鸡群产蛋率达5%时，将日粮更换成产蛋日粮。方法可参照雏鸡料更改为育成料的方法，也可以配制专门的预产料。产蛋鸡对营养的需求很高，需供给营养丰富的全价日粮，并从鸡群开始产蛋起，应自由采食，并一直实行到产蛋高峰过后2周为止。

（2）光照管理：产蛋鸡的光照应采用渐增法与恒定光照相结合的原则，光照强度为3～4W/m^2，光照时间从20周龄开始，每周递增0.5～1小时，直至每天16～16.5小时，之后光照时间与强度不得随意变更。

（3）产蛋曲线：母鸡性成熟后产蛋量增加迅速，5～6周后达到产蛋高峰，可维持3～4周龄的高峰产蛋率，一般可达95%～96%；以后每周降低0.5%～1%，呈直线平稳下降。不同种鸡，其下降幅度有所不同，受遗传影响。

（二）蛋种鸡的饲养管理

饲养种鸡是为了尽可能多地获取受精率与孵化率高的合格种蛋。蛋用种鸡与商品蛋鸡育雏、育成饲养方法大同小异。主要不同点在于以下几个方面。

1. 种公鸡的选择与培育

种公鸡一般要进行多次选择，最终选出繁殖力强又符合品种特征的种公鸡。从雏鸡开始，公母鸡分开饲养。17～18周龄时转入单笼饲养（人工授精）或者放入母鸡群中（平面饲养），光照方案与种母鸡一致。

2. 配种与种蛋留用

一般在24～25周龄开始配种较好，自然交配公母比例为1∶10，人工授精公母比例可达1∶20～30。采用人工授精时，应对鸡群进行连接两天的人工授精，第三天开始收集种蛋。

3. 受精率与孵化率

饲养种鸡不仅要求产蛋量高，还要求受精率与孵化率高。因此必须科学管理，供给营养丰富的全价日粮，维持鸡群健康，以免惊群，掌握正确的人工授精方法，加强种蛋收集等。

七、肉鸡的饲养管理关键技术

（一）肉种鸡饲养管理

肉种鸡生长发育分为三个阶段：育雏期、育成期和产蛋期。

1. 育雏期饲养管理

育雏期常指0～6周龄阶段，其目标在于保证育雏成活率、雏鸡正常生长发育和良好的均匀度等。接雏前须做好育雏舍、育雏设备、清洗消毒、饲料及药品等准备。

（1）温度和湿度：育雏期需采用人工供热，第一周温度不低于33℃，随后每周下降2℃左右。温度是否合适主要根据鸡群状况进行判定。湿度为60%～70%，实际生产中视季节、饲养和雏鸡体质适当调整。

（2）饮水与给料：保证干净充足的饮水，开食一般在出壳24小时左右，予以全价配合饲料，每天添料4～6次，自由采食。

（3）光照制度：育雏前3日龄采用24小时光照，之后逐渐减少光照时间并过渡到自然光照；光照强度从3W/m² 逐渐减少至1W/m²。

（4）其他：根据养鸡场制定的免疫程序进行免疫接种和投药，做好断喙工作，防止啄癖。育雏期应注意对饲养密度的控制（表2－22）。

表2－22　优质肉鸡不同饲养方式的饲养密度（只/m²）

饲养方式	0～3周龄	4～9周龄	10周龄～出栏
地面饲养	20～30	10～15	8～10
笼养	30～50	15～25	10～15

2. 育成期饲养管理

育成期常指6周龄以后至开产前的阶段，主要目的在于保证骨骼、肌肉和内脏器官充分发育的前提下，严格控制性器官过早发育，以保证开产后达到较高的生产性能。

（1）分群与转料：育雏期到育成期需执行合理的饲料更换，每周进行体重和均匀度测定，及时整群。逐渐降低饲养密度和适当分群，笼养密度以15～16只/m² 为宜。

（2）性成熟控制：通过限制饲喂可延迟性成熟、控制生长发育速度、使成熟期基本一致、降低产蛋期死亡率、节约饲料。应根据鸡群体重和骨骼发育情况有针对性地制定限饲计划，可将鸡群分群采取不同的饲喂方法和措施。育成期光照强弱和时间，直接影响育成鸡性成熟的早晚，原则上在育成期任何阶段都不能延长光照时间。光照强度应为5～10lx。开放式鸡舍需以一天内自然光照最长时间为基础恒定光照，在此基础上人工补充光照。

3. 产蛋期饲养管理

优质肉鸡多在21周龄后进入产蛋期，主要任务是最大限度地减少各种不利因素对鸡群的有害影响，使之充分发挥生产性能。

（1）转群与转料：17～19周龄为母鸡性成熟的关键时期，须由育成料转换成初产蛋鸡料。育成鸡可在14～19周龄内转入蛋鸡舍，转群时注意尽量减少应激。自交笼饲养须注意合理的饲养密度，公鸡母鸡比例为1∶8。

（2）温度：鸡舍内最适温度为18℃～23℃，因此高温季节尤其要做好防暑降温措施，减少热应激带来的死亡、减蛋和蛋品质下降等损失。降温措施包括“风机＋湿帘”、排风扇降温、喷雾降温、屋顶喷水等。

（3）光照制度：光照制度对鸡群产蛋影响很大，应遵循以下原则：产蛋期每日光照强度和长度决不可减弱和缩短，即产蛋期逐渐增加光照时间，到一定水平时固定不变，切勿减少，但最长不超过16.5～17小时。

（4）其他：做好生产记录，包括喂料、死淘、产蛋记录等。采用品质优良的全价日粮，并根据产蛋率的高低及时调整饲料配方，随时保证充足干净的饮用水。根据实际产蛋曲线和标准产蛋曲线对照，及时发现产蛋量是否正常，产蛋高峰是否出现及时，及后期产蛋下降幅度是否正常等。除给种鸡提供合理而丰富的营养物质外，提高公鸡精液质量，通过精细化管理减少不合格种蛋。

（二）商品肉鸡饲养管理

商品鸡生长阶段可大致分为育雏期、生长期和肥育期，管理目标为降低死亡率，保障鸡只生长发育，提高产出率，减少残次品，从而获得最大利润。

1. 饲养方式

饲养方式主要有地面平养、笼养和放牧饲养三种方式。无论哪种方式，都必须采用全进全出制。

2. 饲养管理

商品鸡育雏期与肉种鸡育雏期饲养管理要点一致，注意把握温度、密度、光照、通风、饲料、饮水、断喙、免疫预防等各方面关键技术。育成期和肥育期通常采用“二阶段制饲养”和“三阶段制饲养”，定时、定量或自由采食，根据需要予以全价配合饲料或“全价配合饲料＋能量饲料”。

3. 放养鸡饲养管理要点

实行分区间歇养殖，保证充足卫生的水源供给。放养一般在4周龄后，白天气温不能低于15℃。放养前须对鸡群进行筛选，并进行调教训练。坚持“宜稀不宜密”的原则，实施公母分群饲养，适时上市。防止啄癖，严防中毒。不同放养场地养殖密度见表2－23。

表2－23　不同放养场地养殖密度

土地类型	承载能力（只/亩/年）	每年饲养批次（批）	每批（只/亩）
阔叶林	134	2	67
针叶林	60	2	30
竹林	130	2	65
果园	88	2	44
草地	50	2	25
山坡、灌木丛	80	2	40

4. 减少残次品

在饲养、抓鸡、运输、加工过程中，防止和减少胸部囊肿、挫伤、骨折、软腿等，是增加经济效益的有效途径。

八、水禽的饲养管理关键技术

（一）肉用种鸭的饲养管理

1. 育雏期（出壳～4周龄）

（1）育雏前的准备工作

①育雏舍：保温性能好，并能通风换气。②育雏设备：供温设备、料盘、饮水器、食槽、水槽、温湿度计、兽用器械、扫帚、消毒用具及其他饲养用具。③加温方式：可从烟道育雏、煤炉育雏或电热保温伞等加温方式中选择其中一种。④育雏方式：采用地面平养、网上平养或地面平养与网上饲养相结合的方饲养式。⑤清洗消毒：彻底清扫鸡舍，水冲洗鸡舍，两种以上的消毒剂交替进行3次以上的喷洒消毒；最后熏蒸消毒。⑥饲料及药品：备足饲料、消毒药、常用抗菌素及疫苗等。⑦预热试温：进雏前一天升温，不漏烟、

漏火，温度均匀，为30℃～35℃。

（2）育雏饲养管理要点

①温度：第一周温度为30～35℃，以后每周降3～4℃，直至自然温度。②湿度：以60%～70%为宜。③通风：以人进入舍内无闷气，刺眼，刺鼻的感觉为宜。④密度：第一、二、三、四周每平方米分别饲养20、15、10和5只。⑤光照：第一周每日光照23小时，光照强度为5W/m²。第二周后逐渐过渡到自然光照。⑥饮水：雏鸭入舍后先饮水，饮水中添加维生素等抗应激的药物，每天更换新鲜饮水，清洗饮水器。⑦饲喂：饮水后即可开食，喂料要做少喂勤添，第一周每天6次，第二周每天4次，第三、四周每天喂两次。喂料量参照饲喂品种种鸭饲养指南。⑧垫料的管理：雏鸭入舍前把木屑、刨花等垫料均匀地铺撒在地面上，厚度为2cm，及时更换板结、潮湿、污染的垫料。

2. 育成期（5～25周龄）

（1）肉用种鸭的限制饲养：每周随机抽取公、母鸭10%称重，对比标准体重调整喂料量，使其符合标准体重。给鸭群提供充足的饮水和采食条件，每天的饲料一次吃完，保证所有的种鸭同时都能吃到饲料。按体重大、中、小分群饲养，参照标准结合每群的体重给予相应饲料量，以提高鸭群的整齐度。

（2）密度：舍内面积每平方米3～4只。

（3）饮水：提供充足清洁饮水。

（4）光照：20周前采用自然光照，20～26周龄（不同品种时间有所差异）时早、晚分别逐步增加人工光照与自然光照合计达到17小时，光照强度为5W/m²。

（5）产蛋箱安置：22周龄左右以每3～4只母鸭1个产蛋箱的比例，沿鸭舍的周边设立产蛋箱。

3. 产蛋期（26周龄～淘汰）

（1）喂料和饮水产蛋期种鸭自由采食，粉料喂料次数一般为2～3次，颗粒料则将料投入料箱中，让鸭自由采食。设置长流水饮水槽，保持饮水不断。

（2）公母比例：1∶5为宜。

（3）密度：在有舍外活动场地的情况下，舍内面积每平方米3只。

（4）光照：每天17小时，维持到产蛋结束，光照强度为5W/m²。

（5）日常管理：早晨产蛋后应及时收集种蛋，并消毒入库，以减少种蛋污染的机会。

（6）日常管理：保持清洁卫生；禁止使用霉变饲料，严格执行光照制度；盛暑夏天应采用防暑降温的措施；为鸭创造一个安定的环境，尽量避免声、光、动物和人对鸭的干扰。

（二）商品肉鸭的饲养管理

商品肉鸭饲养管理分为育雏期（0～21日龄）和生长肥育期（22日龄～上市）两个阶段，育雏期的管理基本上与种鸭育雏期的管理相同，但应自由采食。

1. 喂料和饮水

饲养商品肉鸭不能限饲，能吃才能长，全饲养期全部实行自由采食，提供充足清洁饮水。

2. 饲养方式

地面平养和网上饲养均可。若为地面平养，应及时清除粪便，更换垫料，保持舍内干燥和清洁卫生。

3. 光照

生长肥育期光照不宜过强，每平方米 1.5W 对增重和避免啄羽均有好处，白天利用自然光，整个夜间照明。

4. 密度

第四、五、六、七周每平方米分别饲养 15、10、6 和 5 只。

5. 上市

根据市场需要适时上市。上市前 12 小时停料，不停水，抓鸭装卸动作要轻，防止挤压。

（三）鹅饲养管理的关键技术

1. 育雏期（1 日龄 ~4 周龄）

（1）育雏前的准备工作

将育雏舍彻底清扫，做好消毒工作。保证不漏水，门窗严密、能防鼠患。

准备好育雏设备与物品，包括竹筐、保温伞、红外线灯泡、纸箱、垫料，以及疫苗、药品、饲料、水槽、饮水器、温度计与分群挡板等。常见保温方式（见附彩图 55）。

（2）育雏期的饲养管理

①育雏方式：有地面育雏、网上育雏和网上育雏与地面育雏相结合三种方式。见彩图 56 为网上育雏。

②开水与开食：出壳后 12 ~24 小时，首次采食。见彩图 57 为雏鹅的开水和开食示意图。

③温度与湿度：经常通风换气，保持育雏舍温度适宜、垫料干燥、新鲜，如表 2 –24 所示。

表 2 –24　育雏期温度、湿度参考表

日龄	温度（℃）	相对湿度（%）	舍温（℃）
1 ~5	27 ~28	60 ~65	15 ~18
6 ~10	25 ~26	60 ~65	15 ~18
11 ~15	22 ~24	6 ~70	15
16 ~20	18 ~22	65 ~70	15
21 天以上	脱温		

④光照：1 ~7 天，23 ~24 小时；8 ~21 天，逐渐过渡到自然光照。

⑤脱温下水：冬春季节，10 ~14 天完全脱温；夏秋季节，4 ~5 天完全脱温。

⑥饲养密度：雏鹅的饲养密度见表 2 –25。

表 2-25　雏鹅的适宜饲养密度（只/m^2）

类型	1 周龄	2 周龄	3 周龄	4 周龄
中小型鹅	15~20	10~15	6~10	5~6
大型鹅	12~15	810	5~8	4~5

⑦分群饲养：将弱雏和健雏分群饲养，提高整体度和成活率。

⑧放牧与放水：夏天在 3~7 天后，冬季在 10~20 天后进行。

⑨鹅群调教：培训和调教“头鹅”，利于放牧鹅的管理。

2. 种鹅的饲养管理

（1）育成期（70 天~180 天）

采用自然光照，限制饲喂，防止种鹅过大过肥，确保适时性成熟和开产。

①生长期（70~100 天）：放牧鹅，青绿饲料不限，精饲料大型鹅每天 120~180g，小型鹅 90~130g，定时、分 3 次饲喂。

②限制饲养期（100~150 天）：公母鹅分开饲养。精饲料饲喂量为生长期的 40%~50%，加强放牧，锻炼耐粗饲能力。

③恢复饲养期（150~180 天）：饲料由粗变精，促进母鹅体态丰满，进入临产状态；公鹅提前补饲精饲料，提早换羽，保证充沛体力和旺盛性欲。

（2）产蛋期

①光照：开产前，用 6 周时间从自然光照过渡到 16~17 小时；产蛋期，17 小时。

②饲料：喂料量，100~150g/天。开产 4 周，初产蛋鹅料；产蛋率达 20%，换高峰期料。

③提高受精率措施：清洁的戏水池和足够大的水上运动场，对提高受精率意义重大。

④产蛋母鹅管理：放牧鹅，将产蛋的母鹅留在舍内产蛋，舍饲鹅要设置产蛋箱或产蛋窝，训练定点产蛋。控制母鹅的就巢性。

（3）休产期

进行活体拔羽和强制换羽，注意防感染。公母鹅分开饲养，不补饲。

3. 商品鹅的饲养管理

（1）放牧育肥：在收割时节前进雏鹅，依托残留谷物育肥。每天放牧 2 次，放牧后补饲，小型鹅 100~150g/天，中大型鹅 150~250g/天。

（2）舍饲育肥：生长期（4~8 周）以青绿饲料为主，饲喂 3~4 次/天，夜间 1 次。育肥期（9~10 周）自由采食，饲料以谷物为主或配合饲料加青绿饲料。重点是减少鹅活动量，快速育肥。

（3）填饲育肥：将饲料做成直径 1.5cm 的条状，强制填入鹅的食管。如表 2-26 所示，每天填饲 3~4 次，完后回舍休息。

表 1-26　育肥天数与填饲量参照值

育肥天数（天）	填饲量（g）
1~3	200~250
4~5	300~350
6~7	400~450
8~10	500~550
11~15	600

九、家禽场建设与设计

（一）选址要求

选择地势高燥、交通便利、排水良好、背风向阳、环境安静、水源充足，卫生和供电方便的地方。场区距离干线公路、村镇居民集中居住点、生活饮用水源地 500m 以上，与其他畜禽养殖场及屠宰场距离 1km 以上，周围 3km 范围内无污染源。

（二）功能布局与设施

1. 布局原则

布局一般分为：办公区、生活区、生产辅助区、生产区和污染区等区域。办公区和生产辅助区相连，用围墙隔开，生活区单独分开，距行政区和生产区 50m 以上。污粪处理区在主风向的下方，与生活区保持较大距离，排列顺序按主导风向，地势高低及水流方向依次为生活区，办公区，生产辅助区，生产区和污染区。

2. 禽舍建设

根据饲养工艺，将禽舍分为育雏舍、育成育肥舍和种禽舍。三种舍的比例为 1∶2∶6。

禽舍由砖混结构及夹心保温泡沫板等结构坚固、保温良好的材料建成，舍外檐高 2.5~3m，舍内宽 10~12m，长度控制在 100m 以内，由前、后、左和右四面墙结构组成，便于防疫消毒、通风换气及现代化设备使用，舍内地平高于舍外地平 15cm 以上，双坡坡度 2~3 度，由中间向两侧倾斜，保证房舍排水良好。舍间距一般为舍高的 3~5 倍。生产区的道路分为清洁道和污道两种。

按建筑方式将禽舍分为开放式和封闭式两种。开放式舍在左右侧墙离地面 0.7~1m 设窗，窗与地面面积之比为 1∶8~10，前后墙各设一道门，门宽 3~4m，高 2~2.5m，舍内安装喷雾降温风扇，用于空气流通及舍内降温，降温风扇功率分布为 0.02W/m^2，0.1mm 喷雾嘴 0.04 个/m^2。开放式禽舍又分平层式和高床式。封闭式舍内设防火夹心泡沫平顶天花板，离地高度 2.5~3m，厚度 5cm 以上，以增加保温性能，左右侧墙面前段离地 0.4~0.8m 高处设置湿帘进风口，进风口与湿帘面积之比为 1∶1.3~1.6，湿帘面积与舍内面积之比为 1∶10~13，剩余侧墙离地 1.8~2.2m 设置通风小窗，在后端墙面安放负压风机，风机每分钟通风量与养殖舍体积比为 1∶1.3~1.6，在前段墙设密封性好的门一道，门宽 3~4m，高 2~2.5m。

（1）蛋、肉鸡舍的建设：蛋、肉鸡饲养方式分为平养和笼养。

地面平养：用干燥、新鲜、不发霉、不变质的垫料。靠墙的两侧地面，各挖一条排水沟，上盖铁丝网或漏缝地板，使用饮水乳头饮水，用专用喂料器具进行喂料，产蛋鸡需安装专用产蛋箱。

网上平养：笼高0.8～1.2m，单层，笼下设排粪沟或安装自动清粪设备，以利冲洗和清除粪便。网面用铁丝网、木条或竹片钉做，也可采购成品。饲养雏禽时网格面积为1cm²，中、大禽网格面积1.5～2.5cm²。

单笼笼养：使用层叠式笼或阶梯笼饲养，每组笼长2～2.4m，分10～12个小格，每格长0.4～0.5m，宽0.3～0.5m，高0.4～0.5m，笼内配饮水及喂料器具。

以上饲养方式，封闭式舍和开放式舍均可采用。为保证通风，开放式舍不采用层叠式笼养方式。所有禽舍都应使用专用饲喂、清粪设备及消毒设备，并配有取暖、通风、光照及防鼠等设施。舍内设备可根据具体饲养进行调整。

种用蛋鸡采用人工授受精笼或自然交配笼饲养，不宜采用平养方式。人工授受精笼有层叠式和阶梯式两种，自然交配笼为层叠式。

（2）鸭、鹅舍的建设：鸭、鹅饲养方式分为地面平养、网上平养和个体笼养。

地面平养：铺水泥地面，中间高两边低，坡度为2°～3°，地面上撒干燥、新鲜、不发霉、不变质的垫料。靠墙的两侧地面，各挖一条排水沟，上盖铁丝网或漏缝板，将饮水器放置于排水沟上。

网上平养：网床高0.8～1.2m，网下设排粪沟或安装自动清粪设备，以利冲洗和清除粪便。网面用铁丝网、木条或竹片钉做，也可采购成品。饲养雏禽时木条（或竹片）间距1cm，中、大禽木条（或竹片）间距2cm。

单笼笼养：使用层叠式笼或阶梯笼饲养，每组长2～2.4m，分8～10个小格，每格长0.4～0.6m，宽0.4～0.6m，高0.4～0.5m，笼内配饮水及喂料器具。

开放式鸭、鹅舍由禽舍、陆上运动场、水上运动场或戏水池构成，采用平养方式饲喂。

养殖舍内隔出150～180m² 每间的小间，便于消毒和管理。陆上运动场的面积为舍内面积的1.5～2.0倍。陆上运动场用砖块铺设，砖块之间有缝隙，表面铺细沙或砂土，在连接水面处用水泥砂石，坡度为25°～30°。鸭、鹅水上运动场面积与陆上运动场的比例为1∶1。

封闭式舍或平养旱舍，可在固定位置设喷淋器代替戏水池，用于鸭、鹅羽毛清理，喷淋器下方设排水沟。商品鸭和商品鹅可直接采用笼养；种鸭、种鹅场只能采用平养，且需配备运动场、戏水池及专用产蛋箱。

3. 污染区建设

（1）病、弱禽舍建设。隔离修建病、弱禽舍，用于病弱禽隔离观察，注意保温和舍内卫生干净，每日消毒。

（2）兽医工作区。设立剖检区，并每日消毒处理。

（3）废弃物处理工作。设焚烧炉，处理病死动物和使用过的疫苗弃物等。设有化肥池或沼气池进行污水处理及再利用。设堆粪区，以混凝土浇筑地面，筑围墙。加强绿化，减少环境污染。

第五节 家兔生产

一、家兔的生物学特性

（一）家兔的生物学特性

1. 夜行性

家兔白天较为安静，夜间非常活跃。饲养人员白天应减少在兔舍内的活动，饲喂饲料宜安排在早晨和晚上。

2. 嗜眠性

嗜眠性是指家兔在一定条件下容易进入困倦或睡眠状态。除听觉外，其他刺激不易引起兴奋，因而家兔常作为试验动物。

3. 穴居性

穴居性是指家兔具有打洞挖穴、在洞穴中产仔生活的本能行为。北方可使用地下洞穴作产箱（俗称地窝），能提高母兔的分娩成功率、母性、泌乳力、仔兔成活率和断奶重，但只适宜于中小规模兔场。

4. 群居性较差

家兔性成熟前有较强的群居性，之后群居性会越来越差，不论公母兔，只要群居，则常发生咬伤。因此应该注意：①仔兔断奶后同窝可分为2~3小群饲养，商品肉兔可至出栏，獭兔和长毛兔可饲养至2.5月龄。②繁殖兔应单笼饲养。

5. 胆小怕惊

家兔胆小，兔场中突然的声响、举动、异常的气味和狗猫的入舍，都会使兔群惊慌不安，对兔群损害极大。所以，新建兔场应远离噪声源，尤其是公路、铁路、机场、家具厂等噪声较大的场所；饲养员在进入兔舍时，动作要轻稳，不得大声喧哗；禁止其他畜禽进入兔舍；对外来人员参观应适当控制；兔场附近禁止燃放鞭炮；若已建在公路、集市等较吵闹的地方，可在兔舍内播放音乐减少外界的噪声对兔群的影响。

6. 喜清洁、爱干燥

家兔喜爱清洁、干燥、空气清新的环境。在选择兔场场址时要尽量选择地势高燥和地下水位较低的地方；保证每天清理一次兔粪尿；不能经常用水清洗兔笼和兔舍；时常检查饮水器是否漏水。

7. 草食性、择食性和食粪性

家兔属于单胃草食动物，以植物性饲料为主，主要采食植物的根、茎、叶和种子。因此，饲养家兔粗饲料是不可替代的。

家兔喜欢采食植物性饲料，特别是豆科、十字花科、菊科等多汁多叶性植物，不喜欢吃禾本科、直叶脉的植物，如稻草等；家兔喜欢吃颗粒料，不喜欢吃粉料；家兔喜欢吃带有甜味的饲料和含有植物油的饲料，这些在饲养家兔和配制饲料时均需注意。

家兔的食粪是正常的生理现象。家兔食粪主要是采食自己的软粪，吞食软粪有助于家兔对饲料中营养物质的吸收利用，提高饲料消化率，有助于维持消化道正常的微生物区系。

8. 嗅觉和味觉灵敏

家兔具有极为灵敏的嗅觉，常通过嗅觉来辨别同类间的亲疏。因此，刚与一只公兔交配后的母兔不能马上放入另一个公兔笼进行配种；寄养仔兔时，必须使用在仔兔身上或母兔鼻子上涂碘酒等方法来扰乱母兔的嗅觉。

家兔的味觉同样发达。家兔喜欢采食带有甜味的饲料，以及微酸、微辣、植物苦味的饲料，而不喜欢药物苦味的饲料，在饲料中可添加甜味剂，可起到诱食的作用。

9. 啮齿性

家兔的门齿是恒齿，出生时就有，永不脱换，且终生生长，必须借助采食和啃咬硬物，才能保持其上下门齿的正常咬合。为减少啃咬笼具的现象，尽量使用颗粒饲料，硬度越硬越好，也可在笼中放入较硬的木材；饲料中钙磷不能添加过多，避免出现畸形牙齿。

（二）家兔的生物学特性基本参数（见表2－27）

表2－27　家兔的生物学特性基本参数

项　目	参　数	项　目	参　数
正常体温	38.5～39.50℃	呼吸频率	成年兔20～40次/分， 幼兔38～60次/分
皮肤温度	33.5～36℃	心跳频率	258±2.8次/分
仔兔窝内最适温度	30～32℃	血总量占体重比例	5.46%～8.7%
最适温度	15～25℃	血红蛋白	8～15g/100mL血
繁殖年龄	6月龄～3岁	白细胞总数	6.0～13.0千/mm^3
生命周期	8年	红细胞总数	4.5～7.0百万/mm^3

二、家兔主要品种

（一）肉兔主要品种

1. 地方品种

地方品种是指分布在我国境内，经过长期风土驯化及产区百姓长时间自繁自养而形成的品种，如四川白兔、闽西南黑兔、福建黄兔、九嶷山兔、云南花兔和太行山兔等。

（1）四川白兔：属小型皮肉兼用兔（见彩图58）。被毛纯白，头清秀，无肉髯。两耳较短、厚度中等而直立，红眼，臀部欠丰满。具有性成熟早、配血窝能力强、繁殖率高和肉质鲜嫩等特点，是开展抗病种和培育观赏兔的优良育种素材。

（2）闽西南黑兔

属小型皮肉兼用兔（见彩图59）。被毛披黑色粗短毛，具有光泽，乌黑发亮，头呈三角形，黑眼，无肉髯。具有耐粗饲、早熟、胴体品质好，屠宰率高，肉质营养价值高等优点；缺点是生长速度较慢。

（2）云南花兔：属小型皮肉兼用兔。多为白色，其次是黑色、黑白混杂，也有仅鼻端、额部、爪有白毛的黑兔，外观全为粗毛，光亮顺滑；白毛兔为红眼或蓝眼，其他毛色均为黑眼，部分兔成年后也有垂髯，毛密，皮厚；具有肉质好、耐粗饲、屠宰率高、繁殖力和抗病力强等优点。

2. 引进品种（配套系）

（1）齐卡肉兔配套系：由四川省畜牧科学研究院从德国引进，由德国巨型白兔（见彩图60）、齐卡新西兰白兔（见彩图61）和德国白兔3个品系组成。

齐卡肉兔配套系生产成绩在国内领先，具有生长发育快，繁殖性能好，成活率及饲料转化率高等优点。

（2）新西兰白兔：最常用的实验兔（见彩图62）。其被毛纯白，红眼，头短而略显粗重，两耳宽厚、短而直立、颈粗短、背腰平直丰满、后躯发达、臀圆，四肢强壮有力。成年体重3.5～5.0kg，平均每胎产仔6～8只，早期生长快，产肉率高，肉质细嫩，毛皮质地好，饲料利用率高，杂交效果好。

（3）加利福尼亚兔：属中型品种（见彩图63），成年体重3.0～4.0kg。体躯浑圆、匀称，头部稍小，体躯被毛白色，但两耳、鼻端、四爪及尾端为黑色或灰褐色，俗称“八点黑”。适应性、抗病性较强，且母性好，繁殖性能优良，尤其是泌乳性能强，仔兔成活率高，又称“保姆兔”，是规模化生产的理想品种，可与齐卡新西兰兔等大型品种进行杂交生产商品兔。

（4）弗朗德兔：被毛深红带黄褐或胡麻色，酷似野兔（见彩图64）。头长而宽，黑眼珠，体躯强健、丰满，四肢粗短，生长发育快，90日龄体重可达2.5kg，繁殖力强，胎产仔7～8只，泌乳力和抗病力强，耐粗饲。

（5）德国花巨兔：属大型皮肉兼用品种（见彩图65）。体躯被毛底色为白色，鼻、嘴、眼圈及耳毛黑色，从颈部沿背脊到尾根有1条黑色带状背线，体躯两侧有黑斑，又叫“熊猫兔”。成年体重5～6kg，胎产仔数高，早期生长发育快，但对饲养管理要求较高，哺育能力较差，幼兔成活率较低，毛色遗传不稳定。

（6）日本大耳白兔：属皮肉兼用品种。被毛纯白，红眼，头形清秀，两耳长大而直立，耳根、耳尖较细，耳壳薄，成年母兔颌下肉髯发达，成年体重4.0kg左右；繁殖性能好，耐粗饲，抗病力较强，但早期生长速度较慢。其耳长且血管清晰，常用作实验兔。

（7）伊拉配套系：由A、B、C和D四个系组成（见彩图66）。该配套系适应性和抗病办较强，性情温顺，易于饲养，早期生长发育快，是规模化商品肉兔生产的理想品种。但对饲养条件要求较高，不耐粗饲。

3. 培育品种

（1）哈白兔：属大型肉皮兼用品种（见彩图67）。被毛纯白，粉红色眼，头长方，颊丰满，耳大直立，体躯长大，前后躯较匀称，成年体重6～7kg，公、母兔均有髯。其生长发育较快，繁殖性能好，适应性较强。

（2）塞北兔：属大型皮肉兼用品种（见彩图68）。被毛以黄褐色为主，有少量白色和干草黄色。体躯长而结实，头型中等，耳朵宽大，一耳直立，一耳下垂，颈较粗短，背腰肌肉丰满，成年体重5.3kg左右，平均每胎产仔7只左右，抗病力和适应性较强，耐粗饲。

（3）康大配套系：分别为康大1号肉兔配套系、康大2号肉兔配套系、康大3号肉兔配套系，属肉用型配套系，其适应性、抗病抗逆性好，具有较强的繁殖性能。

（二）獭兔主要品种

1. 美系獭兔

（1）早期引进的美系獭兔：其头小嘴尖，眼大而圆，耳长中等直立，转动灵活；颈部稍长，肉髯明显；胸部较窄，腹腔发达，背腰略呈弓形，臀部发达，肌肉丰满；被毛品质好，粗毛率低，被毛密度较大，繁殖性能优良，适应性好，抗病力强，毛色类型 14 种，我国引进的以白色为主；缺点是群体参差不齐，平均体重较小，一些地方的美系獭兔退化较严重。

（2）近十年引进的美系獭兔：其体型大，成年体重在 3.8kg 左右，被毛质量好，尤其平整度好，但群体一致性不太好，有待进一步选育。

2. 法系獭兔：体型较大，生长发育快，饲料报酬高；母性良好，护仔能力强，泌乳量大；商品獭兔被毛质量好，缺点是对饲料营养要求较高。

3. 德系獭兔：其体型大，生长速度快，利用这一优点开展与其他品系獭兔杂交育种，可获得新的獭兔品系。

4. 色型：我国有多种色型獭兔，主要有白色、黑色、海狸色、八点黑、红色、青紫蓝色、巧克力色、银灰色和宝石花色等。见彩图 69 为獭兔主要类型。

（三）长毛兔主要品种

长毛兔品种主要分为德、法、日、英、中系安哥拉兔。

（1）德系安哥拉兔：中型毛用型兔（见彩图 70）。体形较大，生长发育快，成年体重 3.5～4.0kg；大部分耳背均无长毛，仅有耳尖有一撮长毛，俗称“一撮毛”；年产毛量 1000g 左右，被毛密度为每平方 cm16000～18000 根，粗毛含量 5.4%～6.1%。德系安哥拉兔枪毛少，产量高，被毛密度大，细长柔软，有毛丛结构，排列整齐，不易缠结，是较为理想的细毛型长毛兔品系。

（2）法系安哥拉兔：属中型毛用型兔（见彩图 70）。粗毛含量较高，毛质较粗硬，头型稍尖，额部、颊部及四肢下部均为短毛，耳宽长，耳尖无长毛或有一撮短毛，俗称“光板”兔；法系兔体型较大，成年体重 3.5～4.6kg，高者可达 5.5kg，平均年产毛量 1174.9g，平均产毛率 26% 左右；被毛密度为每平方 cm13000～14000 根。

（3）中系安哥拉兔：可分为全耳毛型、半耳毛型、一束毛型和枪毛型四个类型，其代表类型为全耳毛狮子头型。年产毛量 200～500g，毛密度每平方厘米 8000～10000 根。中系安哥拉兔（见彩图 70）体型较小，产毛量低、毛质差、体质弱，但具有性成熟早，繁殖力强，母性好，耐粗饲的优点。

（4）皖系长毛兔：培育品种（见彩图 71），全身被毛洁白，浓密而不缠结，柔软，富有弹性和光泽，年产毛量、粗毛率较高，品质优，繁殖力强，遗传性稳定。成年兔年均产毛 1.0kg 以上，产毛率 28%～32%。

（5）浙系长毛兔：培育品种，属大型长毛兔，体型大、产毛量高、毛品质优等遗传特性。其头部大小适中，呈鼠头或狮子头形，全身被毛洁白、有光泽，绒毛厚、密，有明显的毛丛结构，颈后、腹部及脚毛浓密，平均产毛量公兔 1864g、母兔 1832g。

三、选种与选配

（一）安全引种

1. 明确养殖类型

根据当地自然条件、消费习惯、销售市场、自己的饲养水平和经济状况等实际，结合不同类型家兔的生产特点，全面综合分析，然后做出决定。

（1）肉兔：就单只兔的效益而言，明显低于毛兔和獭兔。但投资小，周期短，市场较稳定，商品兔可实行群养，从笼舍单位面积来讲，一年的总产值或投入产出效益比，不低于毛兔和獭兔。

（2）獭兔：优质獭兔皮商品价格较高，且市场看好。除高温高湿地区不宜饲养外，南北方均可饲养，尤其是干燥、年均气温较低的地区。

（3）毛兔：兔毛的商品价格高，单只兔的效益也高。兔毛容易贮存、便于运输，但毛兔的饲养周期较长，生产成本相对较高，且要求饲养者管理技能（如剪毛）熟练，不宜大规模集约化饲养。

2. 个体选择

选择方法为：符合品种特征→生长发育正常→精神状态好→嘴四周毛皮干燥→体温、呼吸正常→粪便疏松，无拉稀→无外寄生虫→种兔无遗传缺陷

选择种兔时应避免门齿过长、垂耳、滑水腿、乳头数过少（少于4对）、生殖器官畸形（如单睾、隐睾）、短肢和短趾、后躯尖斜等缺陷。

种兔须从具有种兔场经营许可证的种兔场引进，引入个体血缘清楚，公兔最好来自不同家系，加强系谱的审查；必须经过防疫检查，起运前要有当地畜牧主管部门的检疫证明书。

3. 引种年龄与季节

引种年龄：3月龄以上或体重1.5kg以上的青年兔。

引种季节：春秋两季最佳。夏季引种，只能夜间起运，冬季引种，注意保暖。

4. 种兔的运输：装车前兔笼、车辆应消毒，装车时避免种兔互相挤压，运输时间在1天内可不喂料和水；超过1天则要饲喂少量料和水；3天以上，则要饲喂少量饲料和充足饮水。

5. 引进后的饲养管理

饮水（加入电解多维和预防消化道疾病的药物）→饲料更换（5～7天内换完）→预防球虫病（1.5kg以下）→注射疫苗（7天内）。

（二）家兔选种技术

1. 肉兔选种方法

在选择个体本身的同时，还应注意其祖先和后代的体形外貌和生产成绩。种兔繁殖发现有缺陷、繁殖性能不佳或后代生产性能不好的，应淘汰作商品生产用；要边利用，边选择，而不是一选定终生。

2. 毛兔选种方法

除常规选种要求外，长毛兔选种的主要性状是产毛量和毛的品质（毛的长度、细度、强伸度、粗毛率和结块率等）。体重和产仔数要求达到各系标准即可。

同批次断奶仔兔（断奶只数多、断奶窝重和个体重大的仔兔）

↓

3月龄（日增重高、增重快、耗料少、抗病力强）

↓

已繁殖母兔（产仔数高、21天窝重和断奶窝重大、成活率高）

↓

已繁殖公兔（根据与配母兔的繁殖性能进行选择）

肉兔选种方法

剪毛量受季节影响较大，为便于比较，各世代间选种时间要相对一致或进行季节误差的校正。

3. 獭兔选种方法

獭兔选种最根本的特征就表现在毛皮上。獭兔选种的方法是：

仔兔阶段（淘汰病、弱仔兔）

↓

幼兔阶段（双亲产毛量高，母兔的繁殖性能好、幼兔生长健壮、体重大

↓

青年兔阶段（体形外貌、体重、体尺、优质毛百分率、产毛率、繁殖性能）

↓

成年兔阶段（年产毛量、毛的品质、体重体尺、饲料消耗、繁殖性能）

毛兔选种方法

毛色要求符合该品种（系）特征，达到色标准

↓

毛被品质符合“短、平、细、密、美、牢”的要求

↓

早期生长发育快，选择体重大的个体

↓

注意其祖先和后代兔的毛品质及繁殖性能

獭兔选种方法

（三）家兔选配技术

1. 表型选配

（1）同型选配：选择性状相似、性能表现一致的公母兔进行交配，以期获得相似的优秀后代。如为提高兔群的生长速度，可选择生长速度快的公、母兔交配，使其后代保持这一优良特性。此法适用于优秀公、母兔之间。

（2）异型选配：选择不同优良性状或同一性状但优劣程度不一致的公、母兔进行交配，其目的在于把公、母兔各自的优良品质在后代中集中起来，或以优改劣，提高后代的生产性能。例如，选择兔毛生长速度快和兔毛密度大的公、母兔交配，从而使后代兔毛生长速度快和兔毛密度大，最终使后代产毛量提高。

2. 亲缘选配：即根据公、母兔之间的血缘关系进行选配；如交配双方无亲缘关系，称为非亲缘选配。一般把交配双方到共同祖先的代数在6代以内的种兔交配，称为近亲交配，近亲交配会导致繁殖力下降、死胎和畸形增多、适应性变差、体质变弱和生长较慢等现象。但近交可固定优良性状，揭露有害基因，保持优良血统，因此在兔群中出现了某些特别优秀的个体，需尽量保持其优秀特性时，可考虑采用近交。但应加强选择，及时淘汰因近亲交配而产生的不良个体。

四、兔的繁殖技术

（一）家兔的繁殖及规律

1. 繁殖特点

家兔子宫为双子宫，会出现母兔产出第一批胎儿后几小时，甚至几天再产出第二批胎儿的双重孕现象。其次，家兔是刺激性排卵动物，母兔需在公兔交配或药物刺激的诱导下方可排卵。

2. 性成熟与适时配种月龄

家兔性成熟月龄，随品种、性别、饲养管理水平以及遗传等因素不同而有差别。小型品种性成熟约在4月龄、中型4.5~5.5月龄、大型6~7月龄；母兔性成熟要比公兔早1个月左右；相同品种或品系，在优良饲养条件下，其性成熟也较早。体重达到成年体重70%~80%才能初配，中型品种年龄达5~5.5月龄、大型品种6~6.5月龄、巨型品种9月龄。

3. 发情周期与发情期

发情周期：指母兔从上一次发情开始到下一次发情所间隔的时间，其变化范围较大，一般在8~15天之间。

发情期：母兔发情期一般持续1~5天。在发情期内，母兔常表现出精神不安，食欲减退，顿足刨地等现象，如与公兔同笼，常伏卧、抬尾作接受交配姿势。根据其阴道黏膜的颜色变化，发情可分为初期、中期和末期三个阶段，发情中期阴道黏膜的颜色为大红色，此时配种效果最好，即“粉红早，紫红迟，大红正当时”。另外还需注意外阴部的湿润程度，若阴唇湿润含水，即使粉红，也极容易接受交配，特别是外来品种。

（二）常规繁殖技术

1. 配种方法

（1）自由交配：是指公、母兔混养在一起，任其自由交配。优点是配种及时，方法简便，节省人力，并可减少母兔的失配，但缺点较多（如容易发生早配或早孕和弄不清后代血缘等），实际生产已经很少应用。

（2）人工辅助交配：指公母兔分笼饲养，配种时将母兔放入公兔笼中，在人员看守和帮助下完成配种的方法。

（3）人工授精：即不用公兔直接配种，而是用人工采集公兔精液，经品质检查和处理后，用输精管把精液输入到母兔子宫内，使其达到怀孕的目的。这是一种先进的繁殖技术，但对技术要求较高。

2. 繁殖方式

（1）重复配种：即母兔在第一次配种后，将母兔继续留在公兔笼中，用同一只公兔再配，此法可增加母兔受精机会，提高受胎率，防止假孕。

（2）双重配种：即母兔第一次交配后 10～20min 再与另一只公兔交配。双重交配只适宜于商品兔生产，不宜用于种兔生产。

（3）人工强制交配：发情母兔放入公兔笼后拒绝交配的，可采用人工强制交配。配种员以一手抓住双耳及母兔颈部皮肤固定母兔，通过尾绳吊起母兔尾巴，另一只手抬起母兔臀部，以迎合公兔交配。

（4）半频密繁殖：即在母兔产仔后 8～15 天（较集中于第 13、第 14 天）进行交配。此法适宜于肉兔和獭兔，不适宜于毛兔。

（5）频密繁殖：又叫血配，即产后 1～2 天内配种，适合于肉兔。但母兔体况要好，产仔数较少，并保证充足营养。

3. 常规配种技术

（1）只能在公兔笼中交配。

（2）公兔应放在环境较好，便于操作的笼中。

（3）配种时间：夏季要早晚配种，冬季中午配种，春秋两季在上午配种。

（4）毛用兔在交配前 2～3 天，应剪去公兔生殖器周围的长毛。

（5）公母比例：种兔生产为 1:5，商品兔生产为 1:8～10。

（6）配种过程：先清理公兔笼和检查母兔的发情状况，然后将母兔放入公兔笼内，公兔追逐母兔，母兔后肢支起并抬尾，公兔爬到母兔后背，臀部快速抽动，当阴茎插入阴门，即行射精。射精后，公兔后肢蜷缩，随即由母兔身上滑倒，同时伴随“咕咕”的叫声，频频顿足，母兔阴部沾有黏液，证明顺利交配。交配后，立即提起母兔后躯，并在母兔臀部轻轻拍击一下，防止倒流。

（三）同期发情及人工授精技术

1. 同期发情技术

在兔舍内安装大量冷色光光源，要求母兔笼内每个角落的光照强度大于 60lx，配种前 7 天以前光照时间为 12 小时，配种前 7 天光照时间为 16 小时，配种前 48 小时～56 小时每只母兔注射孕马血清促性腺激素 25IU～40IU。

3. 人工授精方法

（1）仪器、器械清洗与消毒：将耐高温的玻璃仪器（如集精瓶、烧杯、试管、盛装精液等器皿）先用自来水清洗，然后用蒸馏水淌洗，再用报纸包裹好放入高压灭菌锅灭菌消毒，最后在烘箱中烘干备用。不耐高温的器械（如采精器、内胎、输精枪套管等）采用

75%消毒酒精或0.1%浓度的新洁尔灭进行浸泡消毒，然后用生理盐水冲洗干净备用。

（2）采精前仪器设备准备：先将显微镜、恒温水浴锅和恒温板等设备准备完善。

制作采精器：检查采精器有无破损，安装好采精器。然后在采精器外壁与内胎间注入50～55℃温水；调节内胎气压，使内胎气压适宜；安装上集精瓶，即可用于采精。

（3）采精：选择母兔作为台兔，将母兔放入公兔笼中，让公兔追逐母兔，待公兔准备爬跨母兔时，采精人员左手抓住母兔双耳和颈部皮肤保定母兔，右手握住采精器置于母兔两后肢间，举起母兔后躯，迎合公兔爬跨；调整采精器位置、角度，引导公兔阴茎插入采精器内；待公兔射精后及时将采精器口向上举起，使精液流入集精瓶中；最后取下集精瓶，做好标记。

（4）精液品质检测：检测包括精液气味与颜色、射精量、pH、精子活率评定、精子密度等检查。

①精液气味与颜色：兔的新鲜精液略有腥味，正常颜色为乳白色，浑浊不透明，颜色异常的精液均不能使用。

②射精量：待精液中的气泡消失后，直接在集精瓶上读数，即为射精量。

③pH检测：采用pH计测定精液pH，公兔正常的精液pH为6.8～7.2。

④精子活率评定：集精瓶放入恒温水浴锅（30℃）。使用恒温板（37℃）和显微镜（400倍）检测精子活率。若精子活率为90%，则评分为0.9，用于输精的精子活力要求0.6以上。

⑤精子密度检查：即每毫升精液中含有精子的数量，主要采用血细胞平板计数法。

（5）精液稀释

①精液稀释液配制：可购买进口稀释粉，根据说明按一定比例采用灭菌蒸馏水溶解配制，其特点是使用方便，但成本相对较高。也可自配稀释液，如葡萄糖磷酸盐稀释液的配制方法：称取葡萄糖6.0g、磷酸氢二钠1.69g、磷酸二氢钠0.41g，放入量筒中，再向量筒中加入蒸馏水至100mL刻度位置，使其充分溶解，再装入烧杯中密封，高压灭菌。灭菌完后，取出冷却至室温，再加入青霉素、链霉素各10万IU，溶解、混匀。

②稀释方法：将配制好的精液稀释液和检验符合质量标准的精液放入恒温水浴锅（恒定的30℃）中（商品兔生产时可将各瓶精液混合）；待精液与稀释液温度一致时，将稀释液沿集精瓶壁缓慢倒入精液中，混合均匀。

③稀释倍数：每只母兔要求输入的有效精子数为15×10^6～30×10^6个。

④稀释后检测：取稀释后的精液于400倍显微镜下，观察精子活率有无变化。若精子活率符合输精要求，即可用于输精。

（6）输精：先将输精枪彻底消毒，并用精液稀释液润洗2～3次，调节输精量。

输精时两人合作，一人辅助输精人员保定母兔。输精人员左手抓住兔尾，将母兔后肢提起离地，右手持输精枪，将输精枪口向上倾斜，枪口沿母兔阴道壁背侧插入；输精枪插入阴道7～8cm深，将精液注入；将输精枪拔出，轻拍母兔臀部，防止精液倒流。

输精后每只母兔立即肌肉注射促排3号0.8μg。当天晚上不添加饲粮，保持兔舍安静，供足饮水，第二天按常规饲养管理进行，同时保持每天12小时光照时间，直到检胎。

五、家兔的饲养管理

（一）繁殖兔的饲养管理

1. 种母兔的饲养管理

（1）空怀期母兔：主要任务是使其尽快恢复膘情，调整体况。

（2）妊娠期母兔：前期饲养水平稍高于空怀母兔，后期要供给充足的营养，临产前1~2天应适当控制饲料喂量，可喂些优质青草；避免近亲交配和突然惊吓，保证饲料营养和品质，避免流产；临产前1~2天做好产前准备工作，对超过预产期1~2天的母兔，应进行检胎，及时注射催产素，产仔时供给充足饮水，保证母兔不受惊吓。

（3）哺乳母兔：增加饲料喂量，保证饲料质量；随时观察母兔泌乳情况，调整饲料喂量，防止乳房炎的发生。

2. 种公兔的饲养管理

（1）营养的供给要全面、均衡，以保证精液品质；

（2）保持种公兔体况要适中，不能过肥过瘦。

（3）合理的公母比例：商品兔场，公母兔以1∶8~10为宜；种兔场不大于1∶5，人工授精可减少公兔的饲养数量；成年公兔每天最多交配两次，配种两天休息一天，青年公兔则每天只能配一次，配种一天休息一天。

（4）单笼饲养；夏季防暑降温；经常检查公兔的生殖器官。

（二）仔幼兔及青年兔的饲养管理

1. 仔兔的饲养管理

保证仔兔出生6~10小时内吃到初乳；按时喂奶，并通过强制哺乳、调整仔兔（寄养、分批哺乳和弃仔等方式）来保证仔兔每天吃饱奶；防止由于母兔乳汁不足或受到突然惊吓引起的吊乳；随时观察仔兔吃奶情况，及时预防仔兔黄尿病；冬季保温防冻；防鼠害；从16~18日龄开始补饲；根据饲养水平、繁殖密度、仔兔生长情况以及品种、用途、季节气候等情况进行科学断奶，尽量提高断奶重。

2. 幼兔的饲养管理

保持断奶前后饲料、环境、管理三不变，最好实行“离奶不离笼”的饲养方法；定时定量，少吃多餐，保证饲料品质；保持清洁卫生，饲养密度适中，防止惊吓、防风寒、防炎热、防兽害等。除了注射兔瘟疫苗外，根据实际情况注射巴氏杆菌、魏氏梭菌及波氏杆菌等疫苗，加强球虫病以及口腔炎、肺炎等病的预防工作。

3. 青年兔的饲养管理

供给充足的蛋白质、矿物质和维生素，适当限制能量饲料的供给，防止长得过肥；适时分群上笼；及时进行选种、留种；做好兔瘟及呼吸系统疾病的预防接种。

（三）商品肉兔的饲养管理

1. 选择优良品种和杂交组合；

2. 降低应激，过好断奶关；

3. 按大小、强弱分群饲养，分批育肥；

4. 保证营养，提供优质饲料，严禁违禁药物、激素的添加和重金属超标；

5. 做好疾病防控，严格执行安全用药指南和停药时间；

6. 出栏时间根据品种本身的特点和市场要求来确定，体重一般在1.9~2.5kg，日龄最好不超过90天。

（四）商品獭兔的饲养管理

1. 饲养优良品系，开展杂交，利用杂种优势生产商品兔；

2. 加强3月龄以内的仔、幼兔的饲养管理，提高前期生长速度，后期主要是促进皮毛的成熟，降低饲养成本；

3. 日粮营养水平前期高，后期稍低；

4. 取皮时间建议在5～6月龄；

5. 3月龄前可按年龄、性别、体质强弱分群饲养；3月龄后应单笼饲养，公兔可去势；

6. 加强脱毛癣、皮下脓肿、疥癣等危害皮毛品质的疾病的防治；

7. 可添加褪黑素等提高被毛质量和生长速度。

（五）产毛兔的饲养管理

1. 保证毛兔对蛋白质、含硫氨基酸的需要：产毛兔饲粮的适宜蛋白质水平为17%～18%，含硫氨基酸应达0.6%～0.8%；

2. 断奶后15～20天进行第一次剪毛；

3. 按兔毛的生长周期适时调整饲料喂量；

4. 定期梳毛：梳毛一般从断奶开始，以后每隔10～15天梳理一次；

5. 定期采毛：一般采用养毛期为91天或73天，剪毛次数为每年4～5次，采毛方法可分为剪毛、拔毛和化学脱毛；

6. 保持适宜的舍内温度：剪毛后一周内保持在20℃～25℃为宜，以后以10℃～20℃为宜；

7. 适当提高母兔比例，长毛兔使用年限不得超过3年；

8. 合理使用催毛技术：可在饲料中添加锌、锰、钴、稀土等来提高毛产量。

六、兔场建设与设计

（一）环境要求及控制

1. 兔舍温度

成年兔适宜温度为5～30℃，最适温度为15～25℃，当气温达到35℃、湿度80%以上时，家兔散热特别困难，危及家兔健康和生存。仔幼兔体对环境温度的变化适应力很差，容易受到低温寒冷的侵袭。在兔舍设计上要注意成年兔防暑降温，仔幼兔保温防寒。

2. 兔舍湿度

家兔的适宜相对湿度在60%～65%之间，但在环境温度在适宜范围内时，湿度对家兔影响并不大。因此，兔场不宜建在地势低洼的地方，不宜靠近河流、水塘等湿度较大的地方。

3. 兔舍通风

加强兔舍通风，可减少舍内氨气、硫化氢等有毒有害气体的含量，降低呼吸道疾病的发病几率。兔舍通风可采用自然通风和机械通风两种方式。机械通风有负压通风、正压通风和联合通风三种方式，目前的环控兔舍多采用负压通风方式。

4. 采光与照明

兔舍采光一般以自然光照为主，人工光照为辅。窗户的采光面积占兔舍地面面积15%，光线入射角不低于30o。除自然光照之外，对繁殖兔，还需要人工光照作补充，以保证一天14～16小时光照时间。

（二）兔场建设与布局

1. 兔场场址的选择

（1）地形地势：应选高燥、平坦、地下水位低（2m 以下），有适当坡度（以 3°～10°为宜）、土质结实、向阳避风和面积宽敞的地方。

（2）水源：要充足，水质要清澈透明，无味无臭，符合饮用标准。

（3）风向：选择在居民区的下风方向，并注意当地的主导风向。

（4）交通：选择交通方便而又较为安静的地方，不能紧靠公路、铁路、屠宰场、牲畜市场、畜产品加工厂及牲畜来往频繁的道路、车站或港口。

（5）电源：设在供电方便的地方，建规模化兔场应自备电源。

2. 兔舍建设

在设计上要注意以下原则：

（1）便于操作和对兔群管理；

（2）建筑材料应经济、坚固、实用，就近取材；

（3）笼舍建筑合理规划；

（4）笼舍设计应根据当地自然条件，考虑保温、防暑、通风、隔音，防兽害等性能，创造一个冬暖夏凉、空气新鲜、干燥、清洁、安静、适合家兔生活的良好环境；

（5）笼舍建筑有利于控制和防止疫病传播，兔舍笼位数不宜过多。

3. 兔场的分区与布局

（1）兔舍的朝向：一般采取南北向；

（2）兔舍的间距：以舍高 3m 计，兔舍间距需 9～15m；若使兔舍长轴与主导风向成 30°～60°的角度，兔舍间距可为 5～10m。

（2）兔场的道路：饲料通道为清洁通道，清粪通道为污染通道，应尽量分开。兔场道路出入口设消毒池。

图 2－16 所示为兔舍平面布局图。

（三）兔舍修建与类型

1. 按屋顶分类（见图 2－17）

有单坡式、双坡式、钟楼式、半钟楼式、平顶式、拱式等（见图 2－17）。

2. 按有无墙面分

按有无墙面分为有封闭式、半开放式、开放式。

封闭式：兔舍四周有墙，舍内小气候完全靠门、窗、排风扇、日光灯等设备调节；兔笼、粪尿沟全设在舍内。

半开放式兔舍：兔舍仅三面有墙与房顶相接，前面敞开。

开放式：兔舍则四面无墙，屋顶下放置兔笼或网状围栏。

（四）养殖设备

1. 饲养设备

（1）兔笼

活动式兔笼：这种兔笼较为轻便，可随兔搬动，简单易造，适于室内笼养，但易被家兔啃食，不耐用。

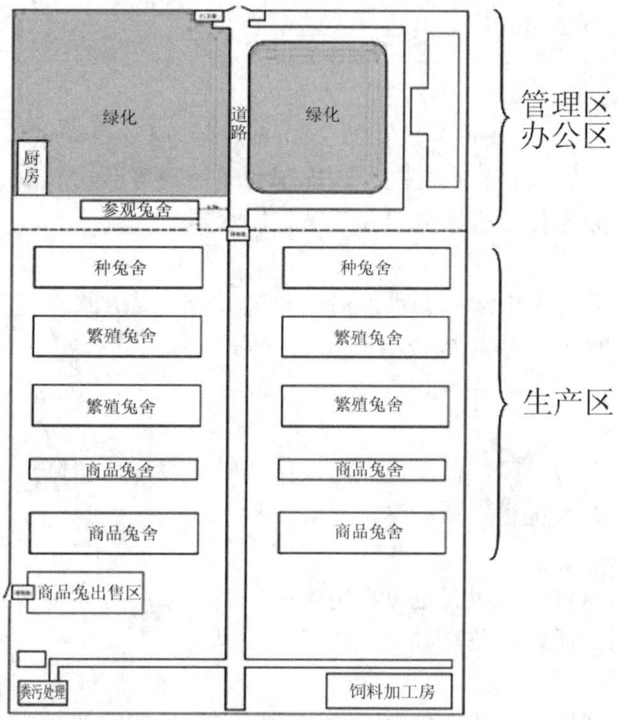

图 2－16　兔舍平面布局图

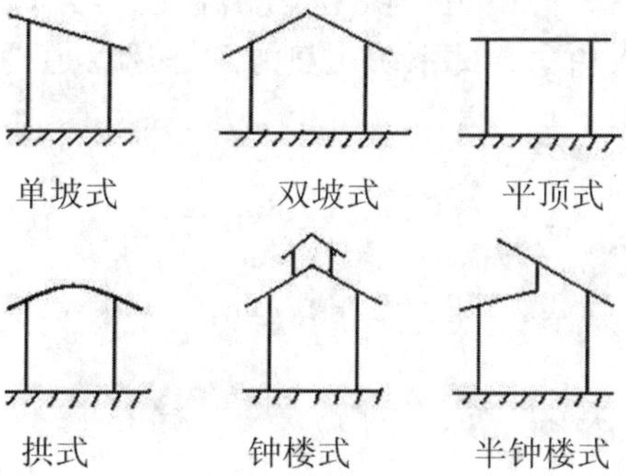

图 2－17　兔舍修建与类型

固定式兔笼：多用火砖、水泥、瓷砖等砌成。笼底板以竹片制作而成，能随时放进、抽出。

阶梯式兔笼：这种兔笼排成阶梯形。

水泥预制件兔笼：整个兔笼包括承粪板、侧墙及后墙均用水泥预制件或砖块砌成，笼门及笼底板由其他材料制成。

金属兔笼：一般由镀锌钢丝或不锈钢等材料焊接而成。

（2）兔笼规格

肉兔：按品种、年龄、性别不同而定，宽 60 ~ 70cm，深 55 ~ 70cm，高 45cm。

獭兔、长毛兔：种兔笼与肉兔相同，商品兔笼建议为：宽 45 ~ 60cm，深 55 ~ 60cm，高 30 ~ 35cm。

2. 辅助设备

笼底板：一般采用竹片、塑料或镀锌钢丝制成。

笼门：可用打眼铁皮、镀锌钢丝制成。

产仔箱：一般长为45～50cm，宽为25～30cm，高为15～18cm。

食槽：按材质分类有陶制、水泥制、铁皮制和塑料制等形式。

自动饮水器：可分为乳头式饮水器和鸭嘴式饮水器。

3. 清粪设备

目前生产中主要采用人工清粪、水冲清粪和机械清粪等方式。规模化兔场可采用机械清粪设备，以减少劳动力成本。机械清粪设备又可分为刮粪板清粪系统和传送带清粪系统。

4. 降温设备

兔舍降温可使用湿帘～风机负压通风降温系统、湿帘冷风机降温系统、水冷空调降温系统、压缩机空调降温系统和屋顶喷淋降温等多种形式。

5. 通风换气设备

一般兔舍可开门窗自然通风，也可在兔舍内安装电风扇进行通风。封闭式兔舍完全靠通风装置换气，常用的通风设备有轴流风机和离心风机。

6. 保暖防寒设备

小规模养殖户一般在屋顶盖上稻草，兔舍周围用塑料薄膜遮挡。大型兔场封闭式兔舍以水暖系统和热风系统来供热。水暖系统以水为热媒，经锅炉加温加压之热水，通过管道循环，输送到兔舍内的散热器，为肉兔提供所需的温度。热风系统利用热源将空气加热，通过管道将加热后的空气送入兔舍，此系统由热源和送风管道构成。

第三章　牧草生产

第一节　人工种草技术

一、主要禾本科草种及栽培技术

（一）老芒麦

1. 特征特性

披碱草属多年生疏丛型禾草，须根密集发达。株高 70～150cm，叶片长条形。穗状花序疏松而弯曲下垂，一般每节着生 2 枚小穗。外稃顶端具长芒。颖果长扁平圆形。能耐－40℃低温，在瘠薄、弱酸、微碱或含腐殖质较高的土壤上均生长良好，是川西北地区主推草种之一。

2. 饲用价值

老芒麦叶量丰富，适口性好，营养成分含量丰富，消化率较高，各类家畜均喜食。盛花期产鲜草 27000～30000kg/ha、干草 6000～7500kg/ha。

3. 品种

牧区主要推广品种：川草 1 号、川草 2 号、阿坝等。见彩图 72 为川草 2 号老芒麦。

4. 栽培技术要点

整地：植株返青后于晴天喷洒灭生型除杂剂，1 周后翻耕 20～30cm，耙、旋平整，同时施腐熟牛羊粪 15～22.5t/ha 做基肥。

播种：5 月～6 月中旬或 9 月中旬～10 月中旬，按 15～30kg/ha 用种量、行距 30cm 开沟条播或撒播（撒播用种量稍多），覆土 1～2cm。

田间管理：苗期加强杂草管理。分蘖～拔节期视牧草长势施尿素 75～150kg/ha；刈割后施复合肥 75～150kg/ha。

利用：开花至灌浆期、留茬 8cm 左右刈割，晾晒成青干草或调制成青贮料，也可鲜饲。

（二）垂穗披碱草

1. 特征特性

根茎疏丛型多年生禾草，株高 90～120cm。基部叶鞘具柔毛。穗状花序较紧凑，小穗偏生于穗轴一侧。种子具长芒，千粒重 4.2～4.6g。适应性强，能耐－38℃低温，在海拔 4500m 的地区可安全越冬；耐贫瘠、耐旱、抗病虫害，是高寒草甸重要的优势种之一。

2. 饲用价值

属中上等饲草，草质柔软，营养价值高，花期刈割调制青干草，也可与其他牧草切碎混合青贮，是家畜冬春保膘牧草。产鲜草21000～27000kg/ha、干草4500～7500kg/ha。

3. 品种

牧区主要推广品种：阿坝和康巴。见彩图73为阿坝垂穗披碱草。

4. 栽培技术要点

整地：植株返青后于晴天喷洒灭生型除杂剂，1周后翻耕20～30cm，耙、旋平整，并施腐熟牛羊粪15～22.5t/ha做基肥。

播种：一般5月～6月中旬播种，条播或撒播，条播行距30～40cm、播量22.5～30kg/ha，撒播播量37.5kg/ha，覆土1～2cm。

田间管理：三叶期后若阔叶杂草较多宜喷洒阔叶除草剂（2，4～D丁酯或阔极）除杂；分蘖期视牧草长势施尿素75～150kg/ha，刈割后施复合肥75～150kg/ha。

利用：开花至灌浆期、留茬6～8cm刈割，晾晒成青干草或调制成青贮料，也可鲜饲。

（三）川草引3号虉草

1. 特征特性

川草引3号虉草（见彩图74）为虉草属多年生草本。根系强大，具根状茎。茎直立，株高1.5～2.1m。叶片宽大扁平，叶鞘无毛、较节间长。圆锥花序紧密狭长，开花时分枝展开。种子纺锤形，灰褐色，有光泽，千粒重约1.4g。抗寒性较强，耐涝喜湿，在黏土或黏壤土上生长最好。是川西北地区于人工草地建植和湿地植被恢复的优良草种。

2. 饲用价值

生长快、叶量丰富，适口性好，持青期长、产草量高，鲜草产量52500～60000kg/ha，干草产量12000～15000kg/ha，是青藏高原地区产量最高的多年生禾本科牧草。

3. 栽培技术要点

整地：植株返青后于晴天喷洒灭生型除杂剂，1周后翻耕20～30cm，施腐熟牛羊粪30～45t/ha做基肥，再耙、旋平整。

播种或繁殖：一般5月～6月中旬播种；条播或撒播，条播行距40cm、播量10～15kg/ha，撒播播量15～22.5kg/ha；覆土1cm左右。亦可用根状茎段进行无性繁殖，株行距50cm×30cm，覆土6～8cm，栽后浇透水。

田间管理：苗期注意控制杂草；分蘖期施尿素300～375kg/ha，刈割后施复合肥150～225kg/ha；高温高湿天气若遇粘虫危害，喷洒杀虫剂（如毒丝本）即可防治。

利用：拔节后期，留茬8cm左右刈割，晾晒成青干草或调制成青贮料。

（四）牛鞭草

1. 特征特性

牛鞭草（见彩图75）多年生禾草。根系发达致密，具平卧或直立主秆。叶片线形，两面无毛。总状花序。结实率低，主要进行无性繁殖。喜温暖湿润气候，耐低温、耐涝、耐热、耐酸碱能力强。扁穗牛鞭草根系分泌酚类化合物，抑制豆科牧草的生长。

2. 饲用价值

叶量丰富，草质优良，拔节期粗蛋白12%～14%，适口性好。适宜青饲、青贮和放牧，是牛、羊、兔、鱼的优质饲料。在四川盆地丘陵无灌溉条件下，每年可刈割4～5次，产干草达 20000kg/ha。

3. 品种

农区主要推广品种：重高、广益和雅安。

4. 栽培技术要点

繁殖：选择生长健壮带 2～3 个节的茎段进行营养繁殖。5～9 月份栽插为宜。刈割种茎前 2～3 周，对草地施氮肥，刈下后稍有凋萎即打捆运至繁殖地，种茎用量 2250kg/ha，行距 30cm，株距 3～5cm。栽种时在沟中顺序排好种茎，再覆土使种茎有 1～2 节入土，1 节露出土面即可，抢在雨前扦插或栽后灌水，以提高成活率。气温 15～20℃时，7 天长根，10 天露出新芽，移栽成活率极高。

田间管理：成活后和每次刈割后应适当追施氮肥，以提高产草量。一般在拔节—孕穗期刈割，此时产量、营养品质均较理想。牛鞭草的根际分泌物中含有酚类物质，具有强烈的竞争性，与豆科牧草混种难以建立长期混播草地。

利用：一般青饲，青饲有清香甜味，各种家畜都喜食。也可调制青贮料，天气好时可晒制干草。

（五）鸭茅

1. 特征特性

鸭茅（见彩图 76）多年生疏丛型禾草，株高 80～150cm。须根系，茎秆直立或基部膝曲。株丛致密，叶片扁长而柔软。圆锥花序，小穗着生穗轴一侧。种子黄褐色，千粒重 0.6～1.0g。喜温暖、湿润气候。对土壤要求不严，但在潮湿、排水良好的肥沃土壤或有灌溉条件下生长最好，比较耐酸，不耐盐渍化，耐阴性较强。

2. 饲用价值

叶质柔软，营养价值好，拔节始期粗蛋白质 17.68%，粗纤维 28%，适口性好。牛、羊、兔、禽等均喜食，幼嫩时可喂猪。

3. 品种

农区主要推广品种：安巴、宝兴、川东、古蔺等。

4. 栽培技术要点

整地：播前精细整地，结合整地施腐熟农家肥 15～22.5t/ha 或复合肥 300kg/ha 做基肥。

播种：9～10 月为最佳播期，播量 15～22.5kg/ha，条播行距 25～30cm，播幅 3～5cm，播深 1～1.5cm。可单播，也可与三叶草、黑麦草、高羊茅等混播。

田间管理：苗期因生长缓慢应注意防除杂草。在瘠薄土壤上，除施足基肥外，每利用 1～2 次后，再施尿素 60～90kg/ha。温暖潮湿时注意预防锈病。

利用：抽穗期留茬 5cm 刈割利用较好，延期收割影响牧草品质和牧草再生。可青饲或调制干草、青贮料，也可放牧利用。

（六）苇状羊茅

1. 特征特性

系多年生草本。株高 70～100cm，常丛生。茎秆直立，光滑。抗寒又耐热，冬季在 -15℃可安全越冬，夏季可耐 38℃高温。在肥沃、潮湿、黏重的土壤上生长旺盛。最适在年降水量450mm以上和海拔1500m以下的湿润地区生长。

2. 饲用价值

鲜草营养价值中等，植株含干物质29.6%，粗蛋白4.5%，粗脂肪0.5%，粗纤维8.0%，无氮浸出物13.4%，灰分3.2%。鲜草产量38～45t/ha。鲜草和干草牛羊均喜食。

3. 品种

农区主要推广品种：长江1号。

4. 栽培技术要点

整地：翻耕30cm，施30000kg/ha厩肥做基肥，再耙旋平整土块。

播种：春秋均可播种，春播3月底前进行，秋播9月中旬前最适宜；播量15～22.5kg/ha；多采用行距30cm条播；也可育苗移栽，或用“母株”分株移栽，栽后浇水。也可与白三叶、红三叶混播，播量苇状羊茅7.5kg/ha+白三叶或红三叶3.75kg/ha。

田间管理：苗期加强杂草管理；每次刈割后施尿素75kg/ha或硫酸铵150kg/ha。

利用：青饲、晒制干草或放牧利用。青饲以分蘖盛期刈割为宜，晒制干草可抽穗期刈割，刈割后再生草可适度放牧。

（七）多年生黑麦草

1. 特征特性

具短根茎，茎直立；丛生，株高50～100cm。叶片窄长，叶脉明显，叶舌膜质；穗状花序顶生，小穗单生于穗轴的每节。颖果梭形，千粒重1.5g。耐湿，但在排水不良或地下水位过高时不利于黑麦草生长。

2. 饲用价值

营养价值高，开花前刈制干草，每100kg含可消化蛋白质4.9kg。

3. 品种

农区主要推广品种：凯力、尼普顿。

4. 栽培技术要点

整地：深翻松耙，整平地面。结合翻耕，施有机肥15000～22500kg/ha或复合化肥375～450kg/ha做基肥。

播种：20～30cm行距条播，播量15～18.75kg/ha。与白三叶、红三叶、百脉根混播时，其混播比例视草地利用目的而异，放牧为主的草地多年生黑麦草占50%～60%，割草为主的草地多年生黑麦草占60%～70%为宜。播种深度2～3cm。

田间管理：播后出苗前遇雨，土壤表层形成板结层，要注意及时破除板结层，以利出苗。苗期及时除杂，并注意防治虫害。每次刈割后及时追施氮肥75～150kg/ha。若为酸性土壤，可增施磷肥150～225kg/ha。

利用：抽穗至乳熟期刈割利用，放牧宜在株高15～20cm时进行。无论是放牧或割草，留茬高度不得低于7cm。当混播草地出现多年生黑麦草生长过快，抑制豆科牧草生长时，可通过刈割或放牧加以抑制，以保护豆科牧草的正常生长。

（八）青贮玉米

1. 特征特性

青贮玉米（见彩图77）为一年生草本。秆较粗壮，直立。茎扁圆形，高1～4m，茎上有节，每节具1片叶，叶剑形，互生。雌雄同株，雄穗着生在植株顶部，为圆锥花序，雌穗着生在植株中部，为肉穗花序。千粒重200~350g。耐旱抗倒伏，抗大小斑病，长势强，喜水肥。各类土壤均可种植，质地较好的疏松土壤保肥保水力强，可促进根系发育。

2. 饲用价值

糖分含量高，青贮后适口性好，消化率高，饲用价值高，乳熟期干物质粗蛋白含量10.2%，适宜牛羊等牲畜的养殖。在精耕细作和水肥条件充足条件下，田间密度5500株~7000株时，蜡熟前期全株刈割产鲜草82.5~105t/ha。

3. 品种

农区主要推广品种：玉草1号、墨西哥类玉米等。

4. 栽培技术要点

整地：翻耕耕作层30cm左右，结合整地施农家肥22.5~37.5kg/ha、过磷酸钙300~375kg/ha做基肥。

播种：播种时施尿素75~120kg/ha作种肥（应与种子保持5~10cm距离）。当土壤温度达到12℃以上时（一般4月）播种或3~4月土壤温度达到10℃以上时撑膜育苗，长到3叶1心时移苗移栽。播种量22.5~37.5kg/ha、播深2~4cm；育苗移栽用种量比直播稍小，一般行距60~80cm、窝距30~40cm。播种、移栽每窝都保证2株健康苗。

田间管理：苗期、拔节期分别施尿素75~105kg/ha、150~225kg/ha；大喇叭口期施复合肥225~300kg/ha、氯化钾75~120kg/ha。

利用：一般青贮，也可青饲。乳熟末期至腊熟前期刈割。青贮须在尽量短的时间内完成，避免因降雨或本身发酵而造成损失。

（九）多花黑麦草

1. 特征特性

黑麦草（见彩图78）属一年生或越年生草本。须根系强大，茎秆光滑直立，叶片柔软下披、叶背光滑而有光泽。穗状花序。颖果，外稃有芒。千粒重2.2g。喜温暖湿润气候，耐潮湿，但忌积水，喜肥沃壤土或沙壤土，也能在黏土上生长。

2. 饲用价值

营养物质丰富，品质优良，适口性好，各种家畜均喜食。生长快，分蘖力强，再生性好，产量高，年可刈割3~6次，产鲜草60000~75000kg/ha、干草1200~15000kg/ha。

3. 品种

主要推广品种：阿伯德、长江2号、杰威、特高等。

4. 栽培技术要点

整地：精细整地施足基肥。

播种：牧区一般选择阿伯德多花黑麦草，5~6月份春播；农区选择长江2号、杰威、特高等品种，一般9~10月份秋播。条播或撒播，条播行距30cm，覆土2cm左右。可单播，也可与三叶草、紫云英等混播。

田间管理：苗期注意中耕除草和追施速效氮肥。

利用：一般拔节—抽穗期刈割青饲，花期刈割调制青贮或晒制干草。

（十）燕麦

1. 特征特性

燕麦（见彩图79）属一年生草本。株高80～150cm。叶片宽而平展，无叶耳。圆锥花序，穗轴直立或下垂。颖果纺锤形，千粒重25～44g。最适于生长在气候凉爽、雨量充沛的地区。抗寒力强。对土壤选择不严，以富含腐殖质的黏壤土和沙壤土为佳。是川西北地区人工草地建植和圈窝子种草的主推草种之一。

2. 饲用价值

柔嫩多汁，适口性好，消化率高。产鲜草30000～52500kg/ha、干草9000～1200kg/公顷。

3. 品种

主要推广品种：阿坝、丹麦444、青引1号、青引2号、青早1号等。

4. 栽培技术要点

选地整地：选择地势平坦、土层深厚、肥力中等撩荒地、鼠荒地，或牲畜圈窝子等；除杂后耙、旋平整，施有机肥1000～2000kg/ha或磷酸二铵75kg/ha做基肥，圈窝子要清除多余粪便。

播种：5～6月撒播或开沟条播，条播行距20～30cm，播量180～225kg/ha，播种深度3～4cm，播后及时覆土填压。

田间管理：拔节期追施尿素150kg/ha。

利用：乳熟期齐地刈割，晾晒成青干草或调制成青贮料。

（十一）高丹草

1. 特征特性

高丹草（见彩图80）一年生饲用牧草。茎高2～3m，分蘖达20～100个。叶量丰富，叶片中脉和茎秆呈褐色或淡褐色，种子扁卵形，千粒重10～12g。具有适应性强，抗寒、抗旱、耐倒伏、抗病性强，分蘖性强、产量高、营养价值高、适口性好等优良特性。适宜在降水量适中或有灌溉条件的地区种植。

2. 饲用价值

粗蛋白8.0%～17.0%，中性洗涤纤维40.4%～55.1%，酸性洗涤纤维23.4%～31.9%。一年可刈割3～4次，产鲜草15万～30万kg/ha、干草1.05～2.7万kg/ha。

3. 品种

常用品种：标兵、乐食、先锋，佳宝等。

4. 栽培技术要点

整地：精细整地。结合整地施农家肥37.5t/ha、磷酸二铵600kg/ha，氯化钾225kg/ha做基肥。

播种：土壤温度达到12℃以上时（一般4月份）播种；行距40～50cm条播或行距30～40cm、窝距20cm穴播；播量15～22.5kg/ha；播深2～3cm。

田间管理：出苗后及时间苗、定苗，保留45～75万株/公顷。根据长势，在苗期、拔节期和每次刈割后施尿素75～150kg/ha。

利用：可青饲、青贮或晒制干草。因幼嫩叶片含氢氰酸易造成家畜中毒，青饲宜在株高达1.5m左右刈割；第一次饲喂家畜不要让家畜空腹采食。留茬高度10～15cm，保证地面有1～2个节。

二、主要豆科草种及栽培技术

（一）紫花苜蓿

1. 特征特性

紫花苜蓿（见彩图 81）为多年生草本。根系发达，主根圆锥形。茎秆直立或斜生，高 60～120cm。羽状复叶。花呈簇状，排列成短总状花序。荚果螺旋形，呈褐色。种子肾形，黄褐色，千粒重 1.44～2.30g。适应性较广，耐寒能力较强，耐旱。适宜在中性钙质壤土或沙壤土上生长。在排水不良，地下水位高，年降水量超过 1000mm 的地区不宜种植。

2. 饲用价值

饲草营养价值高，不论青饲、放牧或调制干草、青贮料，适口性均好，是各种家畜的上等饲草。草产量高，鲜草达 60000～75000kg/ha、干草 15000～19500kg/ha。

3. 品种

常用推广品种：盛世、凉牧 1 号、凉牧 2 号、陇东、阿尔岗金等。

4. 栽培技术要点

整地：播前精细整地，施农家肥 22.5t/ha 或复合肥 225～300kg/ha 或苜蓿专用肥 675～825kg/ha 做底肥；酸性土壤施石灰改良，其中 pH 为 4.5～50，施石灰 2250kg/ha；pH 为 5.0～5.5，施石灰 1800kg/ha；pH 为 5.5～6.0，施石灰 1200kg/ha；pH 为 6.0～6.5，施石灰 750kg/ha。

播种：一般秋播；在未种植过苜蓿的土地播种时，需接种苜蓿根瘤菌，每千克种子用5g 菌剂制成菌液洒在种子上，充分搅拌，随拌随播。条播或撒播，播种量 15～22.5kg/ha，条播行距 15～30cm，覆土 1～1.5cm 后镇压。与草芦、鸭茅、猫尾草等禾本科牧草混播时种子等量混合，用种量 15～22.5 kg/ha。

田间管理：苗期和夏季注意除杂。每年冬前或返青前表施土粪 50000kg/ha，返青期或每次刈割后施过磷酸钙 300kg/ha。

利用：初花期刈割利用；动物一次性采食过多易引起膨胀病，最好与禾本科饲草搭配使用。

（二）箭筈豌豆

1. 特征特性

箭筈豌豆（见彩图 82）野豌豆属一年生草本。主根肥大，根瘤多，呈粉红色。茎细软有条棱，多分枝，斜生或攀缘，长 80～120cm。偶数羽状复叶，顶端具卷须。小叶倒披针形，长圆形。花生于叶腋。荚果条形，稍扁，成熟荚果褐色，易裂。种子球形或扁圆形，千粒重 50～60g。性喜凉爽，抗寒性较强，较抗旱，耐瘠薄。对土壤要求不严，除盐碱地外土壤均可种植，但以排水良好的壤土和肥沃沙质壤土最好。能在酸性土壤生长，但过酸根瘤菌活性减弱，甚至不能形成根瘤，会抑制生长。

2. 饲用价值

茎叶柔软，叶量多，营养丰富（粗蛋白含量较高），适口性好，马、牛、猪、兔等牲畜均喜食。常与一年生禾本科牧草燕麦混播，效果较好。

3. 品种

推广应用品种：兰箭3号、苏箭3号等。

4. 栽培技术要点

整地：深翻20cm以上耕作层，施牛羊粪15～30kg/ha+磷酸二铵60～75kg/ha做基肥，耙旋平整土地。

播种：4～5月播种，条播行距30cm，播量60～75kg/ha，播深2～3cm。与禾草混播，可避免植株倒伏、下层腐烂。

利用：盛花期刈割利用。

（三）光叶紫花苕

1. 特征特性

巢菜属一年生或越年生草本。主根肥大，侧根发达，茎方形，中空，匍匐斜向上，长80～150cm。偶数羽状复叶，顶端具卷须。花着生叶腋间，总状花序，紫红色。荚果细长菱形扁平。种子呈球形，黑褐色，千粒重23～25g。喜冷湿气候，较耐寒，能抵抗-10℃以下低温，3℃停止生长，10℃～21℃为最适生长温度耐旱，不耐涝。对土壤要求不严。

2. 饲用价值

草质柔软，营养丰富，适口性好，鲜草产量30000～52500kg/ha，是家畜冬春优良的青饲料和蛋白质补充料。

3. 品种

主要推广品种：凉山光叶紫花苕（见彩图83）。

4. 栽培技术要点

整地：深耕整地，施农家肥30t/ha或过磷酸钙和草木灰各225～300kg/ha做基肥。

播种：一般秋播，在高寒牧区宜春播。撒播或开沟条播，播量60～75kg/ha；条播行距20～25cm，播后覆土2～3cm。与燕麦或小黑麦混播时种子等量混合，用量75～90kg/ha；可与玉米间套作，也可与玉米、水稻、烤烟等轮作，以改善土壤肥力和提高土地利用率。冬季有灌溉条件的地方可与多花黑麦草混播。

田间管理：苗期注意除杂，据长势可施尿素60～75kg/ha。

利用：分枝期即可刈割饲用，若调制青干草，开花盛期刈割。为防止牲畜采食过多引起膨胀病，最好与其他饲草搭配使用。

（四）红豆草

1. 特征特性

红豆草（见彩图84）属多年生草本。主根肥大，侧根发达。茎直立，高70～150cm，奇数羽状复叶，顶端具卷须。小叶卵形、长圆形到椭圆形。总状花序，粉红色、红色或深红色。喜干燥温暖气候，抗旱性强。对土壤要求不严，最适宜富含石灰质土壤上生长，但不宜栽种在酸性土、碱土。

2. 饲用价值

适口性好，各类畜禽都喜食，利用年限5～7年，产鲜草22500～27000kg/ha、干草4500～7500kg/ha。是川西北高原优质的豆科牧草。

3. 品种

常用推广品种：甘肃红豆草等。

4. 栽培技术要点

整地：植株返青后于晴天喷洒灭生型除杂剂，1 周后翻耕 20 ~ 30cm，再耙、旋平整。

播种：5 月 ~6 月初播种，条播行距 30 ~ 40cm、播量 75 ~ 90kg/ha，覆土 3 ~ 5cm。

田间管理：苗期生长缓慢，应及时除草。因鼠虫喜食红豆草根系，鼢鼠危害严重，防治鼠虫害是田间管理的关键。

利用：初花期刈割利用，留茬 4 ~ 5cm。越冬前 1 个月不宜刈割或放牧。

（五）白三叶

1. 特征特性

三叶草（见彩图 85）属多年生草本，叶层高 30 ~ 50cm。主根较短，侧根和不定根发育旺盛。掌状三出复叶，互生，叶柄细长，托叶椭圆形，抱茎。花序呈头状，小花白色或粉红色。种子细小，心脏型，黄色或棕黄色，千粒重 0.5 ~ 0.7g。性喜温暖湿润气候，不耐旱，抗寒性较强，抗热性也较强，有一定耐酸性。对土壤要求不严，但以壤质偏沙土壤为宜。为喜光植物，无遮阴条件下，生长繁茂。

2. 饲用价值

茎叶柔软细嫩，适口性好，营养丰富，粗蛋白 28.7%，矿物质 11.8%，干物质消化率 80% 左右。各种家畜均喜采食，属刈牧兼用型牧草。在四川凉山海拔 1400 ~ 3200m 的地带草产量可达 5000kg/ha 以上。

3. 品种

主要推广品种：拉丁诺、海法、瑞文德、那努克。

4. 栽培技术要点

整地：结合精细整地施有机肥和磷肥做基肥，过酸土壤需施石灰改良。

播种：一般 3 月中旬前春播或 10 月中旬前秋播。播量 3.75 ~ 7.5kg/ha，条播行距 30cm，播深 1 ~ 1.5cm。为防膨胀病，宜与黑麦草、鸭茅、猫尾草等禾本科牧草建植混播草地。

田间管理：苗期注意防除杂草。如发现菟丝子危害，宜在菟丝子结实前拔除或刈割染病植株，防止其蔓延。刈割后、入冬前或初春宜追施钙、镁、磷肥或过磷酸钙加石灰 300 ~ 375kg/ha。混播草地为防禾草生长过盛而抑制白三叶生长，可采用刈割或放牧方法控制。

利用：饲喂时，搭配禾本科牧草可防止单食白车轴草发生臌胀病。另外，可晒制草粉作为配合饲料的原料。

（六）红三叶

1. 特征特性

为短期多年生豆科下繁草本。主根明显，入土不深，侧根发达。根瘤多。茎圆，中空，直立或斜上，长 60 ~ 120cm。掌状三出复叶，基部稍宽，先端较狭，叶面有灰白色倒“V”形斑纹、全缘。头形总状花序。荚果很小，横裂，千粒重 1.5 ~ 2g。性喜温暖湿润气候，不耐热不耐寒，喜富含钙质的肥沃黏壤土或粉沙壤土，有一定的耐酸性，但耐碱性较差。

2. 饲用价值

茎叶柔软，草质柔嫩多汁，适口性好，可以青饲、青贮、放牧、调制青干草、加工草粉和各种草产品，多种家畜都喜食。

3. 品种

推广品种：岷山红三叶（见彩图86）。

4. 栽培技术要点

整地：深耕20～25cm后将土地平整、耙细，施足底肥（有机肥、厩肥或干鸡粪）。

播种：一般在5月下旬～6月份中旬雨季来临后播种。单播或与黑麦草、鸭茅等混播。单播用种量9～15kg/ha，混播用种量3～6kg/ha，撒种时将种子与细沙以1∶5的比例混合撒播可增加种子的均匀性，播后覆土1～2cm。

田间管理：高温高温天气易遭病害，发病初期可用50%甲基托布津800～1000倍溶液喷雾防治；同时注意防治蚜虫。

利用：花期刈割调制干草或制作青贮料。注意：在红三叶比例较大的草场放牧家畜有患臌胀病的危险。

三、其他类牧草及栽培技术

（一）凉山圆根

1. 特征特性

十字花科芥菜属二年生草本植物。根膨大形成扁圆形或略近圆形的肉质块根，直径10～30cm。肉质根一半生长在地上，一半生长在土内。花茎直立，高80～120cm。基生叶，倒披针形，下部羽深裂，上部长矩形，无裂片。叶面具茸毛或短刺毛。总状花序顶生，花紫色或乳白色，花冠十字形。喜冷凉湿润气候，抗寒性较强，不抗旱，耗水量较多。要求土层深厚、疏松、通气良好，以沙壤土为宜，也能成功栽种在排水良好的黏土上，较耐酸性土壤。见彩图87。

2. 饲用价值

圆根叶柔软，块根肉质味美，多汁，青嫩，适口性好，含有较高的营养成分，为马、牛、羊、猪所喜食。每亩产鲜块根叶3000～5000kg。

3. 栽培技术要点

整地：播前精细整地，施腐熟有机肥+二铵150kg/ha做底肥。

播种：播种期因地而异，在海拔3000m以上的牧区4月底～5月播种，海拔2500m左右的农区，在大春作物收割后及时播种，一般7～9月播种。撒播、条播或窝播。撒播播量11.25kg/ha，条播播量0.5kg/ha（行距30～40cm），点播播量3.75kg/ha。为使播种均匀，播种时可拌入细土。

田间管理：苗期注意除杂。5～6片真叶时定苗，保留4000～6000株/亩。块根膨胀期结合中耕培土，追施尿素90～120kg/ha。

利用：肉质根停止生长后适时收获。作青饲料时即收即用；作越冬饲料时，肉质根可入窖贮藏或制作成圆根干；叶晒制成青干草，贮藏于干燥地作为牛、羊、猪的越冬饲料。

（二）菊苣

1. 特征特性

为菊科菊苣属多年生草本。根肉质、短粗。茎直立，高40～100cm，有棱，中空，多分枝。叶互生，长倒披针形。头状花序。叶质地薄，叶脉及边缘的毛较多。半耐寒性植物，地上部能耐短期 -2 ~ -1℃低温，而直根具很强的抗寒能力。17 ~ 20℃为最适生长温度。宜选择肥沃疏松的沙壤土种植，对土壤酸碱性适应力较强，但过酸土壤不利于其生长。见彩图 88。

2. 饲用价值

草质幼嫩，品质优良，适口性极好，消化率高、莲座期（40cm 左右）粗蛋白 24.07%，粗脂肪 4.56%，粗纤维 25.82%。除含动物生长所需的蛋白质和碳水化合物外，K、S、Ca、Zn 和 Na 等微量元素的含量超过其他牧草，是牛、羊、猪、鹅、鱼等各种家畜首选的采食对象。

3. 品种

常用栽培品种：普那、将军、讴歌等

4. 栽培技术要点

整地：播前精细整地并施农家肥 15 ~ 30kg/ha 或复合肥 300 ~ 375kg/ha 做基肥。

播种：气温达 5℃以上时可常年播种，以 2 月下旬至 4 月中旬春播和 9 月上旬至 10 月秋播最适宜。条播或点播，也可育苗移栽，条播或点播播量 4.5 ~ 7.5kg/ha，育苗移栽 3kg/ha，播深 1 ~ 2cm。条播行距 40 ~ 45cm，留苗 12 ~ 15 万株/公顷。点播，窝行距 40cm ×45cm，留苗 2 ~ 3 株/窝。4 ~ 5 片幼叶时移栽。平作移栽株行距 40 ~ 45cm，垄作移栽垄面宽 70cm、沟宽 30cm、深 25cm。菊苣还可与鸭茅、黑麦草等混播，也可与玉米、烤烟、红薯、萝卜等套种，还可与粮食作物和果树套作。

田间管理：苗期生长稍慢，注意中耕除草；干旱时，注意适当灌溉。每次刈割后适当追施氮肥。在低洼、易涝的土地上栽培，应注意排水。

利用：一般在莲座叶丛期刈割青饲，采用斜刀口刈割，防止雨水进入造成茎腐，留茬 3 ~ 5cm。

四、主要种草模式

（一）混播

1. 白三叶 + 鸭茅 + 多年生黑麦草

结合整地施有机肥 15 ~ 22.5t/ha，或者钙镁磷 150 ~ 300kg/ha、硫酸钾 90kg/ha 做基肥；播种量 22.5 ~ 30kg/ha，鸭茅∶黑麦草∶白三叶混播比例 5∶2∶3；条播或撒播，条播行距 40 ~ 50cm，播后用细耙覆土 2 ~ 3cm。禾草分蘖期施尿素 75 ~ 120kg/ha，每次刈割后施尿素 75 ~ 150kg/ha、钙镁磷肥 60 ~ 120kg/ha、硫酸钾 90 ~ 150kg/ha，追肥结合降水或灌溉进行。苗期加强杂草防除。豆科牧草现蕾 ~ 初花期（禾本科抽穗初期）留茬 10cm 刈割利用，一年可刈割利用 3 ~ 4 次，也可放牧利用。注意白三叶种子播种前需接种根瘤菌，为破除硬实率播前常用 80℃温水浸种 3 ~ 5min。

2. 多年生黑麦草 + 鸭茅 + 白三叶

翻耕平整土地，施有机肥 30 ~ 45t/ha 做基肥；选择温带型多年生黑麦草、鸭茅和白三叶，多年生黑麦草∶鸭茅∶白三叶按 4∶3∶3 比例混合；条播或撒播；条播行距 25 ~ 30cm，播量 22.5 ~ 30kg/ha；撒播播量 37.5 ~ 45kg/ha；播深 1 ~ 2cm。分蘖（分枝）期和每次刈割后追施磷肥 225kg/ha 和尿素 75kg/ha。初花（现蕾）期留茬 5 ~ 8cm 刈割利用。

3. 光叶紫花苕+荞麦

选择种植烤烟后的土地和翌年要种烤烟的土地，播前清除杂草和异物，翻耕20cm左右，使土壤细碎平整。播种以7月中旬为宜，最迟不超过8月下旬。用种量光叶紫花苕（30~37.5）kg/ha+荞麦（75~90）kg/ha；撒播或条播，条播行距30~40cm。干旱时及时灌水，注意防治植物病虫害。11底荞麦成熟后，留茬10~15cm刈割，及时晒干入库。

4. 光叶紫花苕+圆根

选择种植烤烟后的土地和翌年要种烤烟的土地，播前清除杂草和异物，翻耕20cm左右，使土壤细碎平整。播种7月中旬至8月下旬。用种量光叶紫花苕（30~37.5）kg/ha+圆根7.5kg/ha；撒播或条播，条播行距30~40cm。干旱时及时灌水，注意防治植物病虫害。11底圆根成熟后可直接收获，留下光叶紫花苕继续生长，至翌年3~4月份收获利用。

5. 燕麦+箭筈豌豆

选择茎秆较粗、抗倒伏性较强的燕麦品种和箭筈豌豆品种，4月下旬至6月播种，播量燕麦157.5kg/ha+箭筈豌豆22.5kg/ha，条播行距20cm左右，播种深度3~5cm。盛花期刈割晒制青干草。采用薄层平铺暴晒与打捆阴干相结合的方式调制青干草，可防箭筈豌豆掉叶。即刈后就地平铺10~15cm晾晒，每隔2~3小时翻动1次，使含水量快速降至50%左右，打成直径约20~30cm的小捆放，在通风透气的晾棚下阴干，使含水量降到17%以上，然后上垛保存。

（二）草草轮作

1. 多花黑麦草+饲用玉米轮作

播前施过磷酸钙300kg/ha、尿素600kg/ha做底肥。多花黑麦草9月播种，行距30cm条播，播量22.5kg/ha；利用至次年5月播种饲用玉米，穴播，保留10.5万株/公顷。

2. 高丹草+紫云英（箭筈豌豆）轮作

高丹草4月下旬至5月上旬播种，撒播或条播；播量30~37.5kg/ha，条播行距30cm，播前施足底肥，9月收获完毕。9月下旬播种紫云英（或箭筈豌豆）条播、撒播或点播，条播行距30cm，点播穴距25cm，播深3~4cm，覆土1~2cm，土壤湿润也可不覆土。

3. 饲用高粱+箭筈豌豆（紫云英）轮作

饲用高粱4月下旬至5月上旬播种，撒播或条播；播量22.5~30kg/ha，条播行距35cm，播前施足底肥，9月收获完毕。9月下旬播种紫云英（或箭筈豌豆），条播、撒播或点播，条播行距30cm，点播穴距25cm，播深3~4cm；覆土深度1~2cm，土壤湿润也可不覆土。

（三）粮（经）草轮作

1. 玉米—光叶紫花苕轮作

光叶紫花苕在玉米收获前15~30天播种。高海拔地区以撒播为主，主要采用穿林播种，即在前作物玉米收获前，把光叶紫花苕种子均匀撒播在未收获的前作地里。低海拔地区在玉米收获后，清除玉米残茬，平整土地，施足基肥磷酸二氢钾或厩肥15000~22500kg/ha，于9月播种，可条播也可撒播，播种量45~60kg/ha。草层高40~50cm时可刈割青饲或放牧。该模式适宜于川西南山地玉米区。

2. 烤烟—光叶紫花苕轮作

烤烟一般3月育苗移栽，在海拔2200m烟区适当提前移栽有利于烤烟的生长发育；海拔2000m烟区，选择4月下旬移栽较利；海拔1800m或以下，应将移栽期尽量推迟到5月上、中旬，7月收割烟叶，烟叶收获后砍掉烟株，整地，施足基肥，播种光叶紫花苕；海拔1800m以下地区9月条播；海拔1800～2500m地区适宜8月上、中旬条播，播量45～75kg/ha；海拔2500m以上地区适宜7月播种，可在烟草收获前1～2周穿林播种，将光叶紫花苕撒播在免耕的烟草空隙地中，播量67.5～82.5kg/ha。光叶紫花苕出苗生长90～100天后可第一次刈割，第二、三茬刈割后接茬种植烤烟。该技术适宜凉山州烤烟产生产区。

3. 水稻—多花黑麦草轮作

水稻9月初收获后，稻田开沟，沥干水分，9月下旬～10月上旬播种多花黑麦草。撒播或条播。土壤整理采用免耕或翻耕，稻谷收获后，施农家肥15～22.5t/ha。黑麦草出苗1个月后，施75kg/ha复合肥或尿素。黑麦草高40～60cm即可刈割利用，每次刈割后及时追尿素75kg/ha，一般可刈割4～5次。该模式适宜在四川海拔300～1000m的平坝、丘陵区、低山区、半农半牧区低山区的冬闲田。

4. 玉米—多花黑麦草轮作

玉米种植时间5～9月，玉米收获后，9月中下旬～10月初播种多花黑麦草。撒播或条播，播量22.5～30kg/ha，条播行距30cm，播深2～3cm，覆土1～2cm。播种时若杂草过多，先除杂再翻耕土壤，翻耕前撒农家肥15～30t/ha和磷肥600～750kg/ha做底肥。多花黑麦草株高50cm左右或抽穗初期第一次刈割，留茬5～8cm。可以刈割3～4次，每次刈割后追施尿素75kg/ha，利用至次年5月初，再翻耕，种植下一季玉米。该模式适宜四川海拔300～1500m的平坝、丘陵区、低山区和半农半牧低山区域。

5. 圆根—蔬菜轮作

与蔬菜轮作时，其前作有豆类、瓜类、马铃薯、春玉米、块根类、叶菜类等。轮作方式有两种形式，一种是海拔3000m以上的牧区，与青稞、春小麦、马铃薯等作物轮作；另一种是海拔2500m左右的农区，与玉米、豆类、马铃薯等作物进行轮作。一般在大春作物收割后，适时播种，将其视作小春作物。

（四）林草间作

1. 火龙果间作白三叶（多花黑麦草）

播前清除园内杂草，耕深20～25cm后耙细土块。春播或秋季。春播以3月下旬至4月份气温稳定在15℃以上为宜，秋播以8月中旬至9月中旬为宜。撒播或条播。春季播种时如遇天气干旱，要适量补水或少量覆草，以确保出苗整齐；秋季播种，冬季可覆盖少量农家肥，利于幼苗安全越冬。幼苗要勤除杂草，追施少量氮肥。成苗后，需补充少量磷、钾肥，促进植株健壮生长。当草高30cm左右，留茬5～10cm刈割。4～6年后，在秋季结合施基肥，可分年逐步翻压进行更新。

2. 桑树间作鸭茅

选择比较耐阴的多年生牧草鸭茅，实行桑—草间作，可收获1～3年牧草，直至桑树长大成林。其方法是：秋季9～10月，清除园内杂草，施底肥；将桑树幼苗间空地或间距较大的桑树间空地翻耕20～25cm，整平地面；播种鸭茅，条播，行距30～40cm，播深2

~3cm，覆土1~2cm，净作播种量15kg/ha，桑草间作鸭茅用种量视果树占地情况相应减量。苗期生长慢，注意除杂草。播种次年刈割或放牧利用，每次刈割后追施尿素75kg/ha。

3. 柑橘间作白三叶（菊苣、黑麦草、红三叶、紫花苜蓿）等

秋季9~10月，清除园内杂草，将柑橘幼苗间空地或间距较大的柑橘间空地翻耕20~30cm，整平地面。播种多年生饲草如菊苣、多年生黑麦草、紫花苜蓿、白三叶、红三叶等，可单独播种，也可禾∶豆按照2∶1比例混播；一般条播，行距30~40cm，净作亩播种量分别为菊苣0.3kg、多年生黑麦草1.3kg、紫花苜蓿1.0kg、白三叶0.5kg、红三叶0.7kg，混播相应减量，果—草间作播种量视柑橘树占地情况相应减量。次年即可利用，可以刈割或放牧利用多年。

第二节　饲草收贮加工技术

一、饲草收获技术

（一）一年生饲草收获技术

一年生饲草包括高大一年生饲草和低矮一年生饲草。高大一年生饲草的收割期从拔节后期开始，到乳熟期结束，刈割高度控制在10~25cm。作为青饲的饲草，在拔节期开始收获；作为干草或者青贮饲料的饲草，在抽穗期至乳熟期收获；收获籽实的饲草，在完熟期收获，刈割高度相应提高5~10cm；晚熟品种，应该在第一次降霜之前20天收获。低矮一年生禾本科饲草最佳的收获期为抽穗期到初花期，豆科饲草的最佳收获期为现蕾期到初花期，刈割高度3~8cm。下面介绍几种重要的一年生饲草收获技术。

1. 苏丹草适时收获技术

苏丹草是耐旱、高产、优质、适宜在气候温暖、干旱地区种植的一年生优良牧草。苏丹草6月播种，8月开始刈割，可以收获2~4次，留茬高度为15~25cm。刈割越后，刈割高度越高。刈割后适当施用氮肥（每亩7kg），提高分蘖数和营养枝。

2. 青贮玉米收获技术

全株青贮玉米是在乳熟期至蜡熟期之间进行刈割，分蘖性较强的青贮玉米可以收获2~3次。叶多、细杆型青贮玉米在黄叶数为总叶数1/7或者初次出现丝絮或者抽雄后30天开始收割，经过1/3乳熟期到1/2乳熟期结束收获。全株玉米的刈割时间不宜过早（抽雄前），也不要过晚（乳熟期后）。刈割留茬高度通常在15cm以上为好。

3. 多花黑麦草适时收获技术

多花黑麦草可以收获3~4茬，每茬次的适宜收获期是孕穗期到初花期。一般可以掌握在孕穗期开始收割（80%的植株进入孕穗期），到初花期收割完毕。多花黑麦草适当推迟刈割（初花期）有利于提高单位面积产量和可消化干物质产量。

4. 光叶紫花苕适时收获技术

光叶紫花苕在四川主要分布于凉山地区，其最佳的收获时期为初花期到盛花期，可刈割2~3次（冬前刈割一次，开春后刈割1~2次），每次刈割高度为5~10cm。

（二）多年生饲草收获技术

豆科多年生饲草最适收获期应该在现蕾期开始至盛花期结束，留茬高度一般为 3 ~ 5cm；禾本科多年生饲草应该在孕穗期开始至初花期结束，留茬高度为 5 ~ 10cm。机械或者人工收获，收获时间应该在晴天、无露水时进行。下面以紫花苜蓿、扁穗牛鞭草为例介绍多年生饲草收获技术。

1. 紫花苜蓿适时收获技术

在四川水热条件较好的地区紫花苜蓿均可收获 3 ~ 4 茬，在西昌地区可以收获 5 茬，个别地区（高山高原区域）收获 1 ~ 2 茬。每茬次适宜的收获期是现蕾至初花期，个别地区可以推迟到盛花期。一般可以掌握在现蕾期进行收获（80% 植株出现花蕾），到盛花期（50% 植株达到盛花）结束收割。刈割高度为 8 ~ 10cm。

2. 扁穗牛鞭草适时收获技术

扁穗牛鞭草是四川农区主要的饲草之一，其具有较高的产草量和适应性，作为饲草，其收获期应该控制在拔节期到抽穗期。一年可刈割 4 ~ 5 次，第一次在 5 月左右。每次收割后适当施用氮肥有利于提高产量和改善品质。

（三）饲草收获技术参数

禾本科饲草在孕穗期开始收获，经历初花期到乳熟期结束收获。豆科饲草在花蕾期开始收获，至盛花期结束收获。部分饲草可以提前或者推迟收获，根据当地气候条件决定。晚熟品种需要在降霜前一个月收获，利用饲草调制越冬干草。各饲草的具体技术参数见表 3 - 1。

表 3 - 1 饲草收获技术参数

品种	刈割时期	刈割次数（次）	留茬高度（cm）	备注
苜蓿	初花期	4 ~ 7	4 ~ 5	最后一次刈割 7 ~ 8cm；第一年刈割 1 ~ 2 次
金花菜	盛花期	1 ~ 2	15	
白三叶	初花期	3 ~ 5	3 ~ 5	第一年刈割 1 次
红三叶	初花期 ~ 盛花期	2 ~ 5	3 ~ 8	第一年刈割 2 ~ 3 次
黄花草木樨	株高 50cm	1	10 ~ 15	
紫云英	现蕾期 ~ 盛花期	1	5 ~ 10	
毛苕子	分枝期 ~ 结荚期	1 ~ 2	10	与麦类混播，应该在麦类抽穗期刈割
箭筈豌豆	盛花期 ~ 结荚期	1 ~ 2	5 ~ 10	利用再生草可以刈割高度增加；盛花期 5 ~ 6cm；结荚期 13cm
红豆草	盛花期	2 ~ 3	5 ~ 6	
百脉根	初花期	2 ~ 3	6 ~ 8	
多年生黑麦草	盛花期	2 ~ 4	5 ~ 10	

（续表）

品种	刈割时期	刈割次数（次）	留茬高度（cm）	备注
多花黑麦草	孕穗期～初花期	3～5	8～10	
鸭茅	抽穗初期	2～3	5～8	春播当年刈割1次
无芒雀麦	开花期	1～3	3～5	春播当年刈割1次
羊草	拔节期～抽穗期	2	3～5	
老芒麦	抽穗期～初花期	1～2	4～8	
披碱草	抽穗期	1	8～10	
虉草	孕穗期	3～4	10～15	
苇状羊茅	抽穗期	1～2	5～10	
苏丹草	孕穗期～乳熟期	1	10～15	与豆科混播后，以豆科现蕾期收获为宜
象草	抽穗期～初花期	5～8	6～10	
杂交狼尾草	抽穗期	1	20～25	
狗牙根	草高35～50cm		2～3	4～6周刈割一次
猫尾草	初花期～乳熟期	2	5～10	
扁穗牛鞭草	拔节期～孕穗期	5～6	4～8	
狗尾草	初花期	1	3～5	
饲用玉米	蜡熟期～完熟期	1	5～10	晚熟玉米在蜡熟中、晚期收获
青贮玉米	蜡熟期～乳熟期	1	5～10	
饲草玉米	株高50～60cm	1～2	38	第二茬再生能力差
甜高粱	抽穗期～蜡熟期	1	5～7	青刈，抽穗期～花期期；青贮，乳熟期～蜡熟期；干草，抽穗期
黑麦	抽穗期	2～3	5～8	
大麦	抽穗期～乳熟期	1	5～8	
燕麦	拔节期～完熟期	1～2	5～6	青刈，拔节期～花期；青贮，抽穗期～完熟期
大豆	初花期～结荚期	1	5～8	
豌豆	结荚期	1	3～5	
大绿豆	株高1～2米	2	30～50	
红薯藤	收块茎前2天	多次	5～15	
菊苣	株高40cm	3～4	15～20	
花生藤	收种后	-	-	

二、青干草调制技术

（一）自然干燥法

1. 地面干燥法

牧草刈割后在地面干燥6～7小时，当含水量降至40%～50%时，用搂草机搂成草条继续干燥4～5小时，并根据气候条件和牧草的含水量进行翻晒，使牧草水分降到35%～40%。此时牧草的叶片尚未脱落，再用集草器集成0.5～1m高的草堆，经1.5～2天就可调制成含水分15%～18%的优质青干草。地面晾晒可分为田间晾晒和水泥地晾晒。田间晒制干草是一种古老的调制方法，在调制黑麦草时发现水泥地晾晒的效率要高于田间晾晒，由于田间泥土有一定的含水量，晾晒过程中泥土会蒸发水汽，需要更长时间晾晒才能达到要求的含水量。

2. 草架干燥法

在牧草收割时由于多雨或潮湿天气，地面晾晒调制干草不易成功时，可采用草架干燥法进行干草调制。干草架主要有独木架、三脚架、铁丝长架等。将刈割后的牧草在地面干燥0.5～1天，水分达45%～50%时再移在草架上。遇到降雨时也可直接在草架上干燥，将牧草自上而下置于草架上。草架需有一定倾斜度以利采光和排水，最底层牧草应高出地面，以利通风。草架干燥虽花费一定物力，但制成的干草品质较好，养分损失比地面干燥减少5%～10%。

3. 发酵干燥法

发酵干燥法是介于调制青干草和青贮料之间的一种特殊干燥法。将含水约为50%左右的牧草经分层夯实压紧堆积，每层可撒上约为饲草重量0.5%～1%的食盐，以防发酵过度，使牧草本身细胞的呼吸热和细菌、霉菌活动产生的发酵热在牧草堆中积蓄，草堆温度可上升到70～80℃，借助通风手段将饲草中的水分蒸发使之干燥。这种方法牧草的养分损失较多，多属于阴雨天等无法一下子完成青干草调制时不得已而为之。

（二）人工干燥法

1. 常温鼓风干燥法

常温鼓风干燥法可提高牧草的干燥速度。在堆贮场和干草棚中安装常温鼓风机，通过鼓风机强制吹入空气，达到干燥的目的。

2. 低温烘干法

低温烘干法是先建造饲料作物干燥室、空气预热锅炉、设置鼓风机和牧草传送设备；用煤或电作能量将空气加热到50～70℃或120～150℃，鼓入干燥室，利用热气流经数小时完成干燥。

3. 高温快速干燥法

高温快速干燥法是将牧草切碎置于烘干机中，通过高温空气使牧草迅速干燥的方法。

（三）物理化学干燥法

1. 压裂草茎干燥法

此方法多用于茎干较粗壮的牧草，为了使牧草茎叶干燥保持一致，减少叶片在干燥中的损失，常利用牧草茎秆压裂机将茎秆压裂压扁，加快茎中水分蒸发的速度，最大限度地使茎秆与叶片的干燥速度同步。机械压扁压裂后根据具体情况进行人工或自然干燥，使牧草的含水量降至15%左右。

2. 化学添加剂干燥法

主要应用在豆科牧草上，经过一定的化学反应使牧草表皮的角质层破坏，以加快牧草株体内的水分蒸发，提高干燥的速度。这种方法不但可以减少牧草干燥过程中叶片损失，而且能够提高干草营养物质消化率。K_2CO_3是目前国内外调制青干草时应用得最广泛的化学干燥剂，如紫花苜蓿青干草调制中喷施质量分数为2% ~2.8%的K_2CO_3溶液为宜，每ha地施用量在539 ~1000L为宜。

上述各种干燥法均有其优缺点，在实际生产中，受到经济条件与自然条件的制约，故需综合考虑干草质量、资金投入和可操作性等方面，应根据具体情况采用不同的干燥方法。例如可选用自然晒干与压扁茎秆相结合的青干草调制方法。

（四）青干草打捆与贮存

1. 打捆

调制好的干草可以进行打捆贮存，以减少牧草所占的体积，并能够长期保存其营养品质及芳香气味和色泽。高密度的干草草捆便于在不同地区间运输。打捆时需要注意打捆牧草的含水量，含水量高易霉变，过低易造成不易打捆或叶片大量损失的情况。如苜蓿干草含水量20% ~25%时打捆，同时采用生物干草保护剂处理，可减少叶片脱落等损失30% ~35%，减少营养损失近50%。禾本科燕麦刈割后在水泥地压扁晾晒至27% ~30%含水量再进行打捆效果最佳。根据打捆机种类的不同，可分为方形草捆和圆形草捆。

（1）方形草捆

有长方形小捆和大捆，小捆易于搬运，重量为14 ~68kg；长方形大捆重量为0.82 ~0.91t，需要重型装卸机或铲车进行装卸。

（2）圆形草捆

由大圆柱形打捆机打成600 ~800kg重的大圆柱形草捆，草捆长1 ~1.7m，直径1 ~1.8m，圆柱形草捆可在田间存放较长时间，可在排水良好的地方成行排列，使空气易于流通，但不宜堆放过高，一般不超过3个草捆高度，圆柱形草捆可在田间饲喂，也可运往圈舍饲喂。

草捆间要留有通风口，以利于空气流动。打好草捆后可喷施化学试剂降低营养物质流失，利于保存。如苜蓿干草含水20% ~25%时，用0.5%丙酸喷洒；含水25% ~30%时，用1%丙酸喷洒贮藏效果好。同时需要常备杀虫灭鼠药，远离火源。用于商品化的草捆可用塑料袋包装。

2. 青干草贮存

（1）散草堆贮存

当调制的干草水分含量达15% ~18%时即可贮藏。干草体积大，多采用露天堆垛的贮藏方法，在室外选地势干燥、平坦、开阔、排水通畅的地方，按照干草的多少，堆成圆形或长方形草垛，堆垛时应选择地势高而干燥的地方，草垛下层用树干、秸秆等做底，厚度不少于25cm，应避免干草与地面接触，并在草垛周围挖排水沟。草垛堆成高3m左右，顶部呈屋顶状，堆草时要一层一层地进行压紧，特别是草垛的中部和顶部更须压紧、压实。上加麦草10cm或用塑料布覆盖压好；也可在下面放些木棍或用砖、水泥做些宽6cm、高18cm、间距30cm左右的楞。

（2）草捆贮存

有条件时，将干草打成捆，在室内或室外堆放底部架空，堆垛之间留有间距。室外堆放顶部需用塑料布覆盖压好。简单的干草棚可只设支柱和顶棚，四周无墙，成本较低，干草在草棚中贮存营养物质损失小，贮存在畜舍附近还有方便取运饲喂的优点。山区运输困难时，可就地晾晒，就地贮存。一般采用架上堆垛，顶部覆盖、网定，待冬春农闲草干时再搬运。

（五）青干草品质评价

国外常采用打分法对青干草品质进行评定，具体评分标准如表 3－2 所示。得分≥90 为优等级，80～90 分为良，65～79 分为中等，<65 分为差等。

表 3－2　干草品质评分卡

栏目	分栏目	评分范围	评分
I. 收获期	1、开花或抽穗前	26～30	
	2. 开花或抽穗初期	21～25	
	3. 开花或抽穗中晚期	16～20	
	4. 结籽期（多茎秆）	11～15	
II. 叶量	1. 叶极多	26～30	
	2. 多叶	21～25	
	3. 茎秆稍多	16～20	
	4. 多茎秆	11～15	
III. 颜色	1. 作物的自然绿色	13～15	
	2. 浅绿	10～12	
	3. 黄色到浅褐色	7～9	
	4. 褐色或黑色	0～6	
IV. 味道	1. 无异味：青干草味	13～15	
	2. 灰尘味	10～12	
	3. 腐臭味：有老鼠或霉烂	7～9	
	4. 烧糊味	0～6	
V. 柔软度	1. 非常柔软	9～10	
	2. 柔软	7～8	
	3. 轻度粗糙	5～6	
	4. 粗糙易碎	0～4	
VI. 扣分	垃圾、杂草、脏物及其他外来杂物	0～35 负分	
得分（总分）			

注：摘自《南方牧草》，李向林等译

三、饲草青贮技术

（一）青贮设施

1. 青贮窖

青贮窖是应用最普遍的青贮设施，按位置可分为地下式、半地下式、半地上式、地上式，按形状可分为圆形窖和长方形窖。在地势低平、地下水位较高的地方，建造地下式窖易积水，可建造半地下、半地上式或地上式青贮窖。圆形窖占地面积小，但开窖取用时，需将窖顶泥土全部揭开，窖口大不易管理，取料时需逐层取用，若用量少，冬季表层易结冻，夏季易霉变。长方形窖适于小规模饲养户采用，开窖从一端启用，先挖开1～1.5m长，从上向下，逐层取用；这一段饲料喂完后，再开一段，便于管理，但长方形窖占地面积较大。不论圆形窖或长方形窖，都应用砖、石、水泥建造，窖壁用水泥挂面，壁光滑，以减少青贮饲料水分被窖壁吸收和利于压紧。窖底只用砖铺地面，不抹水泥，以便使多余水分渗漏。圆形窖的直径2～4m，深3～5m；长方形窖宽1.5～3m，深2.5～4m，长度根据需要而定，长度超过5m以上时，每隔4m砌一横墙，以加固窖壁，防止砖、石倒塌。

2. 青贮壕

青贮壕是指大型壕沟式青贮设施，适用于大规模饲养场使用。青贮壕可建成地下式、半地下式或地上式。此类建筑最好选择在地方宽敞、地势高燥或有斜坡的地方，开口在低处，以便夏季排出雨水。青贮壕是一个长条形的壕沟状建筑，一般宽4～6m，便于链轨拖拉机压实；深5～7m，地上至少2～3m，长20～40m。沟的两端呈斜坡，沟底及两侧墙面一般用混凝土砌抹，底部和壁面必须光滑，以防渗漏；地势低的一端敞开，以便车辆运取饲料。装填结束后，物料表面用塑料布封顶；再用泥土、草料、沙包等重物压紧，以防空气进入。青贮壕的优点是造价低并易于建造，而且有利于大规模机械化作业，通常拖拉机牵引着拖车从壕的一端驶入，边前进边卸料；再从另一端驶出，既卸了料又能压实青贮原料。缺点是密封面积大，贮存损失率较高，在恶劣的天气取用不方便。

3. 堆贮

堆贮应选择地势较高而平坦的地块，先铺一层破旧的塑料薄膜；再将一块完整的稍大于堆底面积的塑料薄膜铺好；然后将青贮原料堆放其上，逐层压紧，垛顶和四周用一块完整的塑料薄膜盖严，四周与垛顶的塑料薄膜重叠封闭好，最后用真空泵抽出空气呈厌氧状态。塑料外面可用草帘等物覆盖保护，在贮放期应注意防鼠害，防塑料破裂，以免引起二次发酵。国外利用此法不仅能调制一般青贮饲料，还可以通过抽气的方式调制出对密封条件要求严格的低水分青贮饲料。

4. 拉伸膜裹包青贮

拉伸膜裹包青贮属世界上最先进的青贮技术，既可用于小型牧草拉伸膜青贮，也可供大规模生产拉伸膜牧草青贮。将粉碎好的青贮原料用打捆机进行高密度压实打捆，然后通过裹包机用拉伸膜包裹起来，从而创造一个厌氧的发酵环境，最终完成乳酸发酵过程。小型牧草拉伸膜青贮配套机械有三种，分别为圆捆机，进口机mp550型，打成的圆捆高52cm，直径55cm，每捆质量40～50kg（含水量55%左右），生产效率为每小时10～12捆；墨捆裹包机，国产ssw－cl的生产率为每小时60～70捆；专用青贮裹包膜，规格250mm×1500m×25mm（进口），重量为每卷9.42kg，每捆耗膜量为120g，生产1t青贮料的膜成本为75元左右。可供大规模生产拉伸膜牧草水分青贮的配套机械和材料有两种，分别为圆捆机，机型columbalrlo/serie200（进口），每卷27.87kg，每捆耗膜量为750g，生产1t青贮料的膜成本为37.5元左右；专用青贮裹包网，规格1524m×1.3m，每捆耗网量为10m，每卷可捆包145个，生产1t青贮料的成本为22元。裹包青贮制作不受时间、地点的限制，不受存放地点的限制，若能够在棚室内进行加工，也就不受天气的限制了。与其他青贮方式相比，裹包青贮过程的封闭性比较好，通过汁液损失的营养物质也较少，而且不存在二次发酵的现象。此外裹包青贮的运输和使用都比较方便，有利于它的商品化。这对于促进青贮加工产业化的发展具有十分重要的意义。裹包青贮虽然有很多优点，但同时也存在着一些不足。一是这种包装很容易被损坏，一旦拉伸膜被损坏，酵母菌和霉菌就会大量繁殖，导致青贮料变质、发霉；二是容易造成不同草捆之间水分含量参差不齐，出现发酵品质差异，从而给饲料营养设计带来困难，难以精确掌握恰当的供给量。

5. 袋装青贮

近年来，随着塑料工业的发展，国外一些饲养场采用质量较好的塑料薄膜制成袋，装填青贮饲料，袋口扎紧，堆放在畜舍内，使用很方便。塑料薄膜厚度在10～12丝以上，小型袋宽一般为50cm，长80～120cm，每袋装40～50kg。市场农资门市有售直径1～2m的直通式塑料制品，按需要长短剪取，用绳扎紧或塑料热合机封口即成。大型袋式青贮技术，是将饲草切碎后，采用袋式罐装机械将饲草高密度地装入由塑料拉伸膜制成的专用青贮袋，在厌氧条件下，完成青贮。可青贮含水率高达60%～65%的饲草，一只33m长的青贮袋可罐装近100t的饲草。罐装机罐装速度可高达每小时60～90t。袋装青贮用时少，成本低，随时随地可以青贮，对时间要求不严格。该青贮技术操作方便，无损失，利用率高，适宜户贮，便于推广。但青贮袋容易被破坏，所以袋装青贮料应存放于适当的地方，预防猪咬、羊啃、老鼠吃，在气温下降到0℃时，用树叶等盖好保温，以防冻裂。

（二）主要饲草青贮调制技术

1. 青贮玉米

当植株长到1m左右时开始收割；带苞整株（粮饲兼用型）青贮的，在乳熟末期收获；秸秆青贮的，籽实成熟收获后，及时收取茎叶黄绿色部分为原料。上述原料除净泥土，用专用青贮饲料粉碎机进行粉碎或人工铡碎至1～2cm小段。将尿素和食盐与青贮原料混匀。玉米秸秆添加尿素0.5%，食盐0.3%；带苞整株玉米秸秆分别添加0.5%～0.7%和0.3%。装贮与原料加工同时进行。青贮玉米秸秆在贮藏60天后发酵成熟，即可使用。

2. 黑麦草

将收割后的黑麦草中的泥土、石块等物清除干净。用切草机切成3～5cm小段，切后晾晒1～2天，使含水量降至60%～65%。若原料水分太高不易凋萎时，通常添加一些农作物秸秆、饲料作物、玉米粉等，以降低青贮原料的水分。在青贮原料填入青贮设施时加入4%左右的甲酸或105cfu（菌落数）每克鲜样的乳酸菌添加剂。在装贮过程中，边装边压，装填密度约为每方600kg。装完后应立即严格密封。黑麦草在贮藏30天后发酵成熟，即可取用。

3. 扁穗牛鞭草

扁穗牛鞭草适宜的刈割时期为拔节后期（株高100～120cm），将收割后的扁穗牛鞭草用粉碎机或铡刀切割成2～5cm的小段，通过晾晒使含水量降至60%～70%。由于扁穗牛鞭草可溶性碳水化合物含量较低，青贮时可加入3%～5%的糖蜜或玉米糠，促进其发酵；另外，在青贮原料填入青贮设施时可加入适当的绿汁发酵液或乳酸菌制剂。在装贮过程中边装边压，逐层装贮。装完粉碎扁穗牛鞭草后，应在顶部盖一层软草，并立即进行严格封闭。扁穗牛鞭草在贮藏60天后发酵成熟，即可取用。

4. 苏丹草

苏丹草长到100～130cm时刈割为宜，将新鲜苏丹草切碎至4～8cm小段，而后逐层装入青贮设施，每层装至15～20cm厚时即可踩踏压实，同时最好加入一些多汁和高蛋白饲草料，如葵饼、苜蓿等。也可用干草和鲜草混贮，在几层鲜草间夹一层干草。装填时要适量加入一些饲用氯化钠，以增强适口性。装填的紧实程度以发酵完成后，饲料下沉不超过窖深的10%为宜。装填到饲料超过窖口60cm左右时即可封顶。封顶时先盖一层软草或短秸秆，大约20cm即可；然后再盖一层塑料膜，四周塞严；最后用黏土把四周和窖顶封好，或直接覆盖30～50cm土后拍实，使窖顶呈馒头形。苏丹草在贮藏60～70天后发酵成熟。

5. 紫花苜蓿

收割后的紫花苜蓿，需要在自然条件下晾晒至含水量50%～65%（将植株树立，叶片和枝尖垂下即可，一般需要4～6小时）。将饲草切碎至2～3cm小段（或者机械压扁揉碎），装入青贮窖（或者袋装，灌装）或者裹包，压实（踩窖，从窖周围向中心逐层踩实，压紧），薄膜或者泥土密封，贮存60天以后开窖取用。在紫花苜蓿调制过程中，经常使用甲酸（5L/t）、乳酸菌（2.5g/t）、糖蜜（30kg/t）或者绿汁发酵液（将苜蓿榨汁之后放在28～37℃发酵2天左右）作为添加剂促进发酵。紫花苜蓿可以与黑麦草、玉米等禾本科作物进行混合青贮。

6. 饲用高粱

饲用甜高粱全株收获，在地里摊开晾晒（以手用力拧扭茎秆不断为宜），切碎成1～4cm小段（平面切口）与添加剂（2%蔗糖，甲酸6L/t，乳酸菌、纤维素粗酶、0.5%尿素，或者0.3%食盐）均匀混合后，逐层装填入青贮窖，发酵温度控制在19℃～37℃，贮存时间至少30～50天。逐层取用，每次取用长度15cm左右，视动物取食量而定，取用完毕后用塑料薄膜封填。

7. 老芒麦

老芒麦收割时尽量保证牧草上无露水，根据收割时天气状况进行凋萎处理，一般凋萎时间为2～8小时，控制老芒麦的含水率在60%～75%，此时便于进行青贮。收获时尽量减少泥土、杂草、粪便等的污染，将凋萎好的老芒麦用切碎机切碎成2～3cm（或者揉丝机揉成5～10cm），将切短或揉丝好的老芒麦混合均匀，以备装袋。研究发现，在川西北高寒牧区进行老芒麦青贮调制时，建议使用添加剂改善青贮发酵品质，目前使用的主要添加剂为乳酸菌制剂、糖蜜、丙酸等。将喷洒好青贮添加剂的老芒麦混匀，装袋，尽可能压实。装袋时用真空封口机抽真空，装满后用绳子将袋子封口；12小时后解开绳子放完牧草发酵产生的气体，再真空机抽空气，用封口机密封形成产品。置于室温、阴凉处长期储放，避免老鼠、飞鸟等对青贮袋的破坏。经过40～60天，就可开袋取用。

（三）青贮料品质评价

国外常采用打分法对青贮料品质进行评定，具体评分标准如表3－3所示。得分≥90

为优等级，80～90 分为良，65～79 分为中等，<65 分为差等。

表 3－3 牧草青贮品质评分卡

栏目	分栏目	评分范围	评分
I. 收获期	1. 开花或抽穗前	36～40	
	2. 开花或抽穗初期	28～35	
	3. 开花或抽穗中晚期	16～27	
	4. 结籽期（多茎秆）	0～15	
II. 颜色	1. 理想的：浅绿到深绿（取决于作物或使用的添加剂） 2. 豆科可能颜色更深些	9～12	
	2. 可接受的：黄绿到褐色	5～8	
	3. 不希望的：深褐色或黑色说明过热或腐败，白色或灰色为主说明过度霉变	0～4	
III. 味道	1. 理想的：令人愉悦的、无腐败的气味	24～38	
	2. 可接受的：轻度的焦味、水果味、发酵味或霉味，说明发酵不当	11～23	
	3. 不希望的：强烈焦味说明发热过度；有腐败味、发黏则说明发酵不当。	0～10	
IV. 水分	1. 用手挤压时无水滴落，保存良好。	18～20	
	2. 从青贮料可挤出一些水，或青贮料有点干和发霉。	9～17	
	3. 青贮料过湿，发黏或发沉，可轻易地挤出水分。青贮料太干，有强烈焦味。	0～10	
得分			

注：摘自《南方牧草》，李向林等译

（四）秸秆利用

1. 秸秆氨化

各种农副产品，如麦秸、稻草、玉米秆等均可作为氨化饲料原料，水分含量不得超过13%，且无霉烂变质。切碎秸秆为 2～3cm，将尿素 4～5kg 完全溶解在 20kg 清水中（冬季可用温水），均匀地喷洒在 100kg 秸秆中，充分拌匀后尽快装入氨化容器内，边装边踩压，高出窖口 20～30cm；然后用塑料薄膜覆盖密封，四周用土压实。塑料袋氨化时，袋口用绳子扎紧。氨化容器要选择背风、向阳、高燥地方放置，既要避开人畜活动，又要考虑取用方便。环境温度越高，氨化时间越短。30℃以上需 1 周，15℃～30℃需 1～4 周，5℃～15℃需 4～8 周，5℃以下需 8 周以上。开封取用时先从一边开口，避免全部打开。根据需要量，每次取 1～2 日喂量即可，必须随取随盖。刚取出的氨化饲料，应摊在通风干净的水泥地面晾晒 24 小时以上，待无刺鼻氨味时，方可进行饲喂。

2. 秸秆微贮技术

在厌氧的条件下利用有益微生物促进粗纤维分解发酵，提高秸秆营养价值。处理技术如下：

①原料准备：选用当年新鲜秸秆，铡短（喂牛3~5cm，喂羊2~3cm）。不能混入霉变秸秆和沙土等杂质，也不可以同氨化秸秆一起混贮。

②复活菌种和配制菌液：取发酵活干菌3g，溶于200mL 1%的白糖水中，放置1~2小时使菌种复活。配制浓度为1%的盐水。1份复活好的菌剂加入到1200~1400kg 1%的盐水中混合均匀，可微贮麦类秸秆1000kg；1份复活菌剂加入到800~1000kg 1%的盐水中，可微贮玉米秸秆1000kg。

③装窖：在窖底先铺一层30cm厚的秸秆并踩实。原料每升高20~30cm喷洒配制好的菌液，机械或人工压实，直到装料高出窖口40cm时封窖。在原料中添加5%麸皮或玉米粉效果更好。检查原料含水率是否适当，各处是否均匀，不应出现夹干层。抓起秸秆，用双手揉搓，若有水分下滴，其含水量约为80%以上；若无水滴，松开手后会看到手上水分很明显，约为60%左右。微贮饲料含水量在60%~70%最理想。

④封窖：装料高出窖口40cm时，在最上层喷洒菌液，每平方米撒盐250g。用塑料薄膜盖严后，覆土30~50cm；覆土时从一端开始，逐渐压到另一端。窖顶呈馒头型或屋脊型，不漏气、不漏水。封窖后应经常检查密封情况，发现下沉应及时用土填平。窖周围挖排水沟。

⑤开窖：从窖的一端开始，去掉覆盖的部分土层，揭开塑料薄膜，从上到下垂直切取，每次取完后要用塑料薄膜将窖口封好，减少微贮饲料与空气接触。

3. 秸秆酶贮技术

利用青（黄）贮饲料专用酶，在促进益菌群生长的同时，增加饲料的蛋白含量，减少粗纤维含量，从而形成家畜能更好消化吸收的秸秆饲料。

①配制饲料酶添加剂：处理1000kg秸秆需混合1kg青（黄）贮饲料专用酶、4~5kg食盐和10kg麸皮或玉米面，将饲料酶与食盐、麸皮或玉米面充分混合后备用。

②装填与压实：将秸秆充分铡短（喂羊1~2cm，喂牛2~3cm），装入酶贮池或酶贮袋（长2.5m，宽1.5m，厚度0.12mm以上，最好用双层塑料袋），酶贮池50cm厚为一层，酶贮袋30cm厚为一层，将混合好的青（黄）贮饲料专用酶、人工盐、麸皮或玉米面均匀地撒在秸秆中，按照秸秆与水1:1~1:1.5比例喷洒水，使含水率达到60%~70%，然后充分拌匀、压紧、踩实。

③调节水分含量：适宜含水量60%~70%。取一把切碎压实过的秸秆用力握在手中，若手指缝中有水珠出现，但不成串往下滴，则原料中含水量适宜；若握不出水珠，则水分不足；若水珠成串滴出，则水分过多。

④密封：将备贮的秸秆逐层填装并压实，在最上面一层铺上干燥的稻草或麦草，然后均匀撒上青（黄）贮饲料专用酶和食盐。青（黄）贮饲料专用酶用量10g/m^2，食盐250g/m^2。池贮中酶贮饲料要高出墙壁50cm，然后用双层塑料薄膜封顶，薄膜上部用30~50cm厚的泥土从后向前依次压实、封严，四周再用土压实，池周围挖排水沟。封顶后经常检查池顶变化，发现裂缝或凹坑，应及时填平封严，以防漏气腐败。在袋贮中，当酶贮秸秆装满袋后，尽量排除空气，紧密封口，分层堆放于避光干燥处，用重物压实。

⑤酶贮饲料的开窖：酶贮饲料开窖后，应从池的一端横断面按垂直方向自上而下切

取，不可全面打开或掏洞取料。从酶贮袋中取料时，应从表面一层一层地向下取。每次取用量应以2~3天喂完为宜。取料后要将口封严，以免引起变质腐败。

第三节　草业机械

草业机械包括动力和机具，涵盖了牧草生产、田间管理及加工等范围内的所有作业设备。草业机械设备的选择和合理配置，直接决定着牧草生产与加工的效率和效果。现介绍几种常用的草业机械。

一、草地建植与田间管理机械

（一）1WG－4型微耕机

1. 技术特点

使用寿命长：该机采用铸铁变速箱，钢性良好。

机动灵活：该机体积小、动力大、操作简便、作业效率高。

2. 适用范围

适用于山区、丘陵等地区耕作，配上相应农机具可实现旋耕、起垄、开沟、除草等作业。

3. 主要技术指标

外形尺寸1570mm×835mm×1040mm，配套动力4kW，机具重量160kg，工作幅宽60~100cm，耕深≥10cm，作业效率0.13ha/h。

（二）液压翻转犁

1. 技术特点

它是与拖拉机配套使用的，由双联分配器控制犁的升降和犁的翻转。翻土均匀，经久耐用，不容易损坏。

2. 适用范围

特别适用于在建立人工草地时的翻地。

3. 主要技术指标

包括悬挂架、翻转油缸、止回机构、地轮机构、犁架和犁体，通过油缸中活塞杆的伸缩带动犁架上的正反向犁体作垂直翻转运动，交替更换到工作位置。地轮是丝杠调节耕深的一轮两用机构。

（三）液压偏置24片重耙

1. 技术特点

刀片锋利，轮式设计不受地形和土壤结构的影响，工作效率高，具有耙后土地平整度高的优点。

2. 适用范围

用于建立人工草地的耙平土地、耙碎土块、疏松土壤。

3. 主要技术指标

以短形管焊接整体式，刚性耙架为主体，配有液压起落充气橡胶运输轮，弹簧自动调平机构和圆盘耙专用的外球面内方孔全密封滚动轴承，结构合理，坚固耐用。该机主要工作部体耙片用65Mn钢板压制成形，经热处理，具有良好的冲击韧性及耐磨性。

（四）旋耕机

1. 技术特点

一次作业即能使土壤细碎，土肥掺和均匀，地面平整，达到播种的要求，有利于争取农时，提高工效，并能充分利用拖拉机的功率。耕深15~20cm，能量消耗较大。

2. 适用范围

旋耕机的耕深可达25~30cm，多用于开垦沼泽地和草荒地，有较强的碎土能力。

3. 主要技术指标

耕幅2300mm，耕深120~160mm，配套功率51.5~73.5kW，三点悬挂连接形式，刀片数量64把，机具前进速度2~5km/h。

（五）3WG-5型播种机

1. 技术特点

使用寿命长：整体板设计，一次成型，坚固耐用。

机动灵活：该机体积小、操作简便、作业效率高。

2. 适用范围

适用于山区、丘陵等地区的播种。

3. 主要技术指标

外形尺寸1280mm×600mm×900mm，配套动力4.2kW，机具重量45kg，作业行数1行~2行，行距30cm~60cm，作业效率0.1ha/h。

（六）ECE-yd-30型喷药机

1. 技术特点

使用寿命长：该机机架采用防腐蚀材料，使用寿命可达10年以上。

药桶采用特殊原料制作而成，超耐酸碱、耐腐蚀，韧性好，抗老化。

2. 适用范围

适用于山区、丘陵等地区喷药作业。

3. 主要技术指标

外形尺寸900mm×450mm×800mm，配套动力2.2kW，机具重量35kg，流量45~60L/min，转速800~1000r/min，压力1.5~3.5MPa，最远射程15~18m，作业效率1.3ha/h。

（七）3WF~3型喷药机

1. 技术特点

结构简单：该机重量轻、耐腐蚀、背负作业舒适。

使用寿命长：该机与药剂接触的零件均采用耐腐蚀增强塑料或不锈钢制作，避免了腐蚀问题。

2. 适用范围

适用于山区、丘陵地带及零散地块上喷药作业。

3. 主要技术指标

外形尺寸 532mm × 452mm × 730mm，配套动力 2.1kW，机具重量 11kg，最远射程 12m，药箱容积 14L。

（八）打药机

1. 技术特点

采用拖拉机后动力输出轴给喷雾机传输动力，与拖拉机灵活配套作业，操作简单，维护成本低，可控制好，结构紧凑，采用可调节雾化效果喷头，超细雾滴效果，喷洒均匀，日工作效率 1500 亩以上。

2. 适用范围

非常适用于人工草地喷施除草剂、杀虫剂和液态肥料。

（九）撒肥机

1. 技术特点

施肥均匀、效率高，肥料利用率高，克服了人工撒式工作效率低和撒施不均烧苗的缺点。工作效率达到 5.0 ~ 8.3ha/h。

2. 适用范围

非常适用于撒施颗粒肥料。

3. 主要技术指标

作业宽度 12m 和 42m；最小容量 1200L，最大容量 3000L；装料斗开口宽度 230cm；排料口关闭控制装置，液压或电控（如有 DPAE 控制盒）液压缸；流量控制，通过手柄或 DPAE 控制；施用量最多 500kg/min，或以 8km/h 的速度，36m 撒肥宽度，1000kg/ha。

二、牧草收获与草产品加工机械

（一）9GYZ - 1.2 型自走式刈割压扁机

1. 技术特点

适应性强：适合丘陵、山地等复杂地形上的作业。

机动灵活：无级调速，后轮转向。

工作效率高，刈割后的苜蓿品质损失小。

2. 适用范围

适用于小地块种植的苜蓿收获，特别是丘陵、山地等复杂地形上的苜蓿收获作业及其他牧草的收获。

3. 主要技术指标

外形尺寸 3500mm × 1200mm × 2100mm，配套动力 25kW 以上拖拉机，机具重量 1600kg，工作幅宽 1.35m，割茬高度 30 ~ 100mm，作业效率 1.5ha/h。

（二）9GKY - 1.4 双圆盘回转式割草机

1. 技术特点

设计简单，结构紧凑。

前端设置了防护装置，安全可靠。

2. 适用范围

适用于小地块种植的苜蓿收获，特别是丘陵、山地等复杂地形上各种饲料用草、苜蓿草等饲料草等的收获。

3. 主要技术指标

外形尺寸1400mm×650mm×950mm，配套动力22~30马力单缸小四轮拖拉机，机具重量220kg，工作幅宽1.40m，割茬高度30~100mm，作业效率3~6亩/h。

（三）9GB-1.4/1.6/1.8/1.9/2.1 系列半悬挂往复式割草机

1. 技术特点

①机动性能好，遇有障碍物时可通过拖拉机的液压装置提升割刀。

②结构简单、操作方便、割刀切割有力、割茬低且整齐、使用可靠。

2. 适用范围

适用于农/牧区平坦草场和山地、丘陵地草场，用于收割天然和种植牧草、紫花苜蓿、芦苇、青储饲料等。

3. 主要技术指标

配套动力12~22马力四轮拖拉机，机具重量200~220kg，工作幅宽1.4/1.6/1.8/2.1m，割茬高度60~80mm，作业效率1~1.4ha/h。

（四）9G-1.25 型后侧挂割草机

1. 技术特点

①后置式机型，操作方便，视野开阔；

②双弹簧悬挂刀盘，随地仿形，不伤草地；

③收割快速，铺放整齐。

2. 适用范围

9G-1.25型后侧挂割草机主要用于收割平地、山地各种牧草，如紫花苜蓿、黑麦草、燕麦草等。

3. 主要技术指标

配套动力20~50马力四轮拖拉机，工作幅宽1.25m，割茬高度≤80mm，作业效率每小时10~20亩。

（五）小型牧草收获机

1. 技术特点

①适应性强：适合丘陵、山地等复杂地形上的作业；

②机动灵活：无级调速，后轮转向；

③工作效率高，刈割后的苜蓿品质损失小。

2. 适用范围

适用于农、林、牧区平坦草场和坡地、丘陵地等不同条件草场，用于收割天然牧草和种植牧草、紫花苜蓿、芦苇、青储饲料等。

3. 主要技术指标

配套动力汽油机，机具重量85kg，工作幅宽1000m，割茬高度30~100mm，作业效率每小时3~5亩。

（六）9GL－1.4 型搂草机

1. 技术特点

①采用液压翻转，实现牧草的卸载；

②灵巧、轻便，所需动力小；

③机动灵活、工作效率高。

2. 适用范围

主要用于收割后的小地块牧草收集作业。

3. 要技术指标

外形尺寸 3500mm × 1200mm × 2100mm，配套动力 15 ~ 30 马力拖拉机，机具重量 90kg，工作幅宽 1.400m。

（七）9L－4.8 大型指盘式搂草机

1. 技术特点

工作效率高，一次作业宽度可达 4.8m，搂草均匀干净，牧草损失非常小。

2. 适用范围

非常适用于川西北牧区牧草的搂草、摊晒和反转。

3. 主要技术指标

配套动力（12 小时功率）37kW，工作幅宽 4800mm，作业效率为每小时 45 ~ 75 亩。

（八）9YFQ－1.9 型方草捆压捆机

1. 技术特点

①进口德国打结器和主要传动系统，整机性能稳定，成捆率高；

②整机具有对称纵轴线，行驶稳定性好，容易牵引，能适应在小块和不规则地块上作业；

③捡拾器配有仿形轮，可以在低洼不平的地段作业。

2. 适用范围

不仅可以在平整大地块作业，还能适应小块和不规则地块，可以在低洼不平的地段作业。采用宽型低平弹齿滚筒式捡拾器减少了花叶之间的揉搓脱落，这一点对苜蓿等易掉花的豆科牧草尤为重要。

3. 主要技术指标

外形尺寸 3300mm × 2350mm × 1725mm，配套动力 25kW 以上拖拉机，机具重量 1600kg，工作幅宽 1.35m，割茬高度 30 ~ 100mm，作业效率 1.5ha/h。

（九）9DRF－80 多功能饲草作物铡切揉搓机

1. 技术特点

①复式作业工艺组合；

②配套动力多样选择；

③多物料适应性强。

2. 适用范围

该产品适用于中小型牧场和饲养专业户使用。

3. 主要技术指标

外形尺寸2000mm×1370mm×2230mm，配套动力11kW电动机，机具重量，380kg，切断长度12～30mm，铡切作业效率2～4t/h，揉搓作业效率1～3t/h。

（十）9Z－6.5型铡草机

1. 技术特点

①钢结构机架，体积小，重量轻，移动方便；

②设计保险装置，杜绝啃刀事故，整机安全可靠；

③草辊传动轴选用万向联轴节，结构紧凑，运转灵活，拆装方便。

2. 适用范围

用于铡切牧草、秸秆、稻草等。

3. 主要技术指标

外形尺寸2147mm×1600mm×2756mm，配套动力15～20马力柴油机，机具重量420kg，成品物料长度12mm～35mm，作业效率2.5～15t/h。

（十一）9BQZ自走式半干牧草捡拾青贮机

1. 技术特点

①适应性强，可适应平原、高原、山地、坡地、丘陵、梯田等各种复杂区域；

②可更换割台、一机多用；

③切碎揉搓可以实现无级可调。

2. 适用范围

由于结构设计紧凑，转弯半径小，因此可适应于平原、高原、山地、坡地、丘陵、梯田等各种复杂区域的牧草捡拾青贮。

3. 主要技术指标

外形尺寸5250mm×2000mm×2100mm，配套动力91.875kW，机具重量3500kg，工作幅宽1.8m，原料切割长度0～43mm，作业效率0.53～0.7ha/h。

（十二）9YG－1.2型圆草捆卷捆机

1. 技术特点

①能自动完成牧草、水稻的捡拾；

②能自动完成打捆、放捆；

③可与包膜机配套，实现青贮饲料的包膜。

2. 适用范围

9YG－1.2型圆草捆打捆机是牧草成捆收获机械，主要用于田间各种牧草和稻、麦等农作物秸秆的收获。适合于在各类天然草场、种植草场以及农田进行作业。可以适应丘陵、山地等复杂地形上的苜蓿捡拾打捆。

3. 主要技术指标

配套动力35马力以上拖拉机，机具重量1800kg，草捆直径1200mm，草捆宽度1200mm，捡拾宽度1.587m，割茬高度30～100mm，作业速度5km/h。

（十三）9SBJ－850型生物保鲜饲料自动包膜机

1. 技术特点

①打捆机为自动喂料、自动打捆、自动包膜；

②草捆易保存、不变质、不霉变，为畜牲过冬提供了充足可靠的保证。

2. 适用范围

主要用于对需要保鲜的生物饲料进行包膜，通常和打捆机配套使用。青贮捆包膜后就会形成一个良好的密封条件，从而防止外界的空气和水分进入，很快形成厌氧环境，能够制做出高品质的青贮饲料。

3. 主要技术指标

外形尺寸 2900mm × 2300mm × 1800mm，配套动力 14.7 ~ 30kW 拖拉机，机具重量 650kg，允许圆捆直径 900mm ~ 1000mm，允许圆捆宽度 85mm ~ 1000mm。

（十四）9YFE - 450 型二次饲草压捆机

1. 技术特点

①融机械、电子、液压等技术于一体；

②耗电少、占地面积小、产量高；

③移动方便、操作简单。

2. 适用范围

适用于对小方捆进行二次加压，形成高密度的小方捆，利于减小体积，降低运输成本。

3. 主要技术指标

外形尺寸 5300mm × 2700mm × 1750mm，配套动力 22kW 电机，机具重量 4000kg，草捆出口尺寸 450 × 450 × 500mm，成品草捆密度 280 ~ 400kg/m^3，成品包装形式为套绳、塑编套袋。

三、机械动力

（一）M954 久保田拖拉机

1. 技术特点

采用直接喷射水冷式 4 冲程柴油机，结合 V3800 - DI - T 的涡轮增压器，可以是在低转速的情况下，轻松实现重型作业。其性能稳定，使用的耐久性和燃油的经济性较高，动力大、操作灵活、轻便、舒适，综合功能能够满足大部分农机具的要求。

2. 适用范围

动力牵引主要牵引翻转犁、重耙、旋耕机、播种机、割草机、打捆机等大型草业设备，特别适合高原地区使用。

3. 主要技术指标

总排气量 3769cm^3（cc）；发动机功率 70.8kW，燃油箱容量 110L，配套动力 95 马力，燃油箱容量 110L，发动机油底壳容量 10.7L，最小离地间隙 460mm（前轴桥处）。

（二）纽荷兰 TD85 拖拉机

1. 技术特点

悬挂式驾驶室和大底板；四缸 Iveeo 发动机；快升快降；3565kg 提升力；2 挡 PTO 速度；两轮或四轮驱动；良好的稳定性和牵引力。12 + 12 挡的变速是通过驾驶员右侧的 2 根排挡杆和左侧的 1 根操纵杆实现的，这为驾驶员提供了最大的舒适性。

2. 适用范围

主要牵引重耙、旋耕机、播种机、割草机、打捆机等大型草业设备。

3. 主要技术指标

压缩比 17∶1，缸径 × 行程 104 × 115mm，马力 588kW，标定转速 2500r/min，最大扭矩转速 15r/min。

（三）东方红 LX954 拖拉机

1. 技术特点

四轮驱动轮式拖拉机；油耗低，扭矩储备大，动力经济性好，排放达到国Ⅱ标准；装配独立控制的双作用离合器，动力输出有独立和同步输出功能，独立动力输出轴转速有 540/720/800/1000r/min，并可实现双转速的组合，满足与多种机具配套作业；操纵环境安全舒适。前、后轮距可调，可装配气刹，选装多种型号的平

2. 适用范围

主要牵引重耙、旋耕机、播种机、割草机、打捆机等大型草业设备。

3. 主要技术指标

外形尺寸 4350mm × 2100mm × 2765mm，最小离地间隙 440mm，前进速度 2.17 ~ 36.74km/h，标定功率 70kW，最大配重质量前/后 400/300kg，最大牵引力≥31.35KN。

（四）黄海金马 304 拖拉机

1. 技术特点

操控性强，动力十足，克服了以往小四轮拖拉机在高原上使用动力不足的缺点。

2. 适用范围

动力牵引。主要牵引轻耙、小型播种机、打药机等小型草业设备。

3. 主要技术指标

机型 JM304A，30 马力，柴油机 ZN390T，最小离地间隙 330mm，传动系（4 + 1）× 2，动力输出轴转速单速 720 或双速 540/720，轮胎规格 6.00 ~ 16/9.5 ~ 24。

第四章　畜禽卫生与保健

第一节　兽医诊断检测技术

一、临床检查

临床检查方法包括下述6种，即问诊、视诊、触诊、叩诊、听诊及嗅诊，后5种又称为物理学检查法。

问诊：向畜主（畜禽的所有人）或饲养人员询问了解患病动物的发病情况及经过，问的内容包括该病的既往史、现病历、饲养管理等情况。

视诊：用医生的视觉直接或间接观察患病动物的状况与病变。主要内容包括：观察患病动物的体格、发育、营养、精神状态、体位、姿势、运动及行为等；观察患病动物体表、被毛、黏膜，有无创伤、溃疡、疮疹、肿物以及它们的部位、大小、特点等；观察与外界直通的体腔如口腔、鼻、阴道、肛门等，注意分泌物、排泄物的量与性质；注意某些生理活动的改变，如采食、咀嚼、吞咽、反刍、排尿、排便动作变化等。

触诊：用检查人员的手或借助于器械（包括手指、手背、拳头及胃管）检查患病动物的一种方法，主要用于检查体表状态、通过体表检查内脏器官、直肠触诊。

叩诊：叩诊是用手指或叩诊锤对患病动物体表特异部位进行叩击，借以产生振动并发出音响，然后根据音响特征判断被检器官、组织有无病理变化的一种方法。叩诊方法有直接叩诊法和间接叩诊法。间接叩诊法包括手指叩诊法和锤板叩击法。叩诊主要用于检查浅在体腔（如头窦、胸、腹腔）、含气器官（如肺、胃肠）的物理状态，同时也可检查含气组织与实体组织的邻居关系，判断有气器官的位置变化。根据被扣组织的弹性与含气量以及距体表的距离来区分叩诊音，叩诊音有清音、浊音、鼓音等。

听诊：听诊是利用听觉直接或借助于听诊器听取动物内脏器官在生理或病理过程中产生的音响。可分为直接听诊与间接听诊。直接听诊主要用于听取患病畜禽的呻吟、喘息、咳嗽、嗳气、咀嚼以及特殊情况下的肠鸣音等；间接听诊主要是借助于听诊器对器官活动产生的音响进行听诊的一种方法，主要用于心音、呼吸道的呼吸音、消化道的胃肠蠕动音的听诊。

嗅诊：即用鼻嗅闻患病动物的呼出气体、口腔气味、分泌物及排泄物的特殊气味。如呼出气体恶臭则提示有肺坏疽，有酮味则怀疑牛羊有酮症。

二、体温、脉搏、呼吸测定

1. 体温测定

动物测体温，一般以直肠温度为准；禽类则测翼下温度。病理情况下，主要是体温升高，少数情况可出现体温降低。直肠测定方法：用手紧紧握住温度计的尾端用力甩几次，观察并使温度计内水银末端是否位于35℃以下；将润滑剂（如口水）涂在温度计的前部，再将温度计插如动物直肠内；然后将温度计尾端的绳子固定在动物肛门附近的毛上，5～10min后取出温度计，读其温度值。

体温升高可根据其程度分为微热（体温升高1℃）、中热（体温升高2℃）、高热（体温升高3℃）以及超高热（体温升高3℃以上），分为三种类型，即稽留热、弛张热、间歇热。稽留热：高热持续数天或更长时间且每日昼夜的温差小，一般在1度以内。弛张热：白天和晚上的温度有较大上升或下降，变动在1～2℃。间歇热：在持续数天发热后，体温又处于正常，隔几天体温又上升，如此反复出现。除了发病因素外，影响体温变动的因素还有年龄、生理状态、外界温度、运动等。

2. 脉搏测定

测定部位及方法：马测颌外动脉，牛测尾动脉，猪、羊测股内动脉。用指腹轻触脉管，仔细感觉并计数每分钟的搏动次数。

脉搏数的变化：脉搏数增多见于各种发热性疾病、疼痛性疾病、贫血、心力衰竭及某些中毒病等。脉搏数减少可见于颅内压升高的疾病、胆血症、某些植物中毒及畜禽濒死期等。

3. 呼吸测定

检查内容主要有呼吸运动、上呼吸道及胸肺检查。呼吸数是指动物在呼吸运动时由吸气和呼气两个阶段所组成的一次呼吸，通常以测定一分钟内的呼吸次数为准。病理情况下引起呼吸增加的因素有呼吸器官本身疾病、发热性疾病、心衰、贫血、腹腔高压、某些中毒性疾病（亚硝酸盐）等。呼吸次数减少在临床上主要见于脑积水。

临床上将呼吸类型分为以下3种：①胸腹式呼吸。大多数动物的健康呼吸方式，即在呼吸时胸腹起伏幅度是一致的，又称为混合性呼吸。②胸式呼吸。这是一种病理性呼吸方式，即腹肌活动因受致病因素的影响，如腹腔高压或膈肌疾病，但犬在正常时以胸式为主。③腹式呼吸。这也是病理性呼吸方式，提示胸廓运动受影响的疾病，如胸膜炎、慢性肺气肿等。

三、病例解剖

病理剖检应按一定的方法和顺序，全面、系统地检查尸体内所呈现的病理变化。一般剖检是由体表开始；其次是体内，体内从腹部开始；再次是胸腔；最后及其他。

（1）牛、羊的剖检：首先是外部检查，即营养状况、皮肤、天然孔和可视黏膜及尸体变化的检查。内部检查包括：①剥皮。注意皮下脂肪的多少、颜色、性状及病理变化，同时注意浅表淋巴、肌肉和生殖器官等；②腹腔与骨盆腔的剖开及其器官的检查；③胸腔的剖开、胸部器官的检查；④口腔、颈部的剖开与检查；⑤颅腔的剖开和脑的取出与检查；⑥脊髓的取出及其他器官的检查。

（2）猪、犬、兔、貂等中、小动物的剖检：猪等的剖检技术基本上和牛相似，不同的是尸体取背卧位。剖开腹腔，先摘除网膜和脾脏，找到圆盲肠交界处，在回肠末端做双重结扎切断；分离肠系膜至十二指肠空肠曲部，做双重结扎切断；取出空肠和回肠，将结肠、盲肠移回右侧；找到直肠结扎切断，分离肠系膜至肠系膜根部，取出大肠；然后取出胃及十二指肠。剖检小猪可自下颌沿颈部、腹部正中线至肛门切开，暴露胸腹腔，切开耻骨联合，暴露骨盆腔，将所有器官一起取出。

（3）家禽的剖检：先外部检查，检查口、鼻、冠和泄殖腔有无异常变化。然后内部检查，将体腔剖开，用消毒液水浸湿尸体，拔掉胸腹和颈部羽毛，切开大腿与腹侧连接的皮肤，用力下压两腿骨至两髋关节脱臼，平放尸体。由喙角沿体中线至泄殖腔剪开皮肤。从胸骨的尖端做纵切线至泄殖腔，再沿胸骨后缘向左右切线至胸部，用骨剪把左右肋骨剪断，去掉胸骨，即可暴露体腔。内脏器官的取出可自喉头至泄殖腔将所有脏器一起取出，深藏于肋间隙及腰荐骨的陷凹部的肺和肾脏，可用刀柄剥离取出。器官检查，一般检查方法和家畜相同，主要检查心脏、肝、脾、肾、肺、胰、胃肠、卵巢和输卵管。

四、显微镜检测

（一）血细胞计数

常用的血常规检验主要有红细胞计数、白细胞计数、白细胞分类计数等。

红细胞计数：计算每立方 mm 血液内所含红细胞数目，称为红细胞计数。其计数方法有显微镜计数法、电子计数仪计数法等。目前临床多采用在试管内稀释血液后的显微镜计数法。红细胞数增多，是由于机体脱水，造成血液浓缩的缘故或者由于各种生理或病理性因素（如缺氧）刺激骨髓使造血机能增强，导致红细胞绝对数增多。红细胞数减少和血红蛋白含量减少，主要是由于红细胞损失过多或生成不足两方面的原因，见于各种类型的贫血。

白细胞计数：计算每立方毫米血液内白细胞的总数，称为白细胞计数。目前兽医临床仍以试管稀释后经显微镜计数的方法为主。白细胞增多，在大多数急性细菌性感染，还见于肺炎、胃肠炎、子宫炎、乳房炎、创伤性心包炎等。白细胞减少，见于病毒性感染时，如猪瘟、流行性感冒、马传染性贫血等，伴有再生障碍性贫血的疾病。

（二）寄生虫虫卵或卵囊检测

必须采用新鲜粪便，在必要时，对大型家畜可进行直肠内直接采粪，对一般家畜可进行清水灌肠采样。采集的粪样须装入洁净的大口瓶，也可置于洁净的油纸或塑料袋内，于数小时内进行检查。

直接涂片法：用镊子或小棒取少许新鲜粪便，置载玻片上，滴加清洁常水或50%甘油水数滴，混匀，除去粗渣，加盖玻片后，置显微镜下检查。制片厚度以通过粪便液膜能模糊识别片下字迹为宜。该法简便易行，适用于检查各种蠕虫的虫卵、球虫卵囊等，但检出率较低。

饱和盐水漂浮法：适用于检查粪便中的线虫卵、绦虫卵、球虫卵囊等。操作步骤：取5～10g 粪便置于 100mL 烧杯中，加入少量饱和盐水搅拌混匀后，继续加入 10～20 倍的饱和盐水，用玻棒搅匀，经细网筛或两层纱布过滤，将滤液置平底试管内，静置 30min 左右，用直径 0.5～1.0cm 的金属圈平着接触滤液表面，提起后将粘于金属圈上的液膜抖落于载玻片上，如此多次蘸取不同部位的液面后，加盖玻片镜检。

反复洗涤沉淀法：主要用于吸虫卵和棘头虫卵等。操作步骤：取粪便 5 ~ 10g 置于烧杯中，加入少量水捣成泥状，再加入 10 ~ 20 倍水充分搅和，用金属网筛或两层纱布滤入另一烧杯中，静置滤液 15 ~ 20min 后倾去上层液，保留沉渣，再加水与沉淀物重新搅和，静置；如此反复操作，直至上层液透明为止。最后倾倒去上清液，用滴管或吸管吸取沉淀物滴于载玻片上，加盖玻片后镜检。

幼虫检查法：适用于随粪排出的幼虫或粪便培养物、器官组织及土壤、饲料中的幼虫的检查。

五、免疫检测技术

免疫检测技术是指利用抗原抗体反应的特异性来诊断畜禽传染病的一种实验室诊断技术。常用的有凝集试验、沉淀试验、补体结合试验、血凝和血凝抑制试验、中和试验、荧光抗体试验、放射免疫测定以及免疫酶技术等。

凝集试验：凝集试验是指颗粒性抗原（如细菌、红细胞等）与相应抗体相遇后，在电解质参与下，出现肉眼可见凝集物的现象。存在于血清中的抗体，叫做凝集素，与凝集素结合而发生凝集反应的抗原，叫做凝集原。凝集试验可分为直接凝集试验、间接凝集试验和协同凝集试验等。常用的有日本血吸虫血凝试验、布病的虎红平板凝集试验等。

沉淀反应：沉淀反应是指可溶性抗原与相应抗体，在适量电解质存在下，形成肉眼可见的白色沉淀。参加沉淀反应的抗原，称为沉淀原；参加沉淀反应的抗体，称为沉淀素。尤其适用于病毒性传染病的诊断。沉淀反应依照其操作方法，可分为环状沉淀反应、琼脂扩散试验及免疫电泳技术等。

血凝和血凝抑制试验：也称为红细胞凝集试验和红细胞凝集抑制试验。许多病毒能够凝集试验某些种类动物（如鸡、鹅、豚鼠和人）的红细胞。由于血凝反应可被特异性抗体所抑制，抗体与病毒结合后，可使血凝素不能吸附于红细胞表面的受体上。因此，血凝抑制试验可以用于：①应用标准病毒悬液测定血清中的相应抗体，②应用特异性抗体鉴定新分离的病毒。

免疫酶技术：是根据抗原与抗体特异性结合，以酶作标记物，酶对底物具有高效催化作用的原理而设计的。既可用于抗原的检查，也常用于血清抗体的检测。目前生产实践中最常用的是酶联免疫吸附试验，简称 ELISA，包括间接法（检测抗体）、双抗体夹心法（检测抗原）和竞争法（检测抗原）以及近年来发展的一些改良法。

六、病历记录

病历是对病畜登记、病史调查及现症检查全部资料的客观书面记载。病历记录既是诊疗部门的法定文件，又是宝贵的原始技术资料。病历对总结经验，积累科学资料，指导生产，教学与科研都具有重要意义。同时，病历在兽医方面也是处理案件的重要依据之一。因此，必须认真填写，妥善保管。填写病历的要求具有资料完整性、科学系统性、取材准确性。

病历的内容包括畜（禽）的登记事项。主诉及问诊资料，有关病史，饲养管理，环境条件等。临床检查的全部内容，应详细按检查顺序和系统填写。病程日志内容包括逐日记录病畜（禽）的体温，脉搏及呼吸次数，主要的病情变化，治疗方法及护理等。病历总结即概括全部诊断和治疗的结果，对饲养和管理方面提出要求或建议，归纳经验和教训。

第二节　动物检验检疫

动物检疫是指为了预防、控制动物疫病，防止动物疫病的传播、扩散和流行，保护养殖业生产和人体健康，由官方兽医根据技术规程实施的带有强制性的行政许可行为。动物检疫的性质决定了其不同于一般的动物疫病诊断和监测工作，它是在法律法规、技术规范、标准的规定范围内，以各种兽医诊断、检验技术为基础，以不同处理方法为手段，以预防、控制和扑灭动物疫病为目的的一种措施。动物检疫分为产地检疫和屠宰检疫。

一、官方兽医

官方兽医是指具备规定的资格条件并经兽医主管部门任命的，负责出具检疫等证明的国家兽医工作人员。动物卫生监督机构的官方兽医具体实施动物、动物产品检疫。官方兽医须具备农业部规定的资格条件，取得国务院兽医主管部门颁发的资格证书。

二、产地检疫

产地检疫是动物及其产品在离开饲养、生产地之前所进行的动物检疫，按以下步骤进行。

申报受理：动物养殖者或货主在动物离开饲养地，货主有依法履行检疫申报的义务。在检疫申报点向动物卫生监督机构的官方兽医或助理提出申报。官方兽医依据申报决定受理或不受理。货主的检疫申报一经受理，就进入了检疫程序。

查验资料及畜禽标识：主要查验养殖档案、防疫档案和畜禽标识。检查是否来自非疫区；免疫接种是否在有效期内。

临床检查：动物产地检疫分为群体检查、个体检查。群体检查是对待检动物群体进行现场临诊观察。检查时以群为单位，包括静态、动态和饮食状态检查。个体检查是对群体检查时发现异常个体进行检查。个体检查的方法有视诊、触诊、听诊等。

实验室检测：怀疑有规程规定的疫病时进行实验室检查。

检疫结果处理：经检疫合格的，出具《动物检疫合格证明》（动物 A 或动物 B）。经检疫不合格的，出具《检疫处理通知单》。第一种情况临床检查发现患有规程规定动物疫病的，扩大抽检数量并进行实验室检测。第二种情况发现患有规程规定检疫对象以外动物疫病，影响动物健康的，应按规定采取相应防疫措施。第三种情况发现不明原因死亡或怀疑为重大动物疫情的，应按照《动物防疫法》、《重大动物疫情应急条例》和《动物疫情报告管理办法》的有关规定处理。

检疫合格后、启运前，官方兽医须监督畜主或承运人对运载工具进行有效消毒。如果发现病死动物还需要按照《病害动物和病害动物产品生物安全处理规程》（GB16548）以及其他有关规定监督货入实施无害化处理。

我国现已颁布有猪、牛、禽等 11 个产地检疫规程。

三、屠宰检疫

屠宰检疫是动物在屠宰加工过程中进行的检疫。屠宰检疫包括宰前检疫和宰后同步检疫（又称宰后检验），屠宰检疫由驻厂（场）的官方兽医实施，屠宰检疫程序如下：

（1）入场（厂、点）时，查验有效的《动物检疫合格证明》，畜禽标识符合国家规定。

（2）检疫申报，提前6小时申报。

（3）宰前检疫：宰前检疫的任务一是查验有关证明。宰前检疫是对待宰动物活体进行的检疫，这是动物生前最后一次检疫。宰前检疫对及时发现病畜，实行病健隔离，病健分宰，减轻肉品污染，提高肉品卫生质量，防止疫病扩散，保护人体健康等方面，都起着重要的把关作用。宰前检疫能检出宰后检疫难以检出的许多疫病，如狂犬病、流行性乙型脑炎、口蹄疫和某些中毒性疫病等。

（4）宰后同步检疫：宰后检疫需要实施同步检疫，它是宰前检疫的继续和补充，宰前检疫只能剔除一些具有体温反应或症状比较明显的病畜，对于处于潜伏期或症状不明显的病畜则难以发现，往往随同健畜一起进入屠宰加工过程。这些病畜只有经过宰后检疫，在解体状态下，直接观察胴体、脏器所呈现的病理变化和异常现象，才能进行综合分析，做出准确判断。宰后检疫是在屠宰解体的状态下，通过感官检查和剖检，必要时辅以细菌学、血清学、病理学和理化学等实验室检查，剔除宰前检疫漏检的病畜（禽）的肉品及副产品，并依照有关规定对这些肉品及副产品进行无害化处理或予以销毁。

宰后检疫以感官检查和剖检为主，必要时辅以细菌学、血清学、病理学和理化学等实验室检查。必须严格遵循操作程序和顺序逐步进行，并按规定进行处理。

我国现已颁布有猪、牛、羊、禽4个屠宰检疫规程。

四、检疫证明

农业部规定的现行检疫证明统称《动物检疫合格证明》，但具体格式又细分为省内流通和省外流通、动物和动物产品四种。即动物省内流通使用《动物检疫合格证明》（动物B），动物产品省外流通使用《动物检疫合格证明》（动物A）。动物产品省内流通使用《动物检疫合格证明》（产品B），动物产品省外流通使用《动物检疫合格证明》（产品A）。另外，动物产品内对包装箱上加施验讫标志。需要特别指出的是检疫合格证明的出具要实施电子联网机打出具。

第三节　兽用药物与应用规范

一、兽用药物基本知识

兽药：指用于预防、治疗、诊断畜禽等动物疾病，有目的地调节其生理机能并规定作用、用途、用法、用量的物质（含饲料药物添加剂）。主要包括：血清制品、疫苗、诊断制品、微生态制品、中兽药、中成药、化学药品、抗生素、生化药品、放射性药品及外用杀虫剂、消毒剂等。

兽药制剂：根据《中国兽药典》、《兽药规范》、《兽药质量标准》及地方标准或其他法定的处方，将原料和辅料等经过加工制得的兽药制品。制剂是各种剂型的总称，它具有一定的含量、规格和包装。

剂型：将原料药和辅料经过加工调制，制成便于使用、保存和运输的一种形式。兽药常用的剂型按分散介质的不同，可分为液体、气体、固体、半固体剂型和特殊剂型5大类，每一大类中又包括了许多不同的剂型。液体剂型包含注射剂、溶液剂、煎剂及浸剂、酊剂和醑剂、流浸膏、合剂、乳剂、水剂、搽剂等；气体剂型包括了凝聚气雾剂、气雾剂、喷雾剂等；半固体剂型包含了软膏剂、糊剂、浸膏剂、舔剂等；固体剂型包括了粉剂、预混剂、片剂、丸剂、胶囊剂、微囊剂、颗粒剂、栓剂等；特殊剂型如释药耳卡、释药项圈、控释剂（控释系统装置）等。

药物作用：药物作用指药物与机体相互作用所产生的反应，即药物接触或进入机体后，促进体表与机体内部环境的生理生化功能的改变，或抑制病原体，协助机体提高抗病能力，达到治疗疾病的目的。药物作用的类型，根据药物的疗效可以分为治疗作用与不良反应两类。

药物不良反应：药物不良反应是临床使用药物防治疾病时，产生与用药目的无关或对动物产生损害的作用。包括毒性作用、副作用、变态反应、继发反应和后遗效应。

药动相互作用：它是指同时使用多种药物，通过吸收、分布、代谢及排泄过程药物相互影响，使药动学参数发生改变。由于药物的效应或作用机制不同，使总药效发生变化。分为协同作用、相加作用和拮抗作用。

配伍禁忌：配伍禁忌是指两种以上药物混合使用或药物制成制剂时，发生体外的相互作用，出现使药物中和、水解、破坏失效等理化反应，这时可能发生浑浊、沉淀、产生气体及变色等外观异常的现象。有些药品的配伍会使药物的治疗作用减弱，导致治疗失败；有些药品相配伍会使副作用或毒性增强，引起严重不良反应；还有些药品配伍后使治疗作用过度增强，超出了机体所能耐受的能力，也可引起不良反应，乃至危害动物等。按照配伍禁忌的性质，可分为3类：影响调剂的配伍禁忌，包括物理性配伍禁忌和化学性配伍禁忌；影响疗效的配伍禁忌为药理性配伍禁忌，见表4－1。

表4－1　常用药配伍禁忌表

类别	药物	配伍药物	结果
青霉素类	青霉素钠、钾盐；氨苄西林类；阿莫西林类	喹诺酮类、氨基糖苷类（庆大霉素除外）、多黏菌类	效果增强
		四环素类、头孢菌素类、大环内酯类、氯霉素类、庆大霉素、利巴韦林、培氟沙星	相互拮抗或相抵或产生副作用，分别使用、间隔给药
		维生素C、维生素B、罗红霉素、Vc多聚磷酸酯、磺胺类、氨茶碱、高锰酸钾、盐酸氯丙嗪、B族维生素、过氧化氢	沉淀、分解、失败

（续表）

类别	药物	配伍药物	结果
头孢菌素类	“头孢”系列	氨基糖苷类、喹诺酮类	疗效、毒性增强
		青霉素类、洁霉素类、四环素类、磺胺类	相互拮抗或相抵或产生副作用，应分别使用、间隔给药
		维生素C、维生素B、磺胺类、罗红霉素、氨茶碱、氯霉素、氟苯尼考、甲砜霉素、盐酸强力霉素	沉淀、分解、失败
		强利尿药、含钙制剂	增加毒副作用
氨基糖苷类	卡那霉素、阿米卡星、核糖霉素、妥布霉素、庆大霉素、大观霉素、新霉素、链霉素等	青霉素类、头孢菌素类、洁霉素类、TMP	疗效增强
		碱性药物（如碳酸氢钠、氨茶碱、等）、硼砂	疗效增强，但毒性也同时增强
		Vc、Vb	疗效减弱
		氨基糖苷同类药物、头孢菌素类、万古霉素	毒性增强
大环内酯类	红霉素、罗红霉素、替米考星、吉他霉素（北里霉素）、泰乐菌素、替米考星、乙酰螺旋霉素、阿齐霉素	氯霉素、四环素	拮抗作用，疗效抵消
		其他抗菌药物	不可同时使用
		洁霉素类、麦迪素霉、螺旋霉素、阿司匹林	降低疗效
		青霉素类、无机盐类、四环素类	沉淀、降低疗效
四环素类	土霉素、四环素、金霉素、强力霉素、米诺环素（二甲胺四环素）	同类药物及泰乐菌素、磺胺	疗效增强
		氨茶碱	分解失效
		三价阳离子	络合物
氯霉素类	氯霉素、甲砜霉素、氟苯尼考	强力霉素、新霉素、硫酸粘杆菌素	疗效增强
		青霉素类、洁霉素类、头孢菌素类	降低疗效
		卡那霉素、磺胺类、喹诺酮类、链霉素、呋喃类	毒性增强
喹诺酮类	沙星系列	青霉素类、链霉素、新霉素、庆大霉素、磺胺类	疗效增强
		洁霉素类、氨茶碱、金属离子（如钙、镁、铝、铁等）	沉淀、失效
		四环素类、氯霉素类、呋喃类、罗红霉素、利福平	疗效降低

（续表）

类别	药物	配伍药物	结果
磺胺类	磺胺嘧啶、磺胺二甲嘧啶、磺胺甲恶唑、磺胺对甲氧嘧啶、磺胺间甲氧嘧啶等	青霉素、头孢类、Vc	疗效降低
		TMP、新霉素、庆大霉素、卡那霉素	疗效增强
		氯霉素类、罗红霉素	毒性增强
多肽类	多粘菌素、短杆肽、硫酸粘杆菌素	青霉素类、链霉素、金霉素、氟苯尼考、罗红霉素、喹诺酮类	疗效增强
		阿托品、庆大霉素	毒性增强
洁霉素类	盐酸林可霉素、盐酸克林霉素	氨基糖苷类	协同作用
		大环内酯类、氯霉素	疗效降低
		喹诺酮类	沉淀、失效

二、药物使用与规范

处方药和非处方药：处方药是指凭兽医处方才能购买使用的药物；非处方药是指国家兽医行政管理部门公布的，不需要凭兽医处方就可自行购买使用的兽药。

处方是兽医临床工作和药剂配制的一类重要书面文件。处方既是兽医为预防治疗家禽疾病而开写的书面指示，又是司药人员配药、发药的文字依据。一般处方至少保存一年，以备查。

给药途径：即用药途径，指药物和动物体接触作用的途径，如外用、口服、注射等。

用药剂量：剂量是指一次给药后产生药物治疗作用的数量。单位重量以 kg（kg）、克（g）、毫克（mg）、微克（μg）等四级重量计量单位表示；容量以升（L）、毫升（mL）两级计量单位表示。用药剂量通常指药物的用量。药物的剂量决定着进入动物机体内的血药浓度及药物的作用强度，所以，在一定的范围内，药物的剂量与疗效的关系是剂量愈大，作用愈强，疗效愈显著。低于这个范围则无效，高于这个范围接近中毒，继续增加剂量则导致中毒或死亡。

违禁药物：一般指与医疗、预防和保健目的无关的，用药者采用自身给药的方式，导致精神依赖性和生理依赖性，造成精神紊乱或精神亢奋和出现一系列异常行为，并且反复大量使用有依赖性特性的药物。

休药期：也叫消除期，是指动物从停止给药到许可屠宰或它们的乳、蛋等产品许可上市的间隔时间。休药期是依据药物在动物体内的消除规律确定的，就是按最大剂量、最长用药周期给药，停药后在不同的时间点屠宰，采集各个组织进行残留量的检测，直至在最后那个时间点采集的所有组织中均检测不出药物为止。

奶废弃期：也叫弃奶期，即奶牛从停止给药到它们所产的奶许可上市的间隔时间。

药品生产批号：生产单位在药品生产过程中，将同一次投料、同一生产工艺所生产的药品用一个批号来表示。批号表示生产日期和批次，可由批号推算出药品的有效期和存放时间的长短。用以追溯和审查批药品的生产历史。同时便于药品的抽样检验，还代表该批药品的质量。批号一般以生产日期表示，如“20080810”即2008年8月10日生产的药品。

有效期与失效期：指药品在规定的贮藏条件下能保证其质量的期限，即使用有效期限。失效期系指药品到此日期即超过安全有效范围。

疗程：针对病情经用药多长时间后所达到何种程度，然后再决定新的治疗方案，称为一个疗程。疗程的长短是根据临床经验来确定。如一个疗程为7天，服用2个疗程就是连续服用14天。

三、抗生素

1. 抗生素基本概念

抗生素以前被称为抗菌素。事实上它不但能杀灭细菌，而且对霉菌、支原体、衣原体、螺旋体、立克次氏体等其他致病微生物也有良好的抑制和杀灭作用，通常将抗菌素改称为抗生素。抗生素是由微生物（包括细菌、真菌、放线菌属）或高等动植物在生活过程中所产生的，或用人工合成方法制造的一类具有杀灭或抑制微生物生长的物质。

杀菌剂和抑菌剂：杀菌剂是以破坏菌体完整性的方式杀死细菌，与细胞壁或细胞膜作用的一类抗生素；抑菌剂是靠抑制细菌大分子合成的方式，阻断其繁殖的一类抗生素。

耐药性：一般是指病原体与药物多次接触后，对药物的敏感性下降甚至消失，致使药物对该病原体的疗效降低或无效。

抗生素的作用机制：主要有4种机制，即抑制细菌细胞壁的合成、与细胞膜相互作用、干扰蛋白质的合成以及抑制核酸的转录和复制抑制。

2. 抗生素药物

常用抗生素种类及用途和副作用见表4－2。

表4－2　常用抗生素种类及用途和副作用

<table>
<tr><th>抗生素类型</th><th colspan="2">常见抗生素名称</th><th>应用</th><th>副作用</th></tr>
<tr><td rowspan="2">β－内酰胺类</td><td>青霉素类</td><td>青霉素钠、钾盐，氨苄西林，阿莫西林</td><td>主要用于革兰阳性菌，一些革兰氏阴性菌也敏感，以及各种致病螺旋体</td><td>消化道不适及腹泻；恶心；过敏反应</td></tr>
<tr><td>头孢菌素</td><td>头孢氨苄、头孢拉定、头孢克洛、头孢克肟、头孢噻肟钠、头孢曲松钠等</td><td>抗菌谱广，多数革兰阳性菌和阴性菌极敏感</td><td></td></tr>
<tr><td>氨基糖苷类抗生素</td><td colspan="2">庆大霉素、卡那霉素、阿米卡星、链霉素、卡那霉素、丁胺卡那霉素、新霉素等</td><td>对革兰氏阴性菌抑制活性较高，抗菌谱宽</td><td>听力损害；眩晕；肾毒性；过敏反应</td></tr>
<tr><td>大环内酯类抗生素</td><td colspan="2">红霉素、阿奇霉素、乙酰螺旋霉素、泰乐菌素、替米考星</td><td>对革兰氏阳性菌及支原体、衣原体抑制活性较高</td><td>胃肠道反应；肝损害；耳毒性；心脏毒性</td></tr>
</table>

（续表）

抗生素类型	常见抗生素名称	应用	副作用
四环素类抗生素	四环素、土霉素、金霉素及多西环素素	广谱抑菌剂，高浓度时具杀菌作用。革兰阳性菌、革兰阴性菌以及厌氧菌外，立克次体属、支原体属、衣原体属、螺旋体均敏感。对革兰阳性菌的作用优于阴性菌，但肠球菌属耐药。	消化道反应；肝、肾损害；影响牙齿及骨骼的发育；妊娠期母婴潜在毒性
磺胺类	磺胺嘧啶、磺胺二甲嘧啶、磺胺甲恶唑、磺胺对甲氧嘧啶、磺胺间甲氧嘧啶	对革兰氏阳性菌抑制活性较高，对一些革兰氏阴性菌、衣原体属和某些原虫（如疟原虫和阿米巴原虫）均有抑制作用。	恶心、呕吐、腹泻；过敏皮疹；尿结晶；肾衰竭；白细胞计数降低；畏光
喹诺酮类	环丙沙星、诺氟沙星、氧氟沙星、加替沙星、左氧氟沙星	主要作用于革兰阴性菌及支原体、衣原体等	消化道反应；肝损害
氯霉素类	氯霉素、甲砜霉素、氟苯尼考	广谱抗菌作用，对革兰氏阴、阳性菌，以及对大部分立克次氏体、衣原体和支原体均有效	粒细胞及血小板减少、再生障碍性贫血等；视神经炎、共济失调及二重感染等
洁霉素类	盐酸林可霉素（盐酸洁霉素）、盐酸克林霉素（盐酸氯洁霉素）	对革兰氏阳性菌抑制活性较高，特别对厌气菌、金葡菌及肺炎球菌有高效。	消化道反应；血压下降、
多肽类	多粘菌素类（多粘菌素 B、多粘菌素 E）、杆菌肽类（杆菌肽、短杆菌肽）和万古霉素等	对革兰氏阴性菌抑制活性较高	神经系统、肾毒性
呋喃类	呋喃唑酮、呋喃它酮、呋喃妥因、呋喃西林	对大多数革兰氏阳性菌和革兰氏阴性菌、真菌和原虫等病原体均有抑制活性	致癌、致畸胎

四、抗病毒药物

用于抵抗或破坏病毒感染的途径，如直接抑制或杀灭病毒、干扰病毒吸附、阻止病毒穿入细胞、抑制病毒生物合成、抑制病毒释放或增强宿主抗病毒能力等所用的药物。西药主要有阿昔洛维、阿糖腺苷、阿糖胞苷、利巴韦林（病毒唑）、干扰素、异喹啉类、抗体、金刚烷胺等。中草药有板蓝根、黄芩、穿心莲、大青叶、金银花、地丁、紫草、贯众、茵陈、虎仗等，也具有某种抗病毒作用，常常用于某些病毒感染性疾病的防治。

五、驱虫药物

指用于驱除和杀灭动物体内、外寄生虫的药物，分为抗蠕虫药、抗原虫药和杀虫药。

1. 抗原虫药物

这类药物主要分为抗球虫药、抗锥虫药、抗梨形虫（焦虫）药、抗滴虫药。

抗球虫药：常用的有三嗪类如地克珠利（三嗪苯乙氰、杀球灵）、托曲珠利，聚醚类：莫能菌素、盐霉素、甲基盐霉素（那拉菌素）、马杜米星（马杜霉素、加福、抗球王），二硝基类如尼卡巴嗪、二硝托胺，磺胺类如磺胺喹噁啉、磺胺吡嗪，其他如氨丙啉（安宝乐）、氯苯胍等。

抗锥虫药、抗梨形虫药：常用的有三氮脒（贝尼尔、二脒那嗪、血虫净）、苏拉明、硫酸喹啉脲（阿卡普林）、双咪苯脲等。

抗滴虫药：常用的有甲硝唑、地美硝唑、硝基呋喃类、四环素类等。

2. 抗蠕虫药物：抗蠕虫药分为抗线虫药、抗吸虫药、抗绦虫药。抗线虫药常用的有左旋咪唑（左咪唑）、阿苯达唑（丙硫咪唑）、伊维菌素、阿维菌素、奥芬达唑、芬苯达唑、甲苯达唑等。抗吸虫药常用的有氯氰碘柳胺盐、吡喹酮、硝氯酚、碘醚柳胺、三氯苯达唑等。抗绦虫药常用的有吡喹酮、氯硝柳胺、丙硫咪唑等

3. 抗体表寄生虫药物和杀虫药：常用的口服或注射药物有阿维菌素类（阿维菌素、伊维菌素、乙酰氨基阿维菌素等）、氯氰碘柳胺盐等，外用药物如溴氰菊酯类、二嗪农（螨净）、蝇毒磷（马福司）、双甲脒（特敌克）、环丙氨嗪等。

六、消毒药物

消毒药是杀灭病原微生物或抑制其生长繁殖的一类化学药物。消毒效果主要受到包括消毒药物的剂量、微生物污染的种类和数量、温度、湿度、酸碱度、有机物质、拮抗物质、穿透作用的等的影响。消毒药物分类有多种方法，按化学性质分类，消毒药物主要有以下 7 类。

（一）酸、碱类

杀菌特点是能杀死细菌繁殖体，但不能杀死细菌芽孢、病毒和一些难杀死的微生物有效本类，主要包括过氧化氢（双氧水）、硝酸、氢氧化钠、生石灰等，一般具有较高消毒效果，但有一定的刺激性及腐蚀性。特点是价格较低。

（二）氧化剂类

杀菌特点是作用快而强，能杀死所有微生物。但受温度、光线的影响，蒸发失效，消毒力受污物影响最大。主要有双氧水、高锰酸钾、二氧化氯等。该类消毒剂为灭菌剂。

（三）卤素类

所有卤素均具有显著的杀菌性能，氟化钠对真菌及芽胞有强大的杀菌力，1% ~2% 的碘酊常用作皮肤消毒，碘甘油常用于黏膜的消毒。主要有漂白粉、碘酊、氯胺等。该类消毒剂为中效消毒剂。

（四）酚类

酚能抑制和杀死大部分细菌的繁殖体。真菌、病毒对石炭酸不太敏感。酚类消毒能力较高，但具有一定的毒性、腐蚀性、污染环境，价格也较高。主要有苯酚、鱼石脂、甲酚等。

（五）醛类

杀菌特点是对细菌、芽孢、真菌、病毒均有效应。可消毒排泄物、金属器械，也可用

于栏舍的熏蒸，可杀菌并使毒素下降。具有刺激性、毒性，长期用会致癌，易造成皮肤上皮细胞死亡而导致麻痹死亡。甲醛的消毒力受污物、温度、湿度影响大。主要有甲醛、戊二醛、环氧乙烷等，可做灭菌剂使用。

（六）表面活性剂

阴离子表面活性剂仅对阳性菌有效，不解离表面活性剂无杀菌效果。常用的有新吉尔灭、消毒净、杜灭芬。一般适于皮肤、黏膜、手术器械及污染的工作服的消毒。

（七）醇类

常用的有乙醇、异丙醇等。该类消毒剂为中效消毒剂。

七、其他药物

1. 全身麻醉药

可分为吸入性麻醉药、非吸入性麻醉药。我国兽医临床常使用非吸入性麻醉药（静脉麻醉药），如巴比妥类、氯胺酮、丙泊酚等。

2. 解热镇痛抗炎药

常用的有阿司匹林（乙酰水杨酸）、对乙酰氨基酚（扑热息痛）、安乃近（诺瓦经）、安替比林、氨基比林（匹拉米洞）、萘普生（消痛灵、萘洛芬）、氟尼新葡甲胺、替泊沙林

3. 健胃药与助消化药

苦味健胃药有龙胆等，芳香性健胃药有陈皮等，盐类健胃药有人工矿泉盐等。

4. 泻药

主要有盐类泻药如硫酸钠、硫酸镁等；刺激性泻药如大黄、蓖麻油等；润滑性泻药如液体石蜡、植物油、动物油等。

5. 止泻药

保护性止泻药如铋制剂、鞣酸蛋白等；抑制肠蠕动止泻药如阿托品等；吸附性止泻药如药用炭等。

6. 作用于呼吸系统的药物

平喘药有支气管扩张药，如拟肾上腺素类药物（如麻黄碱、异丙肾上腺素）、茶碱类药物（如氨茶碱）等；抗过敏性平喘药，如糖皮质激素类药、肥大细胞稳定药等。

7. 抗凝血药

常用的有肝素钠、枸橼酸钠等，常用于输血、血样保存、实验室血样检查、体外循环以及防治具有血栓形成倾向的疾病。

8. 利尿药与脱水药

治疗各种水肿、急性肾功能衰竭及促进毒物的排出，有呋噻米（速尿）、氢氯噻嗪等。

9. 子宫收缩药

加强子宫平滑肌的收缩，如缩宫素、垂体后叶素。性激素用于控制动物的发情周期，调控繁殖进程，常用药物有丙酸睾酮、苯丙酸诺龙、雌二醇、黄体酮（孕酮）。

10. 解毒药

非特异性解毒药有诱吐剂、吸附剂、泻药和利尿药。

第四节　临床兽医常用基本技能

一、我国动物疫病分类

2008年我国农业部公告（第1125号）将动物疫病分为三类。一类动物疫病有17种，有口蹄疫、猪水泡病、猪瘟、非洲猪瘟、高致病性猪蓝耳病、非洲马瘟、牛瘟、牛传染性胸膜肺炎、牛海绵状脑病、痒病、蓝舌病、小反刍兽疫、绵羊痘和山羊痘、高致病性禽流感、新城疫、鲤春病毒血症、白斑综合征。二类动物疫病有77种。三类动物疫病有63种。

二、临床常用消毒方法

常用消毒药水有75%酒精、碘酒（碘酊）、蓝药水（甲紫的2%的酒精溶液）、红药水（2%汞溴红水溶液）等，但酒精和碘酒为最常用，一般碘酒比75%酒精的杀菌能力更强。进行涂擦消毒时，用碘酒绵球首先涂擦手术部位的中央，然后逐渐依次涂擦外围，再用75%酒精棉球与碘酒棉球涂擦顺序一致。在临床上需要对手进行消毒时，首先用碘酒棉球涂擦手，并仔细涂擦手指及指甲缝，再用75%酒精棉球涂擦。

煮沸消毒。将需要消毒的器具直接放入铝锅内，加水至器具以上3cm处，加温至水沸腾后30min以上，方可使用。注意：将消毒的器具放入铝锅前，金属注射器将后部旋开，抽出活塞，各部件需清洗干净，玻璃注射器取出活塞，注射筒和活塞洗净，注射针头应检查是否阻塞。

三、一般病理材料的采集及保存方法

采集工作分为三个阶段。①准备阶段。采集前应准备绵塞子及试管、手术剪、棉签、镊子等，进行高压灭菌消毒。②采集阶段。对快死亡或刚死亡的畜禽，解剖后发现有明显病状尤其是有特征性病变的地方（如淋巴结、肝脏、脾脏、肠等器官组织等）。如果没有消毒好的镊子和手术剪，现场将酒精灯点燃或用打火机打出火焰，将镊子尖部和剪刀尖部在火焰上烧约5秒钟，用镊子夹住采集病料，再用剪刀剪下该病料，马上将剪下的病料放入消毒好的试管内并塞好试管，或者用消毒好的棉签在病变部位涂擦，立刻将棉签的棉球端放入消毒好的试管内并塞上绵塞子。③送样阶段。放入冰瓶或自然条件下，尽快送往相应检测实验室。

四、血液采集和血清分离及保存

根据需要采集血液量的多少选择相应方法。如果需要的血量很少，可用针尖穿刺耳末端静脉，用食指和拇指挤压刺伤处，用微量移液器等吸取流出的血液。当需血量较大时，可采用下述方法。

牛、羊颈静脉采血：将牛或羊头部偏向一侧并固定在圈舍栏柱上，在从头部到胸部约1/2至1/3部位的颈部下约1/3处，先用碘酊棉球，再用酒精棉球涂擦消毒，用一只手的拇指压紧消毒部位之后处，1min后一般可见拇指压的前方有一条与牛或羊颈部平行的鼓起的条索状形，用手指压该索状物可见有很好的弹性；另一只手将消毒好的采血针头或注射

器及针头与索状物呈约45°角刺入，可见血液从采血针头流出。如果用的注射器采血，一只手固定注射器筒与颈部呈约45°角，另一只手拉出其活塞，可见注射内有血液。如果刺入针头或注射器及针头没有血液流出，可顺着针头刺入角度进一步刺深或略退，一般会有血液流出。如果通过改变针头刺入的深度后，还没有血液流出，则说明针头刺入部位不正确。

猪前腔静脉采血：将猪作正位仰卧，两后肢呈八字拉直，两前肢向后拉伸，头部呈正面摆端正。采血人员在猪的前右方，用左手拇指压住胸腔入口凹陷处（第一对肋骨与胸骨柄），右手持12号针头的注射器，将针头与猪的颈部皮肤呈45°刺入，一般20～30kg的猪刺入0.6～0.9cm，边进针、边回抽注射器活塞，待有回血时，即进行采血。

鸡翼根静脉采血：可将鸡的翅膀展开，露出腋窝，可见到明显的由翼根进入腋窝的一条较粗静脉。用碘酒酒精消毒皮肤，采血人员用左手拇指或食指压迫此静脉向心端，使其血管努张，右手用一次性注射器针头从翼根向翅膀方向沿静脉平行刺入血管内，即可抽血。

血清分离和保存：如果采的血液需要进一步分离血清，取下采了血液注射器的针头，将注射器的接针头嘴放入一个消毒好的试管口缘内侧壁，轻轻推进注射器活塞，使血液慢慢流入该试管，然后将试管与地面呈30°～45°角但保证血液不流出试管，待血液凝固后，血液上面有一层清亮淡黄色液体，即血清。用移液器或注射器轻轻将血清吸出，再放入试管或其他保存管内，按血清用途的要求进行冷藏或冰冻保存。

五、仔猪阉割（骟割或去势）

仔猪阉割在1～3月龄，一般在断奶（28～40日龄）进行。阉割一般在上午进行，早上要阉割的仔母猪禁止喂食。

（一）母猪阉割

保定：术者（兽医人员）用左手提起猪的左后肢，右手抓住猪的左前肢膝关节上，使该猪右侧着地，即猪的头部在术者的右手侧和猪的尾部在兽医的左手侧，猪的背侧面向术者。术者立刻用右脚踩住猪的左侧颈部或右耳，术者的脚跟着地而脚尖用力，将猪的左后肢向后拉直，术者用左脚踩住猪的左后肢，使猪的下颌部和左后肢的膝盖骨及蹄部呈一直线。

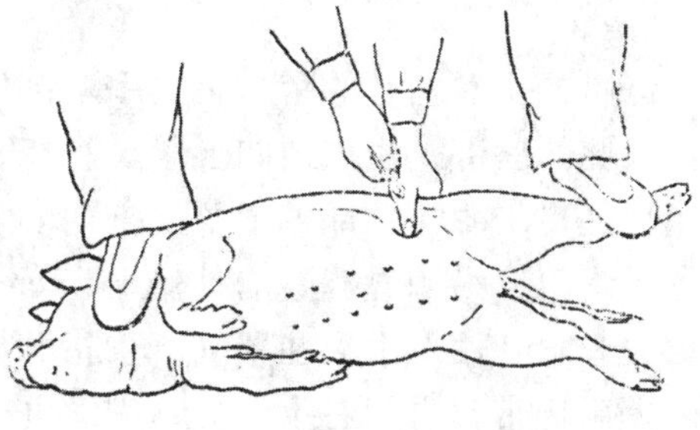

图4－1　母猪阉割示意图

手术部位定位：手术位置确定是仔猪阉割成败的关键。以左侧髋关节定位，术者以左手中指顶住仔猪左侧髋关节，左手拇指压迫同侧腹壁，即向中指顶住的左侧髋关节垂直方向用力压，使左手拇指压迫的腹壁与中指顶住的髋关节尽可能接近，此时左手拇指端的压迫点就是手术部位，切口位置距左侧乳头2～3cm（见图4－1）。

手术：术者右手先用碘酊棉球，再用酒精棉球对手术部位消毒，将定位的左手拇指按压在手术部位的稍外侧，压得越紧即离仔猪子宫脚越近，手术越容易成功。术者用拇指和中指捏住消毒好的手术刀，控制刀刃的深度并切开皮肤。当刀一次切透腹壁各层组织时有一种对刀的抵抗力突然消失的空虚感，紧接着将刀的尖端向腹壁深部对侧斜行深入1.0～

1.5cm，也可轻轻在腹腔内作弧形滑动，随后子宫角随同腹水自动冒出体外。

也可先用刀尖切口皮肤0.5～1.0cm长，然后用刀柄钩端呈45°角伸入切口内，在仔猪嚎叫时随腹压升高而恰当用力透破腹壁肌肉层和腹膜，同时左手拇指用力下压而腹压增加，子宫角即可冒出。

当子宫角或卵巢冒出切口后，术者用右手拇指和食指捏住冒出的子宫角或卵巢，用该右手的其他三个手指的背面紧紧压在腹壁上以防治腹壁反弹回将已冒出的子宫角或卵巢缩回去。然后用两手指的第二指节的背面压迫腹壁，再用两手拇指交替捻导拉出两侧子宫角、卵巢和子宫一部分。也可用两手其他三个指的第一、二指节侧面交换压迫腹壁切口，再用两手拇指交替拉出两侧子宫角、卵巢和子宫角的一部分。然后以手指钝性挫断子宫体，将两侧子宫角及卵巢一同摘除。切口可不必缝合，提起仔猪的后腿稍稍摆动一下，放下即可。

注意：切口腹膜后子宫角不自动冒出时，主要原因：一是保定方法不正确，或由于在手术过程中，仔猪不断搔动，使保定位置发生变化；二是切口位置不正确，里外创口不一致；三是术者左手拇指下压力不足，手脚配合不当。如果不是这些原因造成，可用刀柄钩端斜向伸入仔猪腹腔，轻轻作弧形滑动，子宫角即可冒出。在正常情况下，切口出血很少。如果大量出血，可能是刀刺入的方向不正确或过深伤了血管，应立即停止手术。腹壁穿透后膀胱圆韧带随即冒出，这是切口偏后所致。如有肠管冒出，是切口偏前或喂饱食后进行手术所致。此时用刀柄钩端向相反方向做弧形滑动以期带出子宫角。必要时重新切口。在摘除子宫角及卵巢时，由于子宫断裂而将一侧或两侧卵巢遗留于腹腔中，这时应待卵巢发育较大后再进行手术。

（二）公猪阉割

保定：将仔猪左侧横卧，背部向术者。术者以自己左脚踩住猪颈部，右脚踩住猪尾根。

术式：对术者的手、猪的手术部位、器械采用常规消毒。术者用左手腕部按压猪的右侧大腿的后部，使该肢向上紧靠腹壁，将术部充分露出来。再用微弯曲的中指、食指、拇指捏住猪的阴囊颈部，把睾丸推向阴囊底部，使阴囊皮肤紧张，即将睾丸固定。术者右手拿手术刀，沿阴囊缝际的外侧1～2cm（也可沿缝际）切口皮肤和总鞘膜2～3cm长，挤出睾丸。术者用左手握住睾丸，食指和拇指捏住鞘膜韧带与睾丸连接部，然后切断或用手扯断鞘膜韧带，再用右手向外牵引睾丸，左手把阴囊韧带和总鞘膜推向腹壁，用拇指和食指固定精索，右手放开睾丸，再在睾丸上方1～2cm处的精索上来回挂挫。也可先捻转后挂挫一直到离断为止。然后在阴囊缝际的另一侧1～2cm处重新切口，采用同样方法摘除睾丸。最后手术部位涂擦碘酊，切口一般不缝合。

六、动物输液

将被输液的动物保定好，避免在扎针和输液过程中动物活动伤人及针头退出血管等；避免动物用嘴、舌或尾巴等触及输液针头等。所有输液器械等采用高压、高温消毒。动物的输液部位，先用碘酊消毒，再用消毒酒精涂擦。注意检查药品的质量，防止有杂质、沉淀。多种药物混合使用时，注意配伍禁忌。油剂不能做静脉注射。有钙制剂药物时，注意不能漏入动物的皮下。药液温度应接近于动物体温，在冬季输液时可将输液瓶先在热水盆中温热。仔细检查输液管中是否有空气气泡，如有，须将其排出。检查针头是否阻塞，即捏输液管使液体冲洗针头，尤其是针头反复穿刺时，易导致阻塞，如发生阻塞随时更换。找准输液部位，看清扎针的静脉管走向，用橡皮管结扎或手指压迫针扎点该静脉管的近心端，使静脉管扩张。注意在橡皮管结扎或手指压迫时不要将静脉管移位，避免松开后静脉管回位后造成针头移出血管。将针头与扎针部位皮肤呈约30°角，把针头刺入静脉后，再进入1～2cm，松开结扎的橡皮管或压迫的手指，在针头后约15cm处将输液管紧紧折叠并突然松开，如果见到针头后端输液管中有红色血液回流，表明针头在静脉管内，再用胶布将针头和输液管固定在动物体表。输液速度不宜过快。在输液过程中，要注意动物表现，如有骚动不安、出汗、气喘、肌肉战栗等现象时应及时停止。输液完后，拔出针头，用酒精棉球压迫针眼处止血。

七、疝

家畜疝常见的有脐疝和腹股阴囊沟疝。

1. 脐疝

症状：在脐部出现局限性球形肿大，质地柔软，也有紧绷的病例，但无红、痛、热现象。

治疗：可采用保守疗法（非手术）或手术疗法，但手术疗法更可靠。

保守疗法，适合疝口较小并年龄较小的病例，采用疝带（皮带或腹绷带）、强刺激剂（犊牛用重铬酸钾软膏）等促进局部发炎、增生粘连而使疝孔封闭。在疝孔四周分点注射95%酒精，每点注射3～5mL。

手术疗法：将患畜作仰卧保定，对疝部消毒，切口疝部皮肤，切口应呈棱形，注意分离肠管与疝囊粘连，若无粘连可直接将疝内容物（如肠管等）还回腹腔内，对疝孔作袋形（烟包）缝合以封闭疝孔，外皮肤作结节缝合，皮肤切口也可不缝合而用伤口胶布粘合。

2. 腹股沟阴囊疝

症状：患畜一侧性阴囊增大，皮肤紧张发亮，手摸呈柔软有弹性，多半不痛，也有呈现发硬、紧张、敏感的病例。猪的腹股沟阴囊疝的症状明显，一侧或两侧阴囊增大。

治疗：猪腹股沟阴囊疝作局部麻醉，切开皮肤和浅层、深层的筋膜，剥离总鞘膜，将鞘膜囊的顶端沿纵轴捻转，此时疝内容物逐渐回入腹腔。若有肠粘连时应进行剥离，再将疝内容物还回腹腔。确认肠回腹腔后，在总鞘膜和精索上打一个去势结，然后切断，将断端缝合到腹股沟环上，皮肤作结节缝合或用伤口胶布粘合。

八、畜禽疫苗保存和使用

畜禽疫苗的保存应按疫苗说明书上的保存条件进行保存，一般为冷冻（零度以下）、冷藏（约4度）、常温（如耐热保护剂疫苗），在该条件下保存的时间内用完其疫苗，注意保存时间应以该疫苗出厂时为起始时间。注射疫苗时应注意：严格按说明要求进行；冻干苗稀释后必须尽快用完（冬天在6小时内，夏天在2小时内）；接种的针头和注射器事先要严格消毒；注射时，一个针头注射一头（只）畜禽；体温不正常的和临产动物一般不注苗；若注射的是活菌苗，则在注苗前后一周内不应使用抗菌素，以免影响免疫效果；免疫接种后，应注意观察畜禽的变化情况；若有不良反应，应及时采取补救措施。

第五节　猪的主要疾病防治技术

一、口蹄疫

口蹄疫俗名“口疮”，是由口蹄疫病毒引起偶蹄兽的一种急性、热性、高度接触性传染病，以口腔、蹄部和乳房的黏膜或皮肤发生水疱为特征。该病是我国法定一类动物疫病。

病原特点：我国生猪感染的口蹄疫有2种类型，即亚洲Ⅰ型和O型。口蹄疫病毒对外界抵抗力较强，在自然情况下，有病毒的动物组织和污染的饲料、饲草、皮毛及土壤等可保持传染性达数周至数月之久。口蹄疫病毒对热抵抗力弱，在26℃能存活3周，在37℃可存活2天，65℃15min、70℃10min或85℃1min均能杀灭病毒。口蹄疫病毒在低温下十分稳定，在冷冻条件下，血液中的病毒能保持毒力达4～5个月，肉品中的病毒也能保持30～40天。该病毒对酒精、来苏尔、乙醚及其他脂溶性消毒剂有一定抵抗力，但2%烧碱、20%～30%石灰乳、2%福尔马林、0.5%过氧乙酸、5%氨水等对口蹄疫有较好的杀灭效果。

流行特点：口蹄疫在全球广泛流行，主要危害猪、牛、羊等偶蹄动物，偶尔感染人。病猪和带毒猪是最主要的传染源，尤其是发病初期的猪传染性最高；发病动物可通过破溃的水疱、排泄的粪便、分泌物、乳汁、尿液、呼出的气体、精液等将病毒排出体外；以直接接触或间接接触的方式传播。口蹄疫具有传染快、流行广、发病率高等特点，在同一地区往往牛、羊、猪在同一时间内发病。在暴发流行期，发病率可达100%，死亡率高达20%以上；在临床上常见有其他病原混合感染，其死亡率更高。

猪口蹄疫一年四季均可发生，但随气温高低等，其流行呈现一定的季节性，一般具有秋季开始、冬季加剧、春季减轻、夏季基本平息的特点。但这种季节性在农区或半农区不明显，猪一般秋末、冬春多发。

临床症状及病理变化（见彩图89）：该病潜伏期为1～7天。发病突然，体温升高，全身症状明显，以蹄部水疱和溃烂为特征，蹄壳可能脱落，病猪跛行、喜卧。病猪的鼻盘、口腔、舌及乳房（主要是哺乳母猪）也可见到水疱和烂斑；病猪、特别是小猪可因肠炎和心肌炎死亡。剖检可见口舌、蹄部的水疱和烂斑，咽喉、气管、支气管和前胃黏膜有时可见烂斑，心肌切面上有黄白条纹相间于红色心肌纤维间，称为“虎斑心”，心肌松软、似煮熟样。

诊断：根据急性发病经过、呈流行性传播、主要侵害偶蹄兽、特征临诊症状等流行病学、病理剖检等，可做出初步诊断。对疑似疫情应按照“动物防疫法”相关要求进行诊断和处置。

防治：科学免疫接种是预防该病的重要措施。对所有猪、牛、羊等家畜进行O型和亚洲Ⅰ型口蹄疫强制免疫；所有新生家畜初免后，间隔1个月左右进行一次强化免疫，以后每隔4～6个月免疫一次。提倡自繁自养，引种时应严格检疫，引进的种猪需隔离30日后方可入群；平时严格消毒，粪便堆积发酵等。

疫情时紧急措施：强化消毒等生物安全措施，隔离病猪及同群个体，关闭生猪产品相关交易市场，疫区依照一类动物疫病控制规范处理；受威胁区加强消毒、采用高效价苗紧急预防接种。在口蹄疫流行地区，须注意个人防护。

二、猪　瘟

猪瘟是由猪瘟病毒引起猪的一种急性、热性、高度致死性、接触性传染病，俗称烂肠瘟。

病原特点：猪瘟病毒是一种 RNA 病毒，只感染猪，未有其他动物感染报告。猪瘟病毒对外界抵抗力较强，在猪肉和猪肉制品中可保存感染性达数月。猪瘟病毒不耐热，温度越高，猪瘟病毒灭活得越快，部分菌株可耐受 56℃的温度。脂溶性溶剂如乙醚、氯仿、2% 氢氧化钠、1% 福尔马林、碳酸钠、含 1% 碘伏的磷酸可以很快将猪瘟病毒灭活。

流行特点：不同年龄、性别、品种的猪和野猪都易感染。主要通过直接接触，或因接触污染的媒介物而感染。一年四季都可发生，以春夏多雨季节为多。呈流行性或地方流行性。猪瘟多发生于仔猪，成年猪多为阴性带毒。临床上阴性感染和持续感染增多，由于母猪持续感染和仔猪胎盘感染造成的免疫失败增多。病猪是主要传染源，病猪排泄物和分泌物，病死猪和脏器及尸体、急宰病猪的血、肉、内脏、废水、废料污染的饲料，饮水都可散播病毒，猪瘟的传播主要通过接触，经消化道感染。此外，患病和弱毒株感染的母猪也可以经胎盘垂直感染胎儿，产生弱仔猪、死胎、木乃伊胎等。

临床症状及病理变化（见彩图 90）：根据病程不同临床症状及病理变化有所差异，急性型猪瘟病猪精神差，高热呈稽留热，喜卧、弓背、寒颤及行走摇晃，食欲减退或废绝，喜饮水，结膜发炎。全身皮肤、浆膜、黏膜和内脏器官有不同程度的出血。死猪解剖可见全身淋巴结肿胀出血呈现大理石样，脾梗死，小猪病死率可达 100%。慢性型猪瘟病猪精神沉郁、发热、厌食，病理变化可见回肠、结肠处呈纽扣状溃疡、脾梗死、肋部病变。温和型猪瘟病猪精神沉郁和厌食、体温正常或略高，结膜炎，皮炎，局部运动失调，病理变化淋巴结肿胀，胸腺萎缩。

诊断：依据典型临床症状和病理变化可做出初步诊断，确诊需进一步做实验室诊断。对疑似疫情应按照“动物防疫法”相关要求处置。

防治：本病尚无治疗方法。采取综合性预防措施，制定合理免疫程序，加强猪的饲养管理，增强免疫应答能力，定期消毒。及时淘汰隐性感染带毒种猪，坚持自繁自养。

三、猪蓝耳病

猪蓝耳病也称为繁殖与呼吸综合征，是由蓝耳病病毒引起猪的一种繁殖障碍与呼吸道症状的传染病。大部分患病猪出现双耳发绀、青紫，故又称“蓝耳病”。

病原特点：猪繁殖与呼吸综合征病毒是一种有囊膜的单股正链 RNA 病毒，病毒有 2 个血清型，即美洲型和欧洲型，我国的流行毒株主要为美洲型。蓝耳病病毒在 -70℃ 和 -20℃时可以稳定存活数月到数年，在空气中可以保持 3 周左右的感染力。该病毒对酸、碱较敏感，一般的消毒剂均能杀灭。

流行特点：猪繁殖与呼吸综合征，新疫区多呈地方流行性，老疫区多呈散发性。该病没有明显的季节性，一年四季均可发生，其流行除与猪群调运密切相关外，还与猪舍的大小、猪群饲养密度、空气质量、健康状况等有关。环境因素（如温度低、湿度大、日照少等）也能促进本病传播，该病毒通常是随着主风向传播，明显地呈“跳跃式”传播，距离可达20km以上。该病在猪群内传播极快，2～3个月内一个猪群的感染率可达95%。在猪群内，该病的持续感染性十分显著，往往在感染猪场内循环传播，新生或购入的敏感猪也是持续感染的原因之一。

高致病性蓝耳病的显著特征是怀孕猪产前一周发生流产或早产。在同一猪场内暴发本病停息后，又易再度暴发，其发病率显著增高。该病的一般流行期为70～100日，最长可达6个月，乳猪的死亡率可达75%以上。蓝耳病大流行后隐性感染病例增多，无临诊症状的猪也能传播本病，并持续数月。

临床症状及病理变化（见彩图91）：病猪出现41℃以上持续高热呈稽留热，病猪耳朵发绀呈蓝紫色，全身皮肤发红，病猪不分年龄段均出现急性死亡。仔猪的发病率可达100%、死亡率可达75%以上，病母猪流产率可达30%以上。各种年龄的猪发病后大多表现有呼吸困难症状，但具体症状不完全相同。妊娠母猪怀孕晚期出现早产、流产，产弱胎、死胎和木乃伊胎；哺乳母猪出现不食、无乳，再次发情推迟并且怀孕率低、仔猪出生率低等。哺乳猪出现繁殖障碍时，弱胎和正常胎儿在断奶前的死亡率都高，可高达75%以上。剖检死猪可见肺出血、瘀血，肺以心叶、尖叶为主的灶性暗红色实变；扁桃体出血、化脓；脑出血、瘀血、软化灶及胶冻样物质渗出；心衰、心肌出血、坏死；脾、淋巴结新鲜或陈旧性出血、梗死；肾表面和切面部分可见出血点、斑等；部分猪肝可见黄白色坏死灶或出血灶；肾表面凹凸不平，肠出血等。

诊断：本病主要根据流行病学、临诊症状、病毒分离鉴定及血清抗体检测进行综合诊断。在生产的任何阶段只要出现呼吸道症状，发现有繁殖障碍，并且猪群性能表现不理想时，就应当怀疑为蓝耳病。

防治：目前无法进行治疗。加强检疫，防止国外其他毒株传入国内，或防止从其他养殖场引入阳性带毒猪。从阴性猪群中引入种猪时，应隔离至少1个月，然后经蓝耳病抗体检测呈阴性后才能混群。加强饲养管理和环境卫生及消毒，降低饲养密度，保持猪舍干燥、通风，创造适宜的养殖环境，减少生产应激因素。做好疫苗免疫工作，阳性猪场全群普免结合仔猪免疫，对于非疫区、受威胁地区用灭活疫苗进行免疫。

四、猪伪狂犬病

猪伪狂犬病是由猪伪狂犬病毒引起猪的一种急性传染病。以妊娠母猪流产、死胎，公猪不育，新生仔猪的大量死亡，育肥猪呼吸困难、生长停滞等为特征。

病原特点：猪伪狂犬病毒为一种线性DNA病毒，猪是该病毒的唯一自然宿主。猪伪狂犬病毒对外界的抵抗力较强，在温度低于40℃时可存活较长时间，在37℃下的半衰期为7小时，8℃可存活46天，而在25℃干草、树枝、食物上可存活10～30天。该病毒对干燥敏感、对阳光直射具有很高的敏感性。该病毒在5%石炭酸中2min灭活、0.5%～1%氢氧化钠迅速使其灭活，对乙醚、氯仿等脂溶剂以及福尔马林和紫外线照射敏感。

流行特点：本病一年四季都可发生，但以冬、春两季和产仔旺季多发。病猪和带毒猪及带毒鼠类是本病的重要传染源。病毒主要从病猪的鼻分泌物、唾液、乳汁和尿中排出。健康猪与病猪、带毒猪直接接触可感染本病。猪、猫、犬常因吃病鼠、病猪内脏经消化道感染。妊娠母猪感染本病时可经胎盘侵害胎儿，仔猪可因哺乳而感染本病。

临床症状及病理变化：猪感染本病后常因年龄不同而表现出不同的症状。新生乳猪感染时，眼眶发红，闭目昏睡，厌食，体温升高为41.0～41.5℃，精神沉郁，呕吐或腹泻，出现运动失调如转圈、侧卧，作划水状运动（见彩图92），肌肉痉挛性收缩，癫痫发作，角弓反张，仰头歪颈等神经症状；断奶仔猪还出现呼吸症状，打喷嚏，呼吸困难；出现神经症状的乳猪几乎100%死亡，发病的仔猪耐过后往往发育不良或成为僵猪。有的母猪分娩提前或延迟，有的流产或产下死胎、木乃伊，或产下的仔猪初生重极小，生命力低下。在一般情况下，本病不表现出明显的病变；如果出现病变，在诊断上具有参考价值的是鼻炎，扁桃体水肿、坏死，咽炎和喉头水肿，肺水肿，喉黏膜和浆膜可见点状或斑状出血。

诊断：根据临床症状难以对本病做出诊断，结合流行病学资料分析，可做出初步诊断。确诊应进行病毒血清学、病理学检查。

防治：本病目前无特效的治疗方法，只有加强饲养管理，做好圈舍的消毒清洁工作，防止本病的发生。

疫苗免疫能有效预防本病，一般繁殖母猪只用灭活疫苗，育肥猪或断奶仔猪应在2～4月龄时用活苗或灭活疫苗免疫。

五、（仔）猪拉稀病

仔猪腹泻是集约化养猪生产条件下的一种典型的多因素性疾病。造成仔猪腹泻的主要病因可以总结归纳为自身发育性腹泻、营养性腹泻、应激性腹泻、病原性腹泻，但以病原因素为主。

病因：包括病原性病因和非病原性病因。

病原性：仔猪冬季腹泻的病原主要有病毒性病原，如猪流行性腹泻病毒、猪传染性胃肠炎病毒、轮状病毒病、大肠杆菌、沙门氏菌、球虫等。

猪流行性腹泻是由猪流行腹泻病毒引起。该病毒的抵抗力不强，对乙醚、氯仿等敏感，一般消毒药都可将其杀灭。

猪传染性胃肠炎是由猪传染性胃肠炎病毒引起。该病毒对环境的抵抗力不强，对有机溶剂（如乙醚、氯仿）及其他化学试剂（如去氧胆酸钠、次氯酸盐、氢氧化钠、甲醛、碘、碳酸）以及季铵化合物等敏感，对紫外线敏感，在细胞培养物中30min可失去活性。该病毒不耐热，56℃下30min能很快灭活，37℃下4天丧失毒力，但在低温下可长期保存。

轮状病毒病的病原是轮状病毒。该病毒主要存在于病猪的肠道内，随粪便排到外界环境，如污染饲料、饮水、垫草和土壤等。猪经消化道感染。轮状病毒对外界有很强的抵抗力，在18～20℃下至7个月仍然有很强的感染性，对乙醚、氯仿、反复冻融、超声波等均有抵抗力，但可使用氯、过醋酸、碘、酚等灭活。

仔猪黄痢、白痢分别由早发性大肠杆菌和迟发性大肠杆菌引起，主要是消化道感染，带菌母猪为主要的传染病。

副伤寒病主要是由猪霍乱沙门氏菌和猪伤寒沙门氏菌引起，其病原对环境具有较强的抵抗力，如干燥、腐败、日光等环境因素。该病原在水中能存活2～3周，在粪便中能存活30～60天，在冰冻的土壤中可存活过冬，在潮湿温暖处能存活4～6周，在干燥处可保持8～20周的活力。该病原不耐热，在60℃下15min即可被杀灭。该病原对各种化学消毒剂的抵抗力也不强，常规消毒药及其常用浓度均能达到消毒的目的。

仔猪球虫病病原为艾美耳球虫属和等孢子虫属的球虫。本病只发生于仔猪，成年猪多为隐性感染，病猪和带虫猪是本病最主要的传染源。

非病原性病因：主要包括自身发育性腹泻、营养性腹泻、应激性腹泻。

流行特点：猪流行性腹泻主要发生于冬、春季节，大猪小猪几乎同时发病。病猪和带毒猪是本病的主要传染源，主要经消化道传播。

各种年龄的猪均易感猪传染性胃肠炎，病猪和带毒猪是主要传染源。本病可通过消化道、呼吸道和空气传播，气温骤变能促进本病发生。

轮状病毒病多发生在晚秋、冬季和早春季节。该病只发生于2月龄以内的仔猪，以10～28日龄仔猪最易感染，大猪呈阴性感染，常与仔猪白痢混合感染。本病的应激因素主要是寒冷、潮湿、不良的卫生条件、喂非全价饲料等，对疾病的严重程度和病死率均有较大影响。

仔猪黄痢和白痢一年四季均可发生。黄痢发生于3～10日龄内的仔猪，尤其是出生后2～3日龄的仔猪；白痢主要发生于2～4周龄的仔猪，传染源是带菌母猪和受感染的仔猪，病原菌随其粪便污染环境，沾染母猪的皮肤和乳头，仔猪因吃乳时到处乱舔而感染。黄痢的窝发率和病死率较高，白痢的发病率和死亡率均低。

猪副伤寒一年四季均可发生，一般呈散发性或地方流行性。该病多发生于1～4个月龄的仔猪。传染源主要是病畜和带菌者，可由粪便、尿、乳汁及流产的胎儿、胎衣和羊水排除病菌。环境潮湿，饲料和饮水供应不良，气候恶劣、长途运输、寄生虫病等均可促发本病。

仔猪球虫病的发生常与气温和雨量有密切关系，温暖的月份多发，而寒冷的季节少见，这主要是球虫卵囊在外界发育（孢子化）至感染性卵囊性。

非病原性病原引起的拉稀无明显季节性。但如果因饲喂某种饲料引起猪拉稀并且这种饲料出产于某季节，该种病因引起的猪拉稀才有季节性。

临床症状及病理变化：患病猪均表现出拉稀、或血便等临床症状。但引起仔猪拉稀的有轮状病毒病、黄痢、白痢、球虫病。

猪流行性腹泻主要的临床症状为水样腹泻，或者在腹泻之间有呕吐。呕吐多发生于吃食或吃奶后。病猪体温正常或稍高，精神沉郁，食欲减退或废绝。断奶猪、母猪常呈精神萎顿、厌食和持续性腹泻大约一周，并逐渐恢复正常。肥育猪在同圈饲养感染后都发生腹泻，一周后康复。成年猪症状较轻，有的仅表现呕吐。猪流行性腹泻病变主要在小肠，小肠扩张，内充满黄色液体，肠系膜充血，肠系膜淋巴结水肿。

猪传染性胃肠炎仔猪的典型症状是剧烈的水样腹泻和呕吐，粪便呈乳白色或黄绿色，有恶臭。幼龄猪表现为严重的脱水症状，死亡率高；架子猪、育肥猪、成年猪的症状较轻，表现为食欲不振，水样腹泻，粪便呈灰色或褐色；哺乳母猪泌乳力下降，食欲不振，呕吐和腹泻。死亡猪小肠膨胀、肠壁薄、呈半透明状，肠内积有黄色泡沫性的液体。肠系膜淋巴结肿胀。

轮状病毒病仔猪精神沉郁，食欲不振，发热，呕吐，腹泻，粪便呈黄色或灰色，水样或糊状，脱水。成年猪无症状表现，为隐性感染。病变主要限于小肠（特别是空肠和回肠），肠管变薄，肠内含有黄色水样物，几乎无固体物质。

仔猪白痢多发生于2～3周内的仔猪，患病仔猪排灰白色糊状稀粪，有腥臭味，内含凝乳小片，下痢重时，后肢被粪液沾污，仔猪脱水消瘦，病程为急性或者亚急性，发病率高，死亡率低，但影响仔猪生长发育。剖解死亡仔猪可见肠腔扩张、肠壁变薄，呈贫血状，肠管内容物多，肠黏膜充血、出血易剥脱，肠系膜淋巴结肿胀。

仔猪黄痢常发生于3～10日龄以内的仔猪，病程短、死亡率高，1周龄以上仔猪很少发病。特征性症状为突然排血痢或红褐色稀便，偶有呕吐，体质虚弱，很快死亡。死亡仔猪剖解可见肠黏膜充血、水肿，甚至脱落；肠壁变薄，松弛，充气，尤以十二指肠最为显著，肠内容物呈黄色，有时混有血液。心、肝、肾有变性，重者有出血点或凝固性坏死。

猪副伤寒：急性型（败血型）一般发生于幼龄猪，体温突然升高（41～42℃），精神不振，食欲废绝，呕吐，下痢，排出黄色、白色水样稀粪，呼吸困难，耳根、四肢、腹下皮肤有紫红色和暗红色斑点，病死率很高；死猪解剖可见全身浆膜和黏膜以及各内脏有不同程度的点状出血，脾脏肿大、出血，肾脏苍白、肿胀，偶见小出血点或斑点状出血，肝脏肿大、瘀血，可见肝内有许多针尖大至粟粒大的黄色坏死灶，胆囊肿大，全身淋巴结尤其是肠系膜淋巴结及内脏淋巴结肿大、出血，心包和心内、外膜以及心冠状部有小点状出血，肺脏瘀血、水肿，气管内有白色炮沫，胃黏膜严重瘀血和梗死呈黑色，肠道通常发生炎症。慢性型（结肠炎型）多见于3～5月龄的猪，表现出体温升高（40.5～41.5℃），精神沉郁，食欲减退，寒战，眼有黏性或脓性分泌物，持续性下痢，粪便淡黄色或灰绿色，恶臭，粪便含有血液、坏死组织，有时便秘和腹泻交替出现，失水，很快消瘦，有些病猪皮肤出现弥漫性湿疹；死亡猪的特征性变化为空肠、盲肠和结肠严重的坏死性肠炎，肠道上散在分布纽扣状灰褐色溃疡，肠壁淋巴小结明显肿大，突出于黏膜表面，胃黏膜出血，肠管肥厚，肝、脾肿大，有散在的坏死灶，肺的心叶、尖叶和隔叶前下部常有卡他性肺炎病灶。

猪球虫病主要发生在仔猪上，临床症状以腹泻为主，粪便呈水样或糊状，显黄色至白色，严重病例呈血便。

诊断：对病原性引起的拉稀病，根据流行病学、临床症状等可初步诊断，但确诊须进一步做病原检测。非病原性的拉稀病主要根据具体病案对具体情况等进行分析。

防治：做好猪圈舍的环境卫生和消毒工作，及时清除粪便，保持温暖干燥环境，供应全价饲料。

猪流行性腹泻的防治主要是加强营养，控制霉菌毒素中毒，可以在饲料中添加一定比例的脱霉剂，同时加入高档维生素。种猪群紧急接种胃流二联苗或胃流轮三联苗。

猪传染性胃肠炎预防：常发生本病的猪场可对怀孕母猪和出生仔猪用弱毒苗免疫。病猪可用盐酸吗啉胍片治疗，同时口服补液盐。新生仔猪口服康复猪的抗凝血或高免血清，有一定的防治效果。

轮状病毒病预防：目前对本病尚无特效治疗药物。病猪口服葡萄糖盐水或复方葡萄糖溶液，可减缓病症。

仔猪黄、白痢预防：改善饲养管理条件是预防本病的必要条件。接产前后特别注意猪舍清洁卫生并清洗母猪乳头和乳房。药物治疗要选用敏感药物和难产生耐药性细菌的抗生素，或者服用微生态制剂。疫苗免疫常用灭活苗或弱毒活菌苗，给预产期前15～30天的怀孕母猪免疫。

防治猪副伤寒最基本的措施是加强饲养管理和改善卫生状态，切断传染源，消除发病诱因；使用颗粒饲料，下脚料加热消毒后喂猪可降低饲料污染的机会；采用猪副伤寒菌苗免疫。

仔猪球虫病：做好圈舍卫生、饲料卫生、饮水卫生、母猪乳头卫生等是预防球虫病的关键。治疗病猪可用盐霉素、地克株利等抗球虫药物。

六、猪肺疫

猪肺疫是由多种杀伤性巴氏杆菌引起的一种急性传染病，俗称“锁喉风”“肿脖瘟”。

病原特点：病原为多杀性巴氏杆菌，革兰氏染色为阴性。本菌对外界环境的抵抗力不强，紫外线10~15min即可杀死该菌，直射阳光下经10~15min死亡，在60℃加热10min或加热到100℃立即死亡。该菌在表层土壤中存活7~8天，在疏松的粪便中可存活14天。一般常用的消毒药，都可在数分钟杀死本菌。

流行特点：本病分布广泛，世界各地均有发生，多发于气候变化剧烈的季节，呈散发或地方流行性。各种年龄的猪均可感染，但以3~10周龄仔猪多发。该菌为条件致病菌，当猪处在不良的外界环境中常可诱发本病。病猪可经分泌物、排泄物等排菌，污染饮水、饲料、用具及外界环境，经消化道而传染给健康猪；也可由咳嗽、喷嚏排出病原，通过飞沫经呼吸道传染。病猪和带菌的其他畜禽都是传染源。

临床症状及病理变化（见彩图93）：最急性型呈败血症变化，表现为突然发病死亡，虚脱、高烧和高度呼吸困难，呈犬坐姿势，可视黏膜发绀。急性型见于已长大的猪，高烧，呼吸困难，咳嗽，腹式呼吸，先便秘后腹泻，有纤维素性胸膜肺炎症状。慢性型表现为慢性肺炎，偶有咳嗽，体温正常或偏低，有的出现关节炎、胃肠炎等症状。

死亡猪解剖可见全身黏膜、浆膜和皮下组织有出血点，尤以喉头及其周围组织的出血性水肿为特征。切开咽喉可见大量胶冻状淡黄色浆液；可视黏膜发绀，呈紫红色；颌下和颈部淋巴结显著充血、出血、肿胀；肺充血、出血、肿大，表面呈现出暗红色或灰黄色，切面呈大理石纹理状。慢性常型表现为胸膜粗糙，有点状出血，胸腔积有黄色混浊的液体，严重的胸膜与肺粘连，有的发生心外膜炎，心包液增多，心外膜出血等。

诊断：根据流行病学、症状和病变可诊断为猪肺疫，确诊本病需进行细菌学鉴定。

预防：加强饲养管理，避免或减少应激因素。常发区定期进行菌苗免疫，断奶后的猪注射猪肺疫疫苗。猪群发病后应隔离、消毒并做好尸体无害化处理，新猪引进需隔离观察1个月以上再合群饲养。

七、猪喘气病

猪喘气病又称猪支原体肺炎和猪地方流行性肺炎，是由猪肺炎支原体引起猪特有的一种慢性接触性呼吸系统传染病。在集约化高密度饲养的条件下，传播更迅速，经济损失更严重。

病原特点：该病病原为猪肺炎支原体，革兰氏阴性。支原体是一种多形态微生物，对外界环境抵抗力不强，在外界环境中存活不超过36小时。

流行特点：本病仅发生于猪，不同年龄、性别、品种和用途的猪都易感本病。但以1-3月龄的猪多发，母猪和成年猪以慢性和隐性感染为主，母猪怀孕后期表现出明显症状。病猪和带菌猪是本病的传染源，病原体在猪体内存在时间长，可在病猪症状消失半年至一年多仍可排菌；通过呼吸道及其分泌物传播，仔猪常从患病母猪处感染。饲养管理和卫生条件差，环境的突然改变等是本病发生和发展的主要因素；一年四季都可发生、寒冷季节多见。

临床症状及病理变化：本病多呈慢性经过，发病率高、死亡率低，主要表现为干咳喘气，生长发育受阻、饲料报酬低，若与细菌或病毒性疾病混合感染，可表现严重的呼吸困难、食欲降低、体温升高等症状，导致病势和损失加重。病理变化主要集中在肺组织“虾肉样变”（见彩图94），病健界限清晰；若继发细菌感染，在肺脏有化脓性炎症出现。

诊断：通过对其流行病学、临床症状与肺部特征病变可做初步诊断。

防治：预防本病可从加强饲养管理、保持环境卫生和疫苗免疫几方面着手。猪种引进必须进行检疫，阴性者方可引入。应充分加强卫生管理。预防免疫可用猪喘气病弱毒菌苗作胸腔注射或灭活苗肌肉注射。可采用监测、免疫、隔离、治疗、淘汰、消毒等综合防治措施逐步净化。发病猪群可采用金霉素、强力霉素、泰乐菌素、壮观霉素或泰妙菌素等抗菌素治疗，但需特别注意抗菌素使用程序，避免耐药性导致的治疗困难；结合中药辨证治疗效果较好。

八、猪丹毒

猪丹毒是由猪丹毒菌引起猪的一种急性、热性传染病。

病原特点：病原为猪丹毒杆菌，是一种革兰氏阳性菌。该菌对自然环境的抵抗力较强，对盐腌、火熏、干燥、腐败和日光等都具有很强的抵抗力。病死猪猪肝、脾脏等在4℃下存放159天仍然具有较强的致病力。该杆菌对一般常用消毒药敏感，如2%福尔马林、1%漂白粉、1%氢氧化钠或5%碳酸均能很快杀死该菌。该菌不耐热，50℃经12～20min或70℃5min即可杀死该菌。

流行特点：本病在夏季高温、多湿的地区多发，冬、春季散发。本病常为散发性或地方流行性传染，有时也发生暴发性流行。不同年龄的猪均易感染，3～6月龄猪发病率最高。人可因创伤发生感染，称为类丹毒。病猪和带菌猪是传染源，其他带菌动物（分泌物、排泄物）排出的菌体污染的饲料、饮水、土壤、用具和场舍等也是重要的传染源，主要经消化道感染，也可经损伤的皮肤和吸血昆虫感染。带菌猪在抵抗力下降时也可发生内源性感染。

临床症状及病理变化：急性败血型发病特征为突然爆发，急性经过和死亡率高，病猪体温突然升高至42℃以上，食欲废绝，眼结膜充血，大便初期干硬附有黏液；后期出现腹泻，常混有血液，有的出现神经症状、抽搐；病猪耳、鼻、背、腹和腿外侧等处皮肤出现红色斑纹，经2～4天体温降至正常体温以下发生死亡，病死率为80%～90%，耐过的转为亚急性型和慢性型。死亡猪全身皮肤紫红色，全身淋巴结充血肿大，脾肿大呈樱桃红色，切面外翻，肾瘀血肿大呈暗红色，有出血点。肺瘀血水肿，胃及十二指肠呈出血性炎症，心内外膜有小出血点，心包积水。

亚急性型又称疹块型，病猪症状较轻，食欲减退，高热，皮肤表面出现大小不等的、坚实隆起淡红色的疹块（见彩图95），形状为方形、菱形或长方形；初期指压褪色，后期指压不褪色，一般预后良好。除了皮肤有明显的病变外，内脏病变较轻。

慢性型病猪常发生慢性关节炎、慢性心内膜炎和皮肤坏死，慢性关节炎造成猪运动不协调，关节肿胀，跛行；皮肤坏死即在病猪的背、肩、耳和四肢等皮肤出现色黑、干硬似皮革、局部肿胀的坏死（见彩图95），若无细菌感染，经2～3个月坏死皮肤脱落自愈。心内膜炎病例则为房室瓣膜有灰白色蚕豆大小的呈菜花状增生物。

诊断：诊断本病应进行流行病学调查，以及对可疑病例做细菌学检查，血液学检查以及动物接种试验。

防治：加强饲养管理，做好卫生防疫工作，猪舍用具保持清洁，定期消毒。引入猪只应先隔离观察2~4周，方可将其与健康猪合群饲养。常发地区在每年春秋或夏冬两季定期预防接种。

九、猪细小病毒病

猪细小病毒病是由猪细小病毒引起的猪繁殖障碍为特征的一种疫病，以怀孕母猪发生流产、死胎、木乃伊胎而母体不表现临床症状为特征。

病原特点：猪细小病毒是一种单股DNA病毒。猪细小病毒对温度具有较强的抵抗力，56℃可存活48小时，适应的pH范围广，可在pH3.0~pH10.0稳定存活，同时可抵抗脂溶性溶剂如乙醚、氯仿等，对酶具有较强的抵抗力，短时间胰酶处理对病毒悬液感染性不仅没有影响，反而能提高其感染效价。急性感染猪的分泌物和排泄物中的病毒感染力可保持数月。

猪细小病毒在80℃时5min即可使感染性和血凝活性均丧失。其对多数常用消毒剂都有抵抗力，但0.5%漂白粉、1%~2%氢氧化钠5min，2%戊二醛20min能杀灭病毒。

流行特点：猪细小病毒存在于世界各地的猪群中。各种不同年龄、性别的家猪和野猪均易感。传染源主要来自感染细小病毒的母猪和带毒的公猪，猪在出生前后常通过胎盘和口鼻感染。猪细小病毒病季节性不明显，春秋两季及母猪配种后更易感染。被感染猪3~7天后即可通过分泌物、粪便和尿液排毒，猪群可通过接触分泌物及其污染器具造成感染。

临床症状及病理变化：出生后猪的急性感染通常呈现亚临床症状。性成熟母猪及怀孕母猪临床症状主要为繁殖障碍，如产死胎、畸形胎、木乃伊胎、窝仔数减少、母猪难产和重复配种等。怀孕母猪感染猪细小病毒后可见轻度的子宫内膜炎、胎盘钙化，子宫内含有黑褐色肿块为木乃伊化的死胎。该病病变主要在胎儿身上，弱胎可见耳尖、颈、胸、腹及四肢内侧等部位出现瘀血、出血斑，部分弱仔可见全身发紫，运动失调、抽搐、昏迷麻痹、最后因极度衰竭死亡，有的虽足月产，但所产仔猪体弱、吮乳困难，1周后表现喘气和腹泻，育成率低。

病理剖检可见死亡胎儿皮下组织水肿或胶样浸润，颈部、背部及四肢皮下暗红色瘀血、出血；胸腔中积有多量淡红色液体，肺充血，肝、脾、肾肿胀、质脆，脑软膜和脑实质弥漫性出血。

诊断：根据流行病学、临床症状和病理变化可做出初步诊断。确诊需取流产胎儿、死产仔猪的肾等病料，进一步做病毒分离、PCR检测等鉴定试验。

防治：目前无法进行治疗，只能采取预防措施。主要采取疫苗免疫+严格消毒+加强饲养管理的综合措施。可执行仔猪21日龄免疫、后备种猪配种前20天免疫、经产母猪产后15天的免疫节奏。种猪连续免疫3年即可获得坚强免疫力。

十、猪线虫（蛔虫等）病

猪线虫病是由猪蛔虫等线虫寄生于猪小肠引起的线虫病，对仔猪危害严重。

病原特点：寄生于猪的线虫种类多（见彩图96），但常见的是蛔虫、毛首线虫（鞭虫）、食道口线虫（结节虫）等。旋毛虫也可感染人，生猪屠宰必须检疫。

猪蛔虫：新鲜虫体呈淡红色或淡黄色，为大型线虫，雄虫体长 150 ~ 250cm，雌虫体长 200 ~ 400cm，虫体中间部分稍粗，两端较细，雄虫尾端卷曲。寄生于猪的小肠。

猪圆线虫：常见的为红色猪圆线虫，虫体很小，雌虫长 5 ~ 9cm，雄虫长 3 ~ 6cm，寄生于猪的胃内。

球首线虫：虫体两端略向背侧弯曲，中等长，雌虫长 5 ~ 9cm，雄虫长 4.5 ~ 7.0cm，寄生于猪的小肠。

毛首线虫：虫体分为明显的前端细和后端粗两部分，前端细的部分长度约为后端粗的部分长度 1.5 倍，形似鞭子，故也称为鞭虫。雄虫体长 25.6 ~ 51.0cm，雌虫体长 31.5 ~ 32.0cm。寄生于猪的大肠。

食道口线虫：虫体呈较粗壮，雄虫体长 8.5 ~ 10.0cm，雌虫体长 10.0 ~ 12.0cm。寄生于猪的大肠。

后圆线虫：虫体呈线形，雄虫体长 11.0 ~ 19.0cm，雌虫体长 32.0 ~ 47.0cm。寄生于猪的肺脏，也称为肺线虫。

旋毛虫：成虫寄生于猪、人、鼠等的小肠内，幼虫寄生于猪的肌肉如膈肌等。猪生吃了有旋毛虫幼虫的食物而感染。一般来说，人是生吃或吃了未煮熟并有旋毛虫幼虫包囊的猪肉等而感染。

发育史：这些线虫发育不需要中间宿主。成虫在猪肠内产虫卵；虫卵随粪便排出猪体外，经发育后形成感染性虫卵（蛔虫），或形成幼虫（毛首线虫、食道口线虫）；幼虫离开虫卵到外界发育至感染性幼虫；感染性虫卵或幼虫污染饲料、饮水等。猪尤其是仔猪吃到感染性虫卵或幼虫而感染，幼虫发育至成虫。

流行特点：猪的线虫病广泛流行，一般呈局部发病，无明显的季节性。猪蛔虫病广泛流行，主要原因：一是雌虫虫卵量大，每天可产虫卵 10 ~ 20 万个；二是幼虫（包括感染性幼虫）发育均在虫卵内，外界的不利因素对虫卵内的幼虫影响相对较小；三是虫卵表面的一层蛋白膜有一定保护作用。虫卵对环境因素有相对较强的抵抗性。猪感染后圆线虫严重时表现出咳嗽、痰液多等症状。

临床症状：猪的线虫病一般无明显临床症状。但当猪尤其仔猪感染严重时，临床症状明显，主要表现为营养不良、消瘦、贫血、被毛粗乱、食欲减退或时好时坏；同时表现有磨牙、异食癖；有大量蛔虫寄生时，形成肠梗阻，病猪表现为腹痛。蛔虫病感染初期因幼虫移行至肺部，引起咳嗽，体温升高，呼吸加速。毛首线虫感染严重的病例，病猪还表现出拉血便等。

诊断：根据患病猪食量不减而体重不增加或增加缓慢，被毛粗乱，一般可怀疑为线虫病，但须进一步做虫卵检测。

旋毛虫的生猪屠宰检疫。生猪屠宰后，取膈肌做成米粒大小肉粒，用玻片压薄后在显微镜下看是否有幼虫。

防治：保持圈舍卫生，猪粪便经沼气池发酵处理后方可作为农家肥。用青饲料喂猪，应煮熟后饲喂，避免喂生食。种猪应在配种前进行驱虫，仔猪转为商品猪时应驱虫；从外地购进的猪，应对其驱虫。当发现猪群中有线虫病病猪时，应进行驱虫治疗。预防性驱虫和治疗性驱虫均可用左旋咪唑、丙硫咪唑、阿苯达唑或伊维菌素等。

十一、猪绦虫（细颈囊尾蚴、囊虫）病

猪绦虫病是由绦虫幼虫寄生于猪腹腔或肌肉等引起的一种绦虫病。其中，囊虫病也是危害公共卫生安全的寄生虫病。

病原特点：

细颈囊尾蚴为中绦期虫体（幼虫），俗称“水铃铛或水泡”。虫体呈鸡蛋大小的囊状，在囊壁上有一个呈乳白色绿豆大小的头节，囊内充满囊液，寄生于猪的肝脏、肠系膜上。细颈囊尾蚴的成虫是泡状带绦虫，虫体呈竹节状的乳白色绵带形，虫体长 75～500cm，体前端较细，体后端较宽。节片内充满虫卵。泡状带绦虫寄生于犬、狼等的小肠，当虫体的后端的孕卵节片脱离虫体后，孕卵节片或孕卵节片破裂后的虫卵随粪便排出犬等动物体外，孕卵节片在体外破裂后虫卵散布在土壤、青草等上。猪吃到被虫卵污染的饲料、饮水等而感染。虫卵内的六钩蚴经猪肠黏膜进入血液、淋巴液，再随血液到肝脏；幼虫穿过肝脏表面进入腹腔。

囊虫病的幼虫是猪囊虫，成虫是猪带绦虫。猪囊虫呈黄豆大小的透明囊状，内充满液体，在囊壁上有一个比莱籽大的乳白色结节，即头节；猪囊虫寄生于猪或人的舌肌、咬肌及肩部肌肉、肋间肌肉、眼、脑等内。猪吃到被猪带绦虫虫卵污染的饲料、饮水等后，在猪小肠内六钩蚴排出虫卵，经肠黏膜进入血液、淋巴液后随血液流动到猪的全身。猪带绦虫寄生于人的小肠，虫体呈竹节状的乳白色绵带形，虫体长可达 2～5m。人吃了有囊尾蚴的生猪肉或未煮熟猪肉而被感染。

流行病学特点：猪细颈囊尾蚴病流行主要与犬等动物的分布、猪饲养方式（如放牧）、猪食物习性（如生喂青饲料）等有密切关系。猪囊虫病具有明显的地方性，主要与当地人喜好吃生猪肉或未煮熟猪肉的习惯相关。

临床症状与病理变化：猪患细颈囊尾蚴病时多呈慢性经过，症状不明显，严重时表现为体表消瘦、黄疸、腹部膨大、生长缓慢等。猪感染囊虫后一般无明显症状；感染极严重时，临床上出现消瘦、贫血、前肢僵硬、声音嘶哑、呼吸困难、发育不良等症状；死亡或屠宰时可见在舌下、肩胛等部位的肌肉里有黄豆大小的囊虫虫体。

诊断：根据临床症状初步怀疑，细颈囊尾蚴病需屠宰后检测虫体，猪囊虫病可将舌拉出观察舌下是否有囊虫。

防治：此病传染源是犬、狐、狼等肉食兽，尤其在养犬地区，禁止屠宰牲畜的废弃物给犬生食，保持给犬定期驱虫。搞好圈舍环境卫生和消毒工作，加强犬的管理，严禁犬入猪舍。青饲料煮熟后才喂猪。在有猪囊虫病流行的地方，人应吃煮熟后的猪肉，人粪便入厕，禁止猪吃到人的粪便。

病猪治疗和预防性驱虫要用丙硫咪唑，按每 kg 体重 60～80mg 一次口服，间隔三天一次。对患泡状带绦虫病的犬用吡喹酮治疗。

十二、猪螨虫病

猪疥螨病又称“疥疮”“猪癞子”，是由猪疥螨寄生于猪的皮肤表皮层引起的一种慢性皮肤寄生虫病，其特征是患猪瘙痒和皮炎。

病原及发育史：猪疥螨虫体很小，只能借助显微镜观察。成虫呈椭圆形，背面隆起，体前部和后部各 2 对足。雌螨体长为 0.3～0.5cm，宽为 0.24～0.4cm；雄螨体长为 0.2～

0.3cm，宽为0.15~0.2cm。

发育史包括卵、幼虫、若虫和成虫四个阶段。疥螨钻进猪表皮挖掘隧道，虫体在隧道内以角质层组织和渗出的淋巴液为食。其卵、幼虫、若虫、成虫均可在猪体表的同一部位。

流行特点：5个月龄以下小猪最易发生猪疥螨病。猪螨虫病主要是接触传染。健康猪与病猪接触时可传染；患病猪因瘙痒而在圈舍壁等上擦痒，遂将病变部位的内容物遗留在该圈舍壁上，然后健康猪接触到圈舍壁遗留的内容物而感染；也可通过被感染的槽、垫草等以及饲养员的衣服和手发生感染。猪舍阴暗、潮湿、环境卫生差、营养不良，均可促进本病发生。

临床症状与病理变化：患病猪表现出的主要症状是瘙痒，患病部位皮肤潮红。

诊断方法：患病猪仅表现为以上临床症状，没有其他临床症状，可初步诊断，确诊须刮取患部皮鞘做镜检。

5. 治疗：保持猪舍的干燥、清洁、通风，冬季应勤换垫草，圈舍和用具须消毒。治疗可选用溴螨酯、溴氰菊酯、伊维菌素、多拉菌素注射液等。

第六节　牛羊主要疾病防治技术

一、牛、羊口蹄疫病

牛、羊口蹄疫是由口蹄疫病毒所引起的一种急性、热性、高度接触性传染病，以口腔黏膜、蹄部和乳房皮肤发生水疱为特征。猪、骆驼、绵羊、山羊等偶蹄动物均可感染发病，牛尤其是犊牛最易感，人也可患病。

病原特点：感染的牛、羊的口蹄疫病毒为“亚洲Ⅰ型”、“O型”，奶牛还可感染“A型”。病原的生物学特点参考猪口蹄疫病毒。

临床症状与防治：可参考猪口蹄疫病，但奶牛的免疫预防应注射“亚洲Ⅰ型”、“O型”、、“A型”三个血清型的疫苗。

二、牛、羊布鲁氏杆菌病（布病）

牛、羊布鲁氏杆菌病是由布鲁氏杆菌引起的一种人畜共患传染病，主要侵害牛、羊生殖系统，引起母畜等流产、胎衣不下及不孕以及公畜发生睾丸炎。

病原特点：布鲁氏杆菌是革兰氏阴性菌，有羊、牛、猪、鼠、绵羊及犬布氏杆菌6个种。在我国流行的有羊、牛、猪三种布鲁氏杆菌，其中以羊布氏杆菌病最为多见。布氏杆菌在土壤、水中和皮毛上能存活数周至数月，在食品中约能生存2个月，对热和消毒剂敏感，湿热60℃，15~30min，煮沸1~4min可杀死，一般消毒药如2%福尔马林、5%生石灰水、0.1%升汞能很快将其杀死。

流行特点：本病无明显季节性，多呈地方流行性。患病牛、羊是本病的传染源，流产胎儿、胎衣、羊水及流产分泌物、粪便及公牛精液内都含有大量病菌。可经动物的消化道、生殖道、呼吸道黏膜直接接触感染，也可通过被污染了的饲料、饮水、土壤等间接传染给易感动物。人通过与家畜的接触（如接产和人工输精）感染，或者服用了污染的牛奶及肉，吸入了含菌的尘土或菌进入眼结合膜等途径，皆可遭受感染。人与人之间不相互传染。

临床症状及病理变化：布鲁氏杆菌病的潜伏期长短不一，有的十几天，有的半年之久。此病的典型症状为流产，但多数病例呈隐性感染。怀孕母畜表现为食欲减退、喜饮水、精神萎靡；母牛常在怀孕5～7个月时发生流产，流产后排出污灰色或棕红色恶臭分泌液；已流产过的母牛如果再流产，一般比第一次流产时间要迟，且易因胎衣不下引发子宫内膜炎，导致不孕。母羊的流产发生于孕期第3～4个月。公牛常见的是睾丸炎和附睾炎，睾丸肿大疼痛，触之坚硬。布鲁氏杆菌病还可造成腕关节、跗关节及膝关节炎，出现跛行。

在做好自身防护时进行剖检，常见胎衣呈黄色胶样浸润，并附有脓性纤维素絮状物。流产胎儿主要为败血症病变，皮下发生浆液出血性病变，浆膜与黏膜有出血点与出血斑，脾脏和淋巴结肿大，肝脏中出现坏死灶，胃肠浆膜、黏膜有点线状出血。公畜患病发生化脓性坏死性睾丸炎和附睾炎，睾丸肿大，后期睾丸萎缩。

诊断：主要根据临床症状和病理变化可做出初步诊断，进一步确诊须做实验室诊断，包括病原学检查和血清学检查。

防治：加强预防检疫，坚持自繁自养，对必须新购入的家畜要检疫合格，并隔离饲养一个月，做两次布鲁氏杆菌检疫；确认健康后，方可并群饲养。养殖场每年需做两次检疫，检出阳性应严格隔离饲养，固定放牧地点及饮水场，严禁与健康畜接触。对污染的畜舍、运动场、饲槽及各种饲养用具等进行严格消毒；对流产胎儿、胎衣等做无害化处理。

布鲁氏杆菌病没有好的药物进行治疗，一般对牛、羊做注射疫苗。

三、牛、羊结核病

牛、羊结核病是由分枝杆菌引起牛、羊的以渐进性消瘦、咳嗽、体表淋巴结肿胀等为特征的一种慢性传染病，也是一种重大人畜共患病。人通过接触病原而感染。

病原特点：病原主要有3种致病分枝杆菌，即人型、牛型和禽型。人型结核分枝杆菌可造成人、牛、羊、猪、狗和猫等与人类密切接触的动物发病。牛分枝杆菌可感染不同种属的动物，如有蹄动物、食肉类动物、灵长类动物等50多种。该菌对奶牛的毒力较强，其次是水牛和黄牛，也是羊结核的主要传染源。禽分枝杆菌可引起鸡、人、牛、羊、猪和马发病。

分枝杆菌对外界环境的抵抗力极强，能耐受干燥、腐败及一般消毒药物。该病原菌在干燥痰内，可存活6～8个月；在冰点下，可存活4～5个月；在污水中，可保持活力11～15个月；在粪便中，可存活几个月；对阳光、湿热抵抗力差，2小时阳光直射可将其全部杀死；在60℃经30min即可失去活力，100℃立刻死亡；5%石碳酸或来苏尔溶液24h或4%的福尔马林12h可将其杀死。

流行特点：病畜是牛羊结核病的主要传染源。分枝杆菌随病畜的乳汁、粪便、尿及呼吸道分泌物等排出体外，当易感染牛与病牛接触时，或食入被病原菌污染的饲料、饮水等后，就会被感染。饲养管理不良，如厩舍阴暗、通风不良，牛群拥挤，密度过大，饲料营养缺乏和环境卫生差等，都可加快本病的传播。健康家畜可通过呼吸道、消化道、生殖道或胎盘感染。

临床症状与病理变化：

牛：在感染前期，结核病牛不表现出临床症状。但在感染后期，常表现出体弱、厌食、消瘦、呼吸困难、淋巴结肿大、咳嗽等症状。剖解死亡后病牛，可见干酪样坏死、钙化、上皮样细胞、多核巨细胞和吞噬细胞等。

羊：症状与牛相似，初期，无明显的症状表现，但随着病情加重，出现消瘦、皮毛干燥、精神不振，多呈慢性经过，急性病例较少。肺部结核时，病羊出现湿性咳嗽，肺部听诊有显著啰音，鼻腔排出黄色稠鼻涕，甚至含有血丝，呼吸时呼噜作响。乳房结核时，乳房淋巴结肿大，乳房变硬。肠结核时，病羊出现明显的消化机能障碍，表现出便秘、腹泻或轻度胀气。剖解死亡后病羊，在肺脏、肝脏等脏器及浆膜上形成特异性结核结节和干酪样坏死灶。

诊断：根据流行病学、临床症状等可初步怀疑，但确诊需实验室病原分离。

防治：牛羊结核病必须坚持“预防为主”的防治方针，采取“监测、检疫、扑杀、消毒”相结合的综合性防治措施，主要方法如下。

定期检疫：每年春秋两季，对牛场检测两次。检测方法一般为结核菌素变态反应，也有结核病诊断试纸条，凡结果呈阳性的牛群，每隔 30～45 天重点监测（检疫）一次，连续 3 次监测（检疫）不再发现阳性牛时，才视为健康牛群。阳性牛须做无害化处理。疑似结核病牛要隔离饲养、观察、复检。

消毒：要建立消毒制度，定期对牛舍、运动场、饲养工具等消毒。在养殖场大门和生产区门口，进出车辆与人员要经消毒通道严格消毒。

加强饲养管理：提高奶牛体质，增强免疫力。同时，牛场内不得饲养家禽，以免结核病禽对牛健康造成威胁。

引牛管理：加强流通防疫监管，严格跨省调运牛检疫证、车辆消毒证明和调运奶牛健康证，必须证明无结核病阳性牛时，方可引进。

饲养人员管理：场内工作人员每年要进行健康体检，取得健康证后方可上岗工作，杜绝结核病人。

四、牛乳房炎

牛乳房炎又称乳腺炎，指母牛乳腺组织因多种病原微生物感染而引发的各类型炎症。按临床表现的不同，分为隐性乳房炎和临床型乳房炎两种类型。

病因：牛乳房炎的病因很复杂。病原感染，病原有无乳链球菌、停乳链球菌、金黄色葡萄球菌、大肠杆菌、霉形体、真菌、病毒等。牛舍的环境卫生差，挤奶操作不当，舍内通风不良极易诱发乳房炎。饲养管理不当，钙钾的供给或吸收不平衡，饲料中维生素 A、E 和微量元素硒的缺少等也是诱因。乳房炎还与遗传有关。

流行特点：每年的雨季牛乳房炎发病率较高，老龄、多胎次牛比幼龄、头胎牛易患乳房炎。在我国南方高于北方。

临床症状及病理变化：

隐性乳房炎是奶牛乳房炎的最常见形式。临床检查无症状，乳房和乳汁均无肉眼可见的病理变化等，但如果采用体细胞计数方法，其乳汁中的体细胞数量大于 50 万个/毫升。

临床型乳房炎在奶牛的乳房、乳汁中，肉眼可见炎症病理变化。轻度乳房炎，乳汁中有絮状凝乳块，乳汁稀薄，乳房轻度发热和疼痛，有的肿胀。重度乳房炎，患病乳区红，肿、热、硬、痛，乳汁排出不通畅或困难，泌乳减少或停止，乳汁变性（见彩图97），患牛出现高温、脉搏增数、乳房上淋巴结肿大。

诊断：临床型乳房炎根据临床症状做出诊断。隐性乳房炎需用仪器或显微镜进行牛奶中体细胞计数，还采用CMT法（加州乳房炎试验）、B. M. T法（月桂酸硫酸钠乳黏稠度试验）和体细胞直接计数法等实验室诊断方法进行确诊。

预防：搞好环境卫生，加强饲养管理。做好夏防暑、冬保温工作，以减少奶牛的应激。对牛舍和运动场进行定期消毒，保证牛舍和运动场的清洁干燥。保证日粮中营养的充分和平衡，特别是矿物质和维生素的充分和平衡，禁喂变质饲料。

规范挤奶操作，挤奶前应将牛床及走道打扫干净，并将牛体后部刷擦干净。挤奶前应对挤奶机或挤奶员的手消毒，按照先挤高产牛后挤低产牛秩序。挤奶前先用40~50℃的温水将乳房清洗干净。并选用3%次氯酸钠、0.5%洗必泰、0.1%雷夫奴尔或0.1%新洁尔灭等消毒药液，浸泡消毒奶头20s。用清洗消毒过的干毛巾抹干净奶头，做到一牛一巾。清洗干净牛体和乳房后及时挤奶。挤掉前3把奶，并装于容器内，集中处理。挤完奶后用1%的碘伏溶液药浴奶头。机器挤奶时，当榨乳完毕，要立即用手工方法挤净乳房内余奶，然后用3%~4%次氯酸钠液或0.5%~1%碘伏浸泡乳头。加强隐性乳房炎监测。

选择与主要病原相对应的疫苗进行免疫接种，接种方式按疫苗说明进行。第1次在牛干奶时注射1针，30天后注射第2针，于产后70小时再注射第3针。

治疗：轻度乳房炎可对乳房内给药即可，但要坚持3天；重度、急性乳房炎需乳房内和全身给药，并结合静脉输液，临床症状消退后，仍需再用1~2日，然后停药。停药至第10天左右，做一次乳汁化验，如仍为阳性，则需更换药物继续治疗。要坚持至炎症完全治愈，否则可能复发。

乳房内给药可选择青霉素100000IU（国际单位）、螺旋霉素250mg、链霉素1mg+青霉素100000IU、新霉素500mg等。操作方法为先挤净患区的乳汁或分泌物，用碘酊或75%酒精擦拭乳头管及乳头，经乳头管口向乳池内轻轻插入带有胶管的灭菌乳导管。胶管另一端接注射器，将以上药液徐徐注入乳池，注完后取出导管，以手指捻动乳头管片刻，再用双手掌自下而上顺序轻度向上按摩，迫使药物上升扩散；注入次数为2~3次/天，一般抗菌药连用3~4天，临床症状消退后仍需用1~2天。停药后10天左右，做一次乳汁化验，如仍未愈，需更换药物治疗，注药前可肌注10~20单位催产素，然后挤奶。若乳汁中含絮状物或脓样物或血凝块较多时，宜用0.9%氯化钠溶液，或0.1%雷佛奴尔溶液冲洗后，再灌抗菌药物。用药期间及停药后3天为奶废弃期。静脉注射药物可选红霉素400万IU~600万IU（泌乳期禁用），5%葡萄糖液1500mL，1~2次/天；或10%磺胺嘧啶钠300~500mL，1次/天。用药期间及停药后5天为奶废弃期。

五、牛、羊腐蹄病

牛、羊腐蹄病根据其发展的不同，分为蹄叶炎、趾（指）间皮炎、趾指皮炎和肢蹄病等。在临床上表现为蹄底溃疡、百线损伤、蹄底脓肿、趾（指）间皮炎和趾（指）间蜂窝质炎、蹄冠红肿等。

病因特点：牛、羊腐蹄病的病因很复杂，主要与饲料营养、圈舍地面、遗传等因素有关。这些因素使牛、羊蹄部损伤后导致感染病原感染。因饲养管理导致钙磷比例不当或供应不足、蛋白质或维生素缺乏等引起蹄角质发育不良；牛舍及运动场地面使牛、羊蹄底损伤；牛舍内粪尿未及时清扫，牛蹄长期浸泡其中。病原主要有坏死梭杆菌、节瘤拟杆菌等。

流行特点：牛、羊腐蹄病的发生与季节变化有关，夏秋季节雨水较多、气候炎热潮湿是牛、羊腐蹄病的高发季节。在我国，因南方高温、高湿，牛、羊腐蹄病高于北方。

临床症状及病理变化：病牛初表现为跛行，喜卧，不愿运动，后蹄患病时蹄尖轻轻着地，前蹄患病时患蹄前伸。站立时频频提举起病肢，患蹄刨地或踢腹；患蹄系部和球节弯曲，不愿负重。初期轻度跛行，趾（指）间皮肤和蹄冠呈红色或暗紫色、发热、肿胀、敏感，皮肤裂开，有恶臭味。病肢蹄底不平整，角质呈黑色，蹄底部有小孔或大洞，扩创后有污臭物，趾间也常能找到溃疡面，味臭，蹄壳腐烂变形（见彩图98）。当病牛羊的病情进一步恶化时，体温升高，可达41℃；食欲下降或废绝，精神沉郁，起卧困难，全身逐渐消瘦等。如不及时治疗，可能因为继发感染而造成死亡。严重病牛蹄角质分离，可造成整个蹄匣脱落。

诊断：根据牛羊临床症状可做出初步诊断。

预防：满足牛羊营养需求，保证钙磷足量供应；对于奶牛要根据奶牛泌乳各个阶段的不同，进行分群饲养，制定合理的日粮结构，禁止饲喂发霉变质饲料和冰冻饲料。加强饲养管理，保持牛羊舍及运动场清洁。圈舍定期消毒。做好蹄部保健，定期的喷蹄、浴蹄，选用刺激性小、没有异味的5%硫酸铜浴液或消毒液。浴蹄可在挤奶台的过道上和牛舍放牧场的过道上，建造长4m，宽2～3m，深10cm的药浴池，让奶牛上台挤奶和放牧时走过，达到浸泡目的。定期削蹄，舍饲牛每年应进行两次维护性修蹄，并对整个牛群进行常规护蹄。做好其他疾病的预防工作，要防止一些诱发疾病的发生。

治疗：首先将患病牛羊进行隔离，采取早发现、早治疗，消除疾病诱发因素，保持患部干净，消炎止痛，去除腐败，加强蹄部血液循环，促进炎性吸收，先治疗重症，后治疗轻症，防止人为处理不当造成瘫痪的原则进行治疗。

治疗奶牛蹄病多采用牛蹄局部治疗的方法：首先，将患蹄用0.5%～3%的高锰酸钾溶液将病肢上的粪尿、泥土清洗干净；然后，进行修蹄，清除患部渗出物、脓汁和坏死组织等，充分暴露病变部位。创面处理可选用3%～5%的过氧化氢溶液、0.1%高锰酸钾溶液、0.5%～1%氯胺溶液和1∶1500的福尔马林溶液进行清洗。用10%碘酊涂布，用呋喃西林粉、消炎粉和无水硫酸铜适量压于伤口，再用腐蹄膏或鱼石脂外敷，绷带包扎蹄部即可。对病情较轻的牛每周更换2次，严重的隔一天更换一次药。当患部有明显机能障碍时或处于急性期的病牛，采用普鲁卡因封闭疗法并结合阿司匹林、乙酰丙嗪等镇静止痛药物消肿止痛。

对急性或严重性蹄病可采用全身疗法进行治疗，使用药物多为抗炎及镇痛药。对食欲不振，体温升高病牛可使用抗生素、磺胺药物。磺胺嘧啶钠200mL，氢化可的松20～40mL，碳酸氢钠250mL，一次静注，一日1次；或青霉素160万IU×25支，一次静注，一日2次，并配合葡萄糖、5%碳酸氢钠等静脉注射，直至全身症状消失。

六、牛前胃弛缓病

牛前胃弛缓是由于饲料、病原感染等导致牛前胃（瘤胃、网尾、瓣胃）的兴奋性降低、收缩力减弱等，使前胃内容物不能向消化道后部推送，而发生腐败、酵解而引起食欲减退、反刍减少或废绝的一种全身机能紊乱的一种消化道疾病。

病因：牛前胃弛缓分为原发性前胃弛缓和继发性前胃弛缓。

原发性前胃弛缓主要是由于突然摄入能改变瘤胃内环境平衡的饲料或饲养管理不当引起。饲料性因素包括：突然过量摄入过量适口性好的精料，饲料量远远超过平时的日食量；食入过量不易消化的粗纤维饲料，如野生杂草、秸秆等；矿物质缺乏，尤其是缺钙，导致神经体液调节机能减弱，前胃收缩能力降低；误食化纤塑料袋，食入胎衣等。原发性弛缓的管理因素包括饲养方式突然发生改变，经常更换饲养员和调换圈舍和牛床，圈舍环境恶劣如阴暗、潮湿、寒冷等，各种应激因素如恐吓、酷暑、严寒等。

继发性前胃弛缓主要是继发于其他消化道疾病，如口炎、齿病、创伤性网尾炎、腹膜炎、缺钙病等引起。除此之外，临床上大量滥用抗生素药物或磺胺类药物（破坏瘤胃内正常菌群）也可引起性前胃弛缓。

临床症状：急性型表现为精神萎顿，食欲减退或消失，反刍减少或停止，瘤胃充满松软内容物，蠕动次数减少，时而有嗳气伴酸臭味，便秘或下痢；重者伴发消化道炎症或酸中毒，排出大量中褐色稀粪，恶臭，鼻镜干燥，眼球下陷，有脱水症状。慢性型表现为食欲不定，发生异嗜，反刍不规则，便秘或下痢，或便秘下痢交替进行，结膜发绀，全身衰竭。

诊断：根据病历、临床症状和检查结果等诊断。

治疗：以改善饲养管理，排出病因，恢复胃肠运动能力，改善和恢复瘤胃内环境，防治脱水和自体中毒为治疗原则。对症状轻者，病初绝食 1 ~ 2 天，饲喂少量容易消化的富有营养的饲料和清洁饮水，可用生菜油 1000 ~ 2000mL 或 300 ~ 500g 硫酸镁、10 ~ 20g 鱼石脂兑 600 ~ 1000mL 温水，一次性口服，促进瘤胃内容物的排出；同时可用 10% 氯化钠溶液 100mL、5% 氯化钙溶液 200mL、20% 安钠咖溶液 10mL，静脉注射，促进前胃蠕动。对于严重病例，应采用对症用药。对于病程较长，极顽固前胃弛缓病例，还可使用洗胃的办法（用大号导胃管导出瘤胃内的稀薄内容物，灌入 35℃ 左右温水，推揉瘤胃使内容物稀释混合然后导出），纠正瘤胃内过高或过低的 pH 值，同时导入健康牛的瘤胃内容物。

预防措施：应改善饲养管理，消除能导致前胃弛缓的病因。

七、羊梭菌病

羊梭菌病是由梭菌引起羊的一类疾病，主要特点是发病和死亡很快，临床症状和病变多，较难区别。

病原特点：引起羊梭菌病的梭菌有 5 个型，即腐败梭菌、C 型魏氏梭菌、D 型魏氏梭菌、B 型诺维氏梭菌、B 型魏氏梭菌，分别依次引起羊快疫、羊猝狙、羊肠毒血症、羊黑疫和羔羊痢疾。

流行病特点及感染途径：

羊快疫：病羊营养多在中等以上，年龄在 6 ~ 18 月龄；多是通过消化道感染，也可因气温骤变、阴雨连绵或食入结冰、霜冻的水草等因素使机体抵抗力降低，致原存在于肠道中的正常梭菌群大量繁殖，产生外毒素引起发病。

羊猝狙：主要发生于 1 ~ 2 岁的成年绵羊，经消化道感染。常流行于低洼、沼泽地区，以冬、春季节多发。

羊肠毒血症：羊采食被芽胞污染的水和饲草进入消化道，当机体抵抗力下降时发病。本病多发生在春夏之交，青草萌发和秋季牧草给籽后的一段时期，羊吃了大量的菜叶菜根而发病，常见于3~12月龄膘情较好的羊。流行特点为散发性流行。

羊黑疫：一般发生于1岁以上的羊，2~4岁羊最多发生，常因羊采食了被梭菌芽胞污染的饲草而感染。该梭菌的芽胞广泛地存在于土壤中。有肝片虫病流行的潮湿、低洼地区常有黑疫病的流行。

羔羊痢疾：发病多在出生后1周之内，以2~3日龄多发，多因为初生羊经消化道感染所致。

临床症状及鉴别诊断：主要鉴别要点见下。

羊快疫：突然发病，死亡。病程较长，不食、磨牙、呼吸困难甚至昏迷；有的兴奋不安，腹部鼓胀，有疝痛症状，通常数分钟至几小时死亡。解剖可见病羊头颈部皮下有血性胶样浸润，胸腹腔和心囊腔积有淡红色液体，死羊若未及时剖检则出现迅速腐败。

羊猝狙：多数突然死亡。死羊剖解可见胸、腹腔及心包积液，出血性肠炎，十二指肠和空肠黏膜有糜烂或溃疡。

羊肠毒血症：突然发病死亡。病程稍长，病羊死前，四肢滑动，肌肉震颤，磨牙、流口水、头颈抽搐，24小时内死亡。死羊解剖以肾脏软化为病理变化为特征，即将肾脏托在手掌中塌陷，不成形。可见心包内有多量灰黄色液体和纤维素絮块，心内、外膜及小肠浆膜上出血。肺充血水肿，肝变性。

羊黑疫：皮下瘀血呈黑色为典型症状。最急性型，多数突然发病死亡。急性型，表现不食、不反刍，呼吸困难，口流白沫，腹痛，昏迷中死亡。死羊解剖可见其肛门流出少量血样液；皮下静脉瘀血，胸部皮下水肿；胸腹腔积多量黄色液；脾脏瘀血肿大，呈紫黑色。

羔羊痢疾：腹泻和神经症状拉黄绿、黄白色或暗红色稀便，恶臭，或粥状粪便；有的表现排少量血便。神经症状为四肢瘫软，卧地不起、呼吸迫促、口流白沫、最后昏迷死亡。死羊解剖可见后腹部皮下水肿，腹腔内积多量透明、红色的渗出液；小肠浆膜面出血，黏膜有条索出血或溃疡、表面覆有糠麸样物；肠系膜充血，肠系膜淋巴结瘀血、水肿等。

防治：因这类病发病太急，一般治疗意义不大。若病程稍长可用磺胺、抗生素等治疗，并支持10%安钠加以及5%葡萄糖1000mL静注。

疫区每年定期免疫“羊快疫、猝狙、肠毒血症”三联苗或五联苗预防，发病群可用菌苗紧急免疫。隔离病羊，用20%漂白粉、3%福尔马林、0.2%升汞和3%~5%氢氧化钠等严格消毒，转移牧地。

八、羊传染性胸膜炎病

传染性胸膜肺炎是山羊的一种常见接触性传染病，以高热、咳嗽、纤维蛋白渗出性肺炎和胸膜肺炎为特征。

病原及流行特点：病原为支原体（霉形体）。该病广泛流行，3岁以下山羊最易感染。接触传染性很强，主要通过空气－飞沫经呼吸道传染。阴雨连绵、寒冷潮湿、羊群密集、拥挤等因素，有利于空气－飞沫传染的发生。

临床症状及病理变化：该病的潜伏期为18~20天。根据病程和症状，分为最急性、急性、慢性三型。最急性型，体温升高达41~42℃，无食欲，呼吸急促，发出痛苦的鸣叫。数小时后，呼吸困难，咳嗽，流出带血鼻液，病程不超过4~5天，快的12~24小时死亡。急性型最常见，病初体温升高，食欲减少，不愿走动，咳嗽。4～5天后，鼻液为黏液-脓性，呈铁锈色，附在鼻孔和上唇，呼吸困难。慢性型，多见夏季，全身症状较轻微，体温升至40℃左右；病羊间有咳嗽和腹泻，鼻液时有时无，身体衰弱，被毛粗乱。

可见死羊胸腔有淡黄色液体，放久后，有凝块。急性病例多为一侧，肺呈肝变，突出于肺表面，颜色为红色至灰色，切面呈大理石样。胸膜变厚而粗糙，胸膜与心包膜粘连。

防治：由于该病病原为支原体，一般抗生素治疗效果较差。可用新胂凡钠明，剂量5月龄以下羔羊为0.1～0.15g，5月龄以上羔羊为0.2～0.25g，溶于葡萄糖生理盐水，静脉注射；间隔4～9天后，再注射一次。也可试用黄胺噻唑钠、氯霉素等药物。

预防用羊传染性胸膜肺炎疫苗，定期接种。

九、羊口疮

羊的传染性脓疱病又称羊口疮，是一种急性接触性的人畜共患病，羊、人、猫均可感染本病，在圈养密度较大的羊场中是常见的疾病之一。

病原及流行特点：病原为传染性脓疱病毒。感染途径为接触传染，主要是擦伤的皮肤或黏膜，人多因与病羊接触感染。流行季节为夏秋季多发。

临床症状及病理变化：本病可分唇型、蹄型、外阴型三型，在四川以唇型最多见。唇型最常见，病初在口角、鼻镜或上唇出现红色小斑点，很快形成稍大的小结节，继而发展为水疱或脓疱（见彩图99）、溃疡、结痂，无继发感染1～2周痊愈，痂块脱落，皮肤新生肉芽不留斑痕；严重病例则患部互相融合，在整个口唇周围、口腔内部、郏部、眼睑甚至耳廓等部位形成大面积的溃疡和肉芽组织增生，表面覆盖龟裂痂垢而呈桑葚状突起并导致采食困难。这时体温升高，还可能在肺脏、肝脏、胃和母牛乳房等处发生转移性病灶，继发肺炎或败血症，衰竭死亡。蹄型几乎仅侵害绵羊，多为单蹄患病，常在蹄叉、蹄冠或系部皮肤形成水疱、脓疮。外阴型少见，阴道有黏液性或脓性分泌物，疼痛肿胀的阴唇附近的皮肤出现溃疡，乳房区皮肤上发生脓疱和溃疡。

诊断及鉴别诊断：根据临诊症状，易诊断。与羊痘的鉴别：羊痘病羊体温有升高，全身反应严重，痘疹多为全身性的，痘疹结节呈圆形似脐状，突出于皮肤表面，界限明显。与口蹄疫的鉴别：口蹄疫有全身性反应，一般蹄部病变明显。

防治：对病羊皮肤患处可先用水杨酸软膏软化痂垢，除去痂垢后再用0.1%～0.2%高锰酸钾液冲洗创面，然后用2%龙胆紫、碘甘油溶液或土霉素软膏或呋喃哂林软膏每日涂擦1～2次；口腔脓疱用0.1%～0.2%高锰酸钾或生理盐水冲洗创面后，涂撒冰硼散，每天2次连用7天，痊愈为止。

十、羊链球菌病

羊链球菌病是一种急性热性传染病，严重危害山羊、绵羊，在一些地方也是危害羊的一种常见疾病。

临床症状及病理变化：病羊初期表现为精神不振、食欲减少或不食，反刍停止，行走不稳；结膜充血，流泪，以后有流脓性分泌物。鼻腔流浆液性鼻液，后期为脓性。体温升高至41℃以上，咽喉、舌肿胀。怀孕母羊流产。有的病羊表现为眼睑、嘴唇、颊部、乳房肿胀，临死前呻吟、磨牙、抽搐。急性病例呼吸困难，一般情况下2～3天死亡，急的24小时内死亡。死羊解剖，病变特征为浆液性纤维素性肺炎和浆膜炎。

防治：可使用青霉素、磺胺等药物，同时采用对症治疗。

十一、羊　痘

羊痘是羊的一种急性传染病，以体表多发性痘疹为特征。

临床症状及病理变化：病初体温升高到41℃～42℃，病羊眼部潮红、流泪，鼻孔流黏液性鼻液。病程至2～4天后，在其眼周围、唇、鼻、颊、四肢内侧、尾内侧、阴唇、乳房、阴囊、包皮等无毛或少毛处的皮肤上出现红色圆形痘疹，7～8天后结痂慢慢脱落，形成红色瘢痕而愈。有的病羊还会出现腿瘸、眼瞎、咳嗽、拉稀，孕羊流产等。病理解剖可见胃黏膜、肺叶有白色圆形痘节，其切面干燥、无光泽。

防治：用0.1%高锰酸钾水、淡盐水或忍冬藤、野菊花煎水洗擦病羊的患部，然后用碘甘油涂擦。也可用2%来苏尔冲洗后再涂抗生素软膏。全身用病毒灵、病毒唑等治疗。

健康羊群应每年定期用羊痘弱毒疫苗免疫。发生羊痘的地区，要严加封锁，隔离病羊，进行治疗。

十二、牛、羊焦虫病

牛、羊焦虫病是由焦虫寄生于牛或羊血液红细胞、网状内皮细胞引起的牛、羊寄生虫病，一般该病在牧区或半农半牧区流行，特征性症状为拉血尿。

病原特点：焦虫病病原包括两类，即巴贝斯虫和泰勒斯虫。巴贝斯虫体寄生于牛或羊血液中的红细胞内，泰勒斯虫寄生于牛或羊的血液中的红细胞、白细胞内。虫体的发育需要中间宿主（硬蜱如微小牛蜱、扇头蜱、璃眼蜱等）。硬蜱在牛或羊体表吸血时，虫体经血液进入蜱体内，当蜱再吸其他牛或羊时，又使其感染焦虫病。

流行特点：该病流行于既有牛、羊，又有硬蜱的地方，牛、羊发病季节与硬蜱出现的时间密切相关，一般春季、夏季、秋季易发生。

临床症状及病理变化：病牛、羊表现为体表消瘦、被毛粗乱、无光泽，体温升高至40～41.5℃，呈稽留热，食欲下降，反刍停止，粪便呈黄棕色，拉血红蛋白尿（即血尿）。可视黏膜贫血、黄疸，触诊可感觉颌下等淋巴结肿大。

诊断：在牧区或半农半牧区并有硬蜱的地方，根据临床症状尤其是拉血尿等可怀疑为本病，确诊需要进行虫体检测。

在我国许多地方的牛或羊还有伊氏锥虫病。伊氏锥虫也是寄生于牛或羊等动物的血液中但在细胞外，即在红细胞、白细胞之间。做血液检测，在显微镜下可见虫体在红细胞、白细胞之间不断运动。伊氏锥虫病病牛或羊，一般无拉血尿的症状。

防治：避免将牛、羊赶到有硬蜱的地方放牧，每年定时用溴氰菊酯类等药物灭蜱。不要从有焦虫病流行的地方引进牛或羊。对病牛或羊可用三氮脒（贝尼尔、血虫净）、硫酸喹啉脲（苏拉明）、胎盘蓝、黄色素等治疗，同时，对症用相应药。

十三、牛、羊吸虫病

牛羊吸虫病是由吸虫寄生于牛羊体内引起的一类寄生虫病。

病原及发育史：牛羊的吸虫主要有片形吸虫、前后盘吸虫、阔盘吸虫、双腔吸虫。另外在我国和我省部分地方还有日本血吸虫，

片形吸虫：虫体有肝片吸虫和大片吸虫（见彩图100）2种，成虫寄生于牛或羊的肝脏胆管内，幼虫寄生于椎实螺体内。成虫产生的虫卵随胆汁到胆囊、小肠、大肠，随牛或

羊的粪便排到外界水内，虫卵孵出毛蚴，毛蚴遇到水内的椎实螺（中间宿主）后钻入体内，后进一步发育至胞蚴、雷蚴、尾蚴。尾蚴离开椎实螺，在水中游泳并附在水草上形成囊蚴。当牛或羊吃到有囊蚴的青草而感染，幼虫在牛或羊体内移行至肝脏胆管发育至成虫。

前后盘吸虫：成虫（见彩图100）寄生于牛或羊的瘤胃、网胃，但其中平腹吸虫寄生于牛或羊的大肠。其发育方式和感染途径类似片形吸虫。

日本血吸虫：成虫寄生于牛、羊的肠系膜等静脉内，幼虫寄生于钉螺（中间宿主）体内。成虫产出的虫卵随血流到小肠壁，由于虫卵毒素等使小肠形成溃疡，虫卵经溃疡进入小肠、大肠，再随粪便到外界。虫卵孵出的毛蚴游离于水中，当遇到钉螺钻进后发育至尾蚴。当尾蚴在水中游泳时，被牛、羊或人接触到后便钻入其体内而感染。

阔盘吸虫：成虫寄生于牛或羊的胰脏。幼虫发育需要2个中间宿主。第一中间宿主是蜗牛，第二中间宿主是草螽（蚱蜢），当牛、羊吃草时吞吃了有幼虫的蚱蜢而感染。

双腔吸虫：成虫寄生于牛或羊的肝脏，幼虫发育需要2个中间宿主，第一中间宿主是螺丝，第二中间宿主为蚂蚁，牛、羊吞吃了有幼虫的蚂蚁而感染。

流行特点：肝片吸虫病和前后盘吸虫病，在我国和我省普遍流行，一年四季均可发病，但每年夏秋季节为高发病期。日本血吸虫病，在我国的长江流域以南、四川主要是成都眉山片区和德阳片区及普格和芦山大山区、云南大理等大山区流行。

临床症状和病理解剖变化：牛、羊感染肝片吸虫病轻微时一般不表现出临床症状；当感染严重时，表现为营养不良，体况消瘦、被毛粗乱，颌下水肿；有的体温升高，有的表现为拉血便或粪便干燥。有时，在青草茂盛时期雨季后，放牧牛或羊突然发病死亡，这可能是牛或羊感染到大量幼虫，幼虫在其体内移行对牛或羊造成严重损伤。病牛、羊死亡或屠宰解剖，可在其肝脏胆囊、胆管内见到虫体。采集病牛或羊的粪便送检，在显微镜下可见肝片吸虫虫卵。

治疗：肝片吸虫病选用氯氰碘柳胺盐、肝蛭净。这2种药物具有很好效果。日本血吸虫病选用吡喹酮。前后盘吸虫病选用硫双二氯酚，其他药物的效果不明显。使用药物的剂量和方法参照药物说明书。

预防：不要将牛或羊在水源边尤其是有钉螺、椎实螺的地方放牧。尤其是夏秋下雨后，有大量幼虫附着在水边青草上，禁止将牛或羊在水边放养。每年春秋二季各进行一次预防性驱虫，驱虫药物和方法同于治疗。

十四、牛、羊绦虫病

牛羊绦虫病是由绦虫幼虫或成虫引起牛、羊的一类慢性、消耗性或急性寄生虫病。其中，包虫病在我国一些地方为重大的人畜共患病，甚至严重危害公共卫生安全。

病原及发育史：牛羊绦虫病的病原分为两类，即中绦期虫体（绦虫幼虫）、绦虫成虫。

成虫病原：主要有莫尼茨绦虫、无卵黄腺绦虫、曲子宫绦虫、牛带绦虫、羊带绦虫等。但最常见的为莫尼茨绦虫，其次为无卵黄腺绦虫。莫尼茨绦虫呈乳白色棉带形竹节状，是一种大型绦虫。虫体背复扁平，体前部细，头端约菜籽粒大小，体后部节片宽大，体宽可达16cm，体长可达5m以上。莫尼茨绦虫成虫可寄生于黄牛、水牛、牦牛、绵羊、山羊、鹿等动物的小肠内，虫体后面的成熟节片脱落后随粪便排出体外，脱落的节片在牛等体内粪便中或外界破裂；虫卵被中间宿主（地螨）吞吃后，虫卵中的六钩蚴（发育中的幼虫）在地螨体内进一步发育至似囊尾蚴（发育中的另一种幼虫），当牛或羊等吃了混有六钩蚴地螨的青草时而感染，幼虫进一步发育至成虫。无卵黄腺绦虫的形态类似于莫尼茨绦虫的形态，但虫体更小，其发育史和寄生部位也与莫尼茨绦虫类似。

中绦期病原：主要有棘球蚴（包虫）、脑包虫病、多头蚴等。

棘球蚴的成虫是棘球绦虫，虫体大小如大米粒，体长5～8cm，寄生于犬及犬类动物的小肠内，虫体脱落的节片随犬粪便排出体外，节片在犬体内或外界破裂，虫卵散布在外界中；当牛、羊等放牧时吞吃了虫卵或人、牛或羊等呼吸时从空气中吸入虫卵（因大风虫卵在空气中飘浮）而感染，虫卵内的六钩蚴出虫卵后在牛或羊等的肝脏、肺脏等寄生，并发育形成包囊；当包囊破裂后，包囊液中的棘球砂随包囊液流到其他部位又重新发育，因此，病变部位像癌细胞一样不断扩散至整个肺脏、肝脏等。屠宰患病牛或羊时，有病原的肝脏、肺脏等被犬等吞吃了，幼虫在犬小肠发育至成虫。

脑包虫呈豌豆大小，多头蚴呈蚕豆至鸡蛋大小的囊状体，其大小根据在牛、羊等体内寄生部位的不同而体积差异很大。虫体有一层较薄的囊壁和一个或几个呈乳白色实质结构的头节，囊内充满了囊液；寄生于牛或羊的皮下、脑内等。成虫为多头绦虫，其外形与莫尼茨绦虫外形相似，寄生于犬的小肠。

流行特点：牛羊绦虫病流行广泛，无论是牧区还是半农半牧区、农区均有莫尼茨绦虫病流行，主要危害羔羊和犊牛。牛、羊的莫尼茨绦虫病多发于夏秋季节，这主要与地螨出现的季节有关。包虫病流行于新疆、青海、西藏等，在四川省流行于甘孜州、阿坝州。多头蚴病主要流行于牧区或半农半牧区，但近年也扩散至农区。

临床症状与病理变化：牛羊绦虫病在一般情况下不出现临床症状，严重感染时可出现精神不振、消瘦、贫血、腹泻；有时出现明显神经症状，甚至死亡。剖检可见黏膜贫血、肠系膜淋巴结、黏膜、脾增生，肠黏膜出血，小肠中有数量不等的绦虫。脑包虫因在脑的寄生部位不同，其临床症状有差异，如脑包虫寄生于羊的脑内，患病羊常做转圈运动。

诊断：根据流行病学、临床症状等可初步怀疑，但确诊须检查其虫卵或虫体节片。

防治：减少牛羊吞食地螨的机会，以消灭环境中的地螨。定期驱虫，在流行地区对断奶羔羊或犊牛每隔1个月进行1次驱虫，成年家畜春秋两季各进行1～2次驱虫，预防驱虫药物与治疗药物相同。牛羊粪便要进行集中堆积发酵或沤肥，时间不少于2～3个月，未处理的粪便不能用于施肥。

对患绦虫成虫的病牛、羊、犬等，用吡喹酮、氯硝柳胺治疗，使用剂量和方法按药物说明书。对患绦虫幼虫的牛、羊，用丙硫咪唑，以每kg体重60～80mg/次口服，间隔1天1次，10天为一疗程。

十五、牛、羊线虫病

牛羊线虫病是由一种或多种、主要寄生于牛羊消化道或呼吸道等的一大类寄生虫导致的病。该病流行广泛，危害极大，重者导致死亡。

病原及发育史：寄生于牛、羊的线虫种类很多，常见线虫如下：

血矛线虫：雌虫长2.2～2.7cm，雌虫的阴道与小肠（因虫体吸血呈红色）互相扭曲呈麻绳状（见彩图101）；雄虫长1.5～1.9cm，尾端呈鱼尾状为交合伞。主要寄生于牛、羊的真胃，其次在十二指肠。寄生于牛或羊的真胃内的雄虫和成虫交配后，雌虫产出的虫卵随粪便排出体外，虫卵孵出幼虫后，幼虫离开虫卵并在外界发育至感染性幼虫；当牛、羊吞吃到有感染性幼虫的青草或被幼虫污染的饲料等时而被感染。

犊牛新蛔虫：为大型线虫，其外形和大小似猪蛔虫，雌虫体长 22～30cm，雄虫体长 15～25cm，雄虫尾端稍钝并卷曲。

奥斯特线虫：虫体细小，似人头发，雌虫长 8～16cm，雄虫长 5～12cm。寄生于牛、羊的真胃、小肠。

仰口线虫：常见的有牛仰口线虫、羊仰口线虫，虫体头端向背侧弯曲（也称为牛、羊钩虫），雌虫长 12～21cm，雄虫长 7～18cm。寄生于牛、羊的小肠。

夏白特线虫：虫体头部斜仰，雌虫长 16～28cm，雄虫长 13～21cm。寄生于羊的大肠。

毛首线虫：虫体分为明显的前端细和后端粗两部分，外形和大小似猪毛首线虫。寄生于牛、羊的大肠。

食道口线虫：虫体呈较粗壮，外形和大小似猪食道口线虫，雄虫体长 8.5～13.0cm，雌虫体长 10.0～15.0cm（参考猪食道口线虫）。寄生于牛、羊的大肠。

网尾线虫：虫体呈线状，雌虫长 35～74cm，雄虫长 20～71cm，称为大型肺线虫，寄生于牛、羊的肺脏较大的支气管内。

原圆线虫：虫体呈线状，雌虫长 23～62cm，雄虫长 13～36cm，称为小型肺线虫，寄生于牛、羊肺脏较小的支气管内。

腹腔丝虫：虫体呈丝状，雌虫长 56～205cm，雄虫长 40～120cm，寄生于牛腹腔。丝状线虫病通常发生在蚊虫孳生季节，所产微丝蚴进入宿主血液循环，中间宿主－吸血昆虫（蚊类）刺吸终牛羊主血液时，微丝蚴随血液进入蚊虫体内并发育成感染性幼虫，而后移行至蚊的口器，当这种蚊刺吸其他牛羊时即引起其他牛羊的感染。

流行特点：牛、羊线虫病流行有一定季节性，这主要是幼虫在外界环境中受温度、光照的影响较大，因此，主要流行于春季和秋季。吸吮线虫病与蝇的活动季节密切相关，多发于温暖而潮湿的秋季。

临床症状与病理变化：牛、羊消化道的线虫病主要表现为体表消瘦、贫血、消化不良，被毛粗乱，肠炎等临床症状，严重时病牛或病羊颌下水肿。牛、羊肺线虫病主要表现为咳嗽、鼻孔排出黏性分泌物，常打喷嚏，消瘦、贫血，呼吸困难，听诊有湿啰音，重者引起死亡，羊网尾线虫可见头胸部和四肢水肿。因消化道线虫病死亡的牛或羊，解剖时可见真胃内几乎完全充满虫体。

诊断：一般根据流行病学和临床症状、尤其是食量不减而又表现出体况消瘦、被毛粗乱等可初步诊断，但确诊需要进一步虫卵或虫体检测。

防治：定期驱虫，在春秋两季对牛羊各进行 1～2 次驱虫，驱虫药物同治疗药物；保持圈舍卫生，在寄生虫活跃季节减少清晨、傍晚和雨后放牧。粪便应进行堆积发酵或沤肥，引入牛羊时，应进行隔离驱虫。在蚊蝇孳生季节消灭蚊蝇。

预防性驱虫或治疗病牛、羊可选用左旋咪唑、丙硫咪唑、阿苯达唑、伊维菌素进行驱虫治疗。腹腔丝虫用乙胺嗪（杀灭微丝蚴）结合使用左旋咪唑或伊维菌素（杀灭成虫）进行治疗。使用药物的剂量和方法按药物说明书。

十六、牛、羊体表寄生虫病

牛羊体表寄生虫病是由寄生于牛或羊体表的外寄生虫引起牛、羊的一类常见寄生虫病。外寄生虫无论体积大小，均为寄生性节肢动物，故又称为寄生性节肢动物病。

病原：寄生于牛羊体表的寄生虫种类较多，常见的有蜱、螨、虱和蚤。

蜱：寄生于牛、羊的硬蜱种类很多，常见的有牛蜱、扇头蜱、血蜱等，软蜱有锐缘蜱等。蜱的体积变化很大，吸饱血的蜱体积是未吸血的蜱体积的1000倍（见彩图102），即吸饱血蜱体积可达人的中指头大小。有的蜱终生在牛或羊体上，有的蜱需要吸血时才寄生于牛或羊体上，其余时间在环境中如圈舍墙缝等，因此，有“一宿主蜱”、“二宿主蜱”、“三宿主蜱”。蜱对牛、羊的危害，不仅是吸血的危害，它在吸血的同时又将自身体内携带的病毒或其他更小的寄生虫传给被吸血的牛或羊。

螨：螨虫病也是牛、羊的一种常见寄生虫病，可参考猪螨虫病。

虱：有吸血虱和毛虱两类。吸血虱寄生于牛、羊的皮肤并吸取牛或羊的血液。毛虱寄生于牛或羊的毛上，以毛为食物。

蚤：又被称为蠕形蚤，为小形无翅昆虫，分头、胸、腹三部分。

蠕形螨：虫体只能在显微镜看见，寄生于羊皮肤组织内，形成“痘疤”。

临床症状：患病牛、羊表现剧痒，骚动不安、常在墙、柱等物体上摩擦。体外寄生虫叮咬牛羊时，可引起皮肤机械性损伤，皮肤炎症，有的皮肤形成大量的痂皮。大量寄生时，可造成牛、羊体质衰弱、发育不良、贫血、消瘦，毛皮质量低劣，脱毛等症状。蜱大量寄生时，患病牛或羊出现贫血。

诊断：根据临床症状，再直接用肉眼观察检测虫体确诊，螨虫需刮取皮鞘镜检。

防治：加强饲养管理，保持圈舍卫生、干燥，垫草勤换。定时用溴氰菊酯类、双甲脒等药物对圈舍等场所喷洒，消灭环境中的病原。在羊场，每年春季用螨净、双甲脒等药浴。

药物预防和治疗时对患病牛、羊用氯氰碘柳胺、阿维菌素类等。

第七节 家禽主要疾病防治技术

一、禽流感

禽流感是由A型禽流感病毒引起的高度接触性禽类传染病。禽流感病毒可以跨越种间障碍感染人，对公共卫生构成巨大的潜在威胁。

病原特点：流感病毒属于RNA病毒，存在16个血凝素（HA）亚型和9个神经氨酸酶（NA）亚型，使得禽流感亚型众多、变异频繁。我国高致病性禽流感通常由H5和H7亚型引发，因此我国也将其列为一类动物疫病。该病毒在粪便中能够存活1周，在羽毛中能存活18天，在水中可存活1个月，尸体中的病毒能存活更长时间。对于温度非常敏感，在零下20℃左右，可存活40多个月，而在20℃左右，只能存活7天，一般不能在70℃以上的环境中生存。65℃加热30min或煮沸（100°C）2min以上、直射阳光下2天、紫外线直接照射均可对其灭活。禽流感病毒对乙醚、氯仿、丙酮等有机溶剂均敏感。常用消毒剂容易将其灭活，如氧化剂、稀酸、十二烷基硫酸钠、卤素化合物（如漂白粉和碘剂）等都能迅速破坏其传染性。

流行特点：禽流感在全世界范围内流行，家禽中以鸡和火鸡最为易感，野禽中多形成无症状的隐性感染，近年跨越种间障碍感染人类引起发病甚至死亡的事件频发。感染禽从呼吸道、结膜和粪便中排出病毒。粪便及分泌物污染的饲料、饮水、空气中的尘埃以及笼具、蛋品、种苗、衣物、运输工具，均可通过各种渠道进入其他的健康禽群。带病毒的候鸟和野生水禽在迁徙过程中，沿途可散播病毒。该病一年四季均可流行，但冬春季节多发，夏秋季节零星发生。气候突变、饲料中营养物质缺乏均能促进该病的发生。

临床症状及病理变化（见彩图103）：潜伏期从几小时到三五天。禽流感的临床症状可从无症状的隐性感染到100%的死亡率。一些无致病力的毒株感染野禽、水禽及家禽后无任何临床症状和病理变化。临床症状差异较大，一般表现为精神沉郁，采食量明显下降，消瘦，蛋鸡产蛋率下降，不同程度的呼吸道症状，咳嗽、喷嚏、流泪，羽毛松乱，皮肤发绀，腹泻和精神紊乱。由高致病力毒株感染禽后形成的高致病力禽流感，其临床症状多为急性经过，最急性型病禽不出现前躯症状，发病后急剧死亡；急性型病禽表现为突然发病，采食和饮水量明显下降，全群精神沉郁，呆立不动，从第2天起，死亡明显增多。临床症状也逐渐明显，病鸡脚鳞出血，鸡冠出血或发绀、头部和面部水肿；鸭、鹅等水禽可见神经和腹泻症状，有时可见角膜炎症，甚至失明；产蛋禽产蛋率急剧下降或几乎完全停止，蛋壳变薄、褪色，无壳蛋、畸形蛋增多。少数病程较长或耐过未死的病鸡出现神经症状，包括转圈、前冲、后退、颈部扭歪或后仰望天等。

低致病性禽流感肉眼常见的病变为喉气管充血、出血，在气管叉处有黄色干酪样物阻塞，气囊膜混浊；典型的纤维素性腹膜炎，输卵管黏膜充血、水肿，卵泡充血、出血、变形，肠黏膜充血或轻度出血；胰腺有斑状灰黄色坏死点。高致病性禽流感可见皮下有黄色胶样浸润、出血，胸、腹部脂肪有紫红色出血斑；腿部肌肉出血，有出血点或出血斑；心包积水，心外膜有点状或条纹状坏死，心肌软化；病鸡消化道变化表现为腺胃乳头水肿、出血，肌胃角质层下出血，肌胃与腺胃交界处呈带状或环状出血；十二指肠、盲肠扁桃体、泄殖腔充血、出血；肝、脾、肾脏瘀血肿大，有白色小块坏死。其余器官组织则多呈出血性病变。

诊断：根据急性经过、呈流行性传播、特征临诊症状等流行病学、病理剖检等可做出初步诊断。确诊须进行病毒分离、核酸检测等试验室方法检测，对疑似疫情应按照“动物防疫法”及“禽流感防治技术规范”相关要求处置。

预防：本病要以综合防制措施为主。疫苗免疫接种可以有效预防本病，尤其是高致病性禽流感，应对所有家禽实施有计划的免疫接种。高致病性禽流感被我国列为一类动物疫病，一旦发现可疑病例，应立即向当地兽医部门报告，同时对病鸡群（场）进行封锁和隔离；确诊后应按照“高致病性禽流感防治技术规范”扑杀销毁疫点、疫区的禽只及有关物品，执行严格的封锁、隔离、消毒和无害化处理措施。非高致病性禽流感，应在严格隔离的条件下，加强饲养管理，适当使用抗病毒药物，可起到早期预防、减轻症状和减少损失的作用。对症治疗，以减少损失。如能及时与抗菌药物联合使用控制细菌性感染，效果更好些。

二、鸡新城疫

鸡新城疫是由新城疫病毒引起的一种高度接触性传染病，常呈急性败血性经过，也称亚洲鸡瘟或鸡瘟。

病原特点：鸡新城疫病毒属于副粘病毒，单股RNA。病毒对高温敏感，55～75℃仅存活 30 分钟；对低温抵抗力强，－20℃可存活 10 年以上。一般消毒药均对该病毒均有较好的杀灭效果。

流行特点：一年四季均可发生，尤以春秋两季及气候多变时发病较多，发病率和死亡率高。各种年龄的鸡均可感染发病，雏鸡和中雏鸡比成年鸡易感染。鸭、鹅等水禽及哺乳动物对本病具有一定的抵抗力。病禽、带毒鸡是主要传染源。传播途径主要经呼吸道和消化道。

临床症状及病理变化（见彩图 104）：本病的潜伏期 3～10 天，临床症状主要为 4 种类型。

最急性型：出现在流行初期，属急性败血型。发病突然，多无明显症状，突然死亡。

急性型：病初高温（42℃以上），食欲不振，精神萎顿，翅、尾下垂，羽毛松乱，鸡冠及肉髯呈暗红或暗紫色。典型症状是张口呼吸，有喘鸣声或尖叫；咳嗽，有黏液性鼻液；嗉囊积液，倒提常有酸臭液体流出；粪便稀薄，呈黄绿色或黄白色；死亡率高。

亚急性或慢性型：发病初期与急性型症状相似，后期逐渐减轻，并出现神经症状，反复发作。病程可达两周左右，最后死亡。

非典型新城疫：主要表现为雏鸡的呼吸道症状和神经症状。蛋鸡产蛋量下降，并出现畸形蛋和软壳蛋，发病率和死亡率不高。

解剖死亡鸡可见嗉囊充满酸臭味的稀薄液体和气体，腺胃乳头出血为特征性病变。全身黏膜和浆膜出血，尤其以消化道和呼吸道最明显。慢性病例可见肠黏膜弥漫性出血斑和岛屿状坏死。蛋鸡卵泡出血、液化、变形。肝、肾、脾无特殊病变。

诊断：根据流行病学、症状与病理剖检特征，一般可做出初步诊断。确诊可取病死鸡的脑、肺、脾等病料接种鸡胚进行病毒分离培养，用血凝和血凝抑制试验鉴定病毒。注意本病与鸡霍乱、传染性支气管炎和禽流感相区别。

预防：本病目前尚无有效的治疗方法，应采取严格的综合措施加以预防。一是建立生物安全管理制度，严格卫生防疫和引进隔离饲养；二是科学免疫接种；三是处理疫情严格按照相关规定进行封锁、隔离、划定疫区及无害化处理。

三、鸡马立克氏病

马立克氏病是由鸡马立克氏病病毒引起鸡的一种以淋巴组织增生的病毒性肿瘤性传染病，具有高度传染性，也是一种免疫抑制性疾病。

病原特点：马立克氏病毒为一种 DNA 型疱疹病毒，能在刚孵出的幼雏、组织培养和发育鸡胚、鸡肾细胞和鸭胚成纤维细胞中繁殖，常产生疏散的灶状病变。病毒对温度抵抗力不强，一般常用的消毒剂可使病毒失活。

流行特点：鸡是重要的自然宿主，易发于 2～5 月龄的鸡。病鸡和带毒鸡是主要传染源。主要通过直接或间接接触传染，传播途径多由带毒的尘埃通过呼吸道感染，可长距离传播。

临床症状及病理变化（见彩图 105）：本病为肿瘤性疾病，潜伏期较长。以 8～9 周龄发病严重，种鸡和产蛋鸡常在 16～20 周龄出现临诊症状，少数在 24～30 周龄发病。

神经型：坐骨神经受侵，早期症状为步态不稳，甚至完全麻痹，或呈“大劈叉”的特征性姿势。翅膀神经受侵，病侧翅下垂。控制颈肌的神经受侵引起头下垂或头颈歪斜。迷走神经受侵可引起嗉囊扩张或喘息。

内脏型：多呈急性暴发，一或多个内脏器官及性腺发生肿瘤。初期无明显症状，进而消瘦，最后衰竭死亡。

眼型：视力减退或消失。表现为虹膜褪色，呈同心环状或斑点状以至弥漫的灰白色，俗称“鱼眼”。瞳孔边缘不整齐，呈锯龄状，逐渐缩小，不随外界光线强弱而调节。

皮肤型：肿瘤多发于翅、颈、背、尾部上方及腿部皮肤，表现为羽毛囊肿大，以毛囊为中心，形成小结节或瘤状物。

病理变化主要以神经型病变为主，以坐骨神经丛、腹腔神经丛、前肠系膜神经丛、臂神经丛和内脏大神经最常见。受害神经横纹消失，变为灰白色或黄白色，水肿样外观，局部弥漫性增粗超过正常 2 ~3 倍，常为单侧。内脏器官最常受侵的是卵巢，其次为肾、脾、肝、心等，受侵器官和组织有大小不等的肿瘤块。

诊断：根据疾病特异的流行病学、临诊症状、病理学和肿瘤标记做出诊断，血清学和病毒学方法主要用于鸡群感染情况的监测。

预防：目前尚无有效疗法，疫苗接种是防治本病最有效的途径。另外，主要采取综合防治措施，搞好防疫卫生工作，加强检疫，发现病鸡立即隔离、淘汰。

四、鸡传染性支气管炎

鸡传染性支气管炎（IB）是由传染性支气管炎病毒（IBV）引起的一种急性、高度接触传染性呼吸道疾病。其特征是病鸡表现为咳嗽、喷嚏和气管啰音；雏鸡出现流涕；产蛋鸡产蛋减少和产劣质蛋。肾型传支表现为肾炎综合征和尿酸盐沉积。

病原特点：鸡传染性支气管炎病毒属于冠状病毒科、冠状病毒属中的一个代表种。单股 RNA，有囊膜。病毒的抵抗力弱，大多数毒株在 56℃下 15min 失去活力，在低温下能长期保存。本病毒对一般消毒药敏感，0.01% 高锰酸钾、70% 酒精、1% 福尔马林等，能在 3min 内杀死。

流行特点：本病仅发生于鸡，各种年龄的鸡均可发生，以雏鸡和产蛋鸡发病较多，40 日龄以内的雏鸡发病最为严重，死亡率也高。病鸡和带毒鸡是主要传染源，主要经空气飞沫经呼吸道感染，也可经消化道感染。四季均可发病，冬春季节多发。气候突变、寒冷、拥挤、通风不良或应激等均可诱发本病。

临床症状及病理变化：（见彩图 106）。

呼吸型：病鸡常突然出现呼吸道症状，迅速波及全群。雏鸡常表现伸颈、张口呼吸，喷嚏、咳嗽、啰音，全身衰弱，食欲减少，昏睡，翅下垂。个别鸡鼻窦肿胀，流黏性鼻汁，逐渐消瘦。康复鸡发育不良。成年鸡呼吸道症状轻微，产蛋量下降，产软壳蛋、畸形蛋或砂壳蛋。主要病变是气管、支气管、鼻腔和窦内有浆液性、卡他性和干酪样渗出物。气囊混浊或含有干酪样渗出物。幼雏鼻腔、鼻窦黏膜充血，鼻腔中有黏稠分泌物，肺脏水肿或出血。产蛋鸡的卵泡充血、出血、变形、破裂甚至发生卵黄性腹膜炎。

肾型：多发于 2 ~4 周龄，呼吸道症状轻微或不出现，病鸡极度沉郁，持续排白色或水样下痢，迅速消瘦，饮水量增加。雏鸡病死率较高。病例变化主要为肾脏苍白、肿大出血，呈“花斑肾”；肾小管和输尿管因尿酸盐沉积而扩张。

诊断：根据流行病学特点、症状及病变做出初步诊断，但确诊须做病毒分离鉴定。本病早期症状易同鸡新城疫和传染性喉气管炎相混，

防治：预防接种目前常采用 H_{120}、H_{52} 及其灭活油剂苗。H_{120} 毒性较弱，适用于初生雏

鸡，免疫期短。H_{52}毒性较强，适用于1月龄以上小鸡，幼苗各种日龄均可使用。对于肾型传支，在饮水中添加4%的红糖，配合使用肾肿解毒药及“肾病灵”等中药制剂，可降低死亡率。

五、鸡传染性喉气管炎

鸡传染性喉气管炎（ILT）是由传染性喉气管炎病毒（ILTV）引起，主要危害育成鸡和成年产蛋鸡为主的一种急性、高度接触性上呼吸道传染病。本病传播快，死亡率较高，是危害养鸡业的重要呼吸道传染病之一。

病原特点：传染性喉气管炎病毒属疱疹病毒科、甲疱疹病毒亚科，学名疱疹病毒Ⅰ型。

病毒大量存在于病鸡气管组织及其渗出物中，肝、脾和血液中较少见。

流行特点：鸡传染性喉气管炎主要侵害鸡，各种龄期及品种的鸡均可感染，但以育成鸡和成年产蛋鸡多发，发病症状也最典型。病鸡、康复后的带毒鸡以及无症状的带毒鸡是本病的主要传染源。该病主要通过呼吸道及眼感染，也可经消化道感染。由呼吸器官及鼻腔分泌物污染的垫草、饲料、饮水及用具可成为本病的传播媒介，人和野生动物的活动也可机械传播病毒。

该病一年四季均可发生，尤以秋、冬、春季多发，寒冷季节尤为严重。本病感染率高，但致死率较低。近年来该病的“温和型”感染逐渐增多，发病率和致死率都很低（0.2%～2%），主要表现为感染鸡的黏液性气管炎、窦炎、结膜炎、消瘦和低死亡率。

临床症状及病理变化：本病潜伏期的长短与ILTV毒株的毒力有关。本病自然感染的潜伏期为6～12天。突然发病和迅速传播是本病发生的特点

急性型表现为发病突然，传播快，发病率和死亡率都高，呼吸困难。当发生咳嗽痉挛时，剧烈摇头来排出气管内的障碍物，可在笼壁、地面上看到咳出的血块或带血的痰液，此为本病之特征性症状。亚急性型表现为气喘、咳嗽或有其他呼吸道症状，可持续数日，发病率仍很高。慢性型或温和型，该型的患鸡一般不见咯血，主要表现精神沉郁、流泪、结膜炎、眶下窦肿胀、呼吸困难、轻微喘鸣或咳嗽等，生产性能下降。

本病剖检典型病变是喉和气管黏膜充血和出血。喉部黏膜肿胀，覆盖黏液性分泌物，有时呈干酪样假膜，堵塞气管。炎症也可扩散到支气管、肺、气囊、眶下窦。较缓和的病例，仅见结膜和眶下窦内上皮的水肿及充血。

诊断：本病传播和死亡迅速，急性病例具有特征性临床症状，可作为初步诊断。但要注意同其他疾病如传染性支气管炎、鸡新城疫、支原体病等的区别。

预防：隔离、消毒等措施是防止本病流行的有效方法。封锁疫点，禁止可能污染的人员、饲料、设备和鸡只的移动是控制本病的关键。新购进的鸡，应该严格检疫或隔离观察2周后，方可混群。非疫区鸡群一般不接种疫苗，疫区可用弱毒疫苗免疫，以点眼效果为好。野毒感染和疫苗接种都可形成ILTV潜伏感染的带毒鸡，因此，避免康复鸡或接种疫苗的鸡与易感鸡混群饲养十分重要。本病尚无有效治疗方法，鸡群一旦发病，应及时隔离淘汰病鸡，每日用高效消毒液进行带鸡消毒，同时使用抗菌药物，防止细菌继发感染，配合化痰止咳的中药，可缓解症状、减少死亡。

六、鸡法氏囊病

鸡传染性法氏囊病是由传染性法氏囊病病毒引起的一种严重危害雏鸡的免疫抑制性、

高度接触性传染病。除引起易感鸡死亡外，早期感染还可以引起严重的免疫抑制，诱发其他疫病，并导致疫苗免疫失败。

病原特点：传染性法氏囊病毒是一种 RNA 病毒。病毒有两个血清型，仅 I 型对鸡有致病性，II 型对鸡没有致病性。病毒对热稳定，能抵抗 56℃ 达 3h，抵抗 60℃ 达 90min。在 pH3 ~ 9 时经乙醚或氯仿处理均不丧失其传染性。在 -20℃ 环境保存 3 年后，对鸡仍有感染力。病毒在自然界存活时间较长，在病鸡舍中的病毒可存活 122 天。

病毒对乙醚、氯仿、酚类、升汞和季铵盐等都有较强的抵抗力，但对含氯化合物、含碘制剂、甲醛敏感。

流行特点：自然感染仅见于鸡，主要发生于 2 ~ 15 周龄的鸡，3 ~ 6 周龄的鸡最易感染。病鸡、带毒鸡为主要传染源。病毒通过直接接触或者通过带毒的中间媒介物（如饲料、饮水、尘土、粪便、鸡舍、各种饲养器具及人员、昆虫等）散播。该病主要通过消化道和呼吸道在鸡群中水平传染，还可通过种蛋垂直传染。本病往往突然发生，传播迅速，当鸡舍发现有被感染鸡时，在短时间内该鸡舍所有鸡都可被感染，通常在感染后第 3 天开始死亡，5 ~ 7 天达到高峰，以后很快停息，表现为高峰死亡和迅速康复曲线。

临床症状及病理变化：潜伏期 2 ~ 3 天。病鸡主要表现停食、停饮水，排出白色黏稠和水样稀粪。全身机能紊乱严重，羽毛松乱，弓背蹲伏，呈倦怠姿势。后期体温低于正常，严重脱水，极度虚弱，最后死亡。近年发现由 IBDV 的亚型毒株或变异株感染的鸡，表现为亚临诊症状，炎症反应弱，法氏囊萎缩，死亡率较低，但由于产生免疫抑制严重，而危害性更大。

病死鸡尸体脱水现象明显，胸肌、腿肌有不同程度的条状或斑点状出血。特征性病变为法氏囊肿大和出血，法氏囊水肿，体积增大，重量增加，是正常的两三倍，法氏囊黏膜皱褶上有出血点或出血斑，呈“紫葡萄样”外观，腺胃和肌胃交界处常有横向出血斑点或溃疡（见彩图 107）。

诊断：根据本病的流行病学和病变的特征，可对本病做出初步诊断，必要时，可做病毒的分离、培养、鉴定和血清学诊断。

预防：严格执行综合防疫措施，加强消毒及卫生管理。预防免疫是防治该病的有效措施。制定免疫程序时，应注意小鸡母源抗体的情况。鸡群一旦发生本病，应及早注射高免卵黄或高免血清，同时投服抗菌药物和电解多维，以防止继发感染、抗应激，可迅速控制死亡。

七、鸭　瘟

鸭瘟又叫鸭病毒性肠炎，是由鸭瘟病毒引起的鸭、鹅及雁形目的一种急性、接触性、败血性的传染病。其特征为体温升高、两腿发软无力、下痢、流泪，部分病鸭头、颈部肿大，故有“大头瘟”之称。

病原特点：病毒存在于鸭体各器官、血液、分泌物和排泄物中，肝、脑、食道、泄殖腔含毒量最高。病毒对外界的抵抗力不强，56℃ 下 10min 即可杀死，对乙醚和氯仿敏感，对酸和碱消毒药均敏感。阳光照射 9h 毒力消失，在污染的禽舍内（4 ~ 20℃）可存活 5 天。

流行特点：鸭瘟对不同年龄和品种的鸭均可感染，以番鸭、麻鸭易感性最高。在自然流行中，成年鸭和产蛋母鸭发病和死亡较为严重，1 个月以下雏鸭发病较少。鹅也能感染发病，鸡对鸭瘟抵抗力强。鸭瘟在一年四季都可发生，但一般以春夏之际和秋季流行最为严重。

鸭瘟的传染源主要是病鸭和潜伏期的感染鸭，以及病愈不久的带毒鸭（至少带毒3个月）。传播途径主要是消化道，其他还可以通过交配、眼结膜和呼吸道而传染；吸血昆虫也可能成为本病的传播媒介。

临床症状及病理变化：病禽以流泪、眼睑水肿及头颈部肿胀为主要特征（见彩图108）。病初体温升高，精神萎顿，脚部麻痹，眼睑流出浆性分泌物，严重者眼睑水肿或翻出于眼眶外，翻开眼睑见到眼结膜充血或小点出血，甚至形成小溃疡，随后眼睑粘连而不能张开。病鸭从鼻腔流出稀薄和黏稠的分泌物，呼吸困难，呼吸时发出鼻塞音，叫声嘶哑。病鸭下痢，排出绿色或灰白色稀粪，肛门周围的羽毛被污染并结块。泄殖腔黏膜充血、出血、水肿，严重者黏膜外翻，用手翻开肛门时，可见到泄殖腔黏膜有黄绿色的假膜，不易剥离。鸭瘟特征性病变是口腔及食道黏膜上有粗糙的呈条纹状纵向排列的黄色假膜，假膜剥离后发现有出血或溃疡斑痕。肠黏膜充血、出血，以十二指肠和直肠最为严重，具有诊断意义。肝脏表面和切面有大小不等的灰黄色或灰白色的坏死点。

诊断：根据流行病学特点、临床症状及病理变化三方面进行综合分析，即可做出诊断。病毒分离鉴定和中和试验可做出确诊。鸭瘟和鸭霍乱的某些症状很相似，应注意鉴别诊断。

预防：人工免疫可使鸭、鹅获得坚强免疫。平时的综合防治措施也可有效减少本病的传播及流行。健康鸭群每年要定期预防接种。种鸭、种鹅每年接种2次，肉鸭、肉鹅免疫1次即可。

八、鸭病毒性肝炎

鸭病毒性肝炎是由鸭肝炎病毒引起的雏鸭的一种高度致死性传染病，特征是发病急、传播快、病程短、死亡率高，常给养鸭场造成重大的经济损失。

病原特点：鸭肝炎病毒有三种，分别称为1型、2型及3型。我国流行的鸭肝炎病毒为1型，其危害最大。该病毒对外界环境抵抗力强，消毒药可使用福尔马林、漂白粉、烧碱，提高消毒温度可增加消毒效果。

流行特点：本病主要发生于3周龄以下雏鸭，1周龄内的雏鸭病死率可达95%。成年种鸭无临诊症状且不影响产蛋率，但能够产生中和抗体，并使下一代雏鸭获得母源抗体的被动保护。发病的雏鸭、带毒的成年鸭和野鸭是本病的主要传染源。主要通过接触传播，不由鸭胚垂直传递。

本病一年四季均可发生，但主要发生在孵化季节。饲养管理不当、鸭舍内湿度过高、密度过大、卫生条件差、缺乏维生素和矿物质等都能促使本病的发生。

临床症状及病理变化：本病潜伏期短，发生和传播迅速。初期表现为精神沉郁、厌食、昏睡，不久即转为神经症状，出现运动失调、身体倒向一侧、全身抽搐、仰脖、头弯向背部。有的在抽搐后死亡，死时头向背部后仰，呈角弓反张姿态，俗称“背脖病”，这是本病死亡时的典型体征。

病变主要在肝脏和胆囊。肝脏肿大，质脆，表面有大小不等的出血点或出血斑。胆囊肿胀，充满胆汁，胆汁呈褐色、淡茶色或淡绿色。

诊断：根据流行病学特征、临床症状和剖检病变可做出初步诊断。实验室快速诊断可取病鸭肝、胆等组织冰冻切片作荧光抗体染色。分离病毒可接种10日龄鸡胚尿囊腔，鸡胚多在4天内死亡，胚液发绿，也可用鸭胚细胞等分离病毒。

防治：目前本病尚无有效药物疗法，主要以综合防治为主。疫苗免疫是最有效的预防措施，生产实践中常使用鸡胚化鸭肝炎弱毒疫苗给临产蛋种母鸭皮下免疫。未经免疫的种鸭群，其后代1日龄时接种弱毒疫苗，即可受到保护。一旦暴发本病，可用鸭病毒性肝炎卵黄抗体、康复鸭血清或高免血清紧急预防接种。

九、小鹅瘟

小鹅瘟是由细小病毒引起雏鹅和小番鸭发生的一种高度接触性、致死性、急性败血性传染病。主要侵害3～20日龄雏鹅，传染快且死亡率高，是严重危害养鹅业的一个重要传染病。

病原特点：小鹅瘟病毒对环境的抵抗力强，在65℃下加热30min对病度无影响，能抵抗56℃3h。对乙醚等有机溶剂不敏感，对胰酶和pH 3稳定。

流行特点：在自然情况下，小鹅瘟病毒能感染各种鹅，番鸭也能感染，其他动物均无易感性。雏鹅的易感性随年龄的增长而减弱。该病主要经消化道感染和呼吸道传播，也能通过种蛋传播，被带毒的种蛋、污染的孵房和孵化器水平传播。小鹅瘟一年四季均可发生，但以冬季和早春孵化发病率和死亡率最为严重。

临床症状及病理变化：本病的潜伏期为4～5天，出现以急性渗出性肠炎为主的败血症症状。日龄较小的病雏，往往无前躯症状，传播迅速，病死率高达95%以上，常见雏鹅出现沉郁后数小时内即表现衰弱，最后死亡。死亡雏鹅喙端、爪尖发绀。日龄较大者病程较长（2～4天），症状为精神沉郁、缩颈，继而食欲废绝，严重下痢，排出灰白或淡黄绿色稀粪，并混有气泡；呼吸困难，鼻端流出浆性分泌物；临死前出现两腿麻痹或抽搐。一部分转为亚急性，症状较轻，以沉郁、拉稀和消瘦为主要症状，病程较长，可持续一周以上。

本病的病变主要在消化道，剖检可见肠黏膜发炎、坏死，呈片状或带状脱落，与大量纤维素性渗出物凝固，形成栓子，特别是在靠近卵黄囊柄和回盲部的肠管膨大，体积增大，质地坚实似“香肠样”，剪开可见肠腔内充塞着灰白色或淡黄色的凝固栓子状物，堵塞肠腔，栓子中心呈深褐色干燥的内容物，外面包裹较厚的坏死肠黏膜和纤维素形成的假膜。最急性型仅见小肠黏膜肿胀充血，上覆有大量淡黄色黏液。亚急性病例还可见肝、脾、胰肿大充血。

诊断：本病具有特征的流行病学表现，遇有孵出不久的雏鹅群大量发病及死亡，结合症状和特有的病变，即可做出初步诊断。确诊可通过病毒分离鉴定或特异抗体检出。还可进行检查血清中特异抗体的方法（病毒中和试验、琼脂扩散试验和ELISA试验）确诊。

预防：在本病严重流行的地区，利用弱毒苗免疫母鹅，在产蛋前一个月接种，使雏鹅获得坚强的被动免疫。也可用小鹅瘟弱毒苗免疫雏鹅，有较好的保护作用。预防用剂量为出壳雏鹅每只0.5mL；治疗用剂量为每只每次2～3mL，对刚感染的雏鹅，保护率为80%～90%，对已发病的雏鹅保护率为40%～50%。

十、鸡球虫病

球虫病是一种对家禽肠道有损害的寄生虫病，临床表现主要以出血性肠炎、血痢，雏鸡的高度发病率和死亡率为特征。

病原特点：寄生于鸡的球虫均为艾美耳科艾美耳属，我国已发现9个种。

球虫卵囊随病鸡粪便排出体外，在适宜的温度、湿度等条件下，卵囊内发育分裂成4个孢子囊，每个孢子囊内各有2个具有感染能力的子孢子。感染性卵囊被鸡吞食后，在鸡体内发育，经过无性繁殖、有性繁殖最后在肠腔内形成卵囊。这个过程需数天至数周完成。

流行特点：不同种的鸡球虫各有其固定的寄生部位，各品种的鸡均有易感性。本病主要发生于3月龄内的雏鸡，15~45日龄内最易感染，发病率和死亡率均很高。7日龄以内的幼雏很少发生，成年鸡多为带虫者，体重和产蛋均受影响。盲肠球虫一般1~2周龄小鸡发生较多，病鸡经7天后才逐渐好转。

临床症状及病理变化：（见彩图109）。

盲肠球虫病：由柔嫩艾美耳球虫引起的盲肠球虫病多发于15~50日龄的雏鸡，病雏羽毛松乱，翅下垂，眼半闭，缩颈呆立或挤成一堆。不食，渴欲增加，嗉囊内充满液体。拉稀，开始粪便为咖啡色，以后变为完全的血粪。明显贫血，自便血后1~2天内大批死亡。剖检可见盲肠肿胀，充满大量血液；或盲肠萎缩，内容物较少，呈樱桃红色。

小肠球虫病：由毒害艾美耳球虫引起的小肠球虫病多见于大雏到仔鸡阶段，症状与盲肠球虫相似。感染后4~5天，鸡突然排出带黏液的血便，色泽稍黑，严重感染者在1~2天内死亡。成年产蛋鸡往往也可成群发病。剖检可见小肠黏膜上有无数粟粒大的出血点和灰白色坏死灶，小肠内有大量出血，肠管粗细比正常增大两倍以上。

诊断：根据流行特点和临床症状怀疑为本病时，确诊需作粪便中球虫卵囊镜检。

预防：保持鸡舍干燥、通风和鸡场卫生，定期清除粪便，堆放、发酵以杀灭卵囊。保持饲料、饮水清洁，对笼具、料槽、水槽定期消毒，一般每周一次，可用沸水、热蒸气或3%~5%热碱水等处理。成鸡与雏鸡分开喂养，以免带虫的成年鸡散播病源导致雏鸡爆发球虫病。用球杀灵和1∶200的农乐溶液消毒鸡场及运动场，均对球虫卵囊有强大杀灭作用。

预防性驱虫和治疗药物可选用地克珠利、盐霉素、百球清、莫能菌素、马杜霉素、氯苯胍、氯羟吡啶（可球粉，可爱丹）、硝苯酰胺（球痢灵）、磺胺间二甲氧嘧啶（SDM）、磺胺喹恶啉等，抗球虫药物的使用剂量和方法均按药物说明书。

注意：球虫对抗球虫药物很容易产生耐药性，一般一个新药物使用两年后均可能产生不同程度的耐药性，一个药物使用一段时间后应换另一种药物。

十一、鸡败血支原体病

鸡败血支原体病又称鸡慢性呼吸道病，是由鸡败血支原体（霉形体）引起的一种慢性呼吸道传染病。

病原特点：病原为鸡败血支原体。对外界的抵抗力不强，离体后迅速失去活力，一般消毒药能将它迅速杀死。

流行特点：鸡和火鸡对本病有易感性，4~8周龄鸡最易感。成年鸡多呈隐性经过。病鸡与带菌鸡为主要传染源，主要经卵垂直传播，也可通过消化道、呼吸道水平传播。密度过大、通风不良、气雾免疫不当等是本病的诱因。本病一年四季均可发生，以冬季流行较重，幼鸡常大批流行，成年鸡多呈散发。

临床症状及病理变化（见彩图110）：幼龄鸡发病初期轻微咳嗽、打喷嚏，随后呼吸困难，气管啰音明显，鼻腔流出浆液性或黏液性鼻漏，鼻孔周围和颈部羽毛常被污染，后期多张口呼吸，气喘，眼睑肿胀，眼球突出，有的积有白色干酪样渗出物，压迫眼球而失明。病鸡食欲减退，生长停滞，逐渐消瘦。成年鸡症状较缓和，体重减轻，产蛋下降。本病常呈慢性经过，雏鸡死亡率可达30%以上。病理变化主要为上部呼吸道及气囊呈卡他性炎，气管黏膜增厚。早期气囊膜轻度混浊、水肿，表面附有增生性结节病灶，呈念珠状。严重的气囊中出现大量乳酪样渗出物，眶中窦黏膜发炎，积有混浊黏液或乳酪样渗出物，眼结膜中能挤出灰黄色干酪样物质。

诊断：可根据流行病学、临床症状及病理变化做出初步诊断。确诊须进行病原体的分离培养和血清学试验。本病应注意与鸡传染性喉气管炎、鸡传染性鼻炎、鸡传染性支气管炎、曲霉菌等呼吸道传染病相区别。

预防：首先要定期检疫，淘汰阳性鸡，建立无病鸡群；同时要加强种蛋的消毒。平时应注意加强饲养管理，消除引起鸡抵抗力下降的一切因素。治疗可用泰乐菌素、红霉素、氧氟沙星、强力霉素等。必要时，须轮流用药或联合用药。免疫预防可选用弱毒活疫苗或油乳剂灭活苗。

第八节　兔的主要疾病防治技术

一、兔病毒性出血症

兔病毒性出血症俗称兔瘟，是由病毒引起家兔的一种急性、烈性和高度接触性传染病。

病原：病原为兔出血症病毒，目前只发现一个血清型。该病毒对紫外线和干燥环境的抵抗力较强，生石灰对病毒几乎无作用，烧碱、福尔马林、漂白粉可将其杀灭。

流行特点（见彩图111）：该病只感染家兔发病。2月龄以上的青年兔、成年兔均易感，哺乳仔兔一般不发病。病毒随粪便、尿液、鼻腔分泌物污染环境而传播，主要传播途径为消化道和呼吸道。本病发病快，传播迅速，2～3天即可波及全群，引起大规模兔发病和死亡。春、秋季多发。

临床症状：自然感染的潜伏期为2～3天。根据本病的病程和发病症状可将其分为最急性型、急性型和慢性型，最急性和急性最常见。最急性型患兔无任何明显临床症状，突然发病，在笼内乱窜、蹦跳几下，倒地抽搐，尖叫而猝死。急性型病兔体温升高（41℃以上），呼吸和心跳加快，不食；数小时后，体温下降；病兔狂躁不安，在笼内转圈，全身颤抖，抽搐，尖叫，最后倒地而死。最急性和急性患兔死后表现角弓反张，头往后仰，部分兔死后鼻孔有泡沫样鲜血。孕兔可发生流产和死胎，阴户流血。慢性型较少见，主要发生于2月龄内幼兔，采食减少或不食，逐渐消瘦，四肢瘫软，伏于地面或笼底板上，后期衰弱而死。

病变特点：最急性、急性型病死兔以全身实质器官瘀血、出血为主要变化。鼻腔、喉头、气管弥漫性充血、出血，气管内常有大量泡沫样血液（俗称“红气管”）。肺瘀血、出血，色鲜红或暗红，有明显的出血斑点。肝瘀血肿大，质脆，有出血斑点。肾瘀血肿大，呈暗红色。胆囊肿大、充满胆汁，脾肿大瘀血。膀胱积尿，膀胱黏膜有出血点。

诊断：根据临床症状和病变特点可做出初步诊断。

防治：兔舍和笼具应定期清洗、消毒。禁止到发病疫区或兔场进行引种。免疫接种是预防兔瘟的最好办法，一般采用兔瘟或兔瘟－巴氏杆菌二联灭活疫苗进行免疫，仔幼兔在40～45日龄进行首免，在60～70日龄再加强免疫一次；毛兔和留种用的兔在二免后，每间隔5～6个月加强免疫一次。发生兔瘟后应尽快使用高免血清，或全场紧急接种2～3倍剂量的兔瘟灭活苗。一般接种3天后即可控制病情蔓延，减少兔死亡，5～7天可基本控制疫情。

二、兔巴氏杆菌病

兔巴氏杆菌病是兔的一种常见传染病，因病菌感染部位不同而表现出多样的临床症状，临床上家兔多以败血症、鼻炎、肺炎和中耳炎为主要特征。

病原：病原为多杀性巴氏杆菌。兔巴氏杆菌主要是由血清A型引发的。健康家兔的上呼吸道中也常有本菌存在。巴氏杆菌对外界抵抗力不强，在直射日光和干燥条件下迅速死亡，一般消毒剂对本菌都有较好的杀灭能力。

流行特点：2～6月龄兔发病率和死亡率较高。病兔的鼻液、唾液、粪、尿等带有大量病菌，可污染饲草、料、饮水、笼具、场地等，主要通过呼吸道和消化道感染。本病多为散发或呈地方流行性，在阴雨潮湿、高温高湿、气候多变的季节发病率相对较高。当饲养密度过大、通风不良、长途运输时，均可诱发巴氏杆菌病的发生。

临床症状（见彩图112）：临床上可分为急性型、亚急性型和慢性型。急性败血型一般从发病到死亡只有几个小时，有的甚至没有任何的异常表现就突然死亡；病程稍长的，可见病兔精神差，呆立不动，不食，出现呼吸困难，体温升至41℃以上，鼻孔周围有分泌物或白色泡沫，有的打喷嚏，经1～3天后死亡，主要在3月龄以下的仔幼兔发生。亚急性型主要表现为鼻炎、胸膜炎、肺炎。鼻孔周围及唇部红肿、发炎，流鼻液；由于鼻道堵塞，呼吸困难，有呼噜音或打喷嚏。有些病兔出现关节肿胀，并伴有体温升高，病程为1～2周，主要发生于成年兔。慢性型根据病原菌感染的部位不同，主要包括鼻炎、中耳炎、子宫炎或积脓、皮下脓肿、结膜炎等。①鼻炎：鼻孔流出浆液性或白色脓性分泌物，常打喷嚏，有的病兔鼻分泌物与饲料、兔毛粘接成痂，堵塞鼻孔，造成呼吸困难。②中耳炎：是由于病菌由中耳侵入内耳，导致头颈歪向一侧，运动失调，影响吃草和饮水，治疗效果不佳，而且病程可拖很长时间，最好及时淘汰。③结膜炎：因病菌侵入结膜囊，引起结膜潮红、眼睑肿胀、流泪，严重时，眼分泌物使眼睑粘连。④生殖器官炎症：主要因配种时被病兔传染。公兔表现为睾丸炎，睾丸肿大；母兔表现为子宫炎，常从阴户流出脓性分泌物，多数丧失了种用价值，建议淘汰。

病变特点（见彩图112）：急性型主要表现为全身性的充血、出血症状。喉头、气管出血，尤其是肺部表面大面积出血。心外膜特别是心冠脂肪点状出血。肝脏肿大，质地变脆；脾脏及淋巴结肿大、出血。亚急性型可见肺部充血、出血，甚至肝变或化脓；严重病例胸腔积液并有纤维性渗出物，胸膜与胸腔以及肺发生粘连。慢性型根据感染部位的不同，主要是局部组织器官表现出病变，而其他器官组织病变不明显。

诊断：根据临床症状和病变可做出初步诊断。确诊需要无菌采集病变组织，如鼻液、心血、肝、肺等进行常规细菌分离培养和鉴定。

防治：加强饲养管理，做好兔场的清洁卫生，确保舍内空气流通和质量良好，合理安排饲养密度。仔幼兔可在35～45日龄时皮下注射兔瘟－巴氏杆菌二联灭活苗；种兔每年免疫3～4次。兔场如爆发巴氏杆菌病，可采用全群饮水或拌料给药，如恩诺沙星或环丙沙星饮水或拌料，连用3～5天。患鼻炎、肺炎病兔采用青霉素、链霉素稀释后滴鼻，同时肌内注射青霉素每千克体重3万～5万单位，链霉素每千克体重10～15mg，一天2次，直至痊愈。结膜炎用庆大霉素进行滴眼，一天3次，直至痊愈。对于患肺炎严重、子宫炎病例以及中耳炎等无治疗价值以及久治不愈的患鼻炎和严重结膜炎的病兔尽早淘汰，减少病菌扩散。

三、兔魏氏梭菌病

兔魏氏梭菌病是由A型产气荚膜梭菌（又称魏氏梭菌）引起兔的一种急性肠道传染病，以病兔出现急性水样腹泻、胀气、迅速死亡为特征，其发病率和死率高，是家兔生产中危害较大的疾病。

病原：病原为A型产气荚膜梭状芽孢杆菌。该菌能产生外毒素，通过小肠黏膜进入血液的外毒素可致家兔死亡。魏氏梭菌广泛存在于土壤、污水以及人和动物肠道中，其芽胞抵抗力强，可长期存活在外界环境中，一般消毒药不容易杀灭。一般用烧碱、福尔马林等消毒剂才可杀灭其芽孢。

流行特点：以2～3月龄的幼兔发病率最高，兔群中长势好、吃食多的兔最易发病，发病率和死亡率都高。病死兔的排泄物、分泌物等通过污染饲草、饮水、用具等，再经消化道感染，其传播速度快，一般几天就可导致全场发病。在寒冷的冬、春季节发病率相对较高。天气聚变、饲草霉烂变质、饲喂高蛋白高能量低纤维型日粮以及采食精料过多等是诱发该病的主要因素。

临床症状（见彩图113）：本病最显著的症状为急剧腹泻，临死前出现水泄。粪便呈黑褐色，初期下痢时呈现糊状带黏液，有特殊的腥臭味。粪便严重污染肛门周围、尾部和后肢。病兔精神萎靡，怕冷打堆，腹部膨大，挤压腹部稀粪从肛门流出。可视黏膜发绀，两耳发凉，脱水严重，最终死亡。急性病例从发病到死亡只需几个小时，一般病程为1～3天，长的可达1周。

病变特点（见彩图113）：打开腹腔可闻到特殊的腥臭味，胃极度膨胀，胃壁表面散在大小不一的黑色斑点，胃内充满饲料，胃黏膜脱落严重，有黑色溃疡灶，胃底壁有出血斑。盲肠浆膜上有典型的刷状出血，内容物呈黑褐色水样；小肠多数充满气体使肠壁变薄而透明；心脏表面血管怒张，呈树枝状充血；膀胱积尿，尿液呈浓茶样。

诊断：根据临床上出现急剧腹泻、胃壁表面散在大小不一的黑色斑点，盲肠浆膜上有典型的刷状出血等病变特征，可做出初步诊断。确诊须取空肠内容物制成抹片和肝触片，染色镜检见到较多的革兰氏阳性大杆菌，两端钝圆，部分菌有芽孢，可做出诊断。

防治：首先要配制平衡合理的日粮，精料、粗料搭配得当，保证粗纤维含量。防止饲料霉烂变质和采食过量精料。对于怀孕后期和哺乳期间的母兔，由于采食量较大，因此应该适当饲喂些青干草。在流行本病的疫区或兔场，可在40～50日龄皮下接种兔A型产气荚膜梭菌灭活苗。病兔可用魏氏梭菌抗血清治疗，也可全场紧急加量接种兔A型产气荚膜菌灭活苗，每兔2～4mL，可分多点注射。全群还可用恩拉霉素预混剂拌料饲喂5～7天，有一定预防作用。患兔腹泻后脱水严重，可静脉或腹腔注射补液。

四、兔皮肤真菌病

兔皮肤真菌病又叫皮肤霉菌病或皮肤癣菌病，是由多种致病性真菌引起的以出现皮肤炎症和脱毛为特征的传染病。

病原：病原主要有须癣毛癣菌（又名石膏样毛癣菌）和石膏样小孢子菌、犬小孢子菌等。其中，国内最常见的是须癣毛癣菌。真菌对外界抵抗力强，在干燥环境中可存活几年。因此，兔场一旦感染该病，很不容易根除。

流行特点：幼兔比成年兔更易感。主要通过相互接触而传染，或通过接触带有真菌孢子的毛屑等感染；仔兔主要通过哺乳时与患病或带菌母兔接触而感染发病，也可通过污染的饲料、用具和人员间接传染。该病传染迅速，发病率高，特别是在夏季高温高湿条件下最容易引起暴发。在兔舍卫生条件差、通风不好、营养不良的情况下容易发病。本病还可感染人和多种动物。

临床症状及病变特征（见彩图114）：通常患部最早出现在兔嘴唇、眼、鼻周围及头、面部，继而扩散到四肢、背、腹部的皮肤。病变部位皮肤初期出现红疹、瘙痒，形成脱毛斑，有明显分界，随后脱毛斑皮肤出现灰白色或黄色皮屑和痂皮，痂皮脱落形成溃疡。癣斑皮肤变厚、皲裂和变硬。有的病兔病变部位主要表现为脱毛、发红、皲裂，少有皮屑和痂皮。

诊断：根据临床症状可做出初步诊断。确诊可刮取患部边缘的皮屑或毛，置载玻片上，滴加1～2滴10%氢氧化钾或真菌染液（如棉酚蓝），显微镜下观察有无真菌菌丝和孢子，或将病料接种沙氏培养基进行分离培养。

防治：经常保持兔舍的清洁、干燥，特别是夏季高温时，要注意降温，但不要在舍内频繁喷洒水来降温，以免增加舍内湿度。禁止到有疫情的兔场引种，引种兔一定要隔离观察1个月以上。发现病兔立即隔离治疗，并对兔场内的场地、笼、用具、人员等进行严格消毒；禁止兔场内部成员串舍；隔离病兔由专人饲养或淘汰。病兔可选用水杨酸软膏、灰黄霉素软膏或克霉唑软膏等涂擦患部。发病兔场可用灰黄霉素拌料，每100kg饲料添加30～40g，连用10～14天，停1～2周后再用一疗程。灰黄霉素可引起消化系统不良反应，使用时不要长期或大剂量使用。因该病是人、畜共患病，在治疗时应注意人员的自我防护。

五、兔球虫病

兔球虫病是由艾美耳球虫等寄生于兔的小肠或胆管上皮细胞内所引起的一种原虫病，是养兔业生产中危害最大的疾病之一。

病原与发育史：常见的有斯氏艾美耳球虫、肠艾美耳球虫、大型艾美耳球虫、梨形艾美耳球虫等。斯氏艾美耳球虫寄生于兔肝脏，其危害严重；其余艾美耳球虫寄生于兔的肠上皮细胞。家兔吞食随饲料、青草、水等的艾美耳球虫的孢子化卵囊（也称为感染性卵囊）而感染，在兔肠内卵囊内的子孢子从卵囊逸出，钻入兔的肠（或胆管）上皮细胞，经滋养体、多次裂殖生殖和配子生殖等发育，形成的卵囊随兔粪便排到外界，在适宜的温度和湿度下进行孢子生殖，形成成熟的孢子化卵囊。

流行特点：断奶后至2月龄的幼兔最易感染，且死亡率很高。22日龄以后的仔兔对球虫易感性增加，卫生条件差的兔场，幼兔球虫病的感染率可达100%。温暖潮湿季节多发，但集约化养殖兔舍内温度保持在10℃以上时，随时有可能发生。

临床症状及病理变化：按球虫的种类和寄生部位的不同，球虫病分为肠型、肝型、混合型，但以混合型多见。

肠型：幼兔一般表现为急性经过，突然倒地，四肢痉挛，头向后仰，吱吱惨叫，很快死亡。慢性呈顽固性下痢，或便秘与下痢交替发生，肠膨气，膀胱内积满尿液，腹部显著膨大，体弱，毛无光。解剖死亡兔可见肠黏膜出血、水肿、肠管扩张，小肠后段和结肠壁散在白色结节和坏死灶等病变。

肝型：常为慢性经过，肝肿大，可视黏膜发黄，呈黄疸症状。幼兔呈现神经功能障碍，四肢痉挛，极度衰弱而死。解剖死亡兔可见肝表面和实质有粟粒至豌豆大白色或黄白色结节（见彩图115），胆囊充盈，胆汁浓稠，胆汁和结节内含大量卵囊及其他发育阶段虫体。

混合型：具有肝型和肠型两种症状表现，比较多见。

诊断：根据临床症状和流行病学可初步怀疑，确诊须做球虫卵囊检查。

防治：改善环境卫生条件，清扫、冲洗、火烧、兔舍笼具，防止粪便卵囊污染饲料和饮水，一般消毒剂对球虫卵囊效果无效或效果很差。

药物预防和治疗可选用地克珠利、莫能菌素、盐霉素、磺胺六甲氧嘧啶、氯苯胍、磺胺氯丙嗪等；药物剂量和使用方法均参照药物使用说明书。

六、兔线虫病

兔栓尾线虫病是由线虫寄生于兔的胃、大肠内引起的寄生虫病，也是兔最常见的疾病之一。

病原及发育史：

栓尾线虫：虫体细小，呈乳白色，尾部细长（见彩图116），雌虫长8.8~11.9cm，雄虫长4.2~4.9cm。它寄生于兔的大肠。在兔大肠内的栓尾线虫发育成熟后产卵，卵在直肠内发育成内有幼虫的虫卵（感染性虫卵）后被排出体外，虫卵散布于环境中；当兔吞食了有感染性虫卵的青草、饲料、水等后，被感染；幼虫在兔胃内孵出，进入盲肠或结肠并发育为成虫。

东北兔苇线虫：虫体呈黄褐色，雌虫长14~22cm，雄虫长10~13cm，寄生于兔的胃内。

临床症状及病理变化：寄生于兔的虫体数量少时，兔不表现临床症状；严重感染时，则表现贫血、被毛粗乱、进行性消瘦、下痢；重者衰竭死亡。

诊断方法：根据临床症状可初步怀疑，确诊需做虫卵检查。

防治：加强兔舍的卫生管理，清洁兔舍及兔场，对粪便进行堆积发酵处理。预防性驱虫和治疗，可选用左旋咪唑、阿维菌素、伊维菌素等；使用剂量和方法均参照药物说明书。

七、兔豆状囊尾蚴病

兔豆状囊尾蚴病是养兔场最常见的疾病之一，是豆状带绦虫的中绦期幼虫寄生于兔而引起的一种中绦期绦虫病。一般情况下，该病是一种慢性消耗性病。

病原与发育史：

豆状囊尾蚴：豆状囊尾蚴呈豌豆大小的透明囊泡状，囊内充满透明液，在囊壁上有一个白色小结节（即头节），寄生于兔的肝脏表面、肠系膜等处。豆状囊尾蚴的成虫为豆状带绦虫，虫体体节边缘呈锯齿状，成虫寄生于犬、狐、狼等的小肠内。

寄生于兔体内的中绦期幼虫还有续多头蚴、棘球蚴；续多头蚴寄生于兔皮下。

流行特点：豆状囊尾蚴病呈世界性分布，主要经消化道感染，与养犬的方式有关。

临床症状与病理变化：兔感染数量不大时，其症状不明显。兔感染严重、虫体寄生在肝脏时，兔可因急性肝炎而突然死亡。对死亡兔解剖后可见肝表面有大量小的虫体结节，在肝表面、肠系膜等上可见虫体。

诊断：生前诊断较困难，结合临床症状和流行病学可进行初步判断，确诊需做虫体检。

防治：兔养殖场内禁止在兔舍内养犬，避免犬粪的虫卵污染环境、兔饲料和饮水等；严禁用兔尸或其内脏生喂犬。对犬用吡喹酮等进行定期驱虫，驱虫后关养，收集粪便焚烧。

治疗困难，尤其是对中绦期幼虫效果相对较好的丙硫咪唑（剂量大）不适合兔用；以每千克体重 20mg 剂量时，可导致兔拉血尿。

八、兔螨虫病

兔螨虫病又叫疥癣病，是由寄生于兔体表的疥螨虫或痒螨虫引起的一种体外寄生虫病，以患部皮肤剧痒、脱毛、发炎、结痂为主要特征。

病原及发育史：病原有疥螨和痒螨。疥螨须在显微镜下观察，虫体呈椭圆形，背面隆起，腹面扁平；寄生于兔体表的皮肤上。痒螨须在显微镜下观察，虫体呈椭圆形，背面隆起，腹面扁平；寄生于兔外耳道，

发育史：疥螨虫和痒螨虫的发育过程分为 4 个阶段：虫卵、幼虫、若虫、成虫。疥螨虫在兔的表皮挖掘隧道，在隧道里发育和繁殖，吞食皮肤组织和淋巴液。痒螨虫则寄生于外耳道皮肤表面，以吸吮皮肤渗出液为食。

流行病学特点：本病呈世界性分布，在我国凡有养兔的地区均有发生。病兔是主要传染源，可直接接触传播，也可以通过被螨虫污染的笼舍、食具、产箱以及饲养人员的服装、用具等间接传播。

临床症状及诊断：兔痒螨病主要发生于兔外耳道内，兔耳根部位发生红肿、脱皮，随后逐渐蔓延至整个外耳道，引起外耳道炎，炎性渗出物干燥后结成黄色结痂，如同纸卷一样塞满耳道，使病兔耳朵下垂、发痒，不断摇头或用脚爪抓搔耳朵和头部，又可造成自伤，导致继发性细菌感染。有时病变蔓延到中耳和内耳，甚至达到脑部，引起病兔歪头，发生癫痫，最后抽搐死亡。兔疥螨病一般先在嘴、鼻孔及眼周围和脚爪部发生病变，然后向四肢、头部、腹部及其他部位扩展，使病兔产生奇痒，不停地用嘴啃咬脚部或用脚爪抓搔嘴、鼻等处；严重发痒时前后脚抓地，造成病兔代谢紊乱、营养不良、贫血、消瘦，甚至死亡。

防治：经常保持兔舍清洁、干燥、通风，饲养密度不宜过大；经常观察每一只兔，发现螨虫病兔应立即对其隔离治疗。兔舍笼具等要定期用三氯杀螨醇、氯苯脒等杀螨药物进行喷洒消毒；要喂给家兔全价饲料，特别要保证有足够数量的含维生素较多的青饲料。引

进家兔时，一定要隔离观察，确认无螨虫病时方可放入兔舍饲养。

药物治疗时，口服或注射药物可选用伊维菌素、阿维菌素粉剂等，使用剂量和方法均参照药物说明书；外用药物可选用双甲脒、氯苯脒、辛硫磷等，使用剂量和方法均参照药物说明书。

第九节　规模养殖场疫病综合防控

养殖场的畜禽饲养密度一般远远大于散养或放养的畜禽饲养密度，个体之间的病原传播机会更大。绝大多数养殖企业还无完善的育种系统，或多或少要从其他养殖公司引进相应育种素材或优良品种，引进的同时也加大了疫病传播的可能性。养殖场的时间越长，环境中存在的病原越多，疫病发生的可能性更高，因此，一般养殖场的疫病风险性更高。养殖场的疫病防控是一项综合性工作，任何一个环节出了问题，都可能增加疫病发生的可能性。

一、养殖场布局与疫病防控

（一）养殖场分区

养殖场一般按办公区、生产区、生活区和防疫区进行布局。按畜禽的生产工艺流程，在保证提高工作效率的前提下，以地势、风向和有利于疫病预防要求为原则，合理布局各功能区。种畜禽置于上风方向。办公区供管理、销售、接待外来人员等。外来人员只允许到办公区，禁止进入生产区。生产区只允许生产工人及必须相关管理人员进入，禁止参观。生产区与生活区间隔200～300m，与防疫区间隔300m以上。种畜禽区与商品畜禽区要有隔离带并设置隔离区等。圈舍朝向和间距必须满足日照、通风、防火和防疫等要求，圈舍长轴朝向以南向或南偏15°以内为宜。每相邻两圈舍纵墙间距不低于8m，圈舍距围墙不低于8m。

（二）建立安全通道

分别建立办公区和生产区通道。办公区大门应设消毒池和消毒通道，地面设消毒池；在门旁边设醒目的防疫须知标志。生产区通道设在生产区门口，宽约1.5m，高为2.5m，长4.0～7.0m。在顶部，每间隔1.5m安装一盏紫外灯；紫外灯管离地面约2m。地面设消毒池，消毒池内放置氯制剂消毒液或0.2%～0.5%过氧乙酸等药物，药液定期更换以保持有效浓度。同时，对进入车辆和人员进行喷雾消毒。

（三）生产区内的布局

按种畜禽区、幼畜禽保育区和商品畜禽区分区建设；道路应分净道和污道；净道是运送饲料等清洁物品的通道；污道是运送污物的通道；净道和污道分开，避免净道与污道交叉，以便切断病原的传播。养殖场应建隔离室、无害化处理区等。病畜禽隔离室应建在养殖场下风向，远离交通和水源等处。疑似病畜禽应转入隔离室内治疗观察。

二、生产管理与疫病防控

（一）防疫制度建立

分别建立进入养殖场及生产区的人员和物品等的进入制度、消毒通道维护制度、消毒制度、免疫制度、免疫监测制度、无害化处理制度等。进入猪场人员必须经消毒通道，生产人员进入生产区前应洗澡、更衣、消毒后才能进入生产区；非生产人员不得随意进入生产区。杜绝外来人员参观，若必需进入，须经洗澡、更衣、消毒后才能进入生产区。养殖场的兽医不得外出就医，工作人员的家中不得饲养同类畜禽。

（二）档案建立

应建立病历记录和保存、进出养殖场的药品（包括治疗药物、生物制品即疫苗等、消毒药品等）、相关疾病和免疫抗体的定期监测检测资料、兽医器械等的档案。

（三）建立责任制

明确兽医技术人员、饲养员、生产管理人员、公司管理人员等的疫病防控责任制和养殖场清洁卫生管理制度。

（四）养殖场消毒

消毒是控制病原传播的重要环节，其目的是消灭散在于环境中的病原体，以切断传播途径，阻止疫病的发生与蔓延。

1. 消毒剂选择

选择消毒剂的一般原则是：对人畜安全、没有残留性，对病原菌杀灭能力强、光谱高效、作用迅速，对环境及水资源无污染作用等；对金属、木材、塑料制品等设备无损坏作用，不易诱导病原体产生耐药性，也不会因环境中存在有机物、蛋白质如坏死组织、粪便等而影响杀菌效果；性质稳定，无易燃易爆性；使用方便、便于储存。价格低廉、便于购买。

2. 消毒时间

养殖场的消毒时间没有一个统一、固定的模式，这样根据养殖场的具体情况和当时周围具体情况而定，但有的养殖场也有一个正常时期相对的固定模式。当发生疫情时，要及时将病猪隔离，对于病猪产生的排泄物应及时清理。对病猪接触过的器物、排泄物等进行彻底的消毒。消毒应及时，多次进行。在解除隔离猪舍后，应保持日消毒一次一段时间，以保证隔离猪舍的安全。

3. 消毒程序

圈舍在彻底冲洗干燥后，应有序进行，首先喷洒地面，然后喷洒墙壁，先由离门远处开始，喷完墙壁后再喷顶棚。喷洒消毒药时各个角落一定要喷到，使消毒药液作用于所有消毒物体的全部表面。经封闭 1 天后再开门窗通风，用清水刷洗饲槽，除去消毒药味。

4. 消毒方法

喷雾消毒：选择好消毒剂后，按其使用说明书进行稀释，然后用喷雾工具将消毒液喷洒在需要消毒的地方，喷雾工具的一次喷洒面积有限，喷洒时应一幅一幅地略覆盖，不留界限，要对每个角喷洒，不留死角。圈舍的地面、墙面、顶棚等应按上面介绍的次序进行。

熏蒸消毒：这种方法消毒比较彻底，不易留死角。常用甲醛（福尔马林）熏蒸消毒，按甲醛（浓度为37%，毫升）：高锰酸钾（克）为2:1比例配制，也可根据具体情况适量增减，以每立方米消毒圈舍甲醛10mL和高锰酸钾5g计数；先将甲醛于容器中，再将高锰酸钾放入容器内，并用木棍搅拌一下，几秒钟后可见浅蓝色刺激眼鼻的气体蒸发出来，关闭门窗24h；最后打开门窗通风，空舍5~7天后即可进入畜禽群。也可采用二氯异氰脲酸钠等烟熏消毒。

5. 分对象消毒

消毒前做好清洁工作是消毒效果的保障，彻底清扫圈舍内的粪便、垫料、剩余的饲料及彻底清除猪舍内的地面、墙壁、门窗、天棚、通道、下水道、排粪沟、猪栏、猪圈、饲料槽、水管、水箱、用具等上的污物，并将它们运出猪舍堆积发酵，进行无害化处理。再用水浸泡，然后用高压水枪冲洗。

非生产区消毒：车辆进出应走消毒通道，通道地面建立消毒池。对人员消毒，应在养殖场大门口设置进出人员专门的消毒通道、更衣室和洗手盆具。

生产区消毒：生产区环境消毒，生产区内、圈舍外主干道应每日清扫，每周使用规定的消毒剂消毒1~2次，用高压喷雾器对道路、走廊、下水道、排污沟等喷洒消毒一遍。在有疫情威胁时，增加消毒次数。

用具及运料车消毒：使用的小型器具可放入消毒液中浸泡消毒。生产区专用送料车可用0.2%过氧乙酸溶液、或0.5%强力消毒灵等喷雾消毒。

粪便、污水的消毒：畜禽粪便一般经发酵池发酵后使用，或用5%氨水喷洒消毒。对污水的处理方法有沉淀法、过滤法和化学药物处理等方法，达到相应排放标准后方可排放。

饮水及饮水器具消毒：养殖场的供水设备、饮水器、水管及水箱等需用3%的漂白粉溶液浸泡或冲洗消毒，或用百毒杀消毒。饮用水必须清洁无毒，需达到饮用水标准，饮用水消毒可用消毒威2~15g/t水或绿力消4~15g/t水消毒。

产房消毒：待产家畜进入前，应对产房清扫灰尘、杂物，然后用清水冲洗，再用熏蒸消毒，或对金属物品采用火焰消毒。对待产家畜消毒，应在母畜进入产房前进行体表消毒，可用0.1%的温高锰酸钾溶液或其他相应消毒剂对外阴和乳房及全身进行擦洗消毒。新生家畜消毒，接产出的新生幼畜应擦干其口鼻及全身黏液，钝性切断脐带，伤口涂3%~5%的碘酊或在碘酸1:150稀释液中浸泡一下。

幼畜圈舍消毒：进幼畜前，圈舍应彻底清洗和消毒，最好用熏蒸方法消毒。

种畜禽圈舍消毒：应及时清理圈舍内粪便，并用清水冲洗地面，再用带动物应用的消毒液进行消毒。公猪采精完毕后，使用碘酸1:150均匀涂抹阴茎。

商品畜禽圈舍消毒：对商品畜禽，应采用全进全出，每一批商品畜禽出栏后对其圈舍彻底消毒；每一批新的商品畜禽转入该圈舍前，对该圈舍还要进行一次彻底消毒。

三、养殖场免疫技术

疫苗免疫是预防畜禽疫病的关键技术，也是最有效的方法之一，各养殖场应该建立自己的免疫程序。同时，应对每一批免疫后畜禽进行抽样检测，确认其免疫抗体情况，以此评估本养殖场动物抵抗该疫病的风险性。

（一）免疫程序的建立

不同地方的养殖场采用的免疫程序可能不一样，不同地方流行的疫病种类和血清型等不一样，同一疫病的流行规律也可能不一样；不同地方的气候条件、饲养环境等不一样，这对被免疫畜禽产生的抗体有一定程度的影响；不同畜禽品种对疫病的抵抗力不一样，一般地方品种比外来品种对疫病抵抗力相对较强。因此，一个养殖场建立自己的免疫程序非常重要。制定自己免疫程序主要考虑因素：一是外界因素。首先应明确养殖场所在地方的气候特点，包括温度及变化规律、湿度及变化规律、饲料结构等。二是饲养动物因素。首先应了解养殖场所在地方。其次，你养殖的畜禽疫病种类和血清型及亚型等、疫病流行规律等，清楚自己养殖场饲养的品种（如猪是地方猪还是外种猪等）对本地方流行疫病的抵抗力，计划自己养殖场应该预防的疫病种类有哪些。三是疫苗因素。同种疫苗的血清型或亚型可能也不一样，不同生产厂家生产的同种疫苗的免疫时间、剂量等使用方法可能也不一样。因此，在制定养殖场免疫程序时，一定要考虑综合因素。以下所述为养猪场、养鸡场的推荐免疫程序。

（二）养猪场的推荐免疫程序

1. 仔猪免疫程序

7 日龄：猪喘气病疫苗，1 头份；28 日龄加免 1 次。

14 日龄：水肿 - 副伤寒二联苗，1 ~ 2mL/头。

21 日龄：猪瘟，2 头份；56 日龄加免 1 次。

21 日龄：猪瘟免疫同时接种猪丹毒 - 猪肺疫二联苗，1 头份。

24 日龄：链球菌苗，1 头份。

30 日龄：伪狂犬缺失苗，1 头份。

35 日龄：猪繁殖与呼吸综合征疫苗，1 头份。

40 日龄：传染性胸膜肺炎疫苗，1 头份。

口蹄疫：非免疫母猪所产仔猪从 21 日龄首免，30 天后加强免疫一次，100 日龄再接种一次；免疫母猪所产仔猪 40 ~ 50 日龄首免，80 日龄二免。外购仔猪进场后隔离，48 小时后接种，30 天后加强免疫一次，以后 100 日龄再免疫一次。

2. 后备猪免疫程序

配种前 60 天：猪繁殖与呼吸综合征疫苗，1 头份，两周后加强免疫一次。

配种前 50 天：猪链球菌苗，2 头份。

配种前 45 天：传染性胸膜肺炎疫苗，1 头份。

配种前 40 天：猪瘟苗，4 头份。

配种前 35 天：细小 - 乙脑二联苗，2 头份，两周后加强免疫 1 次。

配种前 30 天：伪狂犬缺失苗，2 头份。

配种前 25 天：口蹄疫苗，2 头份。

配种前 20 天：猪丹毒 - 猪肺疫二联苗，2 头份。

3. 母猪产前免疫程序

产前 45 天：细小 - 乙脑二联苗，1 头份。

产前 40 天：猪大肠杆菌苗，1 头份，产前 25 天加免 1 次。

产前35天：链球菌疫苗，2头份。

产前30天：伪狂犬缺失苗，1头份。

产前25天：口蹄疫苗，免疫1次。

产前20天：传染性胸膜肺炎疫苗，1头份。

产前15天：猪传染性胃肠炎－流行性腹泻二联苗，2头份。

4. 母猪产后免疫程序

产后10天：猪繁殖呼吸综合征疫苗，1头份；两周后加强一次。

产后20天：猪丹毒－猪肺疫二联苗，2头份。

产后28天：猪瘟苗，5头份。

5. 成年公猪免疫程序

猪瘟：每年4月、10月，猪瘟苗5头份。

伪狂犬：每年4月、10月，伪狂犬缺失苗2头份。

口蹄疫：每年4月、10月，口蹄疫苗2头份，两周后加免一次。

乙脑：每年4月、10月，乙脑苗2头份。

细小病毒：每年4月、10月，细小病毒疫苗2头份。

猪繁殖与呼吸综合征：每年4月、10月，猪繁殖与呼吸综合征疫苗2头份，两周后加免一次。

猪丹毒－猪肺疫：每年4月、10月，猪丹毒－猪肺疫二联苗，2头份。

猪传染性胸膜肺炎：每年4月、10月，传染性胸膜肺炎疫苗，1头份。

猪链球菌：每年4月、10月，链球菌苗，2头份。

6. 商品猪免疫程序

商品猪免疫程序可参照仔猪免疫程序执行。

（三）养鸡场的推荐免疫程序

鸡场免疫疫病的种类应根据各地流行的鸡疫病种类进行免疫。但是，在我国规定新城疫和高致病性禽流感（H5、H7）是强制性免疫病。免疫剂量和方法按照各疫苗的使用说明书进行。有的疫病种类既可采用化学药物预防，也可采用疫苗预防，如球虫病预防等。其免疫程序见表4－3。

表4－3　养鸡场的推荐免疫程序

年龄（日龄）	疫苗	免疫方法
3～5	肾型传支W93	滴鼻或饮水
8～10	新城疫克隆30或四系＋H120	滴鼻或饮水
13～15	法氏囊B87或法氏囊多价苗	滴鼻或饮水
	鸡痘疫苗	翅部刺种或皮下注射
15～18	禽流感灭H5＋H9二联灭活疫苗	皮下或肌肉注射
23～25	法氏囊B87或法氏囊多价疫苗	滴鼻或饮水
30～35	新城疫克隆30或四系＋传支H52	滴鼻或饮水
	或新城疫－传支二联灭活苗	皮下或肌肉注射

（续表）

年龄（日龄）	疫苗	免疫方法
40～45	禽流感灭 H5 + H9 二联灭活疫苗	皮下或肌肉注射
50～60	禽霍乱灭活疫苗	肌肉注射
	鸡痘疫苗	翅部刺种或皮下注射
90～100	新城疫四系 + 传支 H52 或克隆 30	滴鼻或饮水
	或新城疫－传支二联灭活苗	皮下或肌注

（四）养殖场免疫接种注意事项

为避免免疫失败、取得满意的免疫效果，应实施科学合理的免疫。

疫苗购买：强制免疫的疫苗应向各级兽医防疫机构申领，其他猪病疫苗应向具有《兽药经营许可证》的兽药供应商购买，切忌盲目采购。领用或购买疫苗时，应带好冷藏箱，防止疫苗失效。

接种准备：免疫接种前应详细了解畜禽群的健康状况。瘦弱、患慢性病、怀孕后期或饲养管理不良的畜禽不宜免疫或者推迟接种。疫苗免疫前后可使用黄芪多糖等免疫增强剂。

接种时机：注射疫苗应选择在晴朗天气进行，冬天气温低时应在中午接种，夏天气温高时应在早晚注射；免疫前应限饲，五成饱为宜。

疫苗储运：应严格满足疫苗储存温度、冷藏运输等储运条件，严防日晒、高温、受潮等。氢氧化铝、生理盐水等稀释液及油乳剂苗不能冻结。

安全控制：弱毒活疫苗在首次使用地区或免疫纯种时，可能引起严重反应。为此，在全面开展防疫之前应对每批疫苗进行小规模的安全试验，并观察 14 天，确认安全后方可全群开展防疫。

四、养殖场寄生虫病预防技术

规模猪场的寄生虫病控制是一种综合性措施，主要包括以下几个方面。

1. 畜禽引进

与预防其他疫病结合，提倡自繁自养。在商品场或需要从其他地方引进时，对引进的畜禽应进行寄生虫病检测，根据检测结果选择相应药物驱虫，再检测确保安全后允许进场。

2. 环境卫生

种畜禽圈舍底部与地面有一定距离，种畜禽排出的粪便要及时清除，尽量减少畜禽接触粪便的机会。商品畜禽的圈舍，粪便每天定时清除。坚持每周对圈舍实施消毒。

3. 饲料和饮水安全

购买的饲料及饲料原料应保证安全，饲料及原料应放在养殖场的上风处。饮水最好是自来水，使用地下水的养殖场，应建水塔储存；如果是储水缸，平时将缸盖盖好。

4. 粪便安全处理

养殖场粪便的安全处理既可预防寄生虫病，又能解决粪污问题。建立沼气池，在具有一定规模的猪场还可以建立沼气发电站，可满足自身的能源需求，多余的还可以供给附近农户或入电网。经过沼气发酵后的粪便可以用作农家肥。

五、无害化处理技术

养殖场应建立无害化处理区，对死亡畜禽尸体、畜禽的粪、尿和养殖场的污物等应做无害化处理，其处理方法见第六章。

第五章　饲料与畜产品安全

在我国，畜牧水产业是国民经济发展的支柱性产业之一。饲料作为畜禽水产品生产的物质基础，在现代养殖业中发挥着越来越重要的作用。我省饲料行业起步于上世纪 90 年代。随着改革开放和经济发展，饲料工业获得了长足发展，饲料产品在畜禽水产养殖中成为主要投入品，其安全也直接影响着畜禽水产品的质量安全，成为广大消费者关注的重点。本章通过对饲料和饲料安全相关知识的介绍，分析当前饲料安全和畜禽水产品安全的相关性，帮助农技人员指导和监督畜禽水产养殖场（户），并安全使用饲料及饲料添加剂产品，有效保障畜禽水产品的质量安全。

第一节　饲料及饲料添加剂

一、饲料和饲料添加剂的概念

通常来讲，饲料是指能为动物提供所需的某种或多种营养物质的天然或人工合成的可食物质。一般泛指饲料原料和饲料产品，如玉米、豆粕、菜籽粕、工业饲料产品等。

饲料添加剂通常是指添加到饲料中起辅助作用的可食用物质。如微量元素、香味剂、防霉剂、酶制剂等。

我国国家标准《饲料工业通用术语》中对饲料的定义是：能提供饲养动物所需养分、保证健康、促进生长和生产且在合理使用下不发生有害作用的可食物质。饲料添加剂的定义是：为满足特殊需要而加入饲料中的少量或微量物质。

饲料工业中所说的饲料是指经过加工的饲料产品，未经加工的农作物通常称之为饲料原料。我国新修订的《饲料和饲料添加剂管理条例》中对饲料的解释是指经工业化加工、制作的供动物食用的产品，包括单一饲料、添加剂预混合饲料、浓缩饲料、配合饲料和精料补充料。饲料添加剂则是指在饲料加工、制作、使用过程中添加的少量或者微量物质，包括营养性饲料添加剂和一般饲料添加剂。营养性饲料添加剂是指，为补充饲料营养成分而添加的少量或者微量物质，包括饲料级氨基酸、维生素、矿物质微量元素、酶制剂、非蛋白氮等；一般饲料添加剂是指，为保证或者改善饲料品质、提高饲料利用率而添加的少量或者微量物质。

饲料添加剂是现代饲料工业的核心。合理、科学使用饲料添加剂不仅可以强化饲料的营养价值，提高养分的利用率，增进动物健康，促进动物生长发育，延长饲料的保质期，还可以改善动物产品的品质，降低动物排泄污染。

二、饲料的主要分类

可供动物食用的饲料可谓多种多样，为了科学反映不同饲料营养价值的差异，便于饲料生产者和购买者准确理解同一名称的饲料所代表的对象及其品质，饲料分类法在世界各地陆续建立起来。下面介绍主要的饲料分类方法。

（一）常见饲料分类

目前，世界各国饲料分类方法尚未完全统一，其中美国学者1963年制定的饲料分类原则和编码体系，为多数学者认同并逐步发展成为当今饲料分类编码体系的基本模式，被称为国际饲料分类法。

国际饲料分类是以各种饲料干物质中的主要营养特性为基础，将饲料分为8大类，并对每类饲料冠以6位数的国际饲料分类标示码（IFN）. IFN的第1位数代表饲料归属类型；第2、3位数为该饲料所属亚类；后3位数为同种饲料根据不同的饲用部分、加工方法、成熟阶段、等级等进行编号。编码分3节，表示为△－△△－△△△。每一类饲料可供99999种饲料编号用，8大类共计可供799992种饲料编号。

国际饲料分类法把饲料分为8种类型，分别是：

1. 粗饲料。它是指饲料干物质中粗纤维含量大于或等于18%，以风干物为饲喂形式的饲料，如干草、农作物秸秆等。

2. 青绿饲料。它是指天然水分含量在60%以上的青绿牧草、饲用作物、树叶类及非淀粉质的根茎、瓜果类。如黑麦草、萝卜等。

3. 青贮饲料。它是指以天然新鲜青绿植物性饲料为原料，在厌氧条件下，经过以乳酸菌为主的微生物发酵后调制成的饲料，具有青绿多汁的特点，包括水分含量在45%～55%的低水分青贮（或半干青贮）饲料，但不包括青贮谷物的子实和块根、块茎等。如玉米秸秆青贮，但不包括玉米青贮。

4. 能量饲料。它是指饲料干物质中粗纤维含量小于18%，同时粗蛋白质含量小于20%的饲料，如谷实类（玉米、小麦等），麸皮，淀粉质的根茎（土豆、甘薯等），瓜果类。

5. 蛋白质饲料。它是指饲料干物质中粗纤维含量小于18%，而粗蛋白质含量大于或等于20%的饲料，如豆类、饼（粕）类、动物源性饲料等。

6. 矿物质饲料。它是指可供饲用的天然矿物质、化工合成无机盐类和有机配位体与金属离子的螯合物，如饲料用食盐、石粉、磷酸氢钙、硫酸锌等。

7. 维生素饲料。它是指由工业合成或提取的单一的或复合的维生素，如维生素D、维生素A等。但不包括富含维生素的天然青绿饲料，如胡萝卜。

8. 非营养性添加剂饲料。它是指为了提高营养物质的消化吸收，改善饲料品质，促进动物生长和繁殖，保障动物健康而添加到饲料中的少量或微量物质，主要包括防腐剂、着色剂、抗氧化剂、生长促进剂和其他药物添加剂等，但不包括矿物质元素、维生素、氨基酸等营养物质添加剂。

我国在20世纪80年代将国际饲料分类原则与我国传统分类体系相结合，提出了我国的饲料分类法和编码系统，即中国饲料分类法。该分类法首先根据国际饲料分类原则，然后结合中国传统饲料分类习惯，把饲料共分为17类，分别是：青绿饲料；树叶类饲料；

青贮饲料；块根、块茎、瓜果类饲料；干草类饲料；农副产品类饲料；谷实类饲料；糠麸类饲料；豆类饲料；饼粕类饲料；糟渣类饲料；草籽树实类饲料；动物性饲料；矿物质饲料；维生素饲料；饲料添加剂；油脂类饲料及其他。

（二）工业饲料的概念和分类

工业饲料又称加工饲料，是根据畜禽不同品种、性别、年龄、体重，不同生长发育阶段和不同生产方式对各种营养物质的需要量，将多种饲料原料按科学比例配制而成的饲料。饲料的质量和数量直接影响到动物的质量与数量，通常按营养物质、饲料形状、饲养对象等进行分类。

1. 按营养成分分类

（1）全价配合饲料。是由能量饲料、蛋白质饲料、矿物质饲料和维生素、氨基酸、微量元素添加剂等，按规定的饲养标准配合而成的饲料，是一种营养全面、平衡的饲料，可以直接饲喂。主要通过工业生产获得，也是目前养殖业使用得较多的饲料。

（2）浓缩饲料。是由蛋白质饲料、矿物质饲料、添加剂预混料按一定比例混合而成的饲料，是配合饲料工业的中间产品。浓缩饲料不能直接饲喂，与一定比例的玉米或其他能量饲料混合可制成全价配合饲料。

（3）精料补充料。是指为补充草食动物的营养，将多种饲料原料和饲料添加剂按一定比例配制的饲料。草食动物在以粗饲料、青饲料、青贮饲料为基础饲喂时，需要适当饲喂精料补充料。

（4）添加剂预混合饲料。是由两种（类）或者两种（类）以上营养性饲料添加剂（如维生素、微量矿物质元素、氨基酸等）为主，和一般性饲料添加剂（如抗生素、驱虫剂、抗氧化剂等），按一定比例加入适量载体（如石粉、玉米粉、小麦粉等），按照不同畜禽，均匀配制成的一种饲料半成品。不能直接用来饲喂畜禽，必须与其他饲料按规定比例均匀混合后才能使用，多由专门工厂生产。

（5）混合饲料。是由多种饲料原料经过简单加工混合而成，为初级配合饲料，主要包括能量，蛋白质，钙，磷等营养指标。混合饲料可直接饲喂动物，能够适度提高动物生长速度，效果高于单一饲料原料，但抗病能力较差。

2. 按物理形状分类

（1）粉状饲料。是将按比例混合好的饲料经粉碎而制成的颗料大小几乎相同的配合饲料。粉料是目前国内普遍采用的一种料型。

（2）颗粒饲料。是以粉状饲料为基础，经过蒸汽加压处理而制成的饲料，其形状有圆桶筒状和角状。这种饲料养分均匀，在贮运过程中不会分级，饲喂中改善了动物的适口性，可避免动物挑食。颗粒饲料在制料过程中经加热加压处理，起到杀虫灭菌作用，有利于贮藏，减少霉变发生。全价配合饲料多采用颗粒饲料。

（3）膨化饲料。是粉状配合饲料加水蒸煮后通过高压喷嘴压制干燥而成的，由挤压机生产，加工时物料经由高温、高压、高剪切处理，使物料的结构发生变化，使饲料质地疏松，有利于营养物质的消化吸收，一般用于幼龄动物如断奶仔猪。此外，因膨化饲料比重较小，含有较多空气，可以漂浮在水面上，待吸水后慢慢下沉，因此多用于鱼类等水产养殖，便于采食，减少浪费。膨化饲料成本较高。

（4）碎粒料。是用机械方法将颗粒饲料再经破碎加工成细度为 2 ~ 4mm 的碎粒。碎粒饲料主要用于鸡饲料，在保证饲料养分均匀的同时，又增加采食适口性，减少浪费。

（5）块状饲料。为放牧的牛羊补充微量元素及其他矿物质的块状饲料，俗称盐砖。

3. 按饲养动物分类

有猪饲料、鸡饲料、兔饲料、鱼饲料等。

4. 按饲养动物不同生长阶段和性能要求分类

有仔猪饲料、肥育猪饲料、哺乳猪饲料、种猪饲料等。

三、饲料在现代养殖业中的重要作用

随着饲料工业的蓬勃发展，饲料在现代畜牧业生产中发挥着越来越重要的作用，饲料工业成为现代畜牧业强大的支撑和保障，可以说，没有饲料工业的发展就没有现代养殖业。它主要有以下突出作用。

（1）提高营养水平，促进动物生长，降低饲养成本，为现代畜牧业发展奠定了重要基础。传统养殖通常是农户利用余粮，以分散饲养为主，集约化、规模化发展滞后。饲料产业的快速发展提供了更多优质饲料产品，为推进现代化、集约化和规模化养殖提供了重要保证。饲料的专业化、工厂化生产，使养殖业的劳动生产率大幅提高，规模化养殖水平不断提升。如 1996 年我国生猪养殖规模化水平仅达 13.6%；2002 年规模化养殖水平达 27.2%；到 2011 年我国生猪规模化养殖水平达 65%。蛋鸡和肉鸡规模化养殖水平更高。

（2）促进养殖业发展，丰富畜禽水产品市场供应，提高人民生活水平。随着大量现代饲料科技在饲料工业的应用，饲料转化率大大提高，动物生产中的饲养成本被降低，畜牧业产量稳步上升，为市场提供的畜禽水产品数量大幅增加，满足了广大消费者对畜禽水产品数量的需求。2012 年全国的肉、蛋、奶产量分别达到 8220 万吨，2835 万吨和 3870 万吨，比上年分别增长 3.3%、0.8% 和 1.5%。

（3）改善日粮成分，与饲喂单一粮食作物相比可节约大量粮食。传统养殖常常使用单一粮食饲喂动物，由于营养成分单一，动物生长缓慢，因此饲养周期长。科学配方获得了营养均衡的饲料，为动物提供适宜生长的必需养分，能够有效提高动物的生长速度，缩短饲喂周期，节约粮食作物。

四、饲料对动物生长的主要作用

大部分饲料提供了动物生命活动所需的一种或多种营养物质，如玉米可以提供能量、蛋白质等营养，磷酸氢钙可以提供钙、磷等矿物质，青绿饲料可以提供维生素等；另外一些饲料成分主要起到改变日粮特性的作用，如调味剂可以改变饲料适口性，防霉剂、抗氧化剂可以加强饲料品质保护等。这里主要介绍饲料在动物生长过程中的主要作用。

（一）营养供给作用

营养供给作用是指饲料中的营养物质为动物生长、繁殖等生命活动提供所需的能量、蛋白质、矿物质、微量元素、维生素、氨基酸等营养供给，是保证动物健康的基础。日常生产中的能量饲料主要为动物完成各项生理活动提供所需的能量物质，如玉米、高粱、小麦、麸皮、米糠等；蛋白质饲料主要为动物提供生长所需的蛋白质和氨基酸，如豆类籽实、油料作物籽实及其加工副产品饼（粕）；矿物质饲料为动物提供钙、磷等营养元素，常用的有磷酸氢钙、磷酸二氢钙、碳酸钙等；微量元素添加剂为动物生长补充必需的微量元素，常用的有硫酸铜、硫酸锌、硫酸镁、硫酸锰、氯化钴、亚硒酸钠等；补充维生素通常使用维生素 A、维生素 D、维生素 E、核黄素、胆碱、生物素等；补充氨基酸通常使用赖氨酸、蛋氨酸、色氨酸、甘氨酸等。

一旦动物缺少某种营养物质，就可能影响生长发育或造成缺乏症，有的甚至导致死亡。例如蛋白质缺乏可使畜禽淋巴器官发育缓慢，抵抗力降低；微量元素铁、锌缺乏时，均可引起动物免疫器官萎缩，T 淋巴细胞数量明显下降，感染疾病的几率上升；维生素 C 可刺激动物白细胞的吞噬活性，促进抗体形成；维生素 E 可提高动物体液免疫和细胞免疫水平，具有增强机体免疫力的功能。

但是，营养成分并非越多越好。动物的健康需要各种营养的平衡，即动物生理需要和饲料营养素供给之间的平衡。这主要包括日粮中的能量蛋白平衡、氨基酸平衡、钙磷平衡、电解质平衡以及各种营养素摄入量之间的平衡。当日粮中能量和蛋白质比例不当时，就会影响营养物质利用效率，导致营养障碍。当日粮中钙磷不平衡，就会引起动物生长发育受阻和生产能力降低，甚至引起佝偻病、骨质软化症和骨质疏松症等。因此饲料就是为动物生长提供营养平衡的日粮。

（二）抗病促生长作用

随着人们对动物生长与疾病控制研究的不断深入，动物日粮中添加适量药物饲料添加剂以达到动物防病和促生长作用的做法在工业饲料中被大量运用。如仔猪饲料中添加喹乙醇有明显促生长和抗菌作用；硫酸粘杆菌素用于犊牛、仔猪和鸡饲料中，能够预防革兰氏阴性杆菌引起的肠道感染，并有一定促生长作用等。但是喹乙醇只适合 35kg 以下仔猪使用，禁用于禽和体重超过 35kg 的猪。硫酸粘杆菌素不得用于蛋鸡产蛋期。这类药物饲料添加剂必须按照农业部公告 168 号《饲料药物添加剂使用规范》中的用法、用量、适用动物、休药期等规定使用。

（三）其他作用

随着工业饲料的快速发展和人们对动物营养研究的不断深入，饲料品质、加工工艺、贮存条件、饲料利用效率等越来越受到饲料生产者和养殖业主的关注，饲料中防霉剂、酸化剂、调味剂、着色剂、酶制剂、微生物制剂等一般饲料添加剂（通常称之为非营养性饲料添加剂）的研究成果不断得到运用，和营养性添加剂一起成为配合饲料中重要的组成成分。如饲料中添加乙氧喹啉，丙酸，丙酸钠等防霉剂，可防止饲料氧化和霉变。添加柠檬酸，延胡索酸，乳酸，乙酸，盐酸，磷酸及复合酸化剂等，可显著提高猪日增重，降低饲养成本。营养性饲料添加剂和一般饲料添加剂的使用必须符合农业部公告 1126 号《饲料添加剂品种目录》文件的规定。

五、传统养殖中出现的误区

传统养殖往往存在一些误区，如果不依靠科学认知，有效利用饲料资源，不仅会给养殖业带来经济损失，还会给人类健康带来安全隐患。

误区一：只要是人吃的，都可以作为动物饲料。曾经出现的餐厨垃圾（潲水）喂猪，原以为节约资源，降低饲养成本，结果发现餐厨垃圾含有大量有毒有害物质，如大量的重金属物质和苯类化合物等，会大量的蓄积在动物的脂肪和内脏中无法排出，并经食物链最终停留在人体内，造成免疫力下降，提高癌症的发病率。餐厨垃圾已禁止用于养殖业。

误区二：人能吃的药物动物就一定可以使用，而且疗效明显。曾经在畜禽水产业中使用的氯霉素、硝基呋喃等人用药物，尽管治疗效果非常理想，但由于畜禽水产动物的大力使用，使细菌和病毒迅速产生耐药性和变异，当人体患病需要使用该类药物时，却无法取得应有的疗效，这时，细菌或病毒将会对人类造成致命威胁。农业部早就禁止了人药兽用，但有些农户还缺乏认知。

误区三：煮熟的饲料有利于动物消化吸收。有些农户将青绿饲料或买来的全价配合饲料加水煮熟，结果破坏了饲料中维生素等营养物质，诱导亚硝酸盐的产生，对饲养动物反而造成了伤害。

误区四：只要是天然的饲料，就是健康的。其实天然饲料一样可能存在不安全因素。一是本身含有的有毒有害物质。如棉籽饼中含有棉酚，在连续过量食用后会产生蓄积性中毒；青绿饲料中含有硝酸盐，当加工贮藏不当时，硝酸盐会还原成亚硝酸盐而引起动物中毒或残留在畜产品中。二是农药残留。特别是不按规定使用杀虫剂、除草剂和杀菌剂等，极易造成天然农作物籽实、根、茎或叶中农药残留，在作物外皮、外壳及根茎部的农药残留远比可食部分高，而这些部分作为副产品又是畜禽饲料的主要来源之一。三是霉菌和霉菌毒素污染。据报道，全世界每年约有25%的农作物被霉菌污染。受到霉菌污染的饲料，不仅降低了营养价值，产生的霉菌毒素还可能导致畜禽急、慢性霉菌毒素中毒并在畜禽产品中残留。因此天然饲料也需要科学使用。

误区五：仔猪全价配合饲料饲喂中、大猪，营养水平高，生长快。特别是生猪行情好的时候，养殖户宁愿提高饲料成本，全程使用仔猪全价配合饲料，希望提高猪的生长速度，获得较高的经济收益。其实仔猪生长发育所需要的营养水平和中、大猪存在较大差距。仔猪饲料通常是高能量和高蛋白水平，这种能量蛋白平衡适用于仔猪的快速生长需要，但并不适用于中大猪的需要。用仔猪配合饲料饲喂中大猪，不仅成本提高，同时也是饲料资源的浪费。另外，仔猪配合饲料常常使用高铜和高铁配方，这种日粮配方对猪的早期生长阶段具有明显的促生长效果，但对于中、大猪生长阶段，高铜可能引起肾脏组织结构受损，并大量沉积在肝肾组织，食用此类动物产品后会导致人体内自由基增加，脂肪代谢异常；高锌对断奶仔猪有明显的防腹泻、促生长效果，但仅仅在断奶后2周比较明显，长期过量的锌可降低血液、肾和肝内的铁含量，使动物发生顽固性缺铁性贫血。因此动物不同生长期最好使用相应的配方饲料。

误区六：工业饲料喂养的动物，其产品的风味和安全性不如传统养殖的好。特别是当前食品安全事件时有发生的情况下，不仅养殖户，连消费者往往也对工业饲料喂养的动物性食品抱有怀疑。事实上，肉品的风味主要与动物健康状况和生长周期密切相关，不健康的动物或生长周期过短的动物，肉的风味一定不会好。工业饲料经过科学配方，营养性优于使用单一饲料的传统养殖，配方饲料能够充分发挥动物的生产性能，有利于获得健康优质的动物产品，其二，工业化生产的饲料，其饲料原料和生产过程经过严格控制，所有原料经检测合格后才能使用；相比传统养殖多使用天然饲料，工业饲料对原料的选择面更广，检测手段更强，饲料的安全性更有保障。因此工业饲料饲喂的动物营养均衡，饲料安全基本保障，其产品也更优质和安全。

这些误区时常出现在农户的日常养殖活动中，农技推广人员需要加大科学饲养知识和现代养殖技术的宣传力度，指导农户摒弃传统养殖中的不健康方式，用科学理念和方法实现健康养殖。

第二节 饲料安全

一、饲料安全的含义

广义地讲，饲料安全包括两层含义，一层是指饲料数量的安全，能否满足畜禽水产养殖业对饲料原料和饲料总量的需求，是数量的保证；另一层是指饲料通过动物进入食物链后对食物链成员特别是动物和人的生命活动不造成危害，是饲料的质量安全。狭义的饲料安全主要指第二层含义。

因此，饲料质量安全通常包括三个方面的内容：①饲料中本身所含的有毒有害物质或饲料在加工、贮存和运输过程中通过物理或化学反应生成的有毒有害物质不对动物的健康和生长产生危害；②动物采食饲料后生产出的畜产品作为人的食物不会对人的健康产生危害；③饲料被动物采食后，未利用的物质排入环境后不会对环境质量产生危害，或通过环境再作用于动物或人后不会对动物和人的健康产生危害。

简单地讲，饲料质量安全就是饲料产品（包括饲料和饲料添加剂）中不含有对饲养动物的健康造成实际危害的物质，利用饲料产品生产的畜产品不会危害人体健康，并且不对人类的生存环境产生负面影响。

二、国内外发生的饲料安全突出事件

（一）国外发生的突出事件

1. 疯牛病事件

1985 年 4 月，英国阿什福德的一个农场发现了第一例疯牛病。1986 年进行了实验室确诊，1987 年首次报道，到 1995 年已证实英国有 10 ~ 15 万例。1996 年，英国政府宣布疯牛病可能感染人并致人死亡。疯牛病在英国最高发病时间是 1993 年，每月至少有 1000 头牛发病；截至 2000 年，在英国有超过 34 000 个牧场的 176 000 多头牛感染了此病例。此后其他欧洲国家也发现了本土的疯牛病。

疯牛病传播的主要途径之一是饲料中使用了来自患病动物的肉骨粉。该肉骨粉中含有一种致病因子，称之为“疯牛病因子”，既不是细菌，也不是病毒，而是一种异常蛋白质，常规防治疾病的措施对疯牛病无效。因此，许多国家全面禁止在动物饲料中使用动物加工副产品制成的肉骨粉。我国也有相同规定。

2. 二噁英污染事件

二噁英是多氯二苯并二噁英和多氯二苯并呋喃两类化合物的总称，共有 210 种同族体，因氯原子的取代数目和位置不同而形成众多异构体。二噁英主要来源于与氯有关的化工厂、农药厂、垃圾焚烧和纸浆及纸的漂白过程。1999 年 3 月，比利时一家养鸡场发现肉鸡生长异常，蛋鸡产蛋率明显下降。经检测，结果在鸡脂肪及鸡蛋中发现有二噁英，且超过常规 800 ~ 1000 倍，又在鸡饲料中发现了二噁英。二噁英污染事件迅速传播开来，由于处置不当，最终导致比利时内阁全体辞职。

二噁英污染事件起源于比利时一家名叫维克斯特的动物油脂厂，由于运输动物油脂的油罐车遭到工业用油的严重污染，致使动物油脂被二噁英污染；在巨大利润的驱使下，维克斯特继续把受二噁英污染的动物油脂卖给了比利时、法国、荷兰、德国的13家饲料厂，这些饲料厂又把污染了的饲料卖给了数以千计的饲养场，导致大量畜禽产品和乳制品中残留较高浓度的二噁英，引发了食品恐慌。

（二）国内发生的突出事件

1.“瘦肉精”中毒事件

“瘦肉精”是一类叫做β－肾上腺素受体激动剂的化学物质的统称，能够促进瘦肉生长、抑制动物脂肪生长，是一种非常廉价的药品。“瘦肉精”让猪的单位经济价值提升不少，但它有很危险的副作用，轻则导致心律不齐，严重一点就会导致心脏病。比如克仑特罗、莱克多巴胺、沙丁胺醇等。早在1997年3月，我国农业部就已明令禁止β—肾上腺素受体激动剂在畜牧业上应用。但是，“瘦肉精”禁而不止，我国多地仍有“瘦肉精”中毒事件发生。

1998年我国广州发生首起瘦肉精中毒事件，经查证实，猪用饲料中含有盐酸克伦特罗（“瘦肉精”）。1999年4月，上海两名运动员因食用了含有盐酸克伦特罗的肉品，在尿检中出现阳性而被禁赛。2003年10月，辽宁62人“瘦肉精”中毒事件，在社会上引起了较大反响。2006年，上海300余人“瘦肉精”中毒。游泳运动员尿检阳性。2008年11月，浙江嘉兴中茂塑胶实业有限公司70名员工“瘦肉精”中毒。2009年2月，广州市出现“瘦肉精”恶性中毒事件。2011年央视曝光河南双汇“瘦肉精”事件。

2. 三聚氰胺事件

三聚氰胺是一种三嗪类含氮杂环有机化合物，含氮量高达66%，主要是作为塑料工业的原料用于生产甲醛树脂。三聚氰胺本身无营养价值，不是食品或饲料原料，也不是饲料添加剂，但因含氮量高，加入饲料或食品中可提高粗蛋白质水平，使劣质食品或饲料容易通过监督部门蛋白质含量的检测，因而被不法分子利用。

美国2004年和2007年两次发生宠物食品中毒事件，都是因为动物食用了从中国进口的受三聚氰胺污染的饲料而造成的。2008年，三鹿婴幼儿奶粉三聚氰胺污染事件曝光后，香港食物安全中心在进口的两批次鸡蛋中检出三聚氰胺含量超过食品中三聚氰胺上限。大量检测显示，在明令禁止使用三聚氰胺以前，我国不少饲料、尤其是蛋白质饲料中含有高剂量的三聚氰胺。我国已于2008年明令禁止在畜牧业中使用三聚氰胺。

三、当前饲料质量安全存在的主要隐患

目前，影响饲料质量安全的因素众多，安全隐患复杂多变。其中，有些是人为因素，有些是非人为因素；有些是偶然因素，有些则是长期累积的结果。有的问题逐步得到解决而新的问题还在不断出现，同时还存在许多不确定因素或未知因素。饲料安全存在的主要隐患有以下几类。

（一）饲料中卫生指标超标

通常是在饲料原料和饲料添加剂的生产、贮存过程中自然伴生或难以去除的有毒有害物质。如铅、砷、镉、汞等重金属，六六六、滴滴涕等农药残留，霉菌、细菌等有害微生物及其毒素，游离棉酚、异硫氰酸酯等天然生物毒素等。

（二）饲料中添加违禁物质

在饲料中违规添加国家明令禁止使用的物质。如克伦特罗、莱克多巴胺、沙丁胺醇、苯乙醇胺 A、三聚氰胺、苏丹红、氯霉素、呋喃唑酮、地西泮、雌激素和抗生素滤渣等。

（三）饲料中超范围超剂量使用药物饲料添加剂

有些药物饲料添加剂可以在饲料中长期添加，如金霉素、吉他霉素、恩拉霉素等，但规定了使用剂量和休药期，不能超量使用；有些药物饲料添加剂用于防治动物疾病并规定疗程，仅通过混饲给药，如盐酸林可霉素、磷酸替米考星等，只能根据兽医处方按剂量按疗程使用，不能长时间或超量使用；有些药物只能在某种动物的某个生长阶段使用，如喹乙醇只能在 35kg 以下的仔猪饲料中使用，而在其他动物饲料中禁止使用。不按规定使用药物饲料添加剂都将造成畜禽水产品中残留超标。

（四）饲料中超范围、超剂量使用饲料添加剂

饲料添加剂虽具有特定功能，但使用量并不是越多越好，过量使用易导致多种不良影响。如有机砷制剂、高铜、高锌等。

四、饲料质量安全隐患带来的主要危害

饲料不安全，对动物、人类和环境会造成多种危害，概括起来主要包括以下几个方面。

（1）影响动物的健康和生产性能的发挥，降低饲粮中某些营养物质的消化吸收和代谢利用率。如菜子粕中含有异硫氰酸酯、硫氰酸酯、噁唑烷硫酮；棉子粕中含有游离棉酚等有毒物质；高粱子实中含有单宁；豆科子实含有蛋白酶抑制因子和植物凝集素等，都会影响动物的健康和生产性能的发挥，降低饲粮中某些营养物质的消化吸收和代谢利用率。

（2）引起动物中毒。当动物采食的有毒有害饲料达到一定量，超过机体本身的解毒能力时，饲料毒物进入机体，通过多种方式干扰和破坏机体的生理生化过程，引起动物健康的损害甚至死亡。饲料中毒属于食源性疾病的一类以急性过程为主的疾病。饲料中毒具有暴发性特点，其潜伏期短，发病经过急骤，在较短时间内可能引起大批动物同时发病甚至死亡，会造成重大的经济损失。如饲料中黄曲霉毒素 B1 超标，可引起动物肝脏病变，长时间或高浓度的污染就会造成大批量死亡。

（3）影响畜产品品质、人类食用安全或食物中毒。饲料中的有毒有害物质，不仅会引起畜禽生长速度，还会使畜产品质量下降，在畜禽体内蓄积和残留并通过食物链转到人体内，对人的身体健康造成伤害。如重金属元素铅超标，蓄积在动物组织器官中引起中毒反应，不仅影响动物正常生长和生命活动，破坏动物产品品质，还会通过动物产品进入人体，危害人的健康；抗生素等药物添加剂会在畜产品中残留；诱导病原菌产生耐药性和变异，使药物疗效降低或消失；沙门菌、大肠杆菌等微生物通过饲料不但引起畜禽肠道感染，而且污染畜产品，直接威胁到人类健康；违禁物质"瘦肉精"的使用，更是造成严重后果。

（4）污染环境。粮农组织最新发表的一份报告认为，畜牧生产加剧了世界最紧迫的环境问题。饲料中化学性污染物如铅、砷、汞等，以粪便的形式，从动物体内排出，会对土壤、地表水、地下水造成污染；饲料中过量滥用高铜、高锌等添加剂，这些元素的吸收利用率很低，大量排到环境中也会造成土壤、地表水、地下水污染，从而危害人类的生存环

境。

五、饲料安全相关法规及要求

随着畜牧业的发展，人们对畜产品的消费需求已由过去的数量型转变为质量型，追求无污染、无残留和无公害的安全食品已逐渐成为人们的消费时尚，饲料行业也由关注产品产量的增加，转变为关注饲料产品质量的提高和对畜禽乃至对人类安全性的影响。我国政府已把饲料安全质量问题提高到了一个新的高度，先后颁布了饲料安全相关的法规规章。1999 年 5 月 29 日中华人民共和国国务院令第 266 号发布了《饲料和饲料添加剂管理条例》，2001 年 11 月 29 日提出了《国务院关于修改〈饲料和饲料添加剂管理条例〉的决定》，2011 年 10 月 26 日国务院第 177 次常务会议通过修订后的《饲料和饲料添加剂管理条例》，并于 2012 年 5 月 1 日起正式施行。农业部组织制定了《饲料和饲料添加剂生产许可管理办法》、《饲料添加剂和添加剂预混合饲料产品批准文号管理办法》等部门规章，和一系列饲料安全相关的国家标准，如饲料标签标准、饲料卫生标准等。其中《饲料和饲料添加剂管理条例》是规范饲料生产、经营、使用行为的重要法规。

1. 规定饲料和饲料添加剂生产必须办理生产许可证，饲料添加剂和添加剂预混合饲料必须办理产品批准文号。具体管理办法由相应的部门规章分别进行了规定，即《饲料和饲料添加剂生产许可管理办法》（农业部令 2012 年第 3 号）、《新饲料和新饲料添加剂管理办法》（农业部令 2012 年第 4 号）、《饲料添加剂和添加剂预混合饲料产品批准文号管理办法》（农业部令 2012 年第 5 号）、《进口饲料和饲料添加剂登记管理办法》（农业部令 2014 年第 1 号）、《饲料质量安全管理规范》（农业部令 2014 年第 2 号）等 5 个农业部令。

2. 规定了国务院农业行政主管部门公布《饲料原料目录》、《饲料添加剂品种目录》、《药物饲料添加剂品种目录》等三个“目录”，禁止使用这三个“目录”以外的任何物质生产饲料。也就是说只有国务院农业行政主管部门公布的这三个“目录”中列出的物质才允许在饲料生产中使用，凡是这三个“目录”中没有列出的物质均不得用于饲料生产，一旦违规使用，将受到相应处罚。

（1）《饲料原料目录》规定了允许使用的饲料原料。目前已发布农业部公告第 1773 号，规定饲料生产企业所使用的饲料原料均应属于该目录规定的品种和要求，凡是《饲料原料目录》以外的物质均不得作为饲料原料使用。

（2）《饲料添加剂品种目录》规定了允许使用的饲料添加剂。目前已发布农业部公告 1126 号，并按《饲料添加剂安全使用规范》（农业部公告第 1224 号公告）执行，凡是《饲料添加剂品种目录》中没有列出的物质均不得作为饲料添加剂使用。

（3）《饲料药物添加剂品种目录》规定了允许使用的药物饲料添加剂。目前按《饲料药物添加剂使用规范》（农业部公告第 168 号、220 号）执行。凡是《饲料药物添加剂品种目录》中没有列出的物质均不得在饲料中使用。

3. 规定了禁止使用的药物和化合物。在 2012 年新的《饲料和饲料添加剂管理条例》颁布实施前，农业部已经发布了《禁止在饲料和动物饮用水中使用的药物品种目录》（农业部公告第 176 号、1519 号）、《关于发布〈食品动物禁用的兽药及其他化合物清单〉的通知》（农业部公告第 193 号）等。

4. 规定饲料标签必须按《饲料标签标准》执行，目前执行的饲料标签标准为 GB10648《饲料标签标准》。

5. 规定饲料使用者必须执行兽药休药期。目前执行农业部公告第 168 号和第 278 号，分别规定了允许使用的兽药饲料添加剂的休药期，兽药国家标准和专业标准中部分品种的停药期，并确定了部分不需制订停药期规定的品种。

作为基层农技推广人员应熟悉我国饲料安全相关的法律、法规，在实际工作中能够熟练运用，发挥好指导和监督作用。

六、我省饲料产品质量安全监管的主要措施

随着饲料行业的不断发展，饲料安全问题逐渐显现出来，特别是 20 世纪中期以来，国内外发生多起与饲料安全相关的食品安全事件，如“疯牛病”事件，二噁英污染事件，“瘦肉精”事件等，成为国际社会关注的焦点。我国政府高度重视饲料和畜产品安全，先后颁布了饲料安全相关的法规规章。我省也对加强饲料质量安全监管采取了相应措施。2000 年，在农业部启动“全国饲料安全专项工程”等一系列加强饲料安全监管的具体行动前，我省率先实施了“全省饲料质量安全监测计划”，首次将监测的重点定位于与饲料安全卫生密切相关的有毒有害物质上，每年根据饲料安全存在的突出问题调整监测计划指标，2006 年起，我省又在国内首先启动了饲料质量安全“全覆盖”监测，至今持续开展近 10 年，每年监测饲料产品 3000 多批次。

近年来，为进一步强化饲料质量安全监管，确保饲料和畜产品安全，我省饲料行业主管部门按照“保安全，促发展”的总体思路，采取多种措施，重点突出对饲料产品产前、产中和产后的监管。

一是认真贯彻国家规定的许可条件。2013 年我省专门印发了《关于贯彻实施饲料和饲料添加剂管理条例及其配套规章的通知》，严把行业准入关，从产前着手，从源头入手，强化饲料质量安全事前监管。二是认真贯彻实施农业部《饲料质量安全管理规范》，要求饲料企业严格按《饲料质量安全管理规范》制定企业管理制度并组织实施，从原料验收、生产过程巡查、生产设备检查，人员资格认定、检化验技术水平等各个方面规范管理，加强饲料质量安全事中监管。三是持续开展“全覆盖”饲料质量安全监测，通过检打联动，加大查处力度，坚持“有案必查，查案必处，有处必报”，强化饲料质量安全事后监管。四是开展无证生产专项检查和持证企业监督检查，通过全面拉网排查，杜绝未取得许可资质的原料入厂，禁止经营无许可资质的饲料产品，同时加强日常监督，做好月巡查工作，从严查处违法行为，确保我省饲料和饲料添加剂企业 100% 持证生产，规范饲料市场秩序。

由于监管严格，措施得当，我省饲料工业一直保持健康稳定的发展态势，饲料产品质量安全水平不断提高，没有发生大的饲料安全事件，使畜禽水产品的质量安全得到了有效保障。

第三节　饲料与畜产品安全

一、畜产品安全的含义

简单地讲，畜产品安全通常包含两层含义，一层是指畜禽的生长不会对人、动植物和

环境造成危害，如人畜共患病对人的危害，动物排泄物对环境的污染等；第二层是指畜禽产品作为食品不含有对人的健康和人类后代造成危害或潜在危害的因素，如二噁英、重金属，药物残留危害等。

二、养殖环节中主要存在的畜产品安全隐患

随着社会经济的发展、科技进步和人们对动物性食品需要量的增加，动物性食品的安全问题引起了全社会的普遍关注，特别是20世纪90年代以来，畜产品安全事件时有发生，使人们更加清醒地认识到提高畜产品质量安全水平的迫切性。畜产品安全成为我国畜牧业发展新阶段面临的新情况、新问题、新任务。畜产品安全涉及因素多，其安全隐患主要来自于动物疫病传播、违法添加物、兽药残留、化学物质污染和残留等。畜产品安全是个系统工程，涉及畜禽养殖环节、流通环节以及畜产品加工等环节。这里主要介绍畜禽水产品养殖环节可能出现的质量安全隐患。

（一）动物疫病

动物疫病主要是指动物传染病、寄生虫病。根据动物疫病对养殖业生产和人体健康的危害程度，《中华人民共和国动物防疫法》规定管理的动物疫病分为三类。动物疫病对人和动物都有不同程度的危害，是影响畜禽水产品质量安全的重要因素之一。如2005年，四川资阳发生猪链球菌病，猝死生猪400多头，全省人感染猪链球菌病病例152例，死亡31例。相当长一段时间消费者不敢食用猪肉，猪肉出川受阻，造成了巨大经济损失。

（二）违禁物质

个别养殖户为追求高额利润，无视国家法律，在畜禽水产品养殖中违法添加国家明令禁止使用的物质，危害消费者健康安全。如2011年3月央视曝光的河南双汇“瘦肉精”事件，就是养猪户在饲料中偷偷添加违禁物质“瘦肉精”；2006年10月，上海、广州、香港等城市相继报道在多宝鱼中检出违禁物质“孔雀石绿”和“硝基呋喃”；2006年11月，产自河北的“红心鸭蛋”被检出含有致癌物质“苏丹红”4号，经查是将高效工业用色素“苏丹红”掺入饲料中喂养鸭子，因此生产了红心鸭蛋。由此可见，违法添加违禁物质是危害畜禽水产品安全的又一重要因素。

（三）兽药残留

随着科技的不断进步，为增强畜禽抗病能力，缩短饲养周期，提高饲料报酬，抗生素等药物在饲料和养殖环节被大量使用。药物在动物体内代谢需要一定周期，如果代谢周期没有完成，也就是通常所说的休药期没有完成就宰杀，药物就会残留在动物组织和器官中，而这些动物组织和器官常常会成为人类的食品。残留的药物直接危害人类的健康，长期食用含抗生素的食品，就相当于在人体内安装了“隐形炸弹”。细菌的耐药性不断增强，一旦人发生疾病，很可能会出现“无药可治”的情况。1957年，在日本首先发现细菌抗药性病例，引起痢疾的志贺氏菌有一种以上的抗药性，到了1964年，40%的流行株有四重或多重抗药性；1992年美国科学家在肉鸡饲料中发现了超级细菌，该细菌对所有抗生素具有耐药性；1972年，墨西哥有1万多人感染了抗氯霉素的伤寒杆菌，导致1400人死亡；1992年美国有13 300人死于抗生素耐药性细菌感染。因此兽药残留导致的细菌耐药性已严重威胁着人类的健康，成为影响畜产品安全的重要隐患。

（四）霉菌毒素污染

霉菌毒素主要是指霉菌产生的有毒代谢产物，在自然界中广泛存在。它们可通过饲料进入动物体内，引起动物的急性或慢性毒性，损害动物肝脏、肾脏、神经组织、造血组织及皮肤组织等，也可随动物产品进入人体内，危害人类健康。如霉菌毒素中黄曲霉毒素B1通常污染花生、玉米、稻谷、小麦、菜籽等粮油食品，这些粮油食品多数也是饲料原料。黄曲霉毒素耐热，280℃才可裂解，故一般加工温度下难以破坏。黄曲霉毒素B1的代谢主要发生在肝脏，代谢产物为黄曲霉毒素M1。不同动物中以牛奶中的黄曲霉毒素M1代谢物含量最高，人食用了含有黄曲霉毒素M1的牛奶就会引起中毒。黄曲霉毒素B1的毒性要比呕吐毒素的毒性强30倍，比玉米赤霉烯酮的毒性强20倍。黄曲霉毒素B1的急性毒性是氰化钾的10倍，砒霜的68倍，慢性毒性可诱发癌变。霉菌毒素污染饲料已经成为世界共同关注的重要课题。我国农业部已连续10年开展了全国饲料和饲料原料主产区霉菌毒素污染预警调查和研究。目前我国饲料和饲料原料中霉菌毒素污染已较普遍，这和气候、环境、储存条件等因素密切相关。霉菌毒素污染的饲料不仅危害饲养动物的健康安全，同时通过动物产品也对人类安全造成威胁。

（五）重金属残留

由于环境污染日益严重，特别是工业“三废”的排放，土壤、水域中重金属污染加剧，随食物链进入畜禽水产品体内并不断蓄积，影响动物健康，并通过动物产品危害人的健康。如重金属铅（pb）可以引起贫血、免疫功能障碍、神经系统损伤等急、慢性病变；二价汞离子可引起肾脏细胞凋亡，肾功能不全；镉（Cd）是世界公认的毒性最大的重金属，可以破坏肾功能，引发尿蛋白症、糖尿病等。

（六）有机砷和微量元素超量使用

使用高铜、高锌和添加有机胂的饲料，动物吸收较少，没有吸收利用的铜、锌、砷等随动物粪便排泄到周围环境中，造成环境污染，最终危害人类健康。以砷为例，据预测，一个万头猪场按美国FDA允许使用的砷制剂剂量推算，若连续使用添加有机砷的饲料，5～8年之后将向猪场周边排放近1t砷，16年后土壤中砷含量即上升到0.28mg/kg；按此计算，不出10年，该地所产甘薯中砷含量会全部超过国家食品卫生标准，导致这片耕地只能废弃或种其他作物。

三、安全隐患进入动物体内的主要途径

（一）环境

对畜禽养殖来讲，通过环境带来的安全隐患主要是动物疫病，主要影响因素有空气，饲养人员的接触，兽医或外来人员的交叉污染，圈舍的消毒等。对水产动物来讲，水环境是疫病感染的主要传染途径。另外通过水环境，水产动物还可能接受违禁物质、药物、重金属污染等进入人体内，造成危害。

（二）饲料

饲料是安全隐患进入动物体内最主要的途径。通过饲料可能进入动物体内的安全隐患包括：

1. 违法添加违禁物质。如猪、牛、羊饲料中添加瘦肉精、苯乙醇胺A、可乐定、赛庚

啶等，蛋禽饲料中添加苏丹红，鱼饲料中添加喹乙醇、呋喃唑酮等，奶牛饲料中添加三聚氰胺，肉牛、肉羊饲料中添加肉骨粉等牛羊源性成分。这些违法行为在近年来都曾发生过，需要引起高度重视。

2. 药物饲料添加剂。在畜禽养殖中，一部分药物饲料添加剂在工业饲料中长期添加，如金霉素、恩拉霉素、维吉利亚霉素、硫酸粘杆菌素、地克珠利、杆菌肽锌等；另一部分药物添加剂通过养殖场（户）拌料添加，如磺胺类、氟苯尼考等。这些药物进入动物体内代谢，如果不按规定严格执行休药期，药物就会残留在动物组织和器官中，给消费者造成危害。

3. 微生物及霉菌毒素等。受微生物或霉菌毒素污染的饲料和饲料原料可以造成动物组织和器官受损，同时被污染的动物产品会对人类造成危害。如黄曲霉毒素、呕吐毒素、沙门氏菌等。

4. 重金属等有毒有害物质。饲料中所含的重金属等有毒有害物质进入动物体内蓄积或排出。如鱼粉中可能超标的铬，磷酸氢钙中可能超标的铅、氟，人为添加的高铜、高锌、有机砷制剂等。

（三）饮水

通过饮水进入动物体内的危险因子可能有违禁物质、药物和重金属等。畜禽养殖场（户）有时也将违禁物质或药物溶解在饮水中供动物饮用，以达到增重或抗病的作用。如蛋鸡饮水中溶入氧氟沙星粉剂，起防病治病作用，但造成氧氟沙星残留鸡蛋中；水质受重金属污染后仍然作为畜禽饮用水，造成畜禽产品中重金属残留超标等。

（四）注射用药

畜禽养殖中个体发病或需要疗效增强时常常通过肌肉注射使用药物，如退热镇痛的氨基比林、安乃近、安痛定等，抗菌消炎的青霉素钠、卡拉霉素等，驱虫的伊维菌素等，多采用肌肉注射的方式用药。这些药物的使用如果不按规定执行休药期，就会产生药物残留。实践中也发现在兽药注射液中违法添加“瘦肉精”的行为。如 2013 年公安部查获江西产兽药替米考星注射液中掺入“瘦肉精”氯丙那林。

四、饲料安全对畜禽水产品质量安全的重要性

1. 饲料是畜禽水产养殖的主要投入品，是影响畜禽水产品质量安全的重要因素。前面提到的违法使用违禁物质，超范围超剂量使用药物，农药污染、环境污染、霉菌毒素污染等带入的有毒有害物质，不仅对畜禽水产动物的健康造成危害，还对畜禽水产品质量安全造成威胁。

2. 饲料也是人类的间接食品，饲料安全直接关系人类的安全。如果饲料产品中存在不安全因素（如有毒有害物质、违禁物质等），不但影响饲养动物的健康和正常生长，而且一部分有毒有害物质经饲养动物消化吸收后残留、蓄积于饲养动物的组织器官中。这些组织器官是动物性食品的主要来源，对人类健康造成威胁。

3. 对环境存在重要影响。饲料中有毒有害物质在动物体内未被消化吸收，如铅、砷、氟等，以及大量使用的高铜、高锌、有机砷等，通过饲养畜禽直接排泄到环境中，造成土壤和水源污染，对人类的生活环境构成威胁，最终危害人类健康。

因此，饲料质量安全直接关系到畜禽水产品的质量安全，饲料安全与食品安全、与人

类健康紧密相关，没有饲料安全就没有畜禽水产品质量安全，没有饲料安全就没有食品安全和人类健康。

五、科学使用饲料，强化日常检查，保障畜禽水产品安全

目前，饲料已广泛应用于畜禽水产品养殖中，不论使用工业饲料还是自配饲料，在养殖过程中，都必须严格执行饲料安全和农产品质量安全相关法规的各项规定和要求。《饲料和饲料添加剂管理条例》不仅对饲料生产和经营者的行为进行了规范，同时还对饲料使用者，也就是养殖场（户）的行为进行了规范。如“养殖者应当按照饲料产品使用说明和注意事项使用饲料……”，“养殖者使用自行配制的饲料的，应当遵守国务院农业行政主管部门制定的自行配制饲料使用规范，并不得对外提供自行配制的饲料”等。农技推广人员要熟悉相关法规，在日常工作中善于运用科技手段，把握关键环节，指导和监督养殖户科学规范地使用饲料等投入品，确保畜禽水产品质量安全。

（一）合理选择饲料，实现科学养殖

1. 指导养殖户选择营养水平适宜的饲料，满足饲养动物及其不同生长发育阶段的各项营养需要。无论使用全价配合饲料，还是购买浓缩饲料或预混合饲料进行配制，既要避免日粮营养成分单一、缺失，又要避免日粮营养水平过高；既要防止饲养动物营养不均衡，影响生长发育，又要防止饲养动物营养过剩；不仅增加饲养成本，还会造成浪费和环境污染等。

如仔猪（30kg 以下）全价配合饲料的蛋白水平通常要求 17% ~18%，生长肥育猪（50kg 以上）全价配合饲料的蛋白水平通常要求 14% ~15%，两者相差较大；奶牛精料补充料蛋白质含量通常要求 16% ~22%，与肉牛精料补充料通常要求的 11% ~17% 也存在较大的差异，前者蛋白水平明显高于后者。如果生长肥育猪使用仔猪饲料，肉牛使用奶牛精料补充料，不仅增加了饲养成本，也浪费蛋白饲料资源，同时多余的蛋白质随粪便排出体外还会增加环境污染，破坏人类环境，影响人类健康。

2. 指导养殖户了解动物特定生长阶段对饲料的特殊要求，科学选择饲料，避免误用、错用带来动物产品质量安全隐患。如产蛋鸡饲料适用于蛋鸡产蛋期，是因为产蛋鸡饲料中不添加任何药物饲料添加剂；如果使用产蛋后备鸡配合饲料，就可能含有药物饲料添加剂，生产的鸡蛋必然包含安全隐患，不能供人类食用。另外，饲养动物出栏前必须执行休药期，所用饲料不得含有任何药物饲料添加剂。在日常走访中发现不少养殖户缺乏相关知识，往往使用了含药物的饲料而他们却并不清楚。如有的生猪养殖户使用中猪配合饲料直到出栏，结果饲料标签显示该中猪饲料中添加了 2 种药物饲料添加剂，并要求休药期 7 天。未执行休药期的动物产品经检测药物残留超标，成为不合格产品。

因此，在日常工作中要指导养殖户在使用特定阶段的饲料时注意选择，避免因误选、错选饲料造成动物产品质量安全隐患或产品不合格。

3. 指导养殖户学习饲料法规，了解合格饲料产品应附具的基本标示，学会解读和使用饲料产品标签，选择质量稳定、安全适用的饲料。按照新修订的《饲料和饲料添加剂管理条例》（中华人民共和国国务院令第 609 号）第十九条规定“饲料、饲料添加剂生产企业应当对生产的饲料、饲料添加剂进行产品质量检验；检验合格的，应当附具产品质量检验合格证。未经产品质量检验、检验不合格或未附具产品质量检验合格证的，不得出厂销售

……”，因此要指导养殖户在购买饲料、饲料添加剂时查验产品合格证，确保产品质量。另外“条例”第二十一条还规定“饲料、饲料添加剂的包装上应当附具标签。标签应当以中文或者适用符号标明产品名称、原料组成、产品成分分析保证值、净重或净含量、贮存条件、使用说明、注意事项、生产日期、保质期、生产企业名称以及地址、许可证文件编号和产品质量标准等。加入药物饲料添加剂的，还应当标明‘加入药物饲料添加剂’字样，并标明其通用名称、含量和休药期……”。因此，农技推广人员还要指导养殖户在购买饲料、饲料添加剂时务必查验产品标签，并按“条例”要求的标签内容逐项检查。通过查验企业生产许可证号，产品执行的质量标准，了解该饲料产品生产是否合法合规；通过了解产品主要成分，使用说明，可以明确该产品是否适用于本养殖场；通过了解产品贮存条件、保质期以及是否添加剂药物和规定休药期等，可以帮助养殖户科学合理地使用该饲料，避免因贮存、过期或药物等原因造成饲料和动物产品质量问题。

同时，《饲料和饲料添加剂管理条例》也对养殖者使用饲料的行为进行了规范，如“条例”第四十七条规定养殖者如果“使用未取得新饲料、新饲料添加剂证书的，或未取得进口登记证的饲料和饲料添加剂；使用无产品标签、无生产许可证、无产品质量标准、无产品质量检验合格证的饲料和饲料添加剂；使用无产品批准文号的饲料添加剂、添加剂预混合饲料”等等情况，均会受到相应处罚，构成犯罪的，依法追究刑事责任。

（二）规范自配饲料，防范安全风险

在实际生产中，不少养殖场（户）自行加工生产全价饲料；有的购买浓缩饲料再添加玉米等能量饲料配制全价料；有的购买复合预混合饲料再添加能量蛋白等饲料配制全价料；有的大型养殖场配备全套饲料加工设备，自行生产全价饲料；还有的养殖户购买了全价配合饲料后，还会添加一些添加剂。从目前掌握的情况看，这些自配饲料可能存在多种安全风险。

1. 违法添加“瘦肉精”、苯乙醇胺 A、三聚氰胺、硝基呋喃类、孔雀石绿等违禁物质和违禁药物的风险。有些是利益驱使主动添加，如河南双汇“瘦肉精”事件中养殖场（户）在生猪养殖中使用盐酸克伦特罗等“瘦肉精”，提高瘦肉率，换取经济利益。有些是不清楚的情况下使用了掺入违禁物质的饲料添加剂或药物，结果被发现。如 2010 年克仑巴安（后被命名为苯乙醇胺 A）被违法分子作为新型添加剂卖给养殖户使用，当时还并不清楚该物质的具体结构，也没有检测方法，只是生猪尿液检测发现莱克多巴胺阳性，引起了怀疑，后经专业技术人员研究发现该物质为福莫特罗的同分异构体，使用效果同莱克多巴胺，均属 β－肾上腺素受体激动剂，也就是通常说的“瘦肉精”。

2. 超范围使用药物饲料添加剂的风险。农业部公告 168 号规定，附录一（该公告的附件 1）中的药物饲料添加剂可在饲料中长时间添加；附录二（该公告的附件 2）中的兽药成分只有经兽医处方后通过混饲方式给药，并规定了疗程，不能长期使用；所有药物饲料添加剂的使用还必须符合药物饲料添加剂使用规范（该公告的附件 3），按规定的用法用量使用。但个别养殖户缺乏相关知识，不清楚相关规定，超范围使用药物饲料添加剂。如生长猪使用喹乙醇，蛋鸡在产蛋期使用磺胺类、氟喹诺酮类药物等，严重危害动物产品安全和人类健康。有实验表明，磺胺在产蛋鸡饲料中使用后，第二天即残留于鸡蛋中，停药后第七天鸡蛋中仍然可以检出磺胺。

3. 超剂量使用药物饲料添加剂的风险。由于养殖业药物使用较多，往往造成细菌的耐

药性，而使药物疗效下降，养殖户为了提高药效，常常擅自增加用药剂量和浓度，这样即使执行了规定的休药期，但药物在动物体内仍然不能完成代谢，不仅造成动物产品中药物残留超标，成为不合格产品，而且会加速病原菌产生耐药性或变异，危害人类健康。

4. 使用霉变饲料的风险。不仅损害动物生长，降低生产性能，同时也危害人的健康。如奶牛使用了霉变的饲料，黄曲霉毒素 B1 经奶牛肝脏代谢为黄曲霉毒素 M1，不仅损害奶牛生产性能，同时残留于奶牛的组织器官中，以牛奶中浓度最高。国内某知名乳业就曾经发生过牛奶中黄曲霉毒素 M1 超标，追溯源头发现是饲料中黄曲霉毒素 B1 严重超标造成的。

5. 不按规定执行休药期的风险。有些养殖者常常将含药饲料一直饲喂到出栏，造成药物残留，危害人类健康。

在日常检查和指导中，农技人员可以通过多种方式加强监督，防范风险，保障畜禽水产品的质量安全。

一是运用科技手段监测违禁物质。如现场抽取生长猪尿液使用多联卡快速检测盐酸克伦特罗、莱克多巴胺、沙丁胺醇、氯丙那林等“瘦肉精”以及牛奶中黄曲霉毒素 M1，三聚氰胺也可使用检测卡快速检测。

二是通过现场查看，发现可疑物质。如查看养殖区、饲料生产区、饲料和药物库房等处，查阅配料记录、检查使用后的饲料、饲料添加剂和药物的包装标签，检查库存饲料、饲料添加剂、药物的包装标签等，从中发现可疑物质和不规范用药情况。

三是通过询问了解饲料和饲料添加剂使用周期，掌握休药期执行情况。如询问出栏前使用的饲料和饲料添加剂，查看饲料和饲料添加剂标签，了解出栏前是否使用了药物，结合饲料使用记录判断是否执行了休药期。

（三）做好记录记载，实现可追溯

畜禽水产养殖过程应当建立生产记录，如实记载使用农业投入品的名称、来源、用法、用量和使用、停用的日期，既是《农产品质量安全法》的要求，也是养殖场（户）建立可追溯体系保护自身利益的重要手段。饲料是畜禽水产养殖中主要的投入品，在畜禽水产养殖中发挥着重要作用，对畜禽水产品质量安全影响深远。前面已经反复提到饲料中可能存在的安全隐患和对畜禽水产品质量安全的影响。通过建立饲料采购、生产、使用等相关记录档案，既能反映养殖过程主要投入品的来源、成分、用法、用量等信息，同时也能证明养殖过程是否受控和规范，特别是当前消费者对食品安全广泛关注的情况下，生产记录档案构成的可追溯体系可以为消费者提供畜禽水产品质量安全全程受控的数据信息，能够赢得更多的消费市场。

目前，在畜禽水产养殖中，建立养殖记录档案越来越受到农业管理部门和大型养殖场主的重视，但还有部分养殖户，特别是养殖规模较小的养殖者仍然无法建立完善的生产档案，因此农技推广人员还需加强对养殖户记录档案的指导和规范。

畜禽水产养殖的生产档案主要包括饲料、兽药等投入品的购进记录、使用记录、自配料配方，动物引种记录或购进记录，生产记录，无害化处理记录，动物防疫记录，疫病监测记录，消毒记录，产品销售记录等。下面以生猪养殖为例，介绍几个主要的记录表格。

（1）饲料（兽药）购进记录。这里的饲料包括饲料原料、全价配合饲料、浓缩饲料、预混合饲料、饲料添加剂（营养性饲料添加剂、一般饲料添加剂和药物饲料添加剂）等用于饲喂动物的可食物质。饲料购进记录（见表5－1）需要包含的信息有：饲料名称，购进时间，来源或生产厂家，生产许可证号，饲料添加剂和预混合饲料的批准文号，产品有效期，药物饲料添加剂还要注明休药期，保管人签字等。兽药购进记录与饲料相近，样表（略）。

表5－1　×××养殖场饲料购进记录（样表）

时间	购进饲料名称	来源或生产厂家	生产许可证号	产品批准文号	产品有效期	所含药物名称	规定休药期（天）	保管人签字

注："如果有"是指按相关法规要求应该具有的

（2）饲料使用记录。正常情况下每天都应有饲料使用记录，因为只要使用了饲料就应该有记录，没有使用就不用记录，自配饲料还需附具配方。饲料使用记录主要应包含的信息有：时间，动物圈舍号，动物日龄，饲料名称，用量，使用的药物饲料添加剂名称，添加的兽药名称、休药期（按休药期最长的兽药计）等（见表5－2）。自配料配方样表（略）。

表5－2　×××养殖场饲料使用记录（样表）

时间	圈舍号及动物日龄	饲料名称	用量	外购饲料所含药物添加剂名称	自配料添加的药物饲料添加剂名称	规定休药期（天）	自配料配方人签字	饲养人员签字

注："规定休药期"在该表中按添加的所有药物饲料添加剂中休药期最长的计

（3）兽药使用记录。兽药使用对畜禽水产品质量安全存在较大影响，所以在这里专门提出。这里所说的兽药不包括农业部公告168号中"饲料药物添加剂附录一"所含的可长时间添加使用的药物饲料添加剂。根据公告规定，凡农业部批准用于防治动物疾病并规定疗程，仅通过混饲给药的饲料药物添加剂，须凭兽医处方购买使用。因此兽药的使用必须经有资质的兽医开具处方后按处方给药，兽药使用记录应附具兽医处方存档。兽药使用记录应包含的主要信息有时间，动物圈舍，耳标号，兽药名称，生产厂家及有效期，用量，用药方式，休药期，执行人签字等（见表5－3），兽医处方通常包含时间、动物圈舍及耳标号，症状，诊断结果，建议用药名称，用药量，用药方式，兽医签字等信息。兽医处方样表（略）。

表5－3　×××养殖场兽药使用记录（样表）

时间	圈舍号或耳标号	兽药名称	生产厂家及有效期	用量	用药方式（拌料、饮水、注射）	规定休药期（天）	执行人员签字

（4）无害化处理记录。它是记录畜禽水产养殖中异常死亡的动物尸体的处理情况。该记录包含的主要信息有时间，处理动物数量，圈舍号及耳标号，死亡原因，处理方式，执行人签字等，见表5－4。

表5－4　×××养殖场无害化处理记录（样表）

时间	圈舍号及耳标号	死亡数量	死亡原因	处理方式	执行人员签字

（5）产品销售记录。畜禽水产养殖获得的最终产品主要包括肉、蛋、奶等，产品去向是追溯体系的最后一环，产品销售记录一头连接着养殖环节，另一头连接着消费环节，是追溯体系中重要的一环。产品销售记录包含的主要信息有时间，圈舍号，耳标号（少量销售的情况下记录），销售数量，购买方名称，购买方联系方式，运输方式，运输人及联系方式，经办人签字等，见表5－5。

表5－5　×××养殖场销售记录（样表）

时间	圈舍号或动物耳标号	销售数量	购买方名称	购买方联系方式	运输方式	运输人及联系方式	经办人员签字

（6）其他记录。畜禽水产养殖中还有消毒记录、防疫记录、疫病监测记录、动物购进记录、引种记录等，都是重要的生产档案，这里不一一祥述。

在畜禽水产养殖中，不同畜、禽、水产动物有着不一样的生长环境和生产方式，生产记录档案不能照搬硬套。养殖场（户）应根据动物生长特点和生产需要，适当调整各项记录的信息内容。只要确保畜禽水产品的生产过程能够通过各项记录真实再现，产品的质量安全能够追根溯源，记录档案的作用就达到了。

第六章 畜禽养殖场废弃物治理与利用

第一节 清洁生产技术

一、畜牧养殖清洁生产概述

（一）清洁生产

清洁生产由联合国环境规划署于1989年提出，目的是将综合预防的环境策略持续地应用于产品生产过程中，以减少对人类和环境的危害。从本质上说，就是对产品生产过程采取整体预防的环境策略，以减少或者消除对人类及环境的可能性危害。

2002年6月29日，我国颁布了《中华人民共和国清洁生产促进法》。该法中关于清洁生产的定义：“是指不断采取改进设计、使用清洁的能源和原料、采用先进的工艺技术与设备、改善管理、综合利用等措施，从源头削减污染，提高资源利用效率，减少或者避免生产、服务和产品使用过程中污染物的产生和排放，以减轻或者消除对人类健康和环境的危害”。

（二）畜牧业清洁生产

畜牧业清洁生产是农业清洁生产的重要组成部分，是指将清洁生产的基本思想，即整体预防的环境战略持续应用于畜牧业生产过程中，采用或改善畜牧业生产技术，对畜牧业生产实行产前、产中、产后全过程控制，生产无污染、无公害畜产品，实现畜牧业生产废弃物减量化、资源化、无害化和生态化，促进畜牧业生产、消费与环境相容，保障人类健康，实现社会和环境的持续发展。

二、畜牧养殖清洁生产主要技术措施

畜牧业清洁生产的主要技术措施，是对畜牧业生产实行产前、产中、产后全过程控制：

（一）产前控制

做好产前控制的措施：首先是要加强立法、管理和宣传，增强养殖企业（户）的清洁生产意识，为畜牧业的可持续发展营造良好的社会氛围。其次是提前规划、科学选址、合理设计与规范建设，尽可能建在远离城市、工矿区和人口密集的地区，远离江河及地下水源地。结合农、林业的发展，考虑畜禽场的规模、数量，以便循环利用畜禽粪尿及污水。

（二）产中控制

产中控制主要涉及饲料配制、科学饲养管理以及安全用药等方面。一是饲料的选择，

根据畜禽的生长生理特性，在不同的阶段采用配方合理的环保型饲料进行科学饲养，既满足畜禽的营养需要，又充分减少畜禽氮、磷和重金属的排泄量。二是尽可能引进饲料利用效率高的优良品种，减少粪便排放量；改进饲养工艺，由传统的饲养方式向分阶段、全进全出的现代饲养工艺转变。三是在生产上加强管理，减少非生产用水的使用量。如改水冲粪为干清粪，改明沟排污为暗沟排污，采取“固液分离，雨污分流”等一系列节约用水、杜绝浪费、有利于清洁生产的措施；四是采用科学合理的疫病预防措施，减少化学药物对环境与畜产品的污染。

（三）产后控制

产后控制主要指对固体废物、污水的处理以及臭气的控制。对畜禽污物的控制不仅是综合治理，要本着“减量化、无害化、资源化”的原则，以变废为宝和减轻养殖场对环境污染为目的，将畜禽污物进行有效处理与合理利用。经过近年来不断地研究试验，我国已研究出多种适合不同气候特点和养殖规模的畜禽粪污无害化及综合利用技术。如，在固体粪便发酵工艺方面，有塔式发酵、自然堆肥发酵、静态通气发酵等技术；在污水处理方面，可针对不同畜禽、不同规模的特点进行全套设计，包括预处理、厌氧、好氧、深度处理等一系列成熟技术；在臭气处理方面，有物理的、化学的和生物的除臭技术；在综合利用方面，有生产有机肥、沼气生产及利用技术等。这些技术都经过了不同程度的示范推广，并取得了不错的经济效益和环境效益。

第二节　圈舍环境控制技术

一、影响畜禽生产的环境因素

影响畜禽生产成绩的主要因素包括遗传与环境，环境因素包括：舍内空气温度、湿度、二氧化碳、氨气、硫化氢、风速、光照强度、粉尘以及空气中的细菌含量等。这些因素超过一定范围就会大大影响动物的舒适度、生产性能以及人畜健康。

热量、水蒸气、二氧化碳主要通过畜禽呼吸时产生，在封闭式舍内超过一定浓度时，会影响舍内空气质量。其释放量取决于畜禽品种、体重，所处环境的温度与相对湿度，同时也受饲喂与饲养的方式影响；氨与硫化氢气体主要由粪尿分解，它们的分解强度与储放形式、环境温度、清粪方式有关；自然通风时，风速与季节、开关窗户的频率有关。在密闭式机械通风情况下，与配套的风机风量、舍内风管布局的方式有关；自然照明时，光线与窗地比及天气变化有关，人工照明与配套的光源照度和位置有关；灰尘与饲料的形态及打扫清洁的频次有关；细菌也与舍内灰尘、湿度以及动物健康状态有关。

二、畜禽舍内适宜的环境参数

（一）适宜的温湿度

温度与湿度是影响舍内气候的主要因素。对于温度来说，猪、牛、鸡不同饲养阶段的适宜温度范围与冬季最佳值见表6－1。对于湿度来说，在没有供暖设备的圈舍条件下，舍内适宜湿度值为60%～80%，在有供暖设备的条件下，其适宜值为40%～70%。在夏季，通过各种降温措施，避免舍内温度随外界温度增加而上升。

表6-1　圈舍适宜的温度与湿度值

畜种	饲养阶段	体重（kg）	适宜的空气温度范围（°C）	冬季最佳值	
				温度（℃）	湿度（%）
猪	青年母猪、空怀、妊娠母猪、公猪	>50	10~18	16	80
	哺乳母猪，哺乳仔猪局部保温	>100	12~20	18	80
	保育猪与育肥猪（全进全出）	10	26~22	24	70
		20~30	22~18	20	80
		40~50	20~16	18	80
		60~100	18~14	16	80
牛	小牛	<60	16~20	18	80
	肉牛、种牛	60~150	20~10	10	80
	奶牛，包括青年牛、种牛、育肥动物	150~800	0~20	10	80
鸡	种用或育肥用肉鸡	0.05~1.25（1~8周龄）			
	育雏舍（无局部保温）		34~21	26	70
	育雏舍（带局部保温，温度为34~21℃）		26~18	26	70
	青年与产蛋鸡	>1.25（>8周龄）	22~15	18	80

注：当上表温度由高到低标注的温度范围（22℃~15℃），表示随动物体重增加，温度应逐渐降低。摘自《AEL-Heft17 2007》

（二）适宜的二氧化碳浓度、氨气浓度与硫化氢气体浓度

二氧化碳浓度是衡量舍内空气质量好坏的一个重要指标，二氧化碳浓度越高，标志着舍内有害气体浓度越高。二氧化碳除来自于畜禽呼出气体外，也来自于畜禽的粪尿等排泄物，也可来自于变质的饲料等。冬季舍内干燥空气中二氧化碳浓度应低于3000ppm（1/1000000），在舍内供暖设备而没有抽气装置的（如直接气体燃烧加热设备），应特别注意二氧化碳浓度。

舍内空气中的氨气、硫化氢等有害气体对动物的健康可造成危害，但它们在舍内的产生量难以估算，德国与美国的推荐值为：氨气应低于20ppm、硫化氢气体浓度应低于5ppm。

（三）舍内通风

通风是封闭式畜禽舍空气质量控制的关键技术之一，既可以让舍内有足够的新鲜空气，又可以带走舍内畜禽产生的有毒有害气体，还可以起到降温的作用。当猪舍内达到表

6－2 所列出空气质量值时，畜禽区域的风速不能超过 0.2m/s；在夏季时，畜禽区域的风速不应超过 0.6m/s。表 6－3 列出了奶牛不同饲养阶段的通风量。

表 6－2　生猪不同饲养阶段的通风量

饲养阶段	育肥猪（全进全出饲养方式）							母猪	
体重（kg）	30	40	50	60	70	80	100	250	300
夏季[1]（m^3/h）	62	73	85	94	104	112	126	244	266
夏季[2]（m^3/h）	41	49	56	63	69	74	84	163	178
冬季	6.3	7.5	8.4	9.4	－	－	12.6	24.6	27

注：夏季[1]指舍外温度 >26℃，夏季[2]舍外温度 <26℃；摘自 GLG－Arbeitsunterlage，lueftungvonSchweinestaellen

表 6－3　奶牛不同饲养阶段的通风量

	产奶量（kg）	平均（（m^3/h））	泌乳前期（（m^3/h））	泌乳中期（（m^3/h））	泌乳后期（（m^3/h））	干乳期（（m^3/h））
夏季，环境温度 30℃	5000	366	410	363	343	334
	10000	477	569	473	412	334
	12000	521	632	517	439	334
	14000	565	696	562	466	334
最低通风量	10000	136	159	132	115	94

摘自（DLG－merkblatt336，Vermeidungvon Waermebelastungen fuer Milchkuehe）

（四）光照

光照是畜禽空气环境的重要组成部分，可通过视觉器官影响畜禽的生理机能和生产性能。据报道（娜仁花等，2005）光照对畜禽生产性能的影响主要表现在光照时数及光照强弱上，长光照具有促进畜禽产乳、产蛋、产毛性能的作用，短光照或弱光照有利于脂肪的沉积。如光照对鸡的性成熟、产蛋、蛋重、蛋壳厚度、产蛋时间等方面都有较大影响：蛋鸡每天光照 16 小时较好，每日光照时数超过 17 小时，对产蛋还有一定抑制作用；光照强度 20lx 以下时，产蛋量随着光照强度的增大而增加；在 20～40lx 之间，产蛋量变化不明显；超过 40 勒克斯，鸡只的死淘率增加而影响总产蛋量。

三、不同畜禽舍环境控制的关键技术

影响畜禽舍的环境因素很多，保持舍内环境条件相对稳定的关键技术主要包括通风技术、保温技术与降温技术。

（一）通风技术

常见的通风类型有三种，即机械通风、自然通风、机械与自然相结合的通风，现将机械通风的关键技术介绍如下：

1. 进风

畜禽舍的进风方式包括侧墙进风系统与屋顶进风系统，屋顶进风系统又包括屋顶束状进风与屋顶弥散型进风。

侧墙进风系统：此系统的进风口安装于侧墙上，进风方向斜向上方，经舍内天花板缓冲后逐渐进入舍内进行气体交换，以减少穿堂风对畜禽造成的危害。此系统应注意以下技术关键点：舍内进深不能超过舍高的 4 倍，冬季入舍风速不应低于 1m/s，夏季入舍风速不应高于 4m/s。此进风方式适用于大家畜及成年种畜禽。

屋顶进风系统：

——屋顶束状进风，进气口开在天花板（吊顶）上，下接正方形进气柱，进气柱在舍内按纵向布局，出风口布局于进气柱的四个侧面，柱底不设出风口，防止冬季形成直接下降的冷风流。空气柱四面出风的风速冬季为 2m/s，夏季为 5m/s。此通风系统适用于大家畜及成年种畜禽。

——屋顶弥散型进风，即在天花板下，沿畜禽舍纵向安装长方形通风槽，在通风槽下方开无数进风小孔。通风槽内的风速不要超过 2m/s，每个通风槽的长度在 12 ~ 15m 之间，此系统适用于幼畜。

2. 排风

畜禽舍的排风系统包括屋顶排风、地沟排风及侧墙排风。如果场内畜禽舍栋数较多，通过侧墙排出的舍内浊风易被其他畜禽舍吸入，造成相互影响，所以慎用侧墙排风。

屋顶排风系统：将带有烟囱的负压风机安装在屋顶，风机进风口与天花板在同一平面，直接将舍内污浊的空气通过屋顶排出舍外。很多人认为，此系统直接抽风，易造成舍内贼风。经实验证明，当离排风口 50cm 后，风速只有排风口的 7%，即当风机口的风速为 10m/s 时，离风机口 50cm 处的风速只有 0.7m/s。

地沟排风系统：地沟排风系统多用于配套有漏缝地板的畜禽舍，即舍内的污浊气体不是经天花板排出，而是经漏缝地板下排出，因此由粪尿产生的有害气体不会经过动物体，避免对生产成绩造成影响。此系统要求粪尿沟内液面的距离与漏缝地板的距离为 50cm。

（二）保温技术

畜禽只有在较舒适的温湿度范围内（表 6 -4），才能发挥最佳生产潜能。当环境温度低于临界低温时，应用辅助加热系统对畜禽舍供暖。其供暖的主要方法包括畜禽舍空调、烟道供暖与热风供暖等系统，舍内小环境保温技术多采用保温箱、电热膜等。

1. 畜禽舍用空调系统

该系统以水作为热媒，用以加热水的设备主要是各种型号的锅炉，包括：燃煤锅炉、燃油气锅炉、电加热锅炉、电热 + 地源热。热媒水进入舍内后，通过以下几种方式实现热交换：

空调设备系统：禽舍内冷空气通过禽舍空调实现热量转换后，通过送风道和风口按照预定的要求输送到室内各点。送风道安装在禽舍上方，通过风道调节阀自动调节出风风速，舍内自动控制模块可根据畜禽适宜温度进行设定而自动运行，最大限度节约热量。

禽舍地暖或散热片系统：热媒水通过舍内地暖管或者暖气片，以辐射方式向室内散热，为禽舍供暖。采用暖气片散热，空气流动性差，舍内温度均匀度差。采用地暖供热，温度梯度大，初期供热升温慢。

2. 烟道供暖系统

烟道可以分为地上烟道和地下烟道。地上烟道可建筑在地面上，地下烟道建于地面下。两种烟道一头连接炉灶，另一头连接烟囱。为使烟道内烟火畅通，炉灶至烟囱之间可修成斜坡，坡度为1% ~3%。烟囱高度不能低于地面烟道长度。

3. 热风炉供暖系统：通过燃煤、燃油或天然气为能源物质，以空气为热传播介质，将加热后的空气直接输入畜禽舍，或通过风袋、风管输入畜禽舍。为节约成本，宜循环加热舍内空气，不宜加热入舍新风。

4. 舍内小环境保温技术

初生畜与雏禽体温调节能力差，应进行足部保温。如哺乳仔猪采用专用保温箱，四川省畜牧科学研究院还与四川来恩畜牧有限公司共同研发出了智能仔猪保温箱，可根据初生仔猪需要适时自动调节箱内温度，温差只有 ±1℃。犊牛、羔羊、哺乳仔兔可采用保温床（箱），床下垫上清洁干燥的垫草，保温床（箱）顶部安装辅助热源。雏禽还可使用智能保温伞等进行局部保温。

（三）降温技术

畜禽通过两种途径散热，即感觉到的部分（感觉热）与水蒸气蒸发所吸收的部分（即潜在热）。感觉热主要是通过热传导、热对流与热辐射而散失的热，潜在热主要是通过同温度的水变成同温度的水蒸气（蒸发热）而散失的热。猪只热散失总量中，随着环境温度的增加感觉热减少，潜在热散热随着环境温度的增加而增加（见图 6 -1，摘自 STROM and FEENSTRA（1980））。

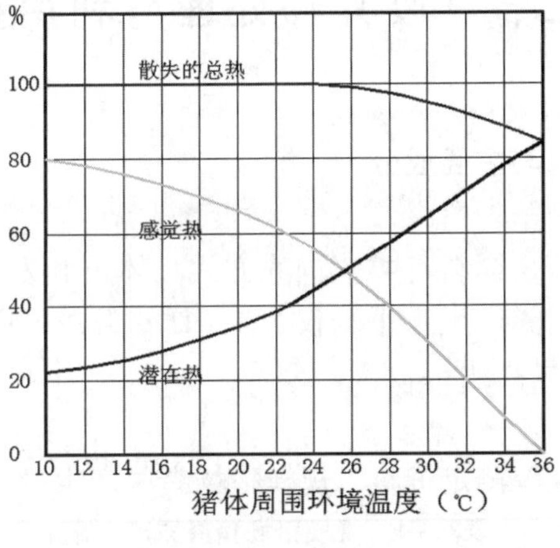

图 6 -1　猪体散热与环境境温度关系图

高温高湿对畜禽生产影响很大，主要表现为畜禽食欲下降，育肥畜禽生长速度降低，种畜禽繁殖性能受影响等。生产中常用的降温方法有：

1. “湿帘—风机”负压降温系统

适用于成年畜禽，即在畜禽舍的两山墙上，一端安装负压风机，一端安装纸芯湿帘，并配套智能控制箱或环境控制计算机。纸纸芯湿帘面积计算公式为

$$S = V/65$$

式中，S 为湿帘面积；V 为畜禽舍体积。

负压风机根据夏季所需要的最大通风量进行选择。如：存栏 500 头商品猪的猪舍，猪舍长 50m，宽 10m，高 3m。湿帘面积 $S = 50 \times 10 \times 3/65 = 23\text{m}^2$，500 头商品猪达 115kg 体重时，夏季最大通风量为：$204 \times 500 = 102000\text{m}^3/\text{h}$（斯蒂芬，2009）。如用 4 台风机，则

每台风机最大通风量为25500m^3/h。生长育肥畜禽舍最好配置智能化环境控制计算机，即根据畜禽存栏量、适时体重与环境温度，利用变频技术，控制风机的转速，达到控制畜禽舍不同季节的通风量要求。该系统多采用隧道式布置，舍内温湿度沿风向差异较大，故舍内长度不宜超过50m。

2. 滴水或喷淋降温

当环境温度过高时，畜禽主要通过加强蒸发途径来散热。许多畜禽系毛皮动物的汗腺较少或无汗腺，需要从外界获得水分将皮肤打湿来散热。所以喷淋器或滴水系统需要形成较大水滴，以穿透皮毛达到皮肤，才能达到蒸发散热要求。雾状液滴很难穿透皮毛，故不宜用于夏季畜禽降温。使用喷水或喷淋器时，最好每半小时开启2～5min，以便有足够的时间让水蒸发。此方法不适宜毛用畜及家禽。

3. 其他

在高温季节，还可在畜禽舍的屋顶增加喷淋装置，以达降温目的。也可使用冷风机对舍内进行降温。还可使用柜式空调、中央空调，但存在耗能较高、成本贵、设备易腐蚀、寿命短等缺点。

第三节　废弃物处理与利用技术

一、畜禽粪污的产生量与主要成分

（一）畜禽粪污的产生量

畜禽粪污产生量随季节、饲料种类、饲养方式、体重和发育阶段的不同而差异较大。如规模化饲养，成年母猪猪粪产生量平均仅为1.01kg/天，采用传统的青饲料饲养，体重为50kg的肉猪，粪便排放量高达4kg/天。

1. 猪场粪污的产生量

据四川省畜牧科学研究院测定资料，规模猪场粪尿产生量见表6－4。

表6－4　规模猪场猪粪尿产生量

季节	保育猪（kg/天·头）		育成猪（kg/天·头）		繁殖母猪（kg/天·头）	
	粪	尿	粪	尿	粪	尿
春	0.46	1.34	0.71	3.53	0.85	7.60
夏	0.49	3.00	0.85	3.68	0.88	4.31
秋	0.39	1.02	0.82	2.97	1.10	3.84
冬	0.44	1.26	0.77	4.03	1.21	6.73
平均数	0.45	1.65	0.79	3.47	1.01	5.60

数据来源：何志平等．四川规模猪场产排污系数测定．中国沼气，2010.

2. 养鸡场粪污的产生量

据第一次全国污染源普查——畜禽养殖业源产排污系数资料，养鸡场粪污产生量见表

6 –5。

表 6 –5　鸡粪污产生量

项目	粪（g/天·只）	COD（g/天·只）	全氮（g/天·只）	全磷（g/天·只）	铜（mg/天·只）	锌（mg/天·只）
育雏育成	120	21.86	0.96	0.15	0.44	3.80
产蛋鸡	120	20.50	1.16	0.23	0.82	5.37
肉鸡	60	13.05	0.71	0.06	0.72	6.94

数据来源：第一次全国污染源普查畜禽养殖业源产排污系数手册.2009.2

3. 规模奶牛场粪污产生量

2012 年，东北农业大学对规模化奶牛场的排污系数进行了测定，测定结果见表 6 –6。

表 6 –6　规模奶牛场粪尿产生量

饲养阶段	尿（升/天·头）	粪（g/天·头）	化学需氧量（g/天·头）	氮（g/天·头）	磷（g/天·头）	铜（mg/天·头）	锌（mg/天·头）
育成牛	7.23	15.77	2132.49	112.82	50.28	96.04	461.89
泌乳牛	16.34	33.47	4265.58	270.88	182.99	196.34	979.09

资料来源：栾冬梅等. 规模化奶牛场育成牛和泌乳牛产排污系数的测算. 农业工程学报，2012.

4. 规模肉牛场粪污产生量

据第一次全国污染源普——查畜禽养殖业源产排污系数资料，肉牛场粪污产生量见表 6 –7。

表 6 –7　规模肉牛场粪污产生量

饲养阶段	尿（升/天·头）	粪（g/天·头）	化学需氧量（g/天·头）	全氮（g/天·头）	全磷（g/天·头）	铜（mg/天·头）	锌（mg/天·头）
育肥牛	8.32	12.10	2235.21	104.10	10.17	29.32	236.89

数据来源：农业部科技教育司. 第一次全国污染源普查畜禽养殖业源产排污系数手册. 内部资料，2009.2

5. 规模化羊场粪污产生量

2011 年，江苏省农业科学研究院对规模化羊场的产排污系数进行了测定，测定结果见表 6 –8。

表 6 –8　规模羊场羊粪产生量

季节	鲜粪（kg/天·头）	含水率（%）	干粪（kg/天·头）	有机质（kg/天·头）	全氮（g/kg）	全磷（g/kg）	全钾（g/kg）
春	1.08	69.30	0.33	69.56	22.34	6.21	13.67
夏	1.04	73.25	0.28	69.16	17.17	4.09	10.35a
秋	1.11	69.21	0.34	59.12	19.96	4.52	12.39a
冬	1.11	68.54	0.35	61.79	20.13	4.76	10.76a
平均数	1.09	70.08	0.33	64.91	19.89	4.90	11.79

数据来源：郭德杰等. 集约化养殖场羊与兔粪尿产生量的监测. 生态与农村环境学报，2011.

（6）规模兔场粪污产生量

2011 年，江苏省农业科学研究院对规模化兔场的排污系数进行了测定，测定结果见表 6－9。结果表明，每只兔日平均粪便排泄量为 0. 37kg，年粪便排泄总量为 135. 05kg。

表 6－9　规模化兔场兔粪尿产生量

季节	尿（kg/天·头）	鲜粪（kg/天·头）	含水率（%）	干粪（kg/天·头）
春	0. 42	0. 42	69. 06	0. 13
夏	0. 34	0. 34	68. 09	0. 11
秋	0. 38	0. 38	66. 14	0. 13
冬	0. 33	0. 33	67. 99	0. 10
平均数	0. 37	0. 37	67. 82	0. 12

数据来源：郭德杰等．集约化养殖场羊与兔粪尿产生量的监测，生态与农村环境学报，2011.

表 6－9（续）　规模兔场兔粪尿产生量

季节	尿（kg/天·头）		鲜粪（kg/天·头）		含水率（%）		干粪（kg/天·头）	
	母兔	育成兔	母兔	育成兔	母兔	育成兔	母兔	育成兔
春	8. 75	67. 34	26. 56	24. 54	5. 89	4. 98	6. 98	6. 37
夏	65. 81	64. 66	26. 02	23. 86	3. 52	4. 36	5. 67	5. 08
秋	65. 02	65. 20	25. 10	26. 26	6. 89	4. 17	7. 02	6. 97
冬	65. 73	65. 79	23. 99	28. 03	5. 82	4. 88	7. 18	7. 45
平均数	66. 33	65. 75	25. 42	25. 67	5. 53	4. 60	6. 71	6. 47

（二）畜禽粪污的主要成分

1. 规模化养猪场猪粪污的主要成分

生猪采食全价饲料与非全价饲料（如添加青绿饲料较多），猪粪污的成分差异较大。规模化养猪场主要饲喂全价饲料，猪粪的主要成分是纤维素、半纤维素、蛋白质及其分解产物、脂肪类、有机酸和各种矿物质等，而采食非全价饲料的猪场猪粪污中矿物元素含量相对较低，纤维素、半纤维素含量较高。猪尿的成分主要有尿素、尿酸、马尿酸以及含有磷、钾、钠、钙、镁等元素的矿物质类。规模猪场猪粪、尿的主要成分分别见表 6－10、表 6－11。

表 6－10　规模猪场猪粪便主要成分

项目		保育猪	育成猪	繁殖母猪
鲜粪	含水率（%）	68. 2	65. 5	62. 1
干基	全氮（%）	3. 41	2. 62	2. 00
	全磷（%）	2. 27	2. 02	2. 86
	有机质（%）	55. 7	57. 7	54. 2
	铜（μg/g）	1034	1102	156. 2
	锌（μg/g）	1199	980	962. 9

数据来源：何志平等．四川规模猪场产排污系数测定．中国沼气，2010.

表 6－11　规模猪场猪尿液主要成分

项目	保育猪	育成猪	繁殖母猪
pH	7.40	7.41	6.88
化学需氧量（mg/L）	20765	17034	18533
氨氮（mg/L）	1322	1080	1340
凯氏氮（mg/L）	2027	1672	1971
总磷（mg/L）	778.9	382.8	701.6
铜（μg/L）	1093	594.7	127.3
锌（μg/L）	3439	1933	1729

数据来源：何志平等．四川规模猪场产排污系数测定，中国沼气，2010.

2. 家禽粪污的主要成分

禽粪中的养分含量较家畜粪尿为高，而且养分比较均衡，一般禽粪中含有 1% ~2% 的氧化钙，其主要成分见表 6－12。

表 6－12　常见家禽粪污主要成分

项目	鸡	鸭	鹅
水分（%）	50.5	56.6	77.1
有机物（%）)	25.5	26.2	23.4
氮（N）（%）	1.63	1.10	0.55
磷（P_2O_5）（%）	1.54	1.40	0.50
钾（K_2O）（%）	0.85	0.62	0.95

3. 牛、羊、马粪污的主要成分

牛粪的有机质和养分含量在各种家畜中最低，质地细密，含水较多。羊粪含有机质比其他畜粪多，粪质较细。马粪成分中以纤维素、半纤维素含量较多，此外，还含有木质素、蛋白质、脂肪类、有机酸及多种无机盐类。马粪质地粗松，含有大量高温性纤维分解细菌，在堆肥过程中能产生高温，属热性肥料。牛、羊、马粪污主要成分见表 6－13。

表 6－13　牛、羊、马粪污主要成分

项目	牛	羊	马
水分（%）	78.02	70.08	
有机物（%）	14.5	24 ~ 27	21
氮（N）（%）	0.30 ~ 0.45	0.7 ~ 0.8	0.4 ~ 0.5
磷（P_2O_5）（%）	0.15 ~ 0.25	0.45 ~ 0.6	0.2 ~ 0.3
钾（K_2O）（%）	0.10 ~ 0.15	0.4 ~ 0.5	0.35 ~ 0.45

4. 兔粪污主要成分

兔粪含氮磷较多，碳氮比（C/N）较小，粪便中氮、磷、钾和有机质含量见表 6－14。

表 6－14　兔粪污主要成分

项目	母兔	育肥兔
水分（%）	67.8	67.8
有机质（%）	66.33	65.75
全氮（g/kg）	25.42	25.67
全磷（g/kg）	5.53	4.60
全钾（g/kg）	6.71	6.47

数据来源：郭德杰等．集约化养殖场羊与兔粪尿产生量的监测．生态与农村环境学报，2011.

二、畜禽粪污的资源化利用技术

畜禽粪污的资源化利用主要有三种方式，即能源化利用技术、肥料化利用技术与饲料化利用技术。

（一）能源化利用技术

能源化利用技术主要包括直接燃烧与生产沼气，直接燃烧适用于牧区草原上反刍家畜粪便。沼气化能源利用技术是国内外比较常见的技术，主要原理是利用厌氧发酵技术，将粪污中的有机质转化为可燃烧的甲烷气体（习惯称之为沼气）。沼气可做燃料或者发电用，沼渣、沼液可做肥料还田利用，是畜禽粪污最大化的资源利用方式。沼气工程由预处理、沼气发酵、储存净化和利用、后处理等四个环节组成。

1. 预处理

由集水池和调节池组成，作用是将粪污按照一定比例进行混合，形成发酵原料。集水池为圆形或方形，直径（边长）3m，深 3m，容积基本为养殖场一天的污水量，上方装配搅拌机和潜污泵，避免固态物质沉淀，场内排出的污水在集水池中短暂停留后进入调节池。调节池用于调节污水量和固形物比例，使其能达到最佳的发酵效果。调节池的容积为日污水量的 2/3，池深 2.5～3m，安装进料泵。

2. 沼气发酵

由沼气发酵罐和安全保护装置组成。发酵罐又称为厌氧反应器，是整个沼气工程的核心部分，有全混式厌氧反应器、上流式厌氧污泥床、上流式厌氧固体反应器、厌氧折流反应器等类型。不同的反应器对原料的固形物比例、搅拌装置、污水滞留期要求不同。发酵罐的容积取决于养殖规模和当地平均气温，安全保护装置用于缓冲发酵过程的压力。

3. 储存和利用

产生的沼气暂时储存在储气柜中，南方地区适合建造湿式储气柜，北方地区或沼气发电工程适合建造双膜储气柜。沼气的净化主要是脱水（气水分离器）和脱硫（脱硫器），沼气可广泛用于炊事、锅炉、热水器、沼气灯等。大型沼气工程产量高，持续稳定，可以用来发电。

4. 后处理

经厌氧发酵后的沼液和沼渣，不能直接利用或排放，需进行一定的处理。沼液中含有较多养分，可用于种植业灌溉，但在利用前要在储存池中至少存放 10 天，让其暴露在空气中氧化后降低其还原性，再用于灌溉。沼渣进行脱水后可再用于生产商品有机肥。

但沼气工程也存在较为突出的缺点，一是 NH_3 挥发较多；二是只能就地处理与利用；三是发酵后大量的沼液和沼渣同样需要再次处理和利用；四是投资较大，设计、施工、运行、管理和维护等过程都需要专业人员参与；五是沼气的产量受温度的影响很大，且与使用季节相矛盾，夏季产量高但需求少，冬季采暖对沼气的需求大而产量却很低。

（二）肥料化利用技术

固态粪便的无害化方法通常采用堆肥的方法制取有机肥，主要有下面两种方法。

1. 条垛式自然堆腐法

自然堆腐法是传统的堆肥方法，无需设备和耗能，但占地面积大、腐熟慢、效率低。其具体做法是：将物料堆成长 10 ~ 15m、宽 2 ~ 4m、高 1.5 ~ 2m 的条垛，在气温 20℃左右时需腐熟 15 ~ 20 天，其间翻堆 1 ~ 2 次，以供氧、散热和使之发酵均匀，此后静置堆放 2 ~ 3 个月即可完全腐熟。为加快发酵速度，可以在垛内埋设秸秆束或在垛底铺设通风管。在堆垛后的前 20 天若经常通风，则不必翻垛，温度可升至 60℃，此后在自然温度下堆放 2 ~ 3 个月即可完全腐熟。

2. 发酵槽式堆肥法

养殖规模较大的可以采用发酵槽式堆肥无害化处理畜禽粪便，并生产有机肥。具体做法如下：根据翻堆机轨距修建发酵槽，其长度一般为 80 ~ 100m、宽度 5m、高 0.75 ~ 0.80m。槽两边轨道基础采用砖混结构或钢混结构，上面安装钢轨道，翻堆机在轨道上行走，翻堆发酵物料。然后将新鲜的畜禽粪便平摊在发酵槽中，每 20cm 加一层 3 ~ 5cm 的辅料（如粗糠、木屑、菌渣、秸秆、风干堆肥等），用以调节水分、碳氮比，辅料的加入量在 10% ~25% 为宜，调节发酵物料的含水率在 65% 左右、碳氮比（C/N）在 20 ~ 40 之间，可让发酵效果达最佳。

经预处理的物料进入发酵槽 2 ~ 4 天后开始升温，这阶段一般 2 天翻 1 次，主要起到通气作用和水分蒸发作用。待温度达到 55℃以上时，1 天翻 1 次；当温度高于 70℃时，1 天翻 2 次，间隔时间 6 小时左右。高温（55℃ ~65℃）发酵时间持续 20 ~ 25 天，使发酵物料得到充分腐熟。当温度高于 75℃，增加翻堆次数，以保持发酵温度必须在 75℃以下。充分腐熟后，物料进入造粒车间后熟 15 ~ 30 天后烘干，用造粒机制成颗粒有机肥，或者添加无机肥制成有机—无机复合肥。

（三）饲料化利用技术

畜禽粪便中含有较丰富的营养物质，如粗蛋白质、赖氨酸、蛋氨酸、胱氨酸等，且能被一些低等动物直接再吸收，还有一部分物质可通过处理再被低等动物分解。畜禽粪便可用做培养一些低等动物的饲料。

1. 培养蚯蚓

利用蚯蚓处理畜禽废弃物是将传统的堆肥法与生物处理法相结合，利用蚯蚓食性广、食量大及其体内可分泌出分解蛋白质、脂肪、碳水化合物、纤维素、各种酶类的特点，通过蚯蚓的新陈代谢作用，将畜禽粪便转化为物理、化学和生物学特性具佳的蚯蚓粪。此法工艺简便、费用低廉，不会引起二次污染。在养殖蚯蚓前，必须将畜禽粪便进行堆沤 20 ~ 30 天，腐熟后添加一定数量的稻草等作物秸秆，以调节至适宜的 C/N 比。

影响蚯蚓增长和繁殖及对粪便的处理效果的主要因素是：酸碱度、温度、湿度、接种密度和 C/N 比。蚯蚓处理猪粪、牛粪、鸡粪的适宜 pH 范围在 8～8.5 之间，适宜的湿度范围分别是牛粪和猪粪为65%～75%，鸡粪为60%～70%；适宜的接种密度是 8～12 条/90g 干饵料；适宜的堆肥饵料的 C/N 比范围分别是猪粪为 24.3～18.2，鸡粪为 18.9～16.1，牛粪为24.7～19.4。

2. 培养蝇蛆

利用畜禽粪便养殖蝇蛆是一项资源循环型技术。其主要特点：处理畜禽粪便速度快、除臭彻底；蝇蛆是高品质的抗菌蛋白饲料，可用于无公害畜禽的养殖；蛆粪是优质的化肥，是绿色果蔬、花卉和设施栽培的首选有机肥；蝇蛆繁殖快，生产成本低，效率高。

利用粪便孵化蝇卵，养殖蝇蛆。蝇蛆对粪便等废弃物的分解可起到很好的作用，对氮、磷等元素的降解明显。以猪粪育蛆，麦鼓和玉米粉用量减少近80%，育蛆成本比前者降低60%左右，且用猪粪饲养的蝇蛆体内所含的微量元素高于人工饲料饲养的蝇蛆。以蛆饲喂出壳一个月内的稚鳖，其平均增重量约为饲喂鸡蛋黄稚鳖的 3.18 倍。此法具有生产周期短、产量高、设备工艺简单、成本低及有利于改善环境卫生等优点。

3. 用作栽培食用菌的添加料

畜禽粪便可作为平菇栽培基料的主要添加成分。在常规基料配方组成基础上，分别添加含猪粪、牛粪、鸡粪和蚓粪各 7.5% 的混合粪便，出菇批次及产量明显高于常规基料配方。

第四节　病死畜禽无害化处理技术

一、病死畜禽无害化处理概述与处理技术

（一）概述

病死畜禽无害化处理是指用物理、化学等方法处理病死动物尸体及相关动物产品，消灭其所携带的病原体，消除动物尸体危害的过程。科学有效地进行病死畜禽无害化处理，对维护公共卫生安全、保障动物性食品健康安全、防控人畜共患传染病、促进畜牧业可持续发展有着非常重要的作用。

根据农业部《病死动物无害化处理技术规范》要求，病死畜禽尸体无害化处理方式主要包括焚烧法、化制法、掩埋法和发酵法等方法。除此以外，也可采用其他物理、化学、生物等方法，但都必须达到消灭其所携带的病原体、消除动物尸体危害和保护环境的目的。

（二）病死畜禽的搜集、储存和运输

1. 病死畜禽的搜集：在江河、湖泊、水库等水域发现的病死畜禽，由所在地县级政府组织搜集处理；在城市公共场所发现的病死畜禽，由所在地街道办事处组织搜集处理；在乡村发现的病死畜禽，由所在地乡镇政府组织搜集处理。

2. 尸体包装：一是包装材料应符合密闭、防水、防渗、防破损、耐腐蚀等要求；二是包装材料的容积、尺寸和数量应与需处理动物尸体及相关动物产品的体积、数量相匹配；

三是包装后应进行密封；四是使用后，一次性包装材料应作销毁处理，可循环使用的包装材料应进行清洗消毒。

3. 暂存：采用冷冻或冷藏方式进行暂存，防止无害化处理前动物尸体腐败。暂存场所应能防水、防渗、防鼠、防盗，易于清洗和消毒；设置明显警示标识；定期对暂存场所及周边环境进行清洗消毒。

4. 运输：一是选择专用的运输车辆或封闭厢式运载工具，车厢四壁及底部应使用耐腐蚀材料，并采取防渗措施；二是车辆驶离暂存、养殖等场所前，应对车轮及车厢外部进行消毒；三是运载车辆应尽量避免进入人口密集区；四是若运输途中发生渗漏，应重新包装、消毒后运输；五是卸载后，应对运输车辆及相关工具等进行彻底清洗、消毒。

（三）焚烧法

1. 概念：焚烧法是指在焚烧床上或焚烧炉中，使动物尸体及相关动物产品在富氧或无氧条件下进行氧化反应或热解反应的方法。

2. 方法：焚烧可采用柴堆火化、焚化炉和焚烧窖（坑）等。目前，主要采用火床焚烧、简易式焚烧炉焚烧、节能环保焚烧炉和生物自动焚化炉焚烧四种方法。由于焚烧方式不同，效果、特点有所不同，因此应根据养殖规模、病死畜禽数量选用不同焚烧处理方法。集中焚烧是目前先进的处理方法之一，通常一个养殖业集中的地区可联合兴建病死畜禽焚化处理厂，同时在不同的服务区域内设置若干冷库，集中存放病死畜禽，然后统一由密闭的运输车辆负责运送到焚化厂，集中处理。

3. 特点：焚烧法的优点是安全彻底，病原被彻底杀灭，仅有少量灰烬，减量化效果明显。但大量火床焚烧和简易焚烧炉燃烧的过程中会产生大量污染物（烟气），同时燃烧过程中如有未完全燃烧的有机物，会对环境造成污染。

4. 适用范围。焚烧法适用于处理各种病死畜禽及畜禽产品。

（四）化制法

1. 概念

化制法是指在密闭的高压容器内，通过向容器夹层或容器内通入高温饱和蒸汽，在干热、压力或高温的作用下，处理动物尸体及相关动物产品的方法。它借助于高温、高压，病原体杀灭率可达99.99%。

2. 方法：化制法分为干化法和湿化法。干化法是将动物尸体或相关动物产品放入化制机内受干热与压力的作用而达到化制目的（热蒸汽不直接接触肉尸）。根据处理物种类和体积大小，要求处里物中心温度140℃、压力0.5兆帕以上，处理时间4小时以上。同理，湿化法是利用高压、蒸汽（直接与动物尸体组织接触），当蒸汽遇到肉尸而凝结为水时，可使油脂溶化和蛋白质凝固。湿化法要求处里物中心温度135℃、压力0.3兆帕以上，处理时间30min以上。目前主要采用湿化法。

3. 特点：化制处理后得到油脂与固体物料（肉骨粉），油脂可作为生物柴油的原料，固体物料可制作有机肥，从而达到资源再利用目的。化制具有操作较简单，投资较小，处理成本较低，灭菌效果好、处理能力强、处理周期短，单位时间内处理最快，不产生烟气，安全等优点。但处理过程中，易产生恶臭气体（异味明显）和废水。

4. 适用范围：化制法主要适用于国家规定的应该销毁以外的，因其他疫病死亡的畜禽，以及病变严重、肌肉发生退行性变化的畜禽尸体、内脏等。此外，在实际使用中，湿化法适用于体积较大的动物尸体，如牛、猪、羊等，不适用于禽类。化制法对容器的要求很高，适用于国家或地区及中心城市畜禽无害化处理中心。也可用于养殖场、屠宰场、实验室、无害化处理厂、食品加工厂等对病害动物及动物制品进行无害化处理。

（五）掩埋法

1. 概念

掩埋法是指按照相关规定，将动物尸体及相关动物产品投入化尸窖或掩埋坑中，并覆盖、消毒、发酵或分解动物尸体及相关动物产品的方法。分为直接掩埋法（也称深埋法）和化尸窖。直接掩埋是根据需要按照相关的技术要求挖坑埋葬动物。化尸窖是根据相应的技术要求提前打造好的密闭空间，直接将动物尸体及动物产品投放于化尸窖内。

2. 直接掩埋法

选址要求：需地势高燥，处于下风向；应远离动物饲养厂（饲养小区）、动物屠宰加工场所、动物隔离场所、动物诊疗场所、动物和动物产品集贸市场、生活饮用水源地，远离城镇居民区、文化教育科研等人口集中区域、主要河流及公路、铁路等主要交通干线。

掩埋坑要求：一是坑的容积与实际处理数量相适应；二是掩埋坑底应高出地下水位1.5m以上；三是要防渗、防漏；四是要坑底洒一层厚度为2～5cm的生石灰或漂白粉等消毒药；五是将动物尸体及相关动物产品投入坑内，最上层距离地表1.5m以上；六是覆土厚度不少于1～1.2m。

注意事项：一是掩埋覆土不要太实，以免腐败产气造成气泡冒出和液体渗漏；二是掩埋后，在掩埋处设置警示标识；三是掩埋后，第一周内应每日巡查1次，第二周起应每周巡查1次，连续巡查3个月，掩埋坑塌陷处应及时加盖覆土；四是掩埋后，立即用氯制剂、漂白粉或生石灰等消毒药对掩埋场所进行1次彻底消毒。第一周内应每日消毒1次，第二周起应每周消毒1次，连续消毒三周以上。

主要特点：方法简单、费用低，但因其无害化过程缓慢，某些病原微生物能长期生存，如果做不好防渗工作，有可能污染土壤或地下水。如一次性掩埋数量过大，易产生异味影响周围农户。在实际工作中，往往结合焚烧使用，先将动物尸体及相关产品按照火床燃烧的方式堆放在掩埋坑内，浇上柴油经过数小时的燃烧后，再回土掩埋。采用焚埋结合的方式，增加了成本，但一定程度上杀灭了大部分病原体，也减轻了异味的产生。

适用范围：在发生疫情时，为迅速控制与扑灭疫情，防止疫情传播扩散，或一次性处理病死动物数量较大，最好采用直接掩埋或焚埋结合的方法。但对患有炭疽等芽孢杆菌类疫病以及牛海绵状脑病、痒病的染疫动物及产品、组织的处理，不能使用本办法。

3. 化尸窖

选址要求：一是养殖场的化尸窖应建在下风向，乡镇、村的化尸窖应选择地势较高、处于下风向的地点；二是远离动物养殖场（小区）、动物屠宰加工场所、动物隔离所、动物诊疗场所、动物和动物产品集贸市场、泄洪区、生活应用水源地；三是远离居民区、公共场所，以及主要河流、公路、铁路等主要交通干线。

建设要求：一是建筑材料使用砖和混凝土或者钢筋和混凝土密封结构，防渗防漏；二是在顶部设置投置口，并加盖密封加双锁，设置异味吸附、过滤等除味装置。

使用方法：一是投放前，在化尸窖底部铺洒一定量的生石灰或消毒液；二是投放后，投置口密封加盖双锁，并对投置口、化尸窖及周边环境进行消毒；三是当化尸窖内动物尸体达到容积的3/4时，应停止使用并密封。

注意事项：一是化尸窖周围应设置围栏、设立醒目警示标识以及专业管理人员姓名和联系电话公示牌，实行专人管理；二是注意维护，发现化尸窖破损、渗漏应及时处理；三是当窖内动物尸体完全分解后，应当对残留物进行消毒，清理出的残留物进行焚烧或者掩埋处理，化尸窖进行彻底消毒后，方可重新启用。

主要特点：一是可进行分散布点，化整为零；二是尸体运输路线短，有利于减少疾病的传播；三是采用密闭设施，建造简单，臭味不易外泄，一般建于下风口地下，在做好消毒工作的前提下，生物安全隐患低，对周边环境基本无污染；四是可根据养殖规模进行设计，无大疫病情况下，利用期限较长，一般可利用10年以上；五是建池快、受外界条件限制少，设施投入低、运行成本低；六是操作简便易行，省工省时。在处理过程中添加的化尸菌剂能快速分解畜禽尸体、杀灭除芽孢菌以外的所有病原体、消除臭味，大幅度提高了化尸池使用效率，检修与清理方便。但也存在一些缺点，一是当窖内容物达到容积的3/4时，应封闭并停止使用，不能循环重复利用，只能使用一口，封一口，再造一口；二是窖内畜禽尸体自然降解过程受季节、区域温度影响很大。夏季高温时期，畜禽尸体2个月内即可腐烂留下骨头，但冬季寒冷时期，畜禽尸腐过程非常慢。

适用范围：适用于养殖场（小区）、镇村集中处理场所等对批量畜禽尸体的无害化处理。

（六）发酵法

1. 概念：发酵法是指将动物尸体及相关动物产品与稻糠、木屑等辅料按要求摆放，利用动物尸体及相关产品产生的生物热或加入特定生物制剂，发酵或分解动物尸体及相关动物产品的方法。

2. 方法：发酵堆体结构形式可采用条垛式和发酵池式。条垛式堆肥发酵应选择平整、防渗地面。处理前，在指定场地或发酵池底铺设20cm厚辅料，辅料为稻糠、木屑、秸秆、玉米芯等混合物，或在稻糠、木屑等混合物中加入特定生物制剂预发酵后产物。辅料上平铺病死畜禽，厚度≤20cm。覆盖20cm辅料，确保病死畜禽尸体全部被覆盖。堆体厚度随需处理病死畜禽尸体而定，一般控制在2m～3m。堆肥发酵堆内部温度≥54℃，一周后翻堆，3周后完成。

3. 特点：通过堆肥法无害化处理病死畜禽尸体，可将其转化为有机肥。

4. 注意事项：发酵过程中，应做好防雨措施。产生的废气应进行有效吸收处理，符合国家相关排放标准。如采用条垛式堆体发酵应选择平整、防渗地面，采用发酵池式发酵应对进料口进行封闭处理。

5. 适用范围：因重大疫病及人畜共患病死亡的病死猪尸体不得使用此种方式进行处理。

（七）病死畜禽场内处理新技术

1. 干粪堆积发酵处理技术

实际上是发酵法的一种，由于大多数猪场的木屑、秸秆等辅料缺乏，利用猪场内每日产生的新鲜干粪与病死猪一同发酵处理，产生的废弃物作为有机肥利用。

（1）方法：对场内干粪堆积场进行改造，建成1.0～1.2m宽、1.2～1.5m深、长8～10m的多条并列条沟，地面混凝土防渗处理，顶部防雨棚，条沟两头开放，以方便粪便与死猪堆放和运输。处理死猪时，在底部平铺20～30cm的新鲜干粪，再摆放尸体，尸体上面覆盖30～40cm厚的干粪，根据死猪多少可以覆盖2～3层尸体。为了方便处理完全后的运输和条沟的循环使用，可以在每条沟内设置2～3个活动隔断。条沟上部填满后覆盖一层塑料薄膜处理效果更好。据冬季观测资料，处理初期内部平均发酵温度达48℃，最高65℃，并长期保持在30℃以上，3个月可以完全腐化发酵处理完毕。

（2）特点：病死猪与新鲜干粪同时发酵处理，减少了处理环节和处理难度，增加了有机肥的肥效。猪场设置较大处理场地，循环使用，就能够满足日常产生的干粪和正常死亡猪只的处理需要。

2. 尸体无害化处理机

利用生物工程降解技术，整合专用高效微生物与设备等功能，将畜禽尸体在一定容积的机器里快速降解处理为有机肥原料的处理方法。其实际还是发酵法的一种，其处理过程一般包括分切、绞碎、发酵、杀菌和干燥五个步骤，操作简单、高效、环保无污染。

（1）方法：以四川省成都市威泰科技有限公司研发的BD—1型化畜宝系统为例。该系统为6.8～20.0m长的圆罐型处理仓，死牲畜从前端进料门装入，装填入破碎过的稻草、麦草以及玉米等庄稼秸秆以后，经过大约7～14天的生化以及机械处理，降解变成了无病菌的复合肥，从圆罐仓的后端排出。设备的生物工程和机械工程的降解处理过程由电脑自动控制，无人操作。以处理死猪为例：最大的BD—1—2000设备每年一套可处理死猪156.95t，最小的BD—1—680设备每年一套可处理死猪49.26t。

（2）特点：利用死牲畜本身和稻草、麦秆以及玉米等庄稼秸秆这种绿色清洁能源，在场内设备里面就地把病死畜禽降解转化成高质量的无病菌的合成肥，特别适宜小型无害化处理厂和畜禽养殖场的场内处理。

二、国内外病死畜禽无害化处理的成功模式

1. 成都市邛崃无害化处理模式

（1）运行机制

邛崃市采用“政府+保险公司+集中处理厂+养殖户”四方联动的病死畜禽无害处理运行机制。即养殖户积极投入保险，每头种猪保险费60元，农户交9元（15%），商品猪每头30元保费中，农民交3元（10%）；保险公司接养殖户报案后，及时到现场确认、申报、根据集中处理厂处理凭据赔付保费，每头种猪赔1000元，商品猪赔500元；集中处理厂根据报案情况，及时派专用车辆收集病死畜，经畜牧监管部门确认后，进行无害化处理，并出具相应凭证，作为养殖户理赔及领取处置费依据；政府严格对病死畜监管、加大打击力度，防止病死猪流向市场。出台政策、加强宣传，鼓励养殖户由被动走向主动申报，并根据集中处理场开具的处理凭据发放集中处置费（80元/头），补足农户应支付保险公司的保险费用。

（2）病死畜禽集中处理厂情况

成都市科农动物无害化处置有限公司，位于四川省成都市邛崃市。该公司占地42亩，其中生产区20亩，配套有应急冻库1个，3台高温高压化制釜，32辆运尸车等设施设备。设计处理能力每年3万吨病死畜禽，配置生产员工17人，司机32人。公司总投资3100万

元，年运行成本 926 万元。2012 年收入有机肥料 20 万元，工业用油脂 100 万元，处理费用 600 万元，亏损约 206 万元。2014 年处理 26.52 万头，总收入 1580 万元，其中工业油脂、有机肥收入 180 万元，盈利 40.5 万元。

综上所述，我国动物无害化集中处理厂，由于固定资产投资大，运输收集车运营成本高，产品销售收入有限等因素，往往难以为继。成都市科农动物无害化处置有限公司与当地政府、保险公司、养殖场多方合作，走出了一条病死猪收集、集中处理、保险赔付、政府监管、财政补助、养殖场（户）参与的成功之路。同时，公司也从亏损、保本经营到盈利，实现了企业的自我良性发展，探索解决了我国动物无害化厂如何生存、发展的难题。取得了显著的社会经济效益。

2. 德国病死畜禽的无害化处理模式

（1）动物副产品（含病死畜禽）分类、处理方法与去向

分类：欧盟及德国将动物非食用部分称之为动物副产品（含病死畜禽），且专门立法对动物副产品进行规定与规范。德国将动物副产物分为三类：第一类为高风险类（包括烈性传染病与人畜共患病等，违禁物严禁超标物质等）、第二类为中等风险类物质（包括疫病爆发时扑杀的健康动物、死胚、精液等）、第三类为低风险或无风险物质（包括内脏、血液、头、蹄等）。第一类、二类物质必须强制处理，必须由专业的无害化公司处理。

处理方法与去向：动物尸体等固体产品，须先捣碎成不超过 5cm 大小的颗粒，在 3 个大气压、133℃的条件下消毒灭菌 20min，再脱水、干燥，分别制成肉骨粉和动物脂肪。第一类产品产生的肉骨粉，必须焚烧处理。第二类产品得到的肉骨粉，可作为农业上的土壤改良剂或肥料使用。第一类产品产生的脂肪，燃烧处理或用于提炼生物柴油。第二类产品得到的脂肪，可以作为工业脂肪使用，但禁止用于生产化妆品和医药产品。

（2）德国动物副产品无害化处理运行机制

动物副产品无害化处理工作一般由农业环保部负责监管，由各县通过招标方式组织动物副产品的无害化处理工作，由县内行业协会与动物防疫基金会决定无害化处理公司，一旦选定中标公司后，辖区内所有养殖、屠宰、加工企业等单位和个人发生的有关待处理的动物副产品，必须交由无害化处理公司派专门的车辆进行搜集与处理。

（3）德国无害化厂的数量与规模

德国目前加工第一类动物副产品共有 27 家公司，第二类的有 10 家。同时，还有 160 家第一类物质非正式处理场（如宠物火葬场）、36 家第二类物质处理场、274 家第三类物质处理场。据不完全统计，德国年处理第一类有害物质 100 万吨、第二类物质 19 万吨以上。

（4）德国无害化处理费用交纳与无害化厂处理的收益

无害化公司收入来源：处理产品回收（<10%）以及收缴的无害化处理费用。无害化处理费用有各种交纳方式：德国东部基本由业主自己负担；法尔茨州养殖场主支付 25%，场主加入的协会支付 33%，州动物防疫基金会支付其余的 42%；北威州由动物防疫基金会支付 25%，其余 75% 则由当地县财政支付。

第五节　种养结合生态循环利用模式的建立

一、种养结合生态循环利用模式概述

种养结合生态循环利用模式实际上包含了生态农业、循环农业与立体农业。

生态农业（ECO）是按照生态学原理和经济学原理，运用现代科学技术成果和现代管理手段，以及传统农业的有效经验建立起来的，能获得较高的经济效益、生态效益和社会效益的现代化农业。它要求把发展粮食与多种经济作物生产结合起来，发展大田种植与林、牧、副、渔业结合起来，发展大农业与第二、三产业结合起来，利用传统农业精华和现代科技成果，通过人工设计生态工程、协调高效发展与环境之间、资源利用与保护之间的矛盾，形成生态上与经济上两个良性循环，经济、生态、社会三大效益的统一。

循环农业：循环农业是相对于传统农业发展提出的一种新的发展模式，是运用可持续发展思想和循环经济理论与生态工程学方法，结合生态学、生态经济学、生态技术学原理及其基本规律，在保护农业生态环境和充分利用高新技术的基础上，调整和优化农业生态系统内部结构及产业结构，提高农业生态系统物质和能量的多级循环利用，严格控制外部有害物质的投入和农业废弃物的产生，最大限度地减轻环境污染。

立体农业：又称层状农业，就是利用光、热、水、肥、气等资源，在一定区域范围内，进行立体种植、立体养殖或立体复合种养，通过合理组装，粗细配套，组成各种类型的多功能、多层次、多途径的高产优质生产系统。并巧妙地借助模式内人工的投入，提高能量的循环效率、物质转化率，建立多物种共栖、多层次配置、多时序交错、多级质能转化的立体农业模式，以此来获得最大经济与生态效益。如林下养殖，水田养鱼等。

二、种养结合生态循环利用模式的建立

目前，农业领域种养结合模式较多，各个区域与不同企业都有不同的种养循环模式，如“畜—沼—果”、“畜—沼—林”、“畜—沼—菜”等，归纳起来主要包括三个步骤：首先是建立现代农业生态系统，其次是建立循环农业系统，三是建立立体农业生产体系。

（一）建立现代农业生态系统

现代生态农业系统已不是传统的、只注重农业产品生产的农业，它已涉及第二、三产业，也可以说是农产品商业生态统，是指供应商、生产商、销售商、市场中介、投资商、政府、消费者等以生产商品和提供服务为中心组成的经济联合体。它们在一个商业生态系统中担当着不同的功能，各司其职，但又形成互赖、互依、共生的生态系统。农业生态系统的建立是种养循环的前提，是可持续发展的动力。建立良性循环的生态系统须建立在市场调研基础之上，撰写可行性研究报告，对预期效益与市场前景进行预判，确定将要生产与开发的农畜产品种类，并提出中长期战略规划。

（二）建立循环农业系统

根据中长期战略规划确定的农畜产品种类以及农畜产品的特点，调整和优化生态系统内各农畜产品占比，确定各农畜产品生产量。比如以发展环境友好型畜牧业为例，在确定

畜产品产量后，首先应考虑畜产品产生的粪便中能提供多少氮、磷等物质，并计算所规划的农产品能利用多少氮、磷，以此确定相应农产品的数量及需要配套的土地面积，即单位土地的载畜量（表6－15列出了德国种养结合循环利用的载畜量）。在将粪便进行有机肥利用之前，还可充分运用现代沼气技术，为社会提供生物能源。如“畜—沼—果”、“畜—沼—林”、“畜—沼—菜”等模式，即养殖畜禽生产粪尿，粪尿经生物技术生产沼气，为社会提供可再生能源；粪尿经生物腐熟，还可养殖蚯蚓、蝇蛆、黄粉虫等，为家禽提供蛋白饲料；经原料化利用后的粪便，还可制作有机肥料，为农作物、果蔬、林业、牧草等提供有机的氮、磷、钾。种植业收获后，可为社会提供粮食、蔬菜、水果等农产品，还可为畜禽养殖提供饲料与牧草等（见图6－2）。

表6－15　德国每ha（15亩）土地的畜禽承载量

畜种	最大承载量（相当于每年每ha施用170kg氮）
小于1周岁的小牛（头）	5
1～2周岁的公母牛（头）	3.3
2周岁以上的公牛（头）	2
种用及育肥用小奶牛（头）	2.5
奶牛及淘汰奶牛（头）	2
其他奶牛（头）	2.5
种用母兔（头）	100
绵羊与山羊（头）	13.3
仔猪（头）	74
种猪（头）	6.5
商品育肥猪与其他猪（头）	14
肉鸡	580
蛋鸡	230

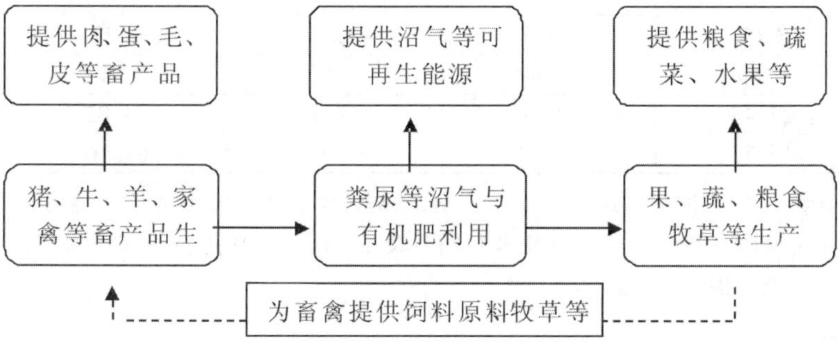

图6－2　循环农业系示意图

（三）建立立体农业生产体系

立体农业生产体系的建立，必须以科技进步、科技创新为前提。一是建立农产品的良繁体系。以猪、禽为例，当你确定猪、禽的年生产规模后，根据相应的技术参数，计算出需要多少数量的祖代、父母代、商品代，以建立完善的良繁体系。二是利用现代的农业创新技术，争取在单位面积内提供更多的新产品。如利用现代的畜禽场建设与环境控制技术、实现小家畜、小家禽的叠层笼养；利用温室大棚与无土栽培技术，实现多功能组合式、立体生态式、新型复合式等多元化栽培模式。三是利用农畜产品的生物学特性，实现相互之间的共栖，达到农产品之间的最大产出。如稻田养鱼、稻田养鸭、农作物套种等。四是培育休闲观光农业，让农畜产品生产向二、三产业延伸，提升其附加效益。

三、种养结合生态循环利用建立的关键技术参数与实例

要搞好种养结合物质循环利用的环境友好型农业，需要对农畜产品的数量进行优化，达到种养平衡。在实际生产中，首先应考虑动物粪尿排出氮与农作物需要氮之间的平衡，以此平衡作为土地载畜量的依据。表 6－16 和表 6－17 列出了部分畜禽不同规模养殖情况下氮、磷的产生量，表 1－56 列出了部分作物每季或每年的需肥量，包括有机肥与化肥需要量。如四川的茂华集团形成了“麦芽糖生产——糖果加工——糖糟养猪——猪粪种植桂花——桂花树下套种瓜类蔬菜——回收优质糖果加工原料（南瓜、桂花）”的循环经济产业链。该集团配套有种养结合生态循环利用园，其园区占地 1200 亩，存栏种猪 500 头，集团食品公司年为养猪场提供糖糟饲料 1800t，年生产粪尿 6874t，可提供氮 50.2t。园区植物种植面 900 亩，其中种植“金桂、银桂”6 万株，桂花园内春季套种南瓜、秋季套种青菜萝卜等蔬菜，年需要氮为 52.8t，其中桂花树年需氮量 21.6t，套种南瓜年需氮量 18.0t，套种青菜 400 亩，年需氮量 7.2t，套种萝卜 500 亩，年需氮量 6.0t。根据国际惯例（种养结合用氮元素平衡作为计算依据），园区内氮的供需达基本平衡，实现了“内循环、零排放”的种养结合生态循环利用可持续发展模式。该园区年可出栏商品猪 10000 头，产沼气 11 000m^3，提供园林用桂花树 4 000 株，年产优质南瓜 750t、青菜萝卜 2 000t，年可实现产值 6 000 万元，利润 1 000 余万元，获得了较好的经济与生态效益。

表 6－16　不同规模自繁自养猪场每天粪污产生量

存栏	100 头		200 头		500 头		1000 头		2000 头	
	母猪	出栏	母猪	出栏	母猪	出栏	母猪	出栏	母猪	出栏
数量（头）	100	2000	200	4000	500	10000	1000	20000	2000	40000
尿（t/天）	3.07		6.15		15.37		30.72		61.45	
粪（t/天）	0.69		1.38		3.46		6.91		13.83	
氮（kg/天）	27.48		55.0		137.42		274.82		549.64	
磷（kg/天）	16.72		33.43		83.58		167.16		334.32	

注：根据四川省畜牧科学研究院何志平、曾凯、李正确等的“四川规模猪场产排污系数测定”研究结果，结合段诚中等主编的《规模化养殖新技术》相关数据，测算不同母猪规模自繁自养猪场的粪污产生量，为猪场的粪污处理提供基础数据。

表 6－17　不同规模奶牛场粪污产生量（育成牛与泌乳牛各占一半）

项目	100 头		200 头		500 头		1000 头	
	育成牛	泌乳牛	育成牛	泌乳牛	育成牛	泌乳牛	育成牛	泌乳牛
尿（升/天）	361.5	817	723	1634	1807.5	4085.0	3615.0	8170
粪（kg/天）	788.5	1673.5	1577	3347	3942.5	8367.5	7885.0	16735
氮（kg/天）	5.6	13.5	11.2	27.0	28.0	67.5	56.0	135.0
磷（kg/天）	2.5	9.1	5.0	18.2	12.5	45.5	25.0	91.0

注：根据东北农业大学栾冬梅、李士平、马君等的“规模化奶牛场育成牛和泌乳牛产排污系数的测算”研究结果，测算不同规模奶牛场的粪污产生量，为奶牛场粪污处理提供基础数据。

表 6－18　部分作物需肥量估算表

作物名称	需氮量（kg/亩）	需磷量（P_2O_5，kg/亩）	需钾量（K_2O，kg/亩）
水稻	10～12	3～5	6～8
小麦	8～10	4～6	6～8
玉米	16～20	6～8	8～10
油菜	14～16	4～6	6～8
甘薯	6～8	4～6	4
马铃薯	8～10	6～8	16～20
茄果类蔬菜	14～18	6～8	10～12
瓜类蔬菜	16～20	8～10	10～14
叶菜类蔬菜	14～18	6～8	6～8
根菜类蔬菜	10～12	6～8	6～8
豆类蔬菜	6～8	8～10	6～8
葱蒜类蔬菜	10～12	6～8	6～8
落叶果树	20～24	10～14	16～20
常绿果树	18～24	8～12	10～14
茶叶	16～20	8～10	10～14
牧草（黑麦草）	18～24	8～10	8～10

注：需肥量以中等肥力水平、中等产量水平为基础，果树以盛果期为例。

第二篇 养鱼生产专业知识

第一章　水产养殖基础知识

水产养殖是海水养殖和淡水养殖的统称。淡水养殖是利用池塘、山塘、水库、江河、湖泊、稻田等水体开展鱼、虾、蟹、鳖等水产经济动物养殖的总称。

第一节　鱼的外部形态和内部结构

鱼类是终生生活在水中，用鳃呼吸，用鳍作为运动器官的变温脊椎动物，由于水的密度远比空气大，阻力亦大，为了克服阻力，鱼类的外部形态通常为纺锤形。鱼的外部形态和内部结构（见彩图 117）。

第二节　水产养殖相关常识

一、名词解释

1. 鱼苗：受精卵发育出膜至卵黄囊基本消失、鳔充气、能平游和主动摄食阶段的仔鱼。

2. 夏花：春季孵化的鱼苗经 20 至 30 天的培育在夏季出池的鱼种。

3. 鱼种：指鱼苗生长发育至全体鳞片、鳍条长全，外观有成体的基本特征的幼鱼。

4. 幼鱼：具有与成鱼相同的形态特征，但是性腺未发育成熟的鱼类个体。

5. 水温：指水体的温度，一般用温度计测量，测量位置为水表以下 50cm。水温是影响鱼类摄食和生长的第一因子，也是鱼病发生的重要因素，水温高低与疾病的发生和流行有密切的关系。

6. 透明度：是指水的透明程度，通常采用萨氏盘（黑白间隔的圆盘）的深度来间接表示光透入水的深浅程度。

（1）其大小取决于水的混浊度（指水中混有的浮游生物和悬浮物所造成的混浊程度）和水色（浮游生物、溶解有机物和无机盐形成的颜色）。

（2）透明度的测定方法为：将黑白盘缓缓放入水中，当盘上黑白界线模糊时，水面到黑白盘的距离就是它的透明度，单位用“cm”表示。

（3）在鱼类生长季节，透明度应保持在 20～40cm 之间。

7. 酸碱度：又称 pH 值，它是反映水体酸碱性强弱的指标，是与水产养殖密切相关的重要水化因子和生态因子。

（1）在常温下，$pH < 7.0$ 为酸性，$pH > 7.0$ 为碱性，$pH = 7.0$ 为中性。

（2）对于水产养殖而言，$pH = 7.5 \sim 8.0$ 的微碱性条件下是大多数鱼类获得稳产、高产较为理想的酸碱度。

（3）在没有外来废水污染的情况下，pH 值主要受光照、水温、有机物的含量影响。

8. 溶解氧：又称溶氧，是指溶解于水中的氧气，通常简记为 DO，单位为 mg/L。

（1）对于水产养殖而言，在一天 24 小时中，16 小时必须大于 5mg/L，其余任何时候不得低于 3mg/L。

（2）溶解氧的高低往往是鱼类生长的主要限制因子。据统计，直接或间接缺氧致死的鱼类，约占养殖鱼类死亡总数的 60%。

（3）改善池塘溶氧条件的措施有：

a. 根据季节、天气合理投饵施肥，防止鱼类浮头。

b. 及时加注新水，以增加池水透明度和光照深度。

c. 合理使用增氧机，特别是应抓住每一个晴天，在中午将上层过饱和氧气输送至下层，以保持溶氧平衡。

d. 施用无机肥料，特别是施用磷肥，以改善池水氮磷比，促进浮游植物生长。

9. 氨态氮：又称氨氮，是鱼类等水生动物的主要代谢物及有机质氧化分解的产物。

（1）氨态氮包括离子氨和分子氨。离子氨不仅无毒，还是水生植物较易吸收的氮肥；分子氨的毒性较强，对于水产养殖而言，分子氨应低于 0.2mg/L。

（2）分子氨和离子氨在水中可以相互转化。它们的数量取决于养殖水体的 pH 值和水温；pH 值越小，水温越低；分子氨的比例也越小，其毒性越低；$pH < 7.0$ 时，氨态氮几乎无毒；pH 越大，水温越高，分子氨的比例越大，其毒性也就大大增加；所以，如果氨氮已经超标，千万不要使用生石灰调节水质，否则，易引起氨氮中毒。

（3）氨氮中毒特点：没有季节，没有昼夜，没有天气好坏之分；但多见于成鱼池、高产池、密养池及能灌不能排的鱼池。

（4）氨氮中毒症状：呼吸急促，乱游乱窜，时而浮起，时而下沉，时而跳跃挣扎，游动迟缓，麻痹乏力；体暗，鳃乌，口腔发紫，黏液增多。最后活动力丧失，慢慢沉入水底而死亡。中毒后，开启增氧机，池鱼四散回避，不敢靠近。撒泼增氧剂，浮游鱼群仍毫无反应。

（5）控制氨氮超量的方法有：

a. 换水；b. 合理施用磷肥；c. 全池泼洒沸石粉；d. 全池泼洒硼酸钠（硼砂）；e. 全池泼洒硫代硫酸钠；f. 全池泼洒生物制剂；g. 晴天中午打开增氧机曝气；h. 应急时全池泼洒食盐，干扰阻止氨氮继续入侵鱼体，然后立即加换新水。

10. 亚硝酸盐：它是有机物分解的中间产物，在溶氧充足时可进一步氧化为无毒的硝酸盐，当溶氧不足情况下则生成亚硝酸盐。

（1）亚硝酸盐主要受水温、pH 值和溶解氧影响，水温越高，pH 值越大，溶解氧越高，则亚硝酸盐的水平越低，反之亦然。

（2）对于水产养殖而言，亚硝酸盐应低于 0.1mg/L。

（3）亚硝酸盐中毒一般为慢性反应，表现为摄食量下降，鳃丝及鳃盖内表面血管呈暗紫红色，呼吸困难，游动缓慢，骚动不安，体力衰退，游泳无力，鱼体柔软，背部底面呈黄色，某些代谢器官功能衰竭，情况严重将导致死亡。长期处于高浓度亚硝酸盐的水体中，草鱼会发生出血病。

（4）控制亚硝酸盐超量的方法等同控制氨氮超量的方法。

11. 食性：根据鱼类所摄取的主要食物，可将鱼类的食性主要分为杂食性、草食性、肉食性、滤食性、底栖生物食性。

（1）杂食性。摄食动物也摄食植物（均25%以上）的摄食习性。最具代表性的是鲤鱼和鲫鱼，杂食性鱼类属底栖性鱼类。

（2）草食性。以植物（75%以上）为主要食物的摄食习性。如水生植物中的蒿草、芦苇嫩芽、浮萍、水稗草等。草食性鱼类的典型代表是草鱼，经常栖息在岸边水草处。团头鲂和长春鳊也属草食性鱼类。

（3）肉食性。以动物（75%以上）为主要食物的摄食习性。肉食性鱼类的最大特点是有牙齿，还有能伸缩性极强的胃壁。鳜鱼，鲶鱼，乌鳢是它们的代表，喜食小鱼、小虾、小昆虫、小软体动物等。此类鱼属底栖鱼类。

（4）浮游生物食性。以滤取浮游生物为主要食物的摄食习性。它们的特点是，有密而长的腮耙，靠嘴的一张一合滤其食物。它们的典型代表是鲢、鳙。主食水中漂浮微生物、杂食碎屑等，属中上层鱼类。

（5）底栖生物食性。以底栖生物为主要食物的摄食习性。它们的代表是青鱼，主食螺蛳、蚌、蚬、虾等软体动物，在食物匮乏时，也吃植物类饵料。

12. 饵料系数：又称增肉系数，即饵料用量与养殖鱼类增重量的比值。

13. 投饵率：投饵量占养殖水产动物总体重的百分率。

二、相关术语

1. 三防：指防浮头泛池，防敌害侵扰，防洪涝逃鱼。

2. 四消：指池塘消毒，鱼种消毒，水体消毒，食场、鲜活饵料、工具消毒。

3. 八字精养法："水、种、饵、密、混、轮、防、管"八个要素，简称"八字精养法"。

（1）水：俗话说"鱼儿离不开水"，水是鱼类生存的基本条件，这里主要指水质、水温、水深、水的透明度、水源情况等。管好水是管好鱼的基本条件。

（2）种：包括优良的鱼苗、鱼种的繁殖培育，新品种引进驯化，苗种的提纯优选以及投入品种的合理搭配。苗种必须来源于经国家批准的苗种场，并经检疫合格。

（3）饵：包括投饵的方法、饵料的种类、配合饲料的配方、饵料与水质的关系、饵料与鱼病的关系等。饵料的使用符合国家的相关规定。

（4）密：指合理密养，因地制宜地确定科学的放养密度，放养密度与鱼的种类有较大的关系。以草鱼为主养鱼的池塘密度要比鲤、鲫为主养鱼的密度低一些。

（5）混：指合理的混养搭配，包括不同品种的混养，以及同一种鱼大中小规格的混养。这样既可达到充分利用水体和天然饵料的目的，又为轮捕轮放打下了基础，还为第二年的生产准备了大规格鱼种。

（6）轮：指捕大留小、捕大补小的操作方式。轮的目的是为了不断调整合理的池塘载鱼量，既充分利用了养殖水体，又能使商品均衡上市，提高经济效益。

（7）防：指防治鱼病，防止虫、鸟、兽的危害，防逃，防偷盗，防止水源和水质的污染，防止水质的恶化和缺氧、浮头等。这是饲养管理中较为重要的措施，与水环境有密切的关系。

（8）管：这是八字精养的关键，以上叙述的七个方面的技术和措施，最终都要落实到这个“管”字上。主要包括饲养管理，巡塘，看管拦鱼设备等。要管好养殖的鱼，不仅要求饲养人员有较好的技术知识，还要有较强的责任心和吃苦耐劳精神。

4. 肥、活、嫩、爽：水质感官指标

（1）肥：是指水中的浮游生物含量多，池水呈黄褐色和绿色，饲料养鱼与肥水养鱼不同，水质要求不要太肥，透明度在25～40cm为宜。

（2）活：是指水体在活动，水色早、晚有变化，早上淡，下午浓，俗称“早青晚绿”。

（3）嫩：是指水体肥而不老，易消化的浮游生物种类多，水面有光泽，看起来比较舒展，不凝重。

（4）爽：是指水质清爽，表层无浮膜（油膜）。水体不清爽是鱼浮头、泛池的主要原因。

5. 四看：四看是指“看水温、看水色、看天气、看鱼类吃食情况”。四看是投饵量的现场确定标准，投饵时应遵照执行。

（1）看水温：水温10℃以上即可开食，15℃以上可开始投嫩草、粉碎的贝类和少量配合饲料，水温20℃以上，可逐渐加大投料量。在鱼类发病水温和季节时应控制投料。

（2）看水色：池塘水色以“肥、活、嫩、爽”为好，可正常投饵。

（3）看天气：天气晴朗，池水溶氧条件好，应多投，而阴雨天溶氧条件差，则少投。

（4）看鱼类吃食情况：投料时根据鱼群争食情况适当调整投料时间和投料量，依据各养殖水体指标正常情况下早上10点鱼群争食情况判断水质的优劣。

6. 五定：五定是指“定质、定量、定时、定位、定查”。做好这“五定”是池塘养鱼丰产的重要措施。

（1）定质：是指投喂的饲料要新鲜、适口，营养平衡，不含病原体和有毒物质。在生产中，一定要选择优质饲料，不可随意变动饲料配方。

（2）定量：是根据鱼体大小，在不同季节和不同时间适当均匀投喂饲料，不能忽多忽少，每天的投饵量要按具体情况，灵活掌握，一般以投饵30min左右为宜。

（3）定时：指投饵要有一定的时间，应准时投饵。精饲料和配合饲料养殖应根据季节、水温和天气等情况适当调整。高密度养殖投饵应坚持“少量多餐”的原则。

（4）定位：是指投饵要有固定的位置，使鱼类形成条件反射后方便管理。

（5）定查：指鱼类吃食完毕后，检查残饵情况，以便及时判断鱼的吃食情况，以确定鱼类有无不正常行为。

第二章　水产养殖专业知识

第一节　主要养殖品种

一、主要养殖鱼类

现知世界上的鱼类有21 700余种，广泛分布于海洋和内陆水域。我国的各类水域分布的鱼类有2500余种，其中四川各类水域共分布约241种。

1. 鲢（*Hypophthalmichthysmolitrix*）

隶属鲤形目，鲤科，鲢亚科，鲢属，自然分布于我国各大江河及其附属水体，属大型经济鱼类。它适应性强，生长速度快，食浮游生物（主要是浮游植物），被广泛移植到各地区人工饲养。鲢4～6龄达性成熟，产漂流性卵（见彩图118）。

2. 鳙（Aristichthys nobilis）

隶属鲤形目，鲤科，鲢亚科，鳙属，属大型经济鱼类。它适应性强，生长速度快，食浮游生物（主要是浮游动物），被广泛移植到各地区人工饲养。5～6龄达性成熟，产漂流性卵（见彩图彩图119）。

3. 草鱼（*Ctenopharyngodon idellus*）

隶属鲤形目，鲤科，雅罗鱼亚科，草鱼属，自然分布于我国各大江河及其附属水体，属大型经济鱼类。它适应性强，生长速度快，是典型的草食性鱼类，被广泛移植到各地区人工饲养。草鱼3～5龄达性成熟，产漂流性卵（见彩图120）。

4. 青鱼（*Mylopharyngodon piceus*）

隶属鲤形目，鲤科，雅罗鱼亚科，青鱼属，自然分布于我国各大江河及其附属水体，属大型经济鱼类。它适应性强，生长速度快，为肉食性鱼类，被广泛移植到各地区人工饲养。青鱼3～5龄达性成熟，产漂流性卵，在大江大河的上游才能自然产卵繁殖（见彩图121）。

5. 鲤（*Cyprinus carpio*）

鲤隶属鲤形目、鲤科、鲤属，是世界上分布最广、养殖最普遍的淡水鱼类。我国地域广阔，由于长期的地理上和生殖上的隔离，产生了一些亚种，例如西鲤（分布于额尔齐斯河、伊犁河流域）、华南鲤（分布于珠江水系和海南岛）、桤麓鲤（分布在云南）等。在长期的养殖实践中，采用不同方式培育出许多品种，例如鳞鲤、散鳞镜鲤、德国镜鲤、锦鲤、荷包红鲤、兴国红鲤、建鲤、松浦鲤（又称高寒鲤）等。生产中利用不同品种或品系间杂交后的生长优势，建立了许多杂交组合，例如丰鲤（兴国红鲤♀×散鳞镜鲤♂）、荷元鲤（荷包红鲤♀×元江鲤♂）、岳鲤（荷包红鲤♀×湘江野鲤♂）、芙蓉鲤（散鳞镜鲤

♀×兴国红鲤♂)、中周鲤（荷包红鲤♀×黄河鲤♂）等（见彩图122）。

鲤是典型的底栖杂食性鱼类，主要以底栖动物为食，人工饲养可投喂颗粒饲料。鲤2~3龄性成熟，每年春季水温达15℃以上开始繁殖。鲤的卵为黏性，附着在水草上，大约4天（20℃左右）孵出仔鱼。杂交鲤生长速度快，池塘饲养当年鱼平均体重可达100g以上，2龄鱼体重可达1kg左右。

6. 鲫（*Carassius auratus*）

隶属鲤形目，鲤科，鲫属，它分布广，适应力强，群体产量高，肉味鲜美，经济价值较高，在我国南北方广泛养殖；但其个体较小，生长速度稍慢。鲫鱼属生活在淡水中的杂食性鱼，生活层次属底层鱼类。在一般的情况下，都在水下游动、觅食、栖息。但气温、水温较高时，也要到水的中下层、中上层游动、觅食（见彩图123）。

在我国东北一些水体中分布有鲫的一个亚种——银鲫（*Carassius auratus gibelio*），其个体大、生长速度快，广泛移植和养殖。鲫养殖的品种还有：异育银鲫（*C. a. var. yiyuyinji*）

（兴国红鲤♂×银鲫♀“杂交、异源雌核发育”的后代）、澎泽鲫（*Carassius auratus variety pengze*）、湘云鲫（*C. a. var. xiangyunji*）“中科3号”等。金鱼为鲫的变种（型）。

7. 团头鲂（*Megalobrama amblycepHala*）

团头鲂又名武昌鱼。隶属鲤形目，鲤科，鲂亚科，团头鲂属，自然分布于我国长江水系，属中小型鱼类。它适应性强，生长速度快，为草食性鱼类，被广泛移植到各地区人工饲养。团头鲂2~3龄达性成熟，产黏性卵（见彩图124）。

8. 鳜鱼（*Siniperca chuatsi*）

鳜鱼又称翘嘴鳜，俗称鳌花、桂鱼等，隶属鲈形目，脂科，鳜属，是我国淡水养殖的名贵鱼类。它以其他小型鱼类为食，生长速度快，肉味鲜美，商品价格高。该属养殖种类还有大眼鳜（*S. kneri*）、长体鳜（*S. roulei*）和斑鳜（*S. scherzeri*）等（见彩图125）。

9. 大口黑鲈（*Micropterus salmoides*）

大口黑鲈又称加州鲈，隶属鲈形目、太阳鱼科（棘臀鱼科），黑鲈属。原产于美国密西西比河水系，为大型淡水鲈鱼。加州鲈鱼是以肉食性为主的鱼类，掠食性强，摄食量大，常单独觅食，喜捕食小鱼虾。当水质良好、水温25℃以上时，幼鱼摄食量可达总体重的50%，成鱼达20%。食物种类依鱼体大小而异。孵化后一个月内的鱼苗主要摄食轮虫和小型甲壳动物。当全长达5~6cm时，大量摄食水生昆虫和鱼苗。全长达10cm以上时，常以其他小鱼作主食。当饲料不足时，常出现自相残杀现象。在人工养殖条件下，通过人工驯化，也能摄食配合饲料，且生长良好（见彩图126）。

10. 条纹鲈（*Morone saxuatilis*）

条纹鲈又称条纹狼鲈，隶属鲈形目，鮨鲈科，狼鲈属，是一种溯河性鱼类。条纹鲈广泛分布于大西洋沿岸温暖地区，其个体大，生长快，对环境条件适应性强，尤其对盐度和温度适应范围广，是美国传统的淡水养殖鱼类之一。条纹鲈食性杂（偏肉食），喜摄食人工配合饲料，需投喂含蛋白质40%以上人工配合饲料或冰鲜小杂鱼。饲料要新鲜，营养要全面，所以投饲喂料时要加些维生素等，以保证营养均衡（见彩图127）。

11. 鲶（*Silurus asotus*）

隶属鲶形目，鲶科，鲶属，该属中的养殖种类还有南方大口鲶（*Silurus meridionalis*

Chen)、南方鲶（*S. meridionlis*）等。上述鱼类是食鱼的经济鱼类，肉质细腻，味道鲜美，近年来成为养殖对象。鲶科鱼类属肉食性鱼类，主要吃鱼、虾、水生昆虫、底栖生物等，能吃相当于自身体长1/3的鱼。在人工饲养条件下，也吃动物内脏和畜禽加工下脚料，如鸡肠子、猪肺等。经过驯化，也食蛋白质含量40%以上的颗粒饲料（见彩图128）。

12. 斑点叉尾鮰（*Ictalurus punctatus*）

属鲶形目，鮰科，叉尾鮰属，又称沟鲶、钳鱼，原产于北美洲，是一种大型淡水鱼类，食性为杂食性，生长快，当年达200g以上，2年达800g以上。生存水温0～38℃，最适生长为15～32℃，3龄性成熟，产卵水温20～30℃，筑巢产卵，产出卵为黏性。近些年世界许多国家都纷纷引种养殖。我国于1984年由湖北省首次从美国引进。目前我国南北方均有养殖（见彩图129）。

13. 黄颡鱼（*Pelteobagrus fulvidraco Richardson*）

黄颡鱼又称嘎鱼，黄腊丁。属于鲶形目，鲿（鮠）科，黄颡鱼属。在我国除西南、西北少数地区外，各淡水水域均有分布。黄颡鱼体呈黄褐色，体侧有褐色斑纹，生长稍慢，为小型鱼类。它是肉食性为主的杂食性鱼类，池塘饲养当年生长一般达15～20g，第二年达100g（♀）～200g（♂）。它肉质细腻，味道鲜美，无肌间刺，商品鱼价格高。黄颡鱼属中，除黄颡鱼外，还有瓦氏黄颡鱼（江黄颡鱼）（*Pelteobagrus vachelli Richardson*）、光泽黄颡鱼（*Pelteobagrus nitidus Sauvage et dabry*）、岔尾黄颡鱼（*Pelteobaggrus eupogon Boulenger*）、中间黄颡鱼（*Pelteobagrus intermedius Nichols et Pope*）等，其中黄颡鱼和瓦氏黄颡鱼为主要养殖对象（见彩图130）。

14. 泥鳅（*Misgurnus anguillicaudatus*）

为鲤形目，鳅科，鳅属，为小型淡水鱼类。它分布广，多栖息于湖泊、池塘和沼泽地。泥鳅为杂食性，幼鱼阶段主要为动物食性，长大后逐渐转向植物食性，它对环境条件的适应能力极强，适于稻田养殖。泥鳅肉质细嫩，营养价值很高，每百克肉食蛋白质22.6g、脂肪2.9g（见彩图131）。

15. 鲑鳟鱼

人们所说的鲑鳟鱼，是一个笼统的概念，它不是特指某一种鱼，而是鲑鱼和鳟鱼的统称。鲑鱼和鳟鱼各自又包括许多种类，如大西洋鲑、太平洋鲑、银鲑、北鲑等都属于鲑鱼，虹鳟、河鳟、金鳟等都称为鳟鱼。因此，严格地讲，应该称鲑鳟鱼为鲑科鱼类（见彩图132）。全世界鲑鳟鱼共11属67种，隶属鲑形目，鲑亚目，鲑科，均为冷水性鱼类，具有个体大，生长快，肉质好，经济价值高等优点，为世界性的养殖鱼类。主要养殖种类有：虹鳟（*Salmo gairdneri*）、道纳尔逊虹鳟（*Salmo gairdneri Donaldsons*）、金鳟（*Oncorhynchus* 红叉专 *mykiss*）、山女鳟（*Oncorhynchus masou*）硬头鳟（*Salmo gairdneri*）、银鲑（*Oncorhynchus kisutch*）、高白鲑（*Coregonus peled Gmelin*）和细鳞鱼（*Brachymystax lemok Pallas*）等。

16. 鲟鱼类

隶属鲟形目，养殖对象有鲟科和白鲟科的种类。鲟科鱼类有吻须2对，内骨骼为软骨，鱼体背部、体侧和腹部有成行的硬鳞或骨板。白鲟科鱼类有吻须1对，身体裸露无鳞。鲟鱼以底栖无脊椎动物和小型鱼类为食，养殖种类主要有：西伯利亚鲟（*Acipenser baeri*）、俄罗斯鲟（*A. guldenstadti*）、小体鲟（*A. ruthenus*）、中华鲟（*A. sinesis*）、达氏鳇

(*Huso dauricus*)、杂交鲟（*H. huso*（♀）×*A. ruthenus*（♂））和匙吻鲟（*Polyodon spathula*）等（见彩图 133）。

二、主要养殖甲壳类

1. 虾

（1）小龙虾（*Procambarus clarkii*）。小龙虾又称克氏原螯虾、红螯虾、淡水小龙虾，隶属螯虾科，原螯虾属，分布广泛。因其杂食性、生长速度快、适应能力强而在当地生态环境中形成绝对的竞争优势。小龙虾具有穴居性，适宜在平原区推广养殖，丘陵区和山区易造成稻田漏水，不宜推广。

（2）青虾（*Macrobrachium nipponense*）。青虾是经济价值很高的淡水虾类之一。它生长快，个体大，繁殖快，生命力强，广泛分布于我国淡水湖泊中，多在春夏两季繁殖。

2. 蟹

中华绒螯蟹（*Eriocheir sinensis H. Milne Edwards*）又称河蟹、大闸蟹，隶属弓蟹科，绒螯蟹属，在我国渤海、黄海的沿岸均有分布。杂食性动物，鱼、虾、螺、蚌、蠕虫、蚯蚓、昆虫及其幼虫等均可作为大闸蟹的动物性饵料。在海水中产卵繁殖，淡化后在内地养殖。

三、其他水产养殖动物

1. 中华鳖（*Trionyx sinensis*）

中华鳖又名水鱼、甲鱼、团鱼，隶属鳖科，中华鳖属，是我国目前养殖最普遍的爬行动物，除食用外，还有滋补和药用价值。中华鳖喜食屠宰场的废弃物、蚕蛹、昆虫等动物性饵料，也能食瓜果、菜叶以及人工合成的硬质颗粒饵料。通过提供丰富的饵料，保持适宜的生长温度使中华鳖不进入冬眠，以及科学和工厂化的饲养，还使中华鳖的繁殖率、孵化率都大大提高。幼体经过一年多的生长即可重达 500g 左右（见彩图 134）。

2. 大鲵（*Megalobatrachus davidianus Blanchard*）

大鲵有尾目，隐鳃鲵科，又称娃娃鱼，是我国二类保护动物，主要分布于湘、黔、鄂和秦岭的部分山区。大鲵喜欢栖息在水质清澈、水温较低、有回流的溪流洞穴中，昼伏夜出。大鲵肉质细腻，味道鲜美，是有名的珍馐。近年来，我国科技人员对大鲵生物学特性、要求的生态条件以及人工繁殖等进行了研究并取得了成功，已开始进行规模化养殖（见彩图 135）。

第二节　水生生物学

水生生物学广义上说是研究水中生活的各种生物生命活动的规律和控制利用的科学。其范围十分广泛，包括水生生物形态、分类、生理、生态各个方面；生态分类包括浮游植物、浮游动物、底栖植物、底栖动物。

一、浮游植物

浮游植物是一个生态学概念，是指在水中营浮游生活的微小植物，通常是指浮游藻类。藻类是无胚而具叶绿素的自养叶状体孢子植物。浮游植物是水体中鱼类和其他经济动物的直接或间接的饵料基础，是水域初级生产者，又是水体中重要的生物环境，其光合作用也是水中溶解氧的主要来源。它在决定水域生产性能上具有重要意义，与渔业生产关系十分密切。

浮游植物主要包括蓝藻门、硅藻门、金藻门、黄藻门、甲藻门、隐藻门、裸藻门等。

1. 蓝藻门

蓝藻是最原始、最古老的藻类。结构简单，无典型的细胞核，故又称蓝细菌。蓝藻的细胞壁常由外层的果胶质和内层的纤维质两层组成，以果胶质为主。细胞壁上含有黏质缩氨肽，这也是蓝藻与其他藻类相区别的一个特征。蓝藻无鞭毛，无色素体，无有性生殖，同化产物为蓝藻淀粉。蓝藻含有叶绿素 a、胡萝卜素、叶黄素及大量的藻胆素，没有叶绿素 b。藻胆素是蓝藻的特征性色素，包括蓝藻藻蓝素、蓝藻藻红素和别蓝藻素。代表种类有铜绿微囊藻、钝顶螺旋藻、颤藻、螺旋鱼腥藻、水华束丝藻等。

2. 硅藻门

硅藻细胞壁外层含硅质，由上、下两壳套合而成，壳面有辐射对称或羽状花纹，藻体呈黄绿色或黄褐色，同化产物为脂肪，繁殖有产生复大孢子的特点，营养细胞不具鞭毛。喜中温，四季均可生长，尤以春秋两季旺盛，是其他水产动物的优质饵料。其主要种类有直链藻、舟形藻、菱形藻、小环藻、针杆藻等。

3. 金藻门

藻体金黄褐色，除含叶绿素外，还含较多的类胡萝卜素，色素体 1 ~ 2 个，片状侧生，同化产物为白糖素和脂肪，鞭毛 1 ~ 3 条。适宜于 15 ~ 20℃ 的早春晚秋，且透明度较大的水中生长，常见的有变形单鞭金藻、棕鞭藻、小三毛金藻。

4. 黄藻门

植物体有单细胞、群体、多细胞丝状体和多核管状体。运动的营养细胞和生殖细胞具 2 条不等长鞭毛。黄藻类的细胞壁主要成分是果胶化合物，有的种类含有少量的硅质和纤维质，少数种类细胞壁含有大量的纤维素。主要成分是叶绿素 a、c、β－胡萝卜素和叶黄素，色素无叶绿素 b。色素体 1 ~ 多个，盘状、片状，少数带状或杯状，呈黄绿色或黄褐色。其贮存物质为油滴及白糖素，常见种类有绿海球藻和异胶藻属。

5. 甲藻门

甲藻多数种类为单细胞，少数为丝状体或由单细胞连成的各种群体。细胞呈球形、卵形、针形和多角形等，有背腹之分，背腹扁平或左右侧扁。细胞前后端有的具角状突起。具 2 条顶生或腰生鞭毛，可以运动，因此通常被称为双鞭藻。藻体成金黄褐色或黄绿色，同化产物为脂肪和淀粉。常见种类有海洋原甲藻、光甲藻、多甲藻属、角甲藻（某些甲藻是形成赤潮的主要生物，有的还能产生麻痹性、贝毒），对渔业和人类生命安全危害很大。

6. 隐藻门

细胞不具纤维质细胞壁，具纵沟。细胞背腹扁平，前端斜截，顶生两根鞭毛，藻体呈黄绿色或金黄褐色，有时呈红色。同化产物为淀粉。它适宜生长在有机质较多、硬度较大的水中，主要种类是隐藻、蓝隐藻。

7. 裸藻门

裸藻多是一根鞭毛，藻体大多呈绿色，同化产物为裸藻淀粉。它适宜于生长在有机质丰富、温暖的浅水中。

8. 绿藻门

绿藻细胞中的色素以叶绿素为主，植物体呈草绿色，常具两条顶生等长的鞭毛，同化产物为淀粉，细胞核1个。绿藻是浮游动物的主要饵料。适宜于水温适中、含氮量较高的环境中生长。常见绿藻类有小球藻、栅藻、绿球藻、盘星藻、衣藻、十字藻、卵囊藻等。此外，一些丝状绿藻，如水网藻、水绵、刚毛藻也常见。小球藻属、亚心型扁藻、塔胞藻属、盐藻是经济动物幼体优质的单胞藻饵料，已在我国进行广泛培养。

二、浮游动物

浮游动物是指在水中营浮游生活的动物。其种类组成复杂，从单细胞的原生动物到高等多细胞动物的脊索动物，主要包括原生动物、轮虫、枝角类、桡足类。

1. 原生动物

为单细胞动物，多数形体微小，一般多在30~300μm之间。在水中分布很广，主要有鞭毛虫、纤毛虫和肉足虫、孢子虫等。自由生活的原生动物，通常是水生经济动物（如鱼、虾）直接或间接的天然饵料。有些纤毛虫类（如草履虫），有望通过大量培养增殖，作为水产动物苗种的开口饵料。在养鱼水域中，大量异养原生动物增殖，取食水中的藻类，会造成水体缺氧，影响渔业生产。

2. 轮虫

轮虫的主要特征是具有头冠、咀嚼囊（囊内具有咀嚼器）和带有焰茎球的原肾管。轮虫体长一般为0.1~0.5mm。以单细胞藻类、细菌、有机质和碎屑为食。常见的有褶皱臂尾轮虫、壶状臂尾轮虫、角突臂尾轮虫、长三肢轮虫、针簇多肢轮虫、螺形龟甲轮虫、萼花臂尾轮虫、晶囊轮虫等。淡水轮虫种类和数量都很多，是鱼类的主要天然饵料。特别是大多数鱼类早期生活阶段，多以轮虫为开口饵料。鳙成鱼也滤食轮虫，是其优质饵料。轮虫的大量培养用于鱼蟹类育苗技术正日臻成熟。用于生产一般培育的是褶皱臂尾轮虫。

3. 枝角类

枝角类是指节肢动物门甲壳纲鳃足亚纲双甲目枝角亚目的动物，枝角类通称水溞，俗称红虫或鱼虫，体长一般0.2~3mm。身体左右侧扁，分节不明显，具有一块由两片合成的甲壳，包被于躯干部两侧。头部有显著的黑色复眼。第二触角十分发达，枝角状，为其主要的游泳器官。后腹部结构和功能复杂，胸肢4~6对兼具滤食、呼吸功能。枝角类大多生活于淡水中，仅少数产于海洋。一般营浮游生活，是水体浮游动物的主要组分。枝角类营养丰富，生长迅速，是水产经济动物幼鱼和鲢、鳙鱼的重要天然饵料，也是环境监测的重要指示生物。较常见的枝角类有大型溞、长肢秀体溞、裸腹溞、隆线溞、蒙古裸腹溞等。

4. 桡足类

桡足类在分类地位上隶属于节肢动物门甲壳纲桡足亚纲，是一类小型低等的甲壳动物，身体狭长（体长为1~4mm，最大可达13mm），分节明显。一般由16~17个体节组成，但由于愈合原因，一般不超过11节。全体分为前体部和后体部，在两者之间具一活动关节。第一触角比较发达，为运动和执握的器官。躯干肢6对，第一对为颚足；后五对为步足，又称游泳足；其中前四对构造相同，双肢型；第五对常退化，两性有异，是桡足类的重要分类依据。腹部无附肢，末端具1对尾叉。发育经过变态，即为有、无节幼体期和桡足幼体期。桡足类一般营浮游生活，广泛分布于海洋、淡水或半咸水中，是水域浮游动物中的一个重要组成部分，同时也是水域食物网中的一个重要环节。它也有很多种类（如锚头蚤、中华鱼蚤、鲺等）营寄生生活，易寄生于鱼类的鳃、皮肤或肌肉中，引起鱼类发生疾病，常见的有中华哲水蚤、剑水蚤、镖水蚤等。

三、底栖动物

1. 水生环节动物

淡水中常见的环节动物有水蚯蚓、沙蚕、蚂蟥等。其共同特征为：身体同律分节，节肢，常有刚毛。其他特征如两侧对称，三胚层有后肾管，闭管式循环，链索式神经系统。

（1）多毛纲有明显的头部，每个体节两侧有一对疣足，其上具刚毛，如日本沙蚕俗称水蜈蚣。海水养虾池中的对虾可食之。

（2）寡毛类头部不明显，无疣足，刚毛简单，直接着生在皮肤肌肉囊上。如水蚯蚓、中华颤蚓、氏尾鳃蚓、水丝蚓等。

（3）蛭纲体常背腹扁平，有固定的环节，每个环节上具环纹，无疣足和刚毛，有前后两吸盘。如中华颈蛭，俗称蚂蟥，为养殖业大害，寄生在鲤鱼、鲫鱼的鳃盖下。

2. 底栖软体动物

软体动物即贝类。软体动物在淡水中分布较少，仅有腹足纲和瓣鳃纲。

（1）腹足纲（单壳类）。腹足纲为软体动物门中最大的一个纲，有 10 万种以上。单壳，螺旋形，身体不对称；具腹足；头部发达，具 1 ~2 对触角，有眼，口内有颚片和齿舌。贝壳常常分为螺旋部和体螺层。贝壳每旋转一周叫一个螺层，每两个螺层间的界线为缝合线（螺纹），螺层数 = 缝合线 +1。最上层螺顶端为壳顶。壳顶到下唇的垂直距离称壳高。壳口的最上缘到壳顶的部分称螺旋部。常见的种类有圆田螺属、环棱螺属、萝卜螺、香螺、唐冠螺等。

（2）瓣鳃纲（双壳类、腹足类）。具瓣鳃（4 片），双壳，无头（内脏团 + 足）、腹足。壳由两片组成，左右对称，由韧带连接起来。有韧带的一面为上缘（背缘），相对的一面为下缘（腹缘）。贝壳背缘中央的突出部分称壳顶，以壳顶为中心，与腹缘平行，呈同心圆排列的称生长线。常见种类有紫贻贝、三角帆蚌、河蚬、虾夷扇贝等。

3. 水生昆虫

昆虫种类繁多，形态多样，但有共同特点，即躯体分为头、胸、腹三部分。体外被覆几丁质外骨骼。生长过程中有几次蜕皮。水生昆虫按其生活史可分为两类，一类为幼虫和成虫都在水中生活的，如鞘翅目、半翅目、脉翅目和双翅目；另一类为幼虫在水中生活、成虫为陆地生活的，如蜻蜓目、渍翅目、浮游目、毛翅目和鳞翅目。常见种类如龙虱、牙虫、摇蚊幼虫、蜻蜓幼虫等。

四、水生大型植物

水生大型植物是生态学范畴上的类群，包括种子植物、蕨类植物、苔藓植物中的水生类群和藻类植物中以假根着生的大型藻类。譬如肉眼可见的丝状或膜状绿藻类、轮藻、红藻、褐藻和水生维管束植物。水生大型植物主要是指水生维管束植物。

水生维管束植物是指在水中或岸边生活着的体内具有维管束的植物，通常称为水草。水生维管束植物是生态学范畴上的类群，是不同分类群植物通过长期适应水环境而形成的趋同性生态适应类型。水生植物的生活型代表了水生植物对水环境的不同适应程度。水生植物绝大部分生活在淡水中，小部分生活在海水或盐碱水体中，根据其生活型一般可分为沉水植物（菹草、苦草）、挺水植物（芦苇、香蒲、莲）、浮叶植物（睡莲、芡实、菱）、漂浮植物（水葫芦）四大生物类群。

第三节　主要养殖方式

一、池塘养殖

池塘养殖是指在人工开挖的或经过修整（修建）的小型水体中从事的水产养殖生产。按水体流动和交换量大小，可将池塘养殖划分为静水池塘养殖和流水池塘养殖。

静水池塘养殖是目前我国淡水养殖的主要形式。由于面积较小（一般不超过 $3\times10^4m^2$），管理方便，水体环境容易控制，通常采取集约化养殖方式。

普通流水池塘养殖为静水池塘养殖的演化方式。池塘面积小（一般不超过 $1000m^2$），通常池壁用砖石砌成；养殖池由注排水形成水流，溶氧充足，水质良好，通常采取高密度放养和强化投饵的养殖方式。

二、工厂化养殖

工厂化养殖是指将养殖池建在室内（车间里），应用自动化装备和技术对养殖用水进行处理并循环使用，对水温、水质、溶氧、光照等自动监测和调控，采取高密度放养和强化投饵的方式生产，是一种高度集约化养殖方式。

三、网箱养殖

网箱养殖是指利用合成纤维网片或金属网片，经剪裁、缝合，装配成一定性状的箱体，将其置于较大水域并在其中进行的养殖生产。由于网箱内外水体不断交换，溶氧高、水质好，通常采取高密度放养和强化投饵的方式生产，是一种高度集约化养殖方式。

四、围栏养殖

围栏养殖系指在湖泊、水库、河道等水域，利用网围、网拦等设施开展的养殖生产。适宜围拦养殖的种类主要有鱼类和虾蟹类。

五、稻田养殖

稻田养殖是指利用稻田水体开展养殖生产，即在稻田中开挖鱼沟和鱼凼，饲养水产动物的同时进行水稻生产。这种方式能发挥稻鱼间的互利作用，实现稻鱼双丰收。适宜稻田养殖的种类有淡水鱼类、虾、蟹、鳖、蛙等。

六、湖泊、水库粗放养殖

湖泊、水库等粗放式养殖系指在一定生产周期内，向水体投放苗种，当它们达到商品规格时进行捕捞获得鱼产品。这种方式特点是养殖对象的生长和产量的全部（或主要）依靠水体中天然饵料资源。因此，必须根据水体自然条件，选择适当的放养对象、确定放养数量和规格，同时，建立拦鱼防逃、控制凶猛鱼类、合理捕捞和资源保护措施，以充分发挥水体的生产潜力。目前，我国大多数湖泊、水库粗放养殖对象主要是鲢和鳙。

第四节　主要养殖技术措施

养殖对象、水体环境和饵料是水产养殖生产的基本要素，几乎所有的生产活动，包括技术措施等都是围绕这三方面进行的。

一、放养生物学技术

为了实现水产养殖生产，应了解养殖对象的生活习性和生物学特性，还必须了解和掌握养殖水域生态学规律和特点，以实行养殖对象的合理放养和科学饲养。下面以池塘养食用鱼为例，介绍放养生物学技术。

1. 放养种类的选择

一个养殖对象渔业品质的高低有其客观属性，而一个水体究竟是否适宜于这种对象的养殖，则要看这个水体的养殖条件怎样。在放养种类时，应主要考虑以下几个条件。

（1）养殖水体的水温和水质。有什么水就养什么鱼，这是一般原则。例如，山泉水体的水温较低，水质清澈，水温年变化在2～22℃，可考虑养殖冷水性鱼类。在我国绝大多数地区，一般的池塘适合养殖鲤形目、鲶形目的温水性鱼类。

（2）水体的天然饵料和人工饲料供应条件。在粗放式养殖中，选择放养种类应主要考虑它的天然饵料基础；在有施肥条件时，首先应考虑浮游生物食性种类（鲢、鳙）。实行精养，即使用配合饲料和强化投喂，必须考虑饲料原料的来源、运输、加工等条件。

（3）苗种来源。只有苗种来源广、规格齐全、数量充足的种类才能成为主要养殖对象。解决养殖对象苗种来源的根本途径是实现人工育苗。选择放养种类时，苗种供应、运输等条件都要加以考虑。

（4）商品鱼市场和销售条件。该条件是生产经营的核心，关系到整个养殖生产的经济效益，所以，确定养殖对象应选择市场前景好、价格高、商品鱼畅销的种类。另外，活鱼运输和销售条件、产品的深加工和出口等条件也是应当考虑的。

2. 放养鱼种规格

食用鱼饲养中，放养鱼种的适宜规格是应在一个生长季节或规定的时间里达到商品鱼规格。确定放养鱼种规格，应考虑市场对商品鱼规格要求、鱼的生长速度和饲养时间。养殖鱼类都有一个消费者认可的市场规格，而且与价格有一定关系。确定放养鱼种规格时，还要考虑到放养密度、生长期水温、饲料质量和数量等。

目前，几种淡水养殖鱼类适宜的商品规格，草鱼1.5～2.5kg，鲤鱼750～1500g，鲢、鳙鱼为1000g左右，鲫鱼400g以上，团头鲂600g以上。根据我国地区气候条件和饲养水平，在一定密度下，实行春放秋捕饲养模式，几种鱼类鱼种放养的适宜规格为草鱼200～300g，鲤150～200g，鲢、鳙150g左右，鲫和团头鲂为50g以上。这些鱼类的养殖周期（从鱼苗养到商品鱼）均接近两年（一般不超过20个月）。养殖周期和养成规格与经济效益关系密切，缩短养殖周期是提高养鱼生产效率的途径之一。

3. 混养生物学原理和类型

将不同食性、不同摄食方式和不同栖息习性的种类放养在同一水体中，以充分利用水体空间、天然饵料资源和人工饲料，发挥各种类间的互补互利作用，实现高产、高效养殖。

池塘养鱼一般以一种（或两种）鱼为主，搭养其他鱼类，实行多种类混养，以充分利用水体空间、天然饵料资源和人工饲料。池塘合理混养，首先要确定主体鱼，即它在放养和产量中所占比例较大、为饲养管理的主要对象。其次确定搭养鱼类，即它们在放养和产量中所占比例较小，在饲养管理中处于次要地位。确定搭养种类时，应尽量避免或减少养殖鱼类间在食性、摄食方式和能力、栖息水层上的矛盾。池塘养鱼混养的主要方式有：异种同龄混养、异种异龄混养和同种异龄混养（套养）等。

我国淡水池塘养鱼混养的典型有：（1）以草鱼为主，混养鲢、鳙等。草鱼比例为50%，鲢30%，鳙10%，鲤和团头鲂分别为5%。饲养方法是投喂各种旱草和水草，饲养草鱼的同时，培养了浮游生物，为鲢、鳙提供了饵料；放养的鲢、鳙可控制水体肥度，为草鱼、鲤等净化了水质。（2）以鲤为主，混养鲢、鳙等。鲤比例为70%，鲢15%，鳙、鲫、团头鲂分别为5%。这种方式的特点是鲤放养密度大，投喂颗粒饲料，主养鲤的同时肥水，为鲢、鳙提供了饵料；放养的鲢、鳙可控制水体肥度，为鲤、鲫、团头鲂等净化了水质。（3）以鲢、鳙为主，混养鲤、鲫、团头鲂、鲴等。鲢占比例为40%，鳙10%，鲤、鲫、团头鲂、鲴分别占10%，其特点是以施肥为主，依靠培养饵料生物获得鱼产量，是一种“节粮型”饲养方式。

4. 放养密度的确定

放养密度通常以单位水面放养鱼种的尾数和重量来表示。池塘混养时，放养密度包括每种鱼类放养密度和总密度两层含义。在一定范围内，每种鱼类放养密度与产量呈正相关，与养成规格呈负相关。确定放养密度时应从以下几方面考虑：①依据饲养条件、技术水平和能力确定产量目标；②以放养鱼种在预定时间内达到商品规格为前提，充分发挥养殖鱼类的生长潜力；③以高产、高效为目标，最大限度地发挥池塘的生产潜力。

以池塘主养鲤为例，投喂颗粒饲料，计划产量达 1.8×10^4kg/ha，各种鱼适宜的放养密度为鲤13 260尾，鲢4230尾，鳙1260尾，鲫2150尾，详见表2－1。

表2－1　以鲤为主池塘鱼种放养情况

放养种类	放养规格（g）	出塘规格（g）	成活率（%）	放养尾（尾/ha）	放养重量（kg/ha）	比例（%）	产量估算（kg/ha）
鲤	175	1175	95	13260	2320	70	12600
鲢	150	1000	90	4230	635	18	3240
鳙	150	1200	95	1260	189	7	1，260
鲫	60	500	95	2150	129	5	900
合计				20900	3273	100	18000

放养密度计算公式为

$$X_n=\frac{P\times n}{(W_t-W_0)\times K}$$

式中，X_n 为某种鱼的放养密度；P 为计划亩净产量；n 为该种鱼在产量中的比例；W_t 为出塘时规格；W_o 为放养规格；K 为成活率。

5. 实行轮养

轮养是指根据鱼类生长与其贮存量、水体鱼载量的关系，在饲养过程中，用调节密度（贮存量）来保持养殖鱼类快速生长的一种措施。众所周知，春放秋捕方式存在因放养初期贮存量低而池塘生产潜力没有得到充分发挥；饲养后期又因贮存量达到或接近鱼载量而抑制了鱼类生长。实行轮养就是加大放养量，使养殖鱼类（生长）产量与水体生产能力相适应；当鱼的贮存量达到或接近鱼载量时，采用捕捞调节贮存量方法，保持贮存量与鱼载量相适应和养殖鱼类的快速生长，最大限度地发挥水体的生产潜力。

养殖池轮养的主要形式有：①一次放足，分期捕捞，捕大留小；②分期放养，分期捕捞，捕大补小；③多级轮养。多级轮养是指从鱼苗养到商品鱼分级（分池塘）饲养，即不同规格鱼种采用不同密度饲养，当密度（贮存量）达到或接近鱼载量时，捕捞、分塘降低密度，保持池塘贮存量与鱼载量相适应和养殖鱼类的快速生长。

二、养殖池水质调节与控制措施

养殖池既是养殖对象栖息、活动场所，又是饵料生物的培养基地，同时也是有机物分解、矿化的场所。俗话说“养鱼先要养好水”，良好的水质条件是保证养殖丰产的基础。

以池塘养殖为例，调节水质的常规方法有：用生石灰清塘、清淤、搅动塘泥、合理施肥、加注新水、合理使用增氧机、施用化学试剂和药物等。

1. 生石灰清塘

清塘是指用药物杀灭池塘中各种敌害生物、病原体和野杂鱼的过程。用生石灰清塘既能完成清塘作用，又能起到改良底质和水质的作用。

生石灰（CaO）遇到水（H_2O）产生氢氧化钙（$Ca(OH)_2$），氢氧化钙为强碱性，其氢氧根离子在短时间内使池水的 pH 值升高到 11 以上，能杀死野杂鱼、敌害生物和病原体。生石灰清塘产生的氢氧化钙吸收二氧化碳（CO_2）生成碳酸钙（$CaCO_3$）沉淀。碳酸钙能疏松淤泥，改善底泥的通气性和酸性环境，释放营养盐类、加速有机质分解，起到改良底质和施肥的作用。生石灰清塘提高了池水硬度，增加缓冲性，起到改良水质的作用。

生石灰清塘分干池清塘和带水清塘两种方法。干池清塘是将池水排干（或留有少量水），将生石灰均匀堆放池中，加水溶化，不待冷却立即把石灰浆均匀泼洒。干池清塘生石灰的用量为 $0.1\sim0.2kg/m^2$。带水清塘是将溶化的石灰浆趁热向池塘均匀泼洒，水深 1m，生石灰的用量为 $0.25\sim0.3kg/m^2$。

2. 清淤和改良底质

精养池塘每年积存的淤泥量达 $100kg/m^2$，厚度超过 10cm。淤泥的主要成分是腐殖质和生物、各种无机盐类和泥沙。淤泥对养殖池具有保水、保肥、供肥和调节水质的作用，但过多淤泥易恶化水质和发生鱼病。

在养殖的空闲季节，将池水排干，使淤泥充分得到风吹、日晒或冰冻，加速有机物的分解和转化。施用生石灰等底质改良剂，改变淤泥的酸性环境，杀死有害生物和致病菌。有条件的地方，可采取养鱼和作物轮作的方法改良养殖池底质。池塘使用多年后，塘泥淤积过多，需要清除。清除淤泥的主要方法是使用推土机、泥浆泵和水底吸淤泵等。

3. 搅动塘泥

搅动塘泥的目的是翻松淤泥，增加其通气性；使上下水层混合，向底层输送氧气和对上层补充营养盐；从而防止了有机物在池底积存，加速了底层有机物的分解和转化，为浮游生物繁殖和生长创造条件，起到改良底质和水质的作用。

搅动塘泥每1～2周进行一次，操作方法有拉铁链和人下水用耙子搅等。为了防止池水缺氧，搅动塘泥应选择在晴天的上午进行。

4. 合理施肥

施肥是池塘养殖的一项重要生产措施。施肥的目的：一是直接或间接地为养殖对象提供饵料；二是调节水质，培养绿色植物行光合作用产氧和净化水质。养殖池施肥必须建立在合理基础上，否则将会产生不良影响。

化肥是养殖池的常用肥料，其营养成分准确，肥效块，一次施用量少，不污染水质，施法简单，操作方便。养殖池施用化肥的注意事项：①了解化肥的有效成分和含量，了解其化学性质、特点和使用方法；②掌握养殖池营养盐状况，做到缺什么肥料就施什么肥料；③施用量要准确，控制一次施用量，化肥过多对养殖动物有毒，要做到少施勤施；④复合施肥时，要注意化肥间的拮抗性和协同性，避免产生不良效果和造成浪费；⑤要将化肥完全溶解后，在池水表层均匀泼洒；(6) 要注意天气、温度等对施肥的影响。

有机肥种类多、来源广、价格廉，营养成分全面、肥效持久；它最突出的优点是含有大量腐屑和细菌，可直接充当水生动物的饵料。有机肥的缺点是构成复杂、成分不清、不易掌握确切的施用量，一次施用量大、操作繁重。有机肥直接施入易污染水质，在塘内分解耗氧易恶化水质，有时也引发疾病。因此，集约化高产养殖池一般不施有机肥。

5. 加注新水

加注新水的意义在于带入溶氧和营养盐类，冲淡代谢产物，包括抑制生长和有毒物质。当池水缺氧告急时，注水也是最实际、最有效的抢救措施。当池水老化（藻类生理老化、有机物多、氨氮高)，应及时排出老水和加注新水。这是静水养殖池调节水质最有效的措施之一。

6. 使用增氧机

使用增氧机除了通过搅水、暴气直接增加水体溶氧外，还可造成养殖池水对流、散发有害气体、防止水质恶化，促进浮游生物繁殖和生长，从而改善了水质、提高了养殖产量。

增氧机的直接增氧作用毋庸置疑，但使用不当也会产生不良效果。为了充分发挥增氧机在调节养殖池水质中的作用，必须合理使用增氧机。首先，要根据养殖池特点和养殖对象合理选择增氧机。目前，水产养殖生产中使用的增氧机主要有：叶轮式、水车式、喷水式、空压射流式等。养鱼池一般采用叶轮式增氧机，可按0.5ha一台3.0kW（电机）配备。养虾池一般采用水车式增氧机，按10kW/ha配备。其次，根据养殖池溶氧变化规律和溶氧量合理使用增氧机。增氧机增氧效果与养殖池溶氧饱和度有关，溶氧越低，增氧效果越好。当池水溶氧低于养殖对象要求时，如凌晨、连绵阴雨缺氧和“浮头”时，要开增氧机。最后，晴天中午开增氧机，可克服水的热阻力，改变溶氧分布的不合理性，将高溶氧的水送至下层，以减少底层“氧债”。阴天的中午和晴天的傍晚开增氧机会降低浮游植物的产氧，增加耗氧，易引起“浮头”。

三、饲料选择和投饲技术

1. 饲料的选择

动物生命活动所需的营养物质包括蛋白质、脂肪、碳水化合物、矿物质、维生素等，在营养学上称之为营养素。养殖动物所需的这些营养素绝大多数要从饲料中获得。如果饲料中某种或多种营养素缺乏，将导致动物生长减慢（或停滞）、发病等；长期缺乏必要的营养素，将引起养殖动物死亡。饲料是动物饲养的物质基础，也是主要的开支项目，水产集约化养殖中饲料成本常占总成本的70%。所以，掌握饲料的营养学基础和对饲料的选择、调配、加工以及投喂等技术是十分必要的。水产养殖选择饲料的一般原则：

（1）根据动物对营养素需要，选择合理的饲料（配方）。例如，池塘养鲤饲料的主要营养指标为蛋白质28%～32%，脂肪8%～10%，能量3500～3800千卡/千克。选择和调配饲料时，除蛋白质、脂肪和能量需要外，还要考虑必需氨基酸、必需脂肪酸、微量元素和维生素的需要。

（2）根据水温和鱼的生长情况及时调整饲料配方。如水温低，鱼的生长速度慢，可适当降低饲料蛋白质含量或降低投喂量；相反，水温适宜，鱼的生长速度快，需要增加蛋白质含量。幼鱼阶段生长速度快，对饲料蛋白质需要量高，应选择高蛋白、低脂肪的饲料。

（3）根据养殖对象的摄食方式，选择饲料类型。如滤食方式鱼类选择粉状饲料；猎食方式的鱼类选择软颗粒饲料；吞食方式的鱼类选择硬颗粒饲料或膨化饲料。

（4）根据养殖对象个体大小，选择适宜颗粒的饲料。吞食方式的养殖鱼类，饲料的适宜颗粒大小应与其口径相适应；口径大小与体长、体重关系密切。比如，不同个体鲤的体长、体重与适应的饲料颗粒大小见表2－2。

表2－2　鲤体长、体重与适应的饲料颗粒

饲料编号	颗粒直径（mm）	体重（g）	体长（cm）
1	2.0～2.5	20	8～10
2	3.0	30～50	12～15
3	3.5	50～100	15～18
4	4.5	100～300	18～23
5	6.0	300以上	13以上

2. 投饲技术

池塘养鱼投喂颗粒饲料的方法有人工手撒和自动投饵机投喂。不论采取哪种方法，都应遵循“四定”的基本原则，即“定时、定位、定质、定量”。

（1）设投饵台。选择背风向阳处，作为饲料投喂点，搭投饵台。一般一口池塘只设一个投喂点。

（2）驯食鱼种上浮抢食。鱼种放入池塘后，应立即开始驯食。每天在固定时间用少量诱饵吸引鱼种到投饵点摄食；同时用少量饵料诱导鱼种上浮抢食。

（3）合理确定投饵时间和次数。养鲤的投饲时间应选择在白天，要根据水温和鱼的摄食情况确定投喂次数和时间。水温和日投喂次数可参考以下方法：12～16℃为2～3次；7

~22℃为4次；23~25℃为5次；25℃以上为6次。以8月中旬为例，水温25℃以上日投喂6次，投喂时间分别为7：00、10：00、13：00、15：00、17：00、19：00时。投喂时应观察鱼的摄食情况，控制投饵频率、范围和一次的投喂时间。

（4）日投饵量。日投饵量用日投饵率（见表2-3，单位:%）表示，即日投饵重量占投喂对象体重的百分数。确定日投饵率的原则是满足鱼类快速生长的同时，又要保证较高的饲料利用率。实践证明，“八分饱”时鱼类生长速度快，饲料利用率高。

表2-3　池塘养鲤的投饵率

体重（g） 水温（℃）	50~100	100~200	200~300	300~700	700~800	800~900
15	2.4	1.9	1.6	1.3	1.1	0.3
16	2.6	2.0	1.7	1.4	1.1	0.8
17	2.8	2.2	1.8	1.5	1.2	0.9
18	3.0	2.3	1.9	1.7	1.3	1.0
19	3.2	2.5	2.0	1.8	1.4	1.0
20	3.4	2.7	2.2	1.9	1.5	1.1
21	3.6	2.9	2.3	2.0	1.6	1.2
22	3.9	3.1	2.5	2.2	1.7	1.3
23	4.2	3.3	2.7	2.3	1.8	1.4
24	4.5	3.5	2.9	2.5	2.0	1.5
25	4.8	3.8	3.1	2.7	2.1	1.6
26	5.2	4.1	3.3	2.9	2.3	1.7
27	5.5	4.2	3.5	3.1	2.4	1.8
28	5.9	4.7	3.8	3.3	2.6	1.9
29	6.3	5.0	4.1	3.5	2.8	2.1
30	6.8	5.4	4.4	3.8	3.0	2.2

影响投饵和饲料利用率的因素很多，应根据具体情况灵活掌握。如阴雨天，不投饵或少投饵；池水缺氧或发生鱼病，不投或少投；拉网、注水或施药可能对鱼的摄食有影响，可适当减少投饵量。应定期（一般5~7天）检查鱼类的生长情况，根据鱼的体重和生长情况及时调整日投饵量。

第五节　主要养殖鱼类的人工繁殖

草鱼、青鱼、鲢、鳙、鲤、鲫等鲤科鱼类是四川主要的养殖鱼类。半个世纪以来，我国的水产养殖工作者对这些鱼类的人工繁殖技术进行了长期的研究和实践，总结出了一套行之有效的鱼类人工繁殖技术，从根本上解决了主要养殖鱼类的苗种供应问题。鱼类人工繁殖技术主要包括亲鱼培育、催情产卵、孵化等三个部分。

一、青、草、鲢、鳙鱼的繁殖技术

1. 亲鱼培育

（1）体质选择

在已达性成熟年龄的前提下，体重越重越好。从育种角度看，第一次性成熟不能用做产卵亲鱼，但年龄又不宜过大。生产上可取最小年龄加 1 至 10 作为最佳繁殖年龄。要求体质健壮，行动活泼，无病、无伤。

（2）雌雄鉴别

在亲鱼培育或人工催产时，必须掌握恰当的雌雄比例，因此要掌握雌雄鉴别的方法。成熟得较好的雌鱼腹部明显比雄鱼膨大；雄鱼腹部小，有时可挤出精液。就四大家鱼亲鱼而言，雄鱼的胸鳍鳍条背面特别是第一鳍条都有锥形的表皮角质化突起，用手触摸有刺手的感觉；雌鱼胸鳍无角质状突起。

（3）鲢、鳙鱼亲鱼培育

a. 培育方式和放养密度：鲢、鳙亲鱼的培育可采取单养或混养。一般采取混养方式。以鲢为主的放养方式可搭养少量的鳙或草鱼，一般不搭养鲢，因鲢抢食凶猛，与鳙混养对鳙的生长有一定影响。但鲢或鳙的亲鱼培育池均可混养不同种类的后备亲鱼。放养密度控制的原则是既能充分利用水体，又能使亲鱼生长良好，性腺发育充分。一般每亩放养重量以 150～200kg 为宜。主养鱼放养的雌雄比例以 1∶1.5 为好。

b. 水质管理和施肥：看水施肥是养好鲢、鳙亲鱼的关键。整个鲢、鳙亲鱼饲养培育过程，就是保持和掌握水质肥度的过程。亲鱼放养前，应先施好基肥；放养后，应根据季节和池塘具体情况，施放追肥。其原则是“少施、勤施，看水施肥”。一般每月施有机肥 750～1000kg。在冬季或产前可适当补充些精饲料，鳙每年每尾投喂精饲料 20kg 左右，鲢 15kg 左右。

（4）草鱼、青鱼的亲鱼培育

a. 放养密度和雌雄比例：主养草鱼亲鱼的池塘，每亩放养 7～10kg 的草鱼亲鱼 15～18 尾；主要青鱼的亲鱼池，每亩放养 20kg 以上的青鱼 8～10 尾。雌雄比例为 1∶1.5，最低不少于 1∶1。

b. 草鱼的培育：采用“青料为主，精料为辅相结合投喂，定期冲水”是培育好草鱼亲鱼行之有效的方法。无论是从生殖细胞生长、成熟的营养学原理，还是生产实际的结果来看，对草鱼亲鱼的培育，强调以青饲料为主是科学而实际的。青饲料的种类有大麦、小麦、麦芽、豆饼、菜饼、花生饼等。秋季和冬季培育全部用精饲料，每天每尾 25g 左右，每隔 2～3 天投喂 1 次；春季强化培育投喂麦芽、豆饼，每天每尾 50～100g，同时尽早使用青饲料，青、精结合使用，一般青、精料的比例以 17∶1 为好。在整个草鱼亲鱼培育过程中，要注意经常冲水。冲水的数量和频率应根据季节、水质肥瘦和摄食情况合理掌握。一般冬季每周冲水 1 次；天气转暖后，每隔 3～5 天冲水 1 次；临产前 15 天，最好隔天冲水 1 次，催产前几天，最好天天冲水。

c. 青亲鱼的培育：青亲鱼培育应投喂活螺蚬和蚌肉为主，辅以少量豆饼或菜饼。要四季不断食。每尾青鱼每年需螺、蚬 500kg，菜饼 10kg 左右。其水质管理方法同草鱼。

2. 人工催情产卵

（1）催情季节及水温

水温在18℃以上均可催情，最佳水温为22℃～26℃。自然界的物候指标，如小麦发黄、稻秧发育、夏枯草开花、油菜结籽等，可供决定催情时间参考；长江中下游地区适宜催产的季节是5月中上旬至6月中旬，华南地区约提早1个月。催产池以深1.7m、直径6m的圆形池最为理想。

（2）催情剂的注射

a. 促黄体激素释放素类似物（LRH－A、LRH－A2、LRH－A3）：鲢鳙鱼单一使用LRH－A剂量为10μg/kg，但使用二次注射效果更好；草鱼对LRH－A反应灵敏，效应时间稳定；故以此注射LRH－A5～10μg/kg，效果很好，不需要二次注射，雄鱼剂量减半；青鱼由于其个体大，要求饵料条件较高，性腺发育成熟度往往较差。故一般采用二次或三次注射。

b. 鱼类脑垂体（PG）：对鲢、鳙、草鱼、青鱼催产效果很显著，其剂量为脑垂体干重3～5mg/kg。

c. 绒毛膜促性腺激素（HCG）：对鲢、鳙催产效果好，其剂量为800～1200IU/kg。在繁殖早期剂量可适当提高，繁殖盛期剂量应稍低。

注射方法：通常用生理盐水配成混悬液或溶液，每尾注射1～2mL：用6～7号针头在胸鳍基部无鳞处向头部前方刺入0.5～2cm，以穿透体壁到达体腔为度，而后徐徐注入，催产剂注射1～2次，2次注射时间间隔6～12小时，

（3）产卵

从最后一次注射到排卵的时间一般为9～12小时，亲鱼在预定时间内，在产卵池中发情追逐，雄鱼不断用头撞击雌鱼腹部，互相摩擦，雌鱼仰腹彼此绞曲，不时颤动胸鳍，排卵射精，配合密切，收卵以产卵后1小时左右进行为宜。也可采用人工授精技术。

3. 人工孵化：人工孵化是将受精卵放入孵化器内，在人工管理条件下孵出鱼苗。凡江河湖泊及塘堰的水都可用于孵化。有时也有暴晒过氧气或用硫代硫酸钠处理后认为安全的自来水。孵化水温必须相对稳定，经过滤池或过滤闸进行三级逐级过滤。孵化工具有孵化箱、孵化桶、孵化缸、孵化环道、孵化槽和塑料孵化器，要因地制宜地选用。孵化时间因水温而异。孵出3～5天后，鱼苗鳔已充气，卵黄囊基本消失，能开口主动摄食时，即可出苗。经暂养锻炼，使鱼苗结实，减少排泄，途中换水或到达目的地下塘时，水温相差不能超过4℃。

二、鲤、鲫鱼繁殖技术

1. 鲤的人工繁殖

（1）亲鱼的选择和饲养

亲鲤来源以池塘饲养的为好，一般体质健壮，怀卵量高，并因其习惯于池塘条件，产卵能较顺利。选择亲鲤的条件是体型好、背阔肉厚、活动力强而无伤，体长与体高之比一般以3:1左右为准。雄鱼一般选择3龄以上、体重1.5～5kg的，雌鱼2～3龄、体重1～2.5kg左右的。

饲养时每亩放养150～200kg（30～100尾左右）亲鱼，投喂粗蛋白含38%的配合饵料、豆饼、蝉蛹、螺蚬等富于蛋白质的饲料，每天投饵量约为亲鱼体重7%左右。

（2）产卵池、孵化池的选择与清整

产卵池：面积0.5～1亩，水深1m左右，注排水方便，环境安静，阳光充足。

孵化池：0.5亩左右，水深1m，砂底，清水。

产卵池和孵化池在使用前必须彻底清整，消灭敌害和鱼类，保障鱼卵不被吞食和损害。

（3）鱼巢的扎制、布置和管理

鱼巢是亲鱼产卵时的附着物。扎制鱼巢的材料日常生产上多采用水草（聚草、金鱼藻等）、水中杨柳树的根须、棕榈皮和人造纤维等。鱼巢材料经消毒处理后，扎制成束，常见的布置方式有悬吊式和平列式两种

（4）配组产卵

鲤产卵对环境要求不高，在一般江湖、池塘中均能自然产卵，在人工繁殖中不需要像家鱼那样注射催情剂。当春季水温升高到18℃左右时即开始繁殖，当桃花盛开的时候，正是鲤鱼产卵的季节。

雌雄亲鱼搭配，一般采取1∶3，也有1∶2或1∶1的。雌雄亲鱼配组放入产卵池后，最好加入新水3～7cm，并放人工鱼巢。一般午夜至翌日早晨6：00～8：00产卵最盛，到中午停止。

（5）孵化

目前生产上多直接使用鱼苗培育池进行孵化，以减少鱼苗转塘的麻烦。一般每亩池塘放鱼卵50万粒左右。池塘孵化时，一般将鱼巢悬挂在鱼池中即可。但为了提高孵化率，常采用在孵化池搭设孵化架，用绳在水面下17cm左右相互连接形成网状，然后把鱼巢解开，将鱼卵附着物散开平铺在绳网上，进行孵化。这种方法鱼巢不致重叠，氧气丰富，水霉菌也不易感染，故孵化率较高。

2. 鲫的人工繁殖

（1）亲鱼的选择和培育

亲鱼应设置专用亲鱼池，做好亲鱼档案，避免混杂；坚持常年培育和秋季强化培育相结合，培育方法同鲤鱼亲鱼培育；选用壮年鱼繁殖后代，亲鱼采用二次性成熟的个体，体重0.4～0.75kg；补充后备亲鱼，防止产生基因瓶颈，一般每批补充至少在300尾以上。

（2）人工催产

催产药物一般选用LRH－A和HCG。性腺发育较好的亲鱼，采用一次注射法。催产剂量为每0.5kg鲫，注射20－25μg LRH－A＋1000～1500IU的HCG。雄鱼不注射LRH－A，剂量减半。对性腺发育成熟一般的亲鱼，雌鱼宜用二次注射。第一次只注射LRH－A，剂量为全剂量的1/10，针距24小时后再进行第二次注射，将余下的催产药物全部注入鱼体。雄鱼的剂量减半。催产剂的配置和注射方法同鲢、鳙，每次注射液不超过1mL。鲫鱼个体小，注射角度和进针深度均要小一些。

（3）人工授精

捕起成熟鲫鱼，一手抓头部，一手扣住生殖孔，以防止成熟卵流出。用干毛巾擦干鱼体，轻挤腹部，鱼卵顺流而下，将成熟卵挤入干燥的瓷碗内。待碗内挤满大半碗成熟卵后，立即挤入雄鱼精液，可直接滴在鱼卵上，用干羽毛轻轻将精卵搅拌均匀，然后将精卵慢慢倒入滑石粉悬浮液中，搅动滑石粉悬浮液完成授精和脱黏，在水中漂洗1～2次，最

后放入孵化桶中孵化。

（4）孵化

孵化环道、孵化槽设计的水流并不向上，只适用于半浮性卵的孵化。脱黏后的鲫鱼卵为沉性卵，如放入这类孵化器内，鱼卵的分布必然不均匀。其上层卵少，下层卵的密度大，而且其底部往往有死角，鲫鱼卵容易在死角处堆积，严重影响其出苗率。故鲫鱼卵一般均采用孵化桶孵化，鱼卵在其内分布均匀、无死角。放卵密度比鲢、鳙鱼卵高1倍。即1mL 水放卵2～5粒。孵化桶的日常管理以及出苗方法同鲢、鳙鱼。

第六节　渔场规划与设计

一、选择渔场场址的原则

1. 场地选择

（1）养殖产地周边应无工业、农业、医疗及城市生活废弃物和废水等其他对渔业水质构成威胁的污染源。

（2）水（电）源充足、交通便利、排灌方便。

（3）有清除过量底泥的条件。

（4）有防止突发外来水污染的设施或条件。

（5）对缺水或循环水养殖地，需有过滤、沉淀和消毒的处理设施。

2. 场地环境保护

（1）应加强环境保护，并制定环保措施。

（2）保证养殖废水排放满足《淡水池塘养殖水排放要求》（SC/T9101）。

（3）应设置并明示产地标识牌，内容包括产地名称、面积、范围和污染警示等。

3. 养殖用水

（1）淡水养殖水源应符合《渔业水质标准》（GB11607）的规定。

（2）淡水养殖用水水质应符合《无公害食品淡水养殖产地环境条件》（NY5361～2010）的要求。

4. 养殖场地底质

（1）场地底质无工业废弃物和生活垃圾，无大型植物碎屑和动物尸体。

（2）淡水贝类、蟹类养殖产地底质应符合《无公害食品淡水养殖产地环境条件》（NY5361～2010）的要求。

二、鱼塘设计要点

鱼塘是渔场的主体建筑，可分为鱼苗、鱼种、亲鱼和越冬鱼塘。鱼塘设计应包括形状、面积、深度和塘底。

1. 形状

一般为长方形，东西向，排列整齐，大小相近，长宽比为2～4∶1. 这样的鱼塘遮阴少，水面光照时间长，有利于塘中浮游生物的光合作用和生产繁殖，也有利于拉网操作。

为了充分利用土地、四周边角地带，根据地形也可安排一些边角塘。

2. 面积、深度

一般每口精养高产成鱼塘的面积10亩左右，保水2.5～3m为宜。不同类型鱼塘按其不同性能，其面积、水深也各不相同。一般来说，鱼塘的垂直深度应比鱼塘最高水位高出30～50cm。

3. 塘底

鱼塘底部要平坦，从进水口到排水口一端要有一纵向倾斜，其比降1/200～1/300。

三、堤的设计要点

堤分为堤面、堤高、坡三个方面，设计应根据土质状况、生产要求来确定。

1. 堤面宽度

堤面宽度各地不一，大型渔场的堤面宽度兼顾行车、种植、埋电杆、开渠、建分水井、消毒清淤六个方面。一般主堤面宽10～12m。副堤面一般在8m左右。

2. 堤高

堤高就是从堤面到鱼塘底部的垂直高度。不同类型的鱼塘，它的堤高不一样。一般堤高都要比鱼塘最高水位高出50cm左右。

3. 坡比

坡比就是堤高与坡底之比。坡比的大小要根据不同鱼塘不同土质等情况来确定。土质好，浅水小塘的坡比一般是1∶1.5～2，深水大塘或土质差，其坡比可以加大到1∶3。坡比大，便于施工、生产操作和管理，不易塌陷，还能在坡面上种植青饲料。

四、进排水系统设计要点

进排水系统由水源、进水口、各类渠道、水闸、集水池、分水口、排水沟等部分组成。进排水渠道要畅通，鱼池进水与排水口应设斜对处。

第七节　捕捞与运输

一、捕捞

池塘养殖的成鱼达到上市规格，此时采取一些捕捞方法，将达到规格的成鱼部分捕捞出售，既能调节市场，满足社会需要，也能增加池塘养殖经济效益。同时，通过捕捞，可降低池塘载鱼密度，促进小规格品种快速生长。下面介绍几种池塘成鱼常用的捕捞工具及方法。

1. 拉网

即根据存塘鱼估产及拟捕捞上市量，在池塘两边的某一处放下拉网，进行捕捞成鱼。此操作方法适宜100亩以下的池塘，根据需要灵活选择下网处，且捕获的品种较全，尤其是活跃性较强的鲢鳙上层鱼。

注意点：应注意选择在天气晴好、鱼不浮头、水温较低时拉网，对起捕的鱼拣选速度要快，不能上市的鱼应及时放回水体。同时注意防止拉网后带动底泥，引起池塘水质变坏。

2. 扳罾网

扳罾网一般呈正方形，网衣用乙纶或锦纶线编结，其四角分别连接在“×”字形撑杆两端，以维持网具正常展开的作业状态。撑杆交叉处缚线连接提杆，构成网具整体。取鱼时选择在饲料投喂点放入罾网，然后在其上方正常投喂饲料，待大批鱼进入罾网上方觅食时迅速提杆，再用抄网捞取鱼类。采取扳罾网取鱼，可根据市场需求随时决定取鱼，对鱼类的损伤也最小，很受养殖户所接受和喜爱。

二、运输

活鱼运输是渔业生产不可缺少的环节之一。在养殖生产中，亲鱼的引进与交流、鱼苗鱼种的生产与销售、商品鱼（活鱼）贩运与上市等都离不开活鱼运输这个环节。活鱼运输的关键是在鱼“活”，提高运输成活率和效率是这个环节的核心。

1. 影响活鱼运输成活率的因素

影响活鱼运输成活率的因素很多，归纳起来有三方面：一是运鱼水体的理化因素；二是鱼类生物学特性和生理状态；三是运输工具、方法和操作。下面着重介绍运输水体的理化因素和鱼类的生理状态对运输成活率的影响。

（1）溶解氧。活鱼运输的水体小，鱼的密度大，开放式运输水和鱼的比例大约为20∶1。在这样的密度下，水中溶氧很快被耗尽。所以，必须采取措施解决活鱼运输水体的溶解氧问题。开放式运输，振荡可以增加空气中氧气向水体的溶解速度。将运输水体封闭起来，用空气压缩机向水中充气、输入纯氧、使用化学增氧剂等，都是解决运输水体溶氧的有效措施。

（2）水温。随着水温升高，鱼的代谢增强、活动量增大、耗氧量也增大，而水体溶解氧的饱和度却下降；在较高温度下，鱼的活动量增大，尤其是性情暴躁的鲢、鲈等，狂游、碰撞、跳跃，容易受伤；同时在高温下，微生物繁殖迅速，有机物分解耗氧快，产生有害物质。所以，在高温下进行活鱼运输有很多不利因素，应适当降低水温，以提高运输成活率和运输效率。

但运鱼水体温度不是越低越好，鱼类对低温和变温都有一定的适应能力。温水性鱼类适应温度的下限为2℃左右，耐受变温幅度为4～6℃，而且对降温的适应能力较强。实践证明，温水性鱼类运输的适宜水温为10～15℃，在运输过程中采取适当低温、保温和控温措施可大大提高运输的成活率。

（3）其他理化因素。除溶解氧和水温外，影响活鱼运输成活率的理化因子还有CO_2、pH 值和氨氮等。

运输水体鱼的密度大，排出的CO_2在水中积累，当CO_2达到较高浓度（>100mg/L）时，导致鱼类中毒死亡。运输中鱼类排泄物、粪便及脱落的黏液在水中积累、分解、转化，导致溶氧、pH 值下降、氨氮（或非离子氨）升高，也会引起鱼类中毒死亡。所以，保持水体清洁和防止污染是提高活鱼运输成活率的有效措施之一。

（4）鱼类的体质和生理状态。鱼的体质和生理状态好坏与运输成活率有关，体质瘦弱、有病和有伤的鱼耐低溶氧的能力差，对颠簸、震动、恶化水质等环境的抵御能力也差。因此，在运输前应加强饲养管理、增强体质，如加强营养和保持营养平衡、拉网锻炼等，提高鱼类对恶劣环境的抵抗能力。

2. 常用活鱼运输方法

（1）封闭充氧运输鱼苗、鱼种

a. 使用容器具。封闭充氧运输使用容器具主要有塑料袋、橡皮胶囊等。常用运鱼的塑料袋（均为一次性）有两种，一种是高压聚乙烯薄膜材料，厚度为0.1～0.18mm；专门为运输鱼苗设计的圆筒形塑料袋，直径40cm左右，长80～110cm。另一种是借用农用地膜的塑料筒，直径大约为1m；使用时根据需要确定长度，将一段扎起来形成袋状，适合运输鱼苗和夏花鱼种。橡皮胶囊是用无毒橡胶特制的运鱼容器，适合运输鱼种和商品鱼。橡胶皮厚度为2～4mm，形状为囊状正方体或长方体，有装水、装鱼口和放水、出鱼口，有充氧口和排气口（均为袖口，有袖1～2m，以便于封扎）。

b. 装运方法和管理。以塑料袋运输鱼苗、鱼种为例，简要介绍装运方法、过程和管理。第一步是检查塑料袋是否破损，将两个完好的塑料袋套在一起（双层袋）。第二步加水，水量为塑料袋容积的1/3左右。第三步是装鱼，一般装运鲤、草鱼水花鱼苗的密度为0.5～0.6万尾/升；夏花鱼种密度为150～200尾/升；用地膜筒装运50g左右鱼种100～200kg/m^3。第四步是排除空气和充入氧气，一般使用工业用瓶装氧气。第五步是扎口和包装，两层塑料袋要分别扎口，以防漏水和漏气；包装物可因地制宜选择材料，起到保温、隔热、防日晒、防磨损的作用，如保温泡沫箱、纸箱、聚丙烯棚布或帆布等。运输途中应随时检查塑料袋是否漏水和漏气，及时采取措施。如果运输时间长或温度高，可采取换水、换气和加冰块、泼凉水等方法解决。运输到达目的地，一般要经过缓鱼后才放到水体中，即采取先解封口放气，再将一些放养水体的水加入塑料袋中，缓解溶氧、水温、水质等环境的剧烈变化。

（2）半封闭充气（氧）运输商品鱼

a. 使用容器具。半封闭充气（氧）运输的交通工具通常为汽车，汽车上装有用玻璃钢或钢板焊接的箱体，用于装水和装鱼；箱体高度约1.2～1.5m，长度与车的箱板相当。装鱼箱内部分隔，每隔容积大约为5～6m^3。箱的上方设装水、装鱼口，并配有带螺旋的封盖，装水装鱼后可封闭鱼箱。在装鱼箱的底部设有放水和出鱼口，并装有闸门和袖状软管用于放水和出鱼。一般运鱼车上都配有空气压缩机或氧气瓶。

b. 装运方法和管理。运输商品鱼一般装地下水，装水量与鱼箱的容积相等（装满）。装鱼的密度一般为500～1000 kg/m^3，装鱼完毕后将盖封好，就可以起运了。装鱼和运输过程不间断充氧（或充气），运输时间较长，可在中途换水。

（3）开放式运输亲鱼（短途运输）

a. 装鱼容器具。目前，开放式活鱼运输使用的交通工具通常为汽车，装鱼的容器具为帆布篓或玻璃钢、钢板焊接的水槽；水槽大小不一，一般运输亲鱼的容器具不小于5m^3。

b. 装运方法和管理。为了减少运输过程中的亲鱼受伤，一般在水槽内衬有筛绢网或塑料布。水槽装水1/3～1/2，装鱼密度一般为40～60 kg/m^3。装鱼后，篓上口用网片覆盖，以免亲鱼跳出或因颠簸随水溅出。车上备有氧气瓶或充气泵，以防水体缺氧。有时鱼篓内装有大的塑料袋，充氧或充气时将塑料袋封闭或半封闭，既保证了水体溶氧，又可防止亲鱼碰撞和颠簸。运输时间较长，可在途中换水。

（4）麻醉运输亲鱼（长途运输）

由于运输水体小，亲鱼个体大，特别是大型鱼类，如鲢、鳙、草鱼、青鱼等，性情暴躁，在运输中乱窜、乱跳，因此如何防止鱼体撞伤和擦伤是运输的关键。用药物将亲鱼麻醉后运输，可减轻鱼体碰撞和擦伤，可大大提高运输效率和成活率。下面介绍活鱼运输常用的几种麻醉剂和使用方法。

a. 巴比妥钠麻醉。方法有两种：一是采用肌肉注射，每 kg 亲鱼体重注射剂量为 0. 05 ~0. 1 mg；注射 10min 左右就可麻醉，仰浮于水面，呼吸缓慢。运输中若发现亲鱼清醒、跳跃或冲撞，表示药量不足或药效已过，应再注射适量药剂。如果亲鱼呼吸极度衰竭，表明麻醉过渡，可注射 25% 可拉明（又称尼可刹米）或苯甲酸钠咖啡因溶液，每尾亲鱼剂量均为 1. 0mL 左右。二是向水体中投放，浓度为 10 ~ 15mg/L。水温 10℃左右，麻醉时间大约 10h，放入池塘后 5 ~ 10min 就可苏醒。

b. MS－222（间氨基苯甲酸乙酯烷基磺酸盐）。肌肉注射剂量为 0. 01 ~ 0. 05mg/kg。水体浓度为 10 ~ 30mg/L，20 ~ 30min 内麻醉，鳃盖保持正常的呼吸运动，可持续 40h。放入清水后迅速恢复。

c. 乙醚（或 95% 酒精）　用棉花沾乙醚（亲鱼体重 10 ~ 15kg，使用 2. 5mL）塞入亲鱼口腔内，2 ~ 3min 后就被麻醉；麻醉后的鱼可放在清水的鱼篓中运输，也可在淋水下干运。此法一次的麻醉时间为 2 ~ 3 小时。

第三章　水产养殖卫生与保健

第一节　疾病的发生和预防

疾病是由致病因素作用于生物机体时扰乱了正常生命活动的现象。疾病的发生是由于外界各种致病因素的作用和机体自身反应特性相互作用的结果。正确认识疾病发生的原因和条件，可以帮助我们理解疾病的本质、探究有效的预防和治疗方法。

一、疾病的发生

1. 原因和条件

疾病发生的原因主要是机体受到致病性刺激、缺乏必需的物质和自身的改变。

致病性刺激包括机械刺激（如拉网、运输操作引起的外伤等）、物理刺激（如气压、温度变化引起的“气泡病”和冻伤等）、化学刺激（如药物刺激）和生物病原体作用（如致病菌传染、寄生虫侵袭）四大类。当机体必需的物质缺乏或不足时，机体的机能将发生变化，甚至死亡。如养殖鱼类饲料中缺乏必需的营养物质而患上疾病（营养缺乏症）。随着机体的生长和发育，自身机能发生了变化，一切正常的环境和条件也可能成为致病的原因。

疾病的发生不仅需要相关原因，而且还需要一定的条件。由于条件不同，即使有病原存在，疾病也可能不发生。疾病发生的条件可分为机体自身和外界环境两个方面。前者包括种类、年龄、性别、健康状况等，后者包括气候、水质、饲养管理和生物环境等。

2. 水生动物常见疾病

按病原（或病因）可将水生动物疾病分为由生物和非生物引起的两大类。由病毒引起的疾病（如草鱼出血病、对虾白斑病等）、由细菌引起的疾病（如烂鳃病、肠炎病、疖疮病等）、由真菌引起的疾病（如水霉病）、由寄生虫引起的疾病（粘孢子虫病、车轮虫病、绦虫病等）、由藻类引起的中毒等，均为生物致病因素。由营养引起的缺乏症、由环境引起的感冒、冻伤、气泡病等，均为非生物致病因素。

二、疾病的预防

根据疾病发生的原因和条件，应从增强机体抵抗能力和控制环境、消灭病原三方面做好疾病的预防工作。

1. 增强机体抵抗力

病原体的存在能否对养殖对象引发疾病，关键要看机体的抵抗能力和当时所处的环境条件。很多情况下，病原体对体质弱的易引起疾病。因此，为了使养殖对象不得病或少得病，最根本的办法是增强机体的抵抗力。其具体措施有：①选择和培育抗病力强的养殖品种。在养殖生产中，人们常常发现一些发病严重的水域，大部分种类因病而死亡，有少数种类安然无恙地生存下来。这些生存下来的种类，可能因其本身有较强的抵抗能力，或体内产生了某种抗体，对病原体有免疫作用。实践证明，这种天然免疫在水产动物中广泛存在，而且还可以通过选育、杂交和人工免疫等方法获得。②改进饲养管理措施。合理、科学的饲养和管理是提高水产养殖动物机体抵抗力的有效措施之一。在这方面，我国劳动人们具有丰富的经验。如合理混养可发挥养殖对象间的互补、互利作用；合理的密度可减少养殖种类在水体空间、饵料等方面的竞争；合理选择饲料和投饵可增强鱼类机体体质；调节和控制好水质，也是保证养殖对象身体健康的有效措施。

2. 控制环境，创造防病条件

第一，在建设养殖场之前应对水源和周围环境作详细调查，确保防病工作不受自然和人为因素的干扰。第二，在设计进排水系统时应使每个养殖池独立，即应有独立的进、排水口，以防止和避免疾病的流行和传播；第三，从确保水产品质量安全和渔场用水质量的角度考虑，要配备养殖养殖废水处理设备。第四，从环保和节水的角度考虑，水产养殖场应有蓄积废水和水处理措施，具有用水的自净能力和生物技术净化养殖废水、达标排放。

3. 控制病原

①建立检疫制度。在水产养殖中，苗种的购入和售出往往使一些病原得以传播和扩散，给生产造成巨大经济损失。因此，树立防疫意识、重视检疫工作是十分重要的。水产养殖普通工作者可根据疾病学知识进行检验，必要时将可疑苗种送达有关检疫和研究单位实验室检查。②彻底清塘，保持水体清洁。养殖池是养殖动物栖息、生活的地方，也是病原体滋生和繁殖场所，池塘环境直接影响养殖动物的健康。所以，做好养殖池的清整工作尤为重要。通常用生石灰、漂白粉、二氯异氰尿酸钠等药物彻底清塘。③苗种放养时，要进行体表消毒。方法是用药物浸洗（药浴）。常用于浸洗鱼体的药物有：高锰酸钾（20～40mg/L，15～20min）、食盐（2%～4%，5～10min）、硫酸铜（0.7mg/L，5～10min）、漂白粉（10～20mg/L，10～15min）、敌百虫（10mg/L，15min）。④饲养过程中，应经常对工具和食场进行消毒。网具用10～20mg/L硫酸铜浸洗，也可用高锰酸钾浸泡。食场除每天打扫外，每隔1～2周用漂白粉消毒一次，其用量为250g漂白粉，用10～15kg水溶解，在食场水面泼洒。⑤疾病流行季节前，进行药物预防。预防疾病的方法主要有投喂药饵和全池泼洒药物。体内病原体的预防常采用投喂药饵的方法：将药物均匀混合在饲料中，制成药饵投喂。预防疾病及其用药方法见有关章节。

第二节　疾病的初步检查和诊断

一、病状与健康的鉴别

病体和健康个体无论在外表表现和内部组织或生理上，都有区别。大多数疾病要用多种检测手段才能确诊，有些则可以通过临诊征象判断。判断病体和健康个体的主要临诊征象有：

1. 活动特征

健康个体游动正常，活泼，反应灵活；有病个体活动缓慢，反应迟钝，离群独游，或作不规则的狂游、打转，或平衡失调。

2. 体色、体态特征

健康个体体表（鳞片）完整，体色鲜艳，有光泽；有病个体体色发黑或退色，失去光泽，有时出现异常的白色、红色。有时黏液增多，鳞片脱落，鳍条缺损，身体消瘦，腹部膨大，肛门红肿等。

3. 摄食情况

健康个体频繁觅食，摄食旺盛，食量大；病态个体食欲减退，摄食缓慢或不摄食，或接触到饵料也无摄食表现。

4. 内部脏器特征

健康个体的鳃丝完整、鲜红，肠道均匀、光滑，肝胰肾脏为紫红色，胆囊大小正常、胆汁黑绿色。病态个体常出现鳃丝缺损、发白，肠道无光泽或有节，肝胰肾脏颜色变浅，胆囊增大、胆汁颜色浅并有积水。

二、发病的现场调查

水生动物发病、死亡的原因很多，为了较确切地诊断病征和发病原因，必须对发病现场做周密调查。

1. 发病情况调查

调查内容包括水体放养种类、时间、数量及其来源，发病或死亡的种类、规格、时间和数量，病态个体的活动、摄食表现，有无发病史等。

2. 饲养管理情况调查

调查内容包括饵料及其质量、来源，投饵时间和数量，有无拉网、注水、泼洒药物和投喂药饵等。

3. 饲养环境调查

不仅要对水源的水质、养殖池水质、气候和天气，特别是溶氧、pH 值、氨氮、亚硝酸盐等进行详细调查，还要对有无污染等进行调查。

三、初步检查和诊断

一般可采用肉眼检查（目检）和显微镜检查相结合的方法。

1. 取材

应选择正在发病的个体作为检查材料。为了准确和有代表性，一般要检查病状相同的个体 3 ~5 个，保存和运输应用原池水，以保持鲜活状态。

2. 检查的顺序

疾病检查要按一定顺序进行，原则上是从外到内，由表及里，先检查体表裸露部位，然后检查血液和脏器组织。体表、鳃、肠道、肝胰脏和胆囊为必须检查的部位。

3. 诊断

疾病诊断是较复杂的一环，没有经验的初学者都要从实践中反复学习，才能掌握。有些疾病只是单一的感染，有些则是多种病原复合感染。有的疾病凭目检就可以诊断，但大多数还要靠镜检，有时还要靠微生物学、组织学、病理学、病毒学和生化手段才能得出结论。随着水产养殖业发展，新的养殖对象、新的病种不断出现，更增加了诊断的难度。

病原的分析要与其危害性、侵袭力、毒性、数量以及环境条件等多种因素结合起来进行。少量的病原体在正常条件下不足以使动物死亡，只有在环境条件恶化，病原体毒力、数量达到一定时，才导致病死。

第三节 常见疾病的诊断

一、细菌病

1. 细菌性败血症

由嗜水气单胞菌、豚鼠气单胞菌等多种革兰氏阴性短杆菌引起。病鱼体内外全身充血、出血，眼球突出，肛门红肿，腹部膨大，腹腔内有大量淡黄色或红色腹水，严重贫血，肝、脾、肾肿大，有的鳞片竖起，肛门处拖黏液便等等，症状表现多样化，有时甚至肉眼看不出明显症状就死亡，呈超急性感染。鲫、鲢、鳊、鲂等多发。

2. 细菌性烂鳃病

由柱状嗜纤维菌（原叫柱状屈桡杆菌）引起。病鱼体色发黑，尤以头部为甚，游动缓慢，反应迟钝，呼吸困难；鳃上黏液增多，鳃丝肿胀，严重时鳃丝末端缺损，软骨外露，鳃盖“开天窗”。危害草、青、鳜、加州鲈、鳗、鲤、鲫等多种淡水鱼，从鱼种至成鱼均可受害。在 15－30 摄氏度范围内，水温越高越易暴发、流行。

3. 细菌性肠炎病

由肠型点状气单胞菌和豚鼠气单胞菌等引起。肠壁充血发炎，肛门红肿；2 龄以上的大鱼易患病。严重时，更有腹水，肠壁呈紫红色。危害草、青、月鳢、加州鲈、罗非鱼等多种淡水鱼的鱼种至成鱼；全国都有发生，是危害严重的鱼病之一。

4. 溃烂病

由嗜水气单胞菌嗜水亚种引起。疾病早期，体表病灶部位充血，周围鳞片松动竖起并逐渐脱落，病灶烂成血红色斑状凹陷，严重时可烂及骨骼。该病发生在养殖密度高、饲养管理不善、水质差、水温变化大、鱼体受伤、鱼体抵抗力低下的情况；从鱼种至成鱼均受害；主要危害罗非鱼、加州鲈、大口鲶、斑鳢、月鳢、鲤等淡水鱼。在疾病早期，将病鱼移入水质优良、水温稳定的水体中，并投喂优质饲料，病鱼会逐渐自愈；否则疾病会日益严重，引起病鱼大批死亡。

二、病毒病

1. 草鱼、青鱼出血病

由出血病病毒引起。病鱼的体色发黑，体表及内脏各器官组织都不同程度地充血、出血，瘀血明显。严重时全身肌肉呈鲜红色，病鱼严重贫血，鳃常呈“白鳃”。流行于水温 20－33℃，最适流行水温为 27－30℃；但当水质恶化、水温变化大、鱼体抵抗力低下、病毒的数量多及毒力强时，在水温低至 12℃及高至 34.5℃时也有发病。

2. 鳜鱼暴发性传染病

病毒颗粒的截面呈六角形。病鱼严重贫血，鳃及肝脏的颜色苍白，并常伴有腹水，肝脏有瘀血点，肠内充满淡黄色黏稠物。病毒在鳜鱼体内可长期潜伏，一般流行于 5－11 月。

三、寄生虫病

1. 小瓜虫

小瓜虫侵入鱼的皮肤或鳃组织后，引起组织增生和发炎，并产生大量的黏液，形成白色囊疱。病鱼反应迟钝，游于水面，不久即死。防治：发病鱼塘，每亩水面每米水深，用辣椒粉 210g、生姜干片 100g，煎成 25kg 溶液，全池泼洒，每天 1 次，连泼 2 天。每立方米水体用亚甲基蓝 2g 化水全池泼洒，每隔 3 天泼洒一次，连泼 3 次。

2. 车轮虫：寄生在体表和鳃上，鱼苗可出现“白头白嘴”或“跑马”（环游不止）症状。病鱼表现为鱼体发黑，离群独游。有的又成群围绕池边狂游，常引起鱼苗、鱼种的大批死亡。寄生于鱼体表的车轮虫在鱼体表来回滑动，剥取宿主的皮肤组织细胞和鳃组织作营养，破坏皮肤和鳃组织，影响鱼的呼吸和正常活动。

3. 指环虫、三代虫

主要寄生于四大家鱼，鲤、鲫、金鱼的鳃、体表和鳍上。近年来也在加州鲈等名优鱼上发现。可用有机磷杀虫剂或蠕虫必杀。但鲈鱼对此类药敏感。也可结合口服杀虫药治疗。

4. 绦虫

如许氏绦虫，舌壮绦虫，头槽绦虫等，主要寄生在鲤、鲫、草、青等鱼类的肠、腹腔等处。可以用口服杀虫剂进行控制。

5. 线虫

如毛细线虫，嗜子宫线虫等 100 多种，主要寄生于四大家鱼、鲮、鲤、鲫和黄鳝等的肠、鳍，甚至鱼鳔等处。可结合水体杀虫，同时口服杀虫药进行治疗。

6. 中华蚤、锚头蚤、鱼鲺

广泛寄生于四大家鱼、鲫鱼等鱼类的鳃和体表。可用鱼蚤必杀或菊酯类渔药进行防治，也可口服杀虫药。

第四节　常用药物及使用方法

一、卤素类

1. 无机氯消毒剂

常用的有漂白粉（为次氯酸钙、氯化钙和氢氧化钙的混合物）和漂白精（次氯酸钙），两者的含氯量分别为 28%～32% 和 60% 以上。此外，还有次氯酸钠和二氧化氯等。漂白粉是一种廉价而广泛使用的杀菌剂，但性质不稳定，容易失效。漂白粉用于清塘的浓度为 $20g/m^3$；用于防治（淡水鱼类）疾病，全池泼洒的浓度为 $1.0g/m^3$；用于浸洗（药浴）浓度为 10mg/L，时间为 10～30min。漂白精的消毒效力比漂白粉大 2～3 倍，性质也比较稳定；用药量为漂白粉的1/2即可。次氯酸钠是一种强氧化剂，既能杀菌，又能杀虫；用于育苗池消毒的浓度为250mL/m^3（6～8小时），然后再用35g硫代硫酸钠中和（余氯）。二氧化氯也是一种强消毒剂，杀菌能力强，对鱼类的毒性较低；防治疾病，全池泼洒浓度为0.1～0.2mg/L。

2. 有机氯消毒剂

常用的有：①二氯异氰尿酸钠。又名优氯净、鱼康等。含有效氯60%，为白色结晶粉末，易溶于水，性质稳定，对细菌、芽孢、真菌孢子、病毒都有强烈的杀灭作用，药效持久，常用于池塘消毒和传染病防治。②三氯异氰尿酸。又名强氯精、鱼安等。含氯80～85%，性质稳定，药效强烈而持久，为广谱性消毒剂，防治细菌性疾病效果较为理想。

3. 溴制剂

主要品种有二溴海因、溴氯海因。二溴海因在水中通过不断释放出活性Br^-，形成次溴酸，将生物体内的生物酶（如带有$^-$SH基的酶）氧化。用于防治鱼、虾、蟹的细菌性疾病，养殖鱼、虾、蟹的水体消毒和工具消毒。预防使用的浓度为0.2～0.3g/m^3，治疗使用的浓度为0.3～0.6g/m^3。禁用金属容器盛装。

4. 聚乙烯吡咯酮碘（PVP－Ⅰ）

聚乙烯吡咯酮碘（PVP－Ⅰ）简称碘伏，是高分子载体药物，商品为棕白色粉末，略有臭味，溶于水。PVP－Ⅰ与动物机体接触后能慢慢释放出碘，对体外病毒、细菌有较好的杀灭作用。常用于鲑鳟类卵（50mg/L，15min）、虾类卵（50mg/L，30～60秒）和亲体的消毒。

二、有机磷类

常用的为晶体敌百虫（90%），它能使胆碱酯酶活性受到抑制，失去水解破坏乙酸胆碱的能力，从而昆虫、甲壳类等神经失常，中毒死亡。敌百虫对鱼类安全范围广，全池泼洒浓度0.2～1.0mg/L可杀死三代虫、指环虫等；每千克体重内服0.5mg，可防治黏孢子虫病。虾蟹类养殖池禁用敌百虫。

三、磺胺类

常用的有磺胺嘧啶，用于细菌性病症的治疗；磺胺二甲嘧啶，用于竖鳞病等的治疗；磺胺甲恶唑，又名新诺明，用于治疗鲤科鱼类肠炎病。每千克体重内服100mg，连用5～7天。

四、氧化剂类

常用高锰酸钾，用于治疗寄生虫类鱼病，药浴浓度10～20mg/L，15～30min；全池泼洒浓度为4～7mg/L。

五、金属盐类

常用为硫酸铜和硫酸亚铁，应用合剂（5∶2）治疗纤毛虫、鞭毛虫类鱼病，药浴浓度7～8mg/L，15～20min；全池泼洒0.7mg/L。

六、喹诺酮类

常用恩诺沙星，又称诺氟沙星，为第三代喹诺酮类药物，对阳性和阴性细菌均有抑制作用，可防治多种疾病，如海淡水鱼的烂鳃病、肠炎病、赤皮病，鳖的皮肤溃疡病、河蟹的烂鳃病，甲壳的溃疡病等。每千克体重日服 10 ~ 50mg，连续投喂 3 ~ 5 天。药浴浓度 4mg/L，30 ~ 60min。

七、抗生素类

常用有：氟笨尼考、土霉素。土霉素每千克体重日服 50 ~ 100mg，连续投喂 7 ~ 10 天。药浴 25 ~ 50mg/L，30min。

八、中草药类

1. 大蒜素粉：用于治疗细菌性肠炎，口服 0.2g/kg 体重，连用 4 ~ 6 天。2. 大黄，用于治疗细菌性肠炎和烂鳃，全池泼洒 2.5 ~ 4.0mg/L；口服 5 ~ 10g/kg 体重，连用 4 ~ 6 天。

2. 大黄：又名锦纹、黄良，别名将军、生军、马蹄黄等，系多年生草本植物，以根及根状茎入药。本品抗菌作用强，抗菌谱广，其有效成分为蒽醌衍生物，有收敛、泻下、增加血小板、促进血液凝固等作用。用于烂鳃病、出血病及白头白嘴病等。使用方法：全池泼洒，常用量为 2.5 ~ 3.75ppm，临用前，先将池水需用的大黄量，用 0.3% 的氨水按1∶20 比例，在室温浸泡下经 12 ~ 24 小时，取药液均匀洒入水中，可有效防治鱼粘细菌病。

3. 大蒜：为百合科、葱属植物，以鳞茎入药，具特异的辛辣味和蒜臭，其有效成分为大蒜素。大蒜素具有广谱抑菌止痢、驱虫及健胃作用，常用于防治鱼类肠炎病。使用方法：每 100kg 鱼用大蒜 0.5 ~ 1kg 拌入饲料中投喂，6 天为一疗程，若加入等量食盐，可提高其作用，用于防治烂腮病、肠炎病；取大蒜晒干加水煎汁，以 10 ~ 30ppm 浓度浸洗鱼体 1 小时，可杀死锚头鳋，防治鲤鱼竖鳞病。

4. 地锦草：又名奶浆草、血见悉、红茎草，为大戟科一年生草本，折断茎秆后有乳白色奶汁状液体流出。地锦草含黄酮类化合物及没食子酸，有较强的抑菌作用，抑菌谱较宽，并有止血和中和毒素的作用。主治鱼类肠炎、烂腮病。使用方法：每 100kg 鱼用干地锦草 500g（或鲜地锦草 2000 ~ 2500g）煮汁，连渣拦入饵料中投喂，一日二次，3 天为一疗程。在投药前，用 20ppm 石灰乳全池泼洒，疗效更佳。

5. 水菖蒲：名水敛草、石菖蒲、石蜈蚣、白菖蒲，系多年生草本。本品含芳香挥发油 1.5% ~ 3.0%，油中主要为油辛醇、细辛酸、甲基丁香酚、倍丰萜烯类等，含有非结晶性苦味。可防治肠炎、赤皮、烂腮、水霉病等。使用方法：每亩水深 1m，用切碎的菖蒲 4 ~ 5kg，用蓖麻叶 4 ~ 5kg，裹在 10kg 左右的松树叶上，扎成 2 ~ 3 捆，放置于食场及上风口进水处，浸没在水中，每天翻动一次，促使其腐烂。每亩水深 1m 的水体用菖蒲 1.3 ~ 2.5kg，加食盐 0.5 ~ 1kg，全池遍洒，可治愈水霉病。

6. 苦楝：名楝树，为楝科落叶乔木，高 15 ~ 20m。喜野生于田野、林边等处，本品含川楝树、生物碱、岩藻糖、萘酚等，有杀虫、杀菌作用，用于防治寄生虫性鳃病，以及锚头鳋、中华鳋、毛细线虫、车轮虫、隐鞭虫病等。使用方法：每亩水深 1m 用马尾松、苦楝树叶、皮或果各 10 ~ 12.5kg，切碎熬汁成 12 ~ 25kg，全池遍洒，每日一次，连用 2 ~ 3 天。取苦楝树枝叶 30 ~ 40kg，直接在池中堆沤，5 ~ 7 天后捞出残渣，能有效防治上述各病。

7. 五倍子：又名倍子、百药煎、百虫仓等，为漆科植物盐肤本的叶上的干燥虫瘿，由五倍子的蚜虫寄生而成，含大量鞣酸，能凝固蛋白质，有较强的杀菌能力，对革兰氏阳性和阴性细菌均有抑制作用，用于防治白头白嘴病、粘细菌病、气单胞菌病、假单胞菌病、白皮病、赤皮病、疖疮病等。使用方法：先将五倍子捣碎，用开水冲溶，全部溶解后，用池水稀释全池泼洒，常用量为 2～4ppm。

8. 乌桕：名油子树、白乌柏、木梓树等，为落叶乔木。其果、叶有拔毒消肿和杀菌作用，常用于防治细菌性烂腮病、白头白嘴病等。使用方法：每 50kg 鱼，用乌桕叶干粉 250g 混入饵料中制成药饵投喂，连喂 3～6 天，可防治鱼烂腮病；也可用干叶粉按 4ppm 计算药量，兑 20 倍饱和的石灰水液，浸泡 6～12 小时后，全池泼洒。

9. 黄芩：为唇形科植物黄芩的根，有粘毛黄芩、滇黄芩、川黄芩、丽江黄芩、甘肃黄芩等，含黄芩素、黄芩甙、汉黄芩素、黄芩新素等 5 种黄酮成分。此外，尚含 β－谷甾醇、苯甲酸、黄芩酶等。黄芩有抗炎、镇静、抗菌性病毒的作用。主要用于防治烂腮、疖疮、打印病、出血性败血症、肠炎病、尾柄病等。使用方法：取黄芩粉碎成细粉，按 5% 的比例加入饵料中自由投喂，5 天为一疗程；或将黄芩切细加水浸泡 24 小时后，煎煮三次，使水溶液浓度为 1%，全池泼洒，一日一次，连用 3 天。

以上各种药物使用参考附表“渔用药物使用方法”。

农业部全国水产技术推广总站会同有关企业开通了全国水生动物疾病远程辅助诊断服务网（http：//www. adds. org. cn），基层水产技术推广人员在开展服务中遇见鱼病方面的难题时，可通过该网站求助专家。

第四章　渔业环境与保护

第一节　概述

渔业环境是指适于经济水生生物生存、繁殖和生长的水域。保护渔业环境的中心任务是采取措施防止、减少或消除对渔业环境的污染和破坏，为维持渔业资源的正常生存、繁殖提供有利条件。导致渔业环境的污染和破坏的主要有物理因素和化学因素两大类。一类是物理因素：主要是导致底形、岸形、水流、光照、温度、音响、悬浮物等改变的因素。人类的经济活动如拦河建坝、围湖造田、填海造地、向水中倾倒废物和排放废热等，都会在不同程度上引起上述因素的变化，从而影响鱼类的洄游和贝类、藻类在幼体阶段的浮游，使它们的生长繁殖受到损害。另一类是化学因素：即工农业生产和生活产生污染物，通过直接、间接进入水体，导致水质、底质化学成分改变。这些污染物在水中呈离子态、胶状体或直接附在胶体上。同时，采用不科学的养殖方式也会造成渔业环境的破坏。

第二节　渔业环境与保护的主要措施

一、加大对渔业水体污染的整治

水质严重污染是渔业资源的致命“杀手”，应重点加强污染源治理，加快建设沿水库、湖泊、城镇、沿江两岸污水和固体废弃物处理设施；完善水域生态环境监测系统与评价体系；加强对江河、水库、湖泊监控和预报，建立江河、水库、湖泊监控区；鼓励非政府组织开展江河、水库、湖泊生态环境保护活动；加强江河、水库、湖泊环境保护的国际合作；建立健全江河、水库、湖泊渔业资源监测制度；等等。近年已多次发生因工矿企业排污造成严重的渔业水质污染事故，有的地方是每年重复发生，致使江河区域性的河段或鱼塘鱼类大批死亡。由于工厂的排污是不定期的，渔政或环保部门的取证难度较大，因此要建立渔政机构“快速反应”机制，加大对事故单位和责任人的处罚力度，确保渔业自然资源有一个良好的生态环境。

二、控制天然水域捕捞，养护渔业资源

政府和渔业主管部门要重视天然渔业资源的保护和合理利用，将天然渔业资源管理列入议事日程。从实际出发，积极调整产业和作业结构，对天然水域捕捞生产实行限制政

策，要严格执行国家下达的渔船马力控制指标，不得超限；严格执行捕捞渔船更新、改造的审批和检验制度，对未经批准擅自建造的无船名号、无船籍港、无船舶证书的渔船，要坚决查处；加强捕捞许可证管理，严格制止非渔业生产者从事天然水域捕捞生产。要切实采取措施改善渔场环境，保护渔业资源。

三、加大渔政执法力度，建立健全渔政执法体系

严格执行禁渔期管理，加强执法。组织开展查处“电、炸、毒”鱼的行为，为渔业资源创造良好的生存环境。

四、加快建设鱼类自然保护区

政府和渔业主管部门应正视自然保护区建设滞后的事实，组织专家和学者及管理人员认真做好有关调研工作，以科学的态度，从保护渔业资源的角度出发，制定鱼类自然保护区建设规划，并尽快组织实施。

五、做好人工放流增殖工作

为了保护和增殖渔业资源，已连续多年开展了江河鱼类增殖放流工作，也取得了很好的社会效益和生态效益。但是，从放流的对象看，多是一些常规品种，缺乏针对性。要组织力量加强对一些江河名优鱼类的人工繁殖研究，以增加增殖放流品种的选择性。此外，要针对部分江河污染严重的实际，有重点地投放一些滤食性鱼类，通过生物治理的方法，遏制江河水质的富营养化。

六、加大渔业法律、法规宣传力度

进一步加大渔业法规宣传教育的工作力度，全面提高广大群众的法制观念。一是向全社会广大群众宣传保护渔业资源的重要意义，将范围扩大到水产流通领域。通过新闻媒体、宣传画册、广告栏等多种形式，使广大群众尤其是水产品消费者，了解有关保护渔业资源的常识。二是加强宣传各种保护品种和经济鱼类可捕标准，使之家喻户晓，人人皆知，共同抵制违法捕捞水产品的销售，形成保护渔业资源人人有责的舆论氛围。三是不断增强渔工渔民依法兴渔的法律意识，提高广大渔民保护和合理利用渔业资源的自觉性。

第三节　渔业可持续发展

高效、优质、健康、生态、节能、安全是当代水产业发展的新要求。在发展水产业，不断满足市场对水产品需求的同时，还应考虑水产业对环境保护带来的压力。作为水产技术推广部门，我们有责任大力推广健康的水产养殖技术，特别是节能减排技术。努力做到水产养殖的“零排放”。以下介绍几种主要的健康养殖技术。

一、大中型水面移植增殖技术

该技术是指将国内或同一地理分布区域的鱼类或其他生物，从一个水体引入另一水体，也就是将其他水本中更优良、又生态的这一水域生长和繁殖的种类引进来，使其在移入水域中迅速形成自然种群，人为地增强资源补充量，补偿各种原因造成的损失，缓和资

源的波动，并以此为基础，发挥各类养殖水域的生产潜力。

水域中原有的鱼类不能充分利用饵料资源，因此，该水域的鱼产量远低于它的生产力。通过移植增殖可以让鱼类充分地利用这些闲置的饵料资源，大幅度提高水域的鱼产量。我国许多水库、湖泊放养鲢、鳙之所以能增产，就是因为鲢、鳙利用了这些水域中的浮游生物。同理，放养鲴亚科鱼类，可以利用水库或湖泊中的腐屑，将这些饵料资源转化为鱼产量。

水域中原有鱼类经济价值不高，渔业的经济效益不佳，如能以经济价值较高的种类，代替或部分代替原有的种类，则可以提高这类水体的生产力和经济效益。

某种鱼类以往曾栖息于该水域，但由于某种原因而绝迹，如果水域条件还没有变化，可以从其他水域引入这种鱼类，使之在原有水域中重新恢复。

主要技术措施有以下几项：一是修建水闸、水坝等水利设施时应考虑保护渔业环境和资源，并采取诸如建立鱼类人工孵化场等救鱼措施。二是控制废水污染物的浓度和污染物的排放总量。工业废水和生活污水应经适当处理后再行排放或循环使用。三是根据环境保护基本法制定保护水体、控制和管理水体污染源的具体法规，制定有关渔业水质标准等的条例。同时建立水体管理机构，根据法规协调和监督各部门和工厂企业的生产建设活动，以保护水体。四是投放不对环境造成破坏，又能充分利用饵料资源的品种，如鲢、鳙、鲴等。

二、稻田综合种养技术

1. 稻鱼基础设施建设

（1）养殖稻田条件。要求交通方便，水源无污染，排灌方便，保水保肥能力强，不渗漏水、水源充足的稻田。

（2）加高加固田埂。田埂高达到 0.8m、田埂顶宽 0.5 ~ 0.6m，坡度比 1∶1.3。

（3）开挖鱼凼鱼沟环沟。鱼凼面积按养殖面积 8% ~ 12% 开挖，鱼凼一般在养鱼田块一角或靠阴山一边开挖，鱼凼深 1.0m。靠田块的一方，用 10 ~ 12cm 的石板或砖进行浆砌，坡度为 1∶1.25。

鱼沟（如图 4 – 1）开挖要视其养殖田块大小来定，一般采开“十”字、“井”字、“田”字鱼沟，鱼沟深 0.3 ~ 0.4m。环沟在养鱼稻田的四周距离田埂 1 ~ 1.5m 处开挖，沟宽 1 ~ 1.5m，沟深 0.6 ~ 0.8m。

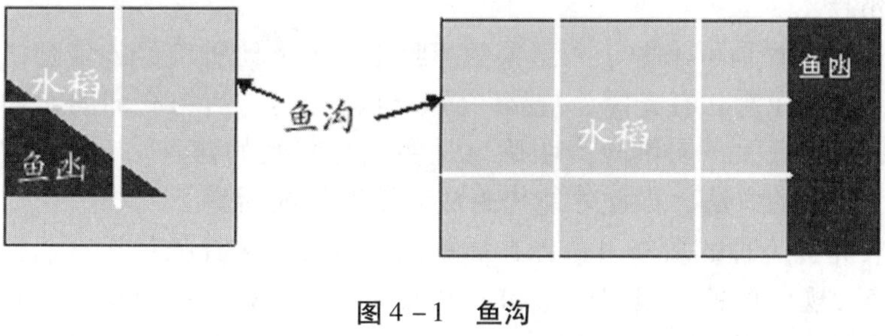

图 4 – 1　鱼沟

（4）注排水系和拦鱼设施。养殖稻田注排水系要通畅。进、出水口要设置在稻田斜对两端，进水时可使整稻田的水都能均匀流动，增加水体溶氧量，使鱼在田里活跃游动，提高鱼饲料的利用率和鱼体生长速度，在进水口上安一道过滤网，目大 1cm^{2}12 ~ 15 目聚乙烯网。在出水口上安拦鱼设施（即二道网），呈弧形，第一道是拦渣网，第二道为拦鱼网，用目大0.7～1cm的聚乙烯网。一般以能防止逃鱼和水流畅通为准。

2. 稻鱼养殖技术

（1）鱼种选择：稻田养食用鱼以瓯江彩鲤（红田鱼）为主，适当搭配草鱼、鲢鱼、鳙鱼、鳊鱼、团头鲂等。选择鱼体光滑健壮、鳞片完整、体长6～10cm的鱼种投放。泥鳅要求体质健壮、无伤无病，体长3～5cm。

（2）养殖品种搭配与密度：红田鱼既能单养，又能混养殖。以红田鱼为主养鱼，其养殖比例控制在60%～80%，搭配鲫鱼、草鱼和少量的鲢鱼鱼种。一般亩投放鱼种300～400尾。泥鳅每亩投放鳅种2～2.5万尾，适当搭配鲢、鳙鱼鱼种。

（3）鱼种消毒：在放养鱼种前，采用盐水浸洗法，对鱼体进行消毒预防鱼病。具体做法就是在鱼种放养前，将鱼苗放入2%～4%的盐水中浸洗5～8min，根据不同的水温和用药浓度，掌握好浸洗时间，掌握标准一半鱼苗浮头即可。

（4）饲养管理：根据红田鱼的杂食性特点，投饲采取粗精结合。在养殖田内可放养适量的浮萍，马莱眼子菜等青饲料。后期还要投喂适量的配合饲料。做到“定质、定量、定位、定时”。所谓定质就是指投喂时的饵料要新鲜和一定的营养成分，不含有病害原体或有毒物质；定量是指每次投喂的饵料要有一定的数量，一般以30min能吃完为适宜；定位是指每次投喂的饵料要有固定的食场，使鱼养成到固定地点吃食物的习惯，便于观察鱼类生长动态，检查鱼的吃食情况，是否生病或缺氧等；定时是指投喂饵料要有一定的时间，一般每日投喂两次，即上午8～9时一次，下午4～5时一次。

（5）水质管理：养殖稻田要求水质清新偏瘦，溶氧丰富，透明度控制在30～40cm以上，特别在高温季节一定要保持较高的水位，在稻田水稻水收割后，将田水蓄至1.2m以上。每月用生石灰按20mg/kg的浓度调节鱼凼水质，或施用复合生物制剂可改善水质，预防病害的发生，每隔10～15天施用一次。

（6）日常管理：坚持勤巡查，做好防旱、防涝、防逃、防害、防缺氧、防鱼病“六防”工作，及时发现和解决问题。每天早晨、傍晚各巡视一次，检查田埂有无漏洞，拦鱼设备有无损坏，鱼的吃食是否经常，有无病鱼发现等。要预防水蛇、田鼠等对鱼造成危害，还要检查稻田水质和是否缺氧，发现鱼浮头而且听到响声不下沉，就应及时加水补氧。

3. 稻鳅养殖技术

（1）鳅种选择：鳅种可来源于人工繁殖或野生，外购鳅种应经检疫合格。选择活动自如、体色鲜明、全身光滑、有光泽、规格一致、健康无病、活力充沛的鳅种。泥鳅苗种在采购过程中必须严格把关，向供应商明确这是要进行养殖的苗种。一是要减少运输环节，二是要采取带水运输的方法，如此才能提高放养鳅种的成活率。

（2）鳅种放养：鳅种的放养可选择在插秧前，也可以选择插秧后。插秧后放养泥鳅模式一般建议放养大规格鳅种。根据产量和水体承载能力测算，一般亩产量在每亩100kg左右较为适宜。放养前先用15～20mg/L的高锰酸钾溶液浸浴10min，或用1.5%～3%的食盐水消毒10～15min。鳅苗放养时要将经消毒处理的鳅苗连盆移至田水中，缓缓将盆倾斜，让泥鳅自行游出，避免体表受伤。

（3）投喂管理：根据泥鳅活动和摄食情况，视天气变化、水质变化、季节变化等情况，决定饲料投喂量，投饲量按泥鳅总体重的3% ~5%计算，上午投喂日饵量的40%，下午投喂日饵量的60%。饵料种类可以农副产品为主，如米糠、豆饼、菜籽饼、动物下脚料等，搭配少量配合饲料，散投在四周浅水区为佳；后期可在集鱼坑多投喂一些饵料，利于集中捕捞。在水稻田放养泥鳅，可以利用田中蚯蚓、摇蚊幼虫、水蚤和杂草等天然饵料生物，投喂少量的饲料，就可获得较好的经济效益。

（4）水质管理：需保持稻田水质清新。若发现水色变浓，要及时换水，水深保持30cm左右。在高温季节，要加深水位，防止泥鳅缺氧。水稻分蘖前，用水适当浅些，以促进水稻生根分蘖，水稻拔节期也需要适当加深水位。养殖前期每隔3 ~5天注水1次，中后期每周注水1次，每次6 ~10cm；同时，每隔20 ~30天施用益生菌微生物制剂（如活水宝、EM原露等），维护水体微生态平衡，给泥鳅提供健康、生态的生活空间。

（5）日常管理：主要是对田间巡查。每天检查田埂和进排水闸周围是否有漏洞，拦鱼网是否有损坏，防逃，防天敌入侵。经常观察泥鳅活动情况和水稻田水位是否合适，进排水口和鱼沟是否畅通。一般稻鳅模式下，很少有泥鳅疾病发生。若有，可参考池塘泥鳅养殖病害防治方法。泥鳅的主要疾病包括：水毒症、赤鳍病、打印病、寄生虫病等。在鱼病多发季节，每半个月生石灰按20g/m^{3}或漂白粉1g/m^{3}水体用量泼洒一次，每个月按晶体敌百虫0.5g/m^{3}的用量泼洒一次，敌百虫上午用，生石灰等在下午用。每15天投喂一次药饵，及时对症治疗。

4. 稻鳖养殖技术

（1）规范技术操作。在操作上，规范养殖沟溜比例在8% ~10%，以确保在粮食不减产的前提下发挥水产品最大生产效能；养殖沟溜种草投螺，沉水植物和浮水植物各占沟面积的1/5 ~1/3，每亩投放活螺蛳100 ~200kg；田间管理精心细致，特别是加强稻秧栽插、施肥、病虫害防治、饲料投喂等关键环节管理。

（2）水稻的栽种。秧苗一般在6月中旬前后开始栽种。采用宽窄行模式，为了水稻的高产，要充分边坡优势，做到控制苗数、增大穗。为了方便机械收割，一定要拷好田。拷田的时候，鳖就会陆续从田间爬向水沟。采取浅水栽插、宽窄行栽种的方法，以便于1kg左右的成鳖在稻田间正常活动，移植密度以30 ×15cm为宜。在栽培技术方面要围绕“防倒”进行，采用“二控一防技术”，即：一控肥，整个生长期不施肥；二控水，方法是早搁田控苗，分蘖末期达到80%穗数苗时重搁，使稻根深扎；后期干湿灌溉，防止倒伏。

（3）鳖种投放。鳖种投放时间应视鳖种来源而定。土池鳖种应在5月中下旬的晴天进行，温室鳖种应在秧苗栽插后的6月中下旬（水温稳定在25℃左右）投放，放养密度在100只/亩左右。鳖种必须雌雄分开养殖，否则自相残杀相当严重，会严重影响成鳖的成活率。由于雄鳖比雌鳖生长速度快且售价更高，有条件的地方建议投放全雄鳖种。在田间沟内还要放养适量白鲢寸片，以调节水质。

（4）饵料投喂。鳖为偏肉食性的杂食性动物。为了提高鳖的品质，所投喂的饲料应以低价的鲜活鱼或加工厂、屠宰场下脚料为主。温室鳖种要进行10 ~15天的饵料驯食，驯食完成后不再投喂人工配合饲料。鳖种入池后即可开始投喂，日投喂量为鳖体总重的5% ~10%，每天投喂1次 ~2次，一般以1.5小时左右吃完为宜，具体的投喂量视水温、天气、活饵（螺蛳、小龙虾）等情况而定。有条件的地方可以设置太阳能黑光灯杀虫器，为鳖和小龙虾的生长补充营养丰富的天然动物性饵料。

5. 稻－虾连作、共作技术

由于小龙虾的穴居性，适宜在平原区稻田开展。

（1）稻－小龙虾连作：9月下旬，在稻谷收割后，放水淹田，将小龙虾的种虾投放入稻田内，让其自行繁殖，小龙虾养殖至第二年的5月至6月上旬起捕上市。在水稻种植上，单独选择秧苗培育田块，5月10日开始育秧苗，35日秧龄；6月15日至6月20日插秧。水稻到9月中下旬收割，进行下一轮稻虾连作。

每年7～9月间，在稻田中投放抱卵亲虾，亩投放量为20～25kg；在小龙虾捕捞后期（5月底后），不将稻田小龙虾捕获干净，而是留下部分规格在25～30g/尾的小龙虾作为稻田次年的虾种。留种要求："前期捕大留小，后期捕小留大"，留存量约为15～20kg；每年3月后，根据稻田幼虾密度，就近收集幼虾适当进行种苗补充；

（2）稻－小龙虾共作：在虾稻连作后期（6月上旬插秧前），将稻田中未达到商品规格的小龙虾继续留在田内，使其过渡到与栽插后的水稻一同生长。上年8～10月在稻田中投放抱卵亲虾，当年5月不捕捞干净，留下小龙虾作为次年虾种；次年3月后再根据稻田幼虾密度适度补苗。配套采用免耕抛秧技术。3月下旬投入小龙虾苗，8月中旬捕获。

三、池塘养殖水质改良关键技术与应用

1. 种类和使用方法

（1）光合细菌：菌体本身含60%以上的蛋白质且富含多种维生素，可促进水产养殖动物生长；它以光和热为能源，将水体中的氢分离出来，变有害物为无害物质，以改良水质。水产生产上经常使用的为红假单胞菌。目前产品的剂型有水剂和粉剂两种，通常水剂的活菌含量为每毫升 3×10^{9} 个，而粉剂活菌含量为每毫升 1×10^{11} 个。水剂加入抑制剂后有效期为3～4个月，而粉剂经特殊加工后有效期为12个月，生产上肥水时可与有机肥或无机肥混合后泼洒，调节水质时与吸附剂合剂使用效果较明显。

光合细菌宜掌握在水温20℃以上时使用。在水温28～36℃、pH偏碱（7.5～8.5）时，光合细菌生长较好。低温及阴雨天不宜使用。养殖户在使用光合细菌改善水质时，可选在晴天上午进行，光合细菌用沸石粉吸附后泼洒能提高使用效果。

在池塘使用时，每立方米水体2～5g光合细菌拌细碎的干肥泥土粉均匀撒入鱼池，以后每隔20天左右，每立方米水体用1～2g光合细菌兑水后全池泼洒。虾池每立方米水体用5～10g光合细菌拌细碎的干肥泥土粉均匀撒入池，以后每隔20天左右，每立方米水体用2～10g光合细菌兑水后全池泼洒。用于饲料添加投喂鱼虾时，按1%的比例拌入。用于疾病防治时，可连续使用，每立方米水体鱼池用1～2g、虾池用5～10g兑水后全池泼洒。在池塘施用粪肥或化肥时，配2～5g光合细菌效果更为明显，可避免肥料用量过大、水质难以把握的缺点，并可防止藻类老化造成水质变坏。

水瘦时要先施肥再使用光合细菌，这样有利于保持光合细菌在水体中的活力和繁殖优势，降低使用成本。此外，酸性水体不利于光合细菌生长，应先泼洒适量生石灰乳，调节水体pH为7左右后再使用光合细菌。

药物对光合细菌制剂的活体细菌有杀灭作用，因此不能与消毒杀菌剂同时使用。水体消毒需经过一周后方可使用。

成品菌液应先逐渐降温而后存放在温度较低（15℃以下）并有一定光照的地方（每天2小时以上），然后逐渐减少光照，再置于阴凉避光处。菌液开始发黑并有恶臭味可能

是活菌死亡腐败所致，使用效果不佳。

（2）硝化细菌：这是一种好氧菌，在水体中是降解氮和亚硝酸盐的主要细菌之一。主要有硝化细菌和亚硝化细菌2个类群，目前产品的剂型有水剂和粉剂两种，通常水剂的活菌含量为每毫升1×10^9个，而粉剂活菌含量为每毫升1×10^4个。水剂有效期为7~10天，而粉剂经特殊包装后有效期在6~12个月。生产上硝化细菌繁殖速度较慢，20多小时才能繁殖一代，一般情况需投放后4~5天才可见明显效果，因此要提前使用。

（3）芽孢杆菌：它是一种化能异氧菌，目前用于水产养殖业主要是枯草芽孢杆菌，产品剂型为固体粉剂，通常活菌含量为每毫升$1\times10^9\sim2\times10^9$个，有效期12个月左右。使用前要活化培养，采用原池水加少量红糖或蜂蜜，浸泡4~5小时后全池泼洒，泼洒时同时开动增氧机。

（4）蛭弧菌：它是一种寄生于其他细菌细胞内并能使其裂解的一类细菌，生产上主要用来净化水体，减少水体致病微生物数量，降低鱼虾蟹染病率和控制病害的发生。生产上运用的品种为嗜水气单胞菌噬菌蛭弧菌，产品剂型为水剂，活菌含量为每毫升1×10^9个。

（5）乳酸菌：它是一种厌氧或微缺氧菌，pH为3~4.5时仍可生长繁殖，在养殖动物的肠道内定植，合成维生素，辅助食物消化，促进营养物质吸收，克服腐败过程，生产上作为饲料添加剂。

（6）双歧杆菌：它是一种厌氧菌，最适生长温度为37~50℃，pH>8.0时不生长，具有维持肠道菌群平衡，治疗肠道功能紊乱，抗肿瘤和免疫调节功能；在生产上可以用于鱼类、甲鱼等爬行类的饲料添加，增加免疫能力。

（7）放线菌：目前水产生产上运用的主要是嗜热性放线菌，对于养殖水体中的氨氮降解及增加溶氧和稳定pH值有较好效果，尤其在甲鱼温室养殖运用更佳，与光合细菌合用效果更好。

（8）酵母菌：酵母细菌富含蛋白质、核酸、维生素等营养成分，适口性好，可促进养殖对象摄食，提高消化吸收率，增强抗病力。泼洒外用能有效分解溶于池水中的糖类，迅速降低水体中生物耗氧量，改善水质。

（9）EM：它主要由光合细菌、乳酸菌群、酵母菌群、放线菌群、丝状菌群等5科10属80余种有益菌种复合而成，目前水产上只有7~8个菌种组成，在效果上尚未达到EM菌的设计要求。产品剂型以水剂为主，有效活菌数标准为每毫升2×10^9个。在水质恶化池塘可全池泼洒EM菌，增加溶解氧，降低氨、硫化氢等有害物质，改善水质。EM和一般生物制剂相比，具有结构复杂、性能稳定、功能齐全的优势。使用方法主要有两种：一是饵料搅拌投喂；二是加等量红糖后加20~100倍干净水混合后全池泼洒，具体用量等参照各品牌说明书。

2. 影响微生态制剂使用效果的环境因子

（1）温度。温度是控制微生物生长的重要因素。微生物的生长受低温限制，最适生长温度范围很窄，温度太高也会影响生长，高温可以达到致死点。使用微生态制剂一般要求水温不低于15℃，适温范围内，水温越高效果越明显，25~30℃使用效果最佳。

（2）溶解氧。泼洒型微生态制剂为好氧菌，其呼吸需要氧的持续供应。空气中的氧不容易进入池塘底部，因而，投放时同时开启增氧机，或结合对氧要求不高的EM菌一起投放。

（3）pH 值。每一种微生物的生长有其最合适的 pH 值。一般 pH 为 7 ~ 8 时细菌生长最旺盛；如池塘水质偏酸时，可采用投放生石灰或降酸微生物来提高 pH 值。

四、池塘高效增氧技术

材料与安装：微孔管道增氧系统包括主机、主管道和充气管道等部分组成。

1. 主机：选择罗茨鼓风机，因为它具有寿命长、送风压力高、送风稳定性和运行可靠性强的特点。罗茨鼓风机国产规格有 7. 5kW、5. 5kW、3. 0kW、2. 2kW 四种；日本生产的规格一般有 7. 5kW、5. 5kW、3. 7kW、2. 2kW 等。

2. 主管道：有两种选择，一是镀锌管，二是 PVC 管。由于罗茨鼓风机输出的是高压气流，因此温度很高，多数养殖户采用镀锌管与 PVC 管交替使用。这就既保证了安全，又降低了成本。

3. 充气管道：主要有三种，分别是 PVC 管、铝塑管和微气孔管（又称纳米管），其中以 PVC 管和微孔管为主。从实际应用情况看，PVC 管和微孔管各有优缺点，主要表现在：一是微气孔管曝气效果好，PVC 管经打孔后曝气均匀度较差；二是 PVC 管材料组织容易。PVC 管在各种管道材料店都有经销，质量从饮用水级到电工用管都可；三是 PVC 管成本低。与微孔管配置要求相比，每亩成本约减少 300 ~ 400 元（管子成本减少 280 元/亩，主机成本分摊后减少 80 元/亩）。

4. 安装：安装示意图如图 4 －2。

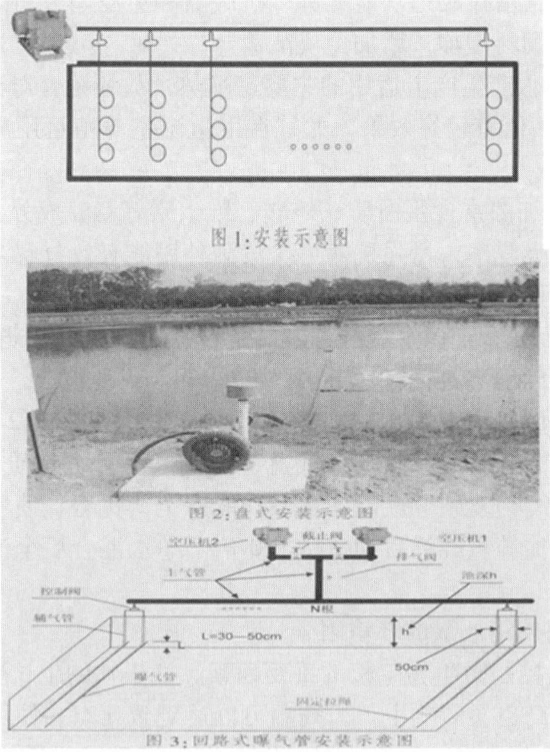

图 4 －2　增氧安装示意图

回路式安装图说明：

①建议空压机两台，一用一备；②截止阀用于连通或截断通道；③排气阀用于调整气压和开机时排气；④主气管可根据需要选用 PVC 给水管或钢质材料管；⑤控制阀用于调节单管的出气量；⑥轴管可选用橡胶管或增强塑料管；⑦回路安装时需在池底安装固定拉索；⑧图中的尺寸为安装的标注尺寸；⑨PVC 管的出气孔孔径太大，影响增氧效果。一般气孔以 0.6mm 大小为宜。

表 4 – 1　渔用配合饲料的安全指标限量

项目	限量	适用范围
铅（以 Pb 计）/（mg/kg）	≤5.0	各类渔用配合饲料
汞（以 Hg 计）/（mg/kg）	≤0.5	各类渔用配合饲料
无机砷（以 As 计）/（mg/kg）	≤3	各类渔用配合饲料
镉（以 Cd 计）/（mg/kg）	≤3 ≤0.5	海水鱼类、虾类配合饲料 其他渔用配合饲料
铬（以 Cr 计）/（mg/kg）	≤10	各类渔用配合饲料
氟（以 F 计）/（mg/kg）	≤350	各类渔用配合饲料
游离棉酚/（mg/kg）	≤300 ≤150	温水杂食性鱼类、虾类配合饲料 冷水性鱼类、海水鱼类配合饲料
氰化物/（mg/kg）	≤50	各类渔用配合饲料
多氯联苯/（mg/kg）	≤0.3	各类渔用配合饲料
异硫氰酸酯/（mg/kg）	≤500	各类渔用配合饲料
噁唑烷硫酮/（mg/kg）	≤500	各类渔用配合饲料
油脂酸价（KOH）/（mg/kg）	≤2 ≤6 ≤3	渔用育苗配合饲料 渔用育成配合饲料 鳗鲡育成配合饲料
黄曲霉素 B_1/（mg/kg）	≤0.01	各类渔用配合饲料
六六六/（mg/kg）	≤0.3	各类渔用配合饲料
滴滴涕/（mg/kg）	≤0.2	各类渔用配合饲料
沙门氏菌/（cfu/25g）	不得检出	各类渔用配合饲料
霉菌/（cfu/g）	$\leq 3\times10^4$	各类渔用配合饲料

表 4 – 2　食品动物禁用的兽药及其他化合物清单

序号	兽药及其他化合物名称	禁止用途	禁用动物
1	钘 SymbolbA@ – 兴奋剂类：克仑特罗、沙丁胺醇、西马特罗及其盐、酯及制剂	所有用途	所有食品动物
2	性激素类：乙烯雌酚及其盐、酯及制剂	所有用途	所有食品动物

（续表）

序号	兽药及其他化合物名称	禁止用途	禁用动物
3	具有雌激素样作用的物质：玉米赤霉醇、去甲雄三烯醇酮醋酸甲孕酮、及制剂	所有用途	所有食品动物
4	氯霉素及其盐、酯（包括：琥珀氯霉素）及制剂	所有用途	所有食品动物
5	氨苯砜及制剂	所有用途	所有食品动物
6	硝基呋喃类：呋喃唑酮、呋喃它酮、呋喃苯烯酸钠及制剂	所有用途	所有食品动物
7	硝基化合物：硝基酚钠、硝呋烯腙 Nitrovin 及制剂	所有用途	所有食品动物
8	催眠、镇静类：安眠酮及制剂	所有用途	所有食品动物
9	林丹（丙体六六六）	杀虫剂	水生食品动物
10	毒杀芬（氯化烯）	杀虫剂、清塘剂	水生食品动物
11	呋喃丹（克百威）	杀虫剂	水生食品动物
12	杀虫脒（克死螨）	杀虫剂	水生食品动物
13	双甲脒 Amitraz	杀虫剂	水生食品动物
14	酒石酸锑钾	杀虫剂	水生食品动物
15	锥虫胂胺	杀虫剂	水生食品动物
16	孔雀石绿	抗菌、杀虫剂	水生食品动物
17	五氯酚酸钠	杀螺剂	水生食品动物
18	各种汞制剂，包括：氯化亚汞（甘汞）、硝酸亚汞、醋酸汞、吡啶基醋酸汞	杀虫剂	动物
19	性激素类：甲基睾丸酮、丙酸睾酮、苯丙酸诺龙、苯甲酸雌二醇及其盐、酯及制剂	促生长	所有食品动物
20	催眠、镇静类：氯丙嗪、地西泮（安定）及其盐、酯及制剂	促生长	所有食品动物
21	硝基咪唑类：甲硝唑、地美硝唑及其盐、酯及制剂	促生长	所有食品动物

表4－3 渔用药物使用方法

渔药名称	用途	用法与用量	休药期（天）	注意事项
氧化钙（生石灰）calciioxydum	用于改善池塘环境，清除敌害生物及预防部分细菌性鱼病	带水清塘：200～250mg/L（虾类：350～400mg/L） 全池泼洒：20mg/L（虾类：15～30mg/L）		不能与漂白粉、有机氯、重金属盐、有机络合物混用
漂白粉 bleaching powder	用于清塘、改善池塘环境及防治细菌性皮肤病、烂鳃病出血病	带水清塘：20mg/L 全池泼洒：1.0～1.5mg/L	≥5	1. 勿用金属容器盛装； 2. 勿与酸、铵盐、生石灰混用
二氯异氰尿酸钠 sodium dichloroisocyanurate	用于清塘及防治细菌性皮肤溃疡病、烂鳃病、出血病	全池泼洒：0.3～0.6mg/L	≥10	勿用金属容器盛装
三氯异氰尿酸 trichlorosisocyanuric acid	用于清塘及防治细菌性皮肤溃疡病、烂鳃病、出血病	全池泼洒：0.2～0.5mg/L	≥10	1. 勿用金属容器盛装； 2. 针对不同的鱼类和水体的pH，使用量应适当增减
二氧化氯 chlorine dioxide	用于防治细菌性皮肤病、烂鳃病、出血病	浸浴：20～40mg/L，5～10min 全池泼洒：0.1～0.2mg/L，严重时0.3～0.6mg/L	≥10	1. 勿用金属容器盛装； 2. 勿与其他消毒剂混用
二溴海因	用于防治细菌性和病毒性疾病	全池泼洒：0.2mg/L～0.3mg/L		
氯化钠（食盐）sodium choiride	用于防治细菌、真菌或寄生虫疾病	浸浴：1%～3%，5～20min		
硫酸铜（蓝矾、胆矾、石胆）copper sulfate	用于治疗纤毛虫、鞭毛虫等寄生性原虫病	浸浴：8mg/L（海水鱼类：8～10mg/L），15～30min 全池泼洒： 0.5～0.7mg/L（海水鱼类：0.7～1.0mg/L）		1. 常与硫酸亚铁合用； 2. 广东鲂慎用； 3. 勿用金属容器盛装； 4. 使用后注意池塘增氧； 5. 不宜用于治疗小瓜虫病
硫酸亚铁（硫酸低铁、绿矾、青矾）ferrous sulphate	用于治疗纤毛虫、鞭毛虫等寄生性原虫病	全池泼洒：0.2mg/L（与硫酸铜合用）		1. 治疗寄生性原虫病时需与硫酸铜合用； 2. 乌鳢慎用

（续表）

渔药名称	用途	用法与用量	休药期（天）	注意事项
高锰酸钾（锰酸钾、灰锰氧、锰强灰）potassium permanganate	用于杀灭锚头鳋	浸浴：10 ~ 20mg/L，15 ~ 30min 全池泼洒：4 ~ 7mg/L		1. 水中有机物含量高时药效降低； 2. 不宜在强烈阳光下使用
四烷基季铵盐络合碘（季铵盐含量为50%）	对病毒、细菌、纤毛虫、藻类有杀灭作用	全池泼洒：0.3mg/L（虾类相同）		1. 勿与碱性物质同时使用； 2. 勿与阴性离子表面活性剂混用； 3. 使用后注意池塘增氧； 4. 勿用金属容器盛装
大蒜 crow's treacle，garlic	用于防治细菌性肠炎	拌饵投喂：10 ~ 30g/kg 体重，连用 4 ~ 6 天（海水鱼类相同）		
大蒜素粉（含大蒜素 10%）	用于防治细菌性肠炎	0.2g/kg 体重，连用 4 天 ~ 6 天（海水鱼类相同）		
大黄 medicinal rhubarb	用于防治细菌性肠炎、烂鳃	全池泼洒：2.5 ~ 4.0mg/L（海水鱼类相同） 拌饵投喂：5 ~ 10g/kg 体重，连用 4 ~ 6 天（海水鱼类相同）		投喂时常与黄芩、黄柏合用（三者比例为 5:2:3）
黄芩 raikai skullcap	用于防治细菌性肠炎、烂鳃、赤皮、出血病	拌饵投喂：2 ~ 4g/kg 体重，连用 4 ~ 6 天（海水鱼类相同）		投喂时常与大黄、黄柏合用（三者比例为 2:5:3）
黄柏 amur corktree	用防防治细菌性肠炎、出血	拌饵投喂：3 ~ 6g/kg 体重，连用 4 ~ 6 天（海水鱼类相同）		投喂时常与大黄、黄芩合用（三者比例为 3:5:2）
五倍子 Chinese sumac	用于防治细菌性烂鳃、赤皮、白皮、疖疮	全池泼洒：2 ~ 4mg/L（海水鱼类相同）		
穿心莲 common andrograpHis	用于防治细菌性肠炎、烂鳃、赤皮	全池泼洒：15 ~ 20mg/L 拌饵投喂：10 ~ 20g/kg 体重，连用 4 ~ 6 天		
苦参 lightyellow sophora	用于防治细菌性肠炎、竖鳞	全池泼洒：1.0 ~ 1.5mg/L 拌饵投喂：1 ~ 2g/kg 体重，连用 4 ~ 6 天		

（续表）

渔药名称	用途	用法与用量	休药期（天）	注意事项
土霉素 oxytetracycline	用于治疗肠炎病、弧菌病	拌饵投喂：50 ~ 80mg/kg 体重，连用4 ~6 天（海水鱼类相同，虾类：50 ~ 80mg/kg 体重，连用5 ~10 天）	≥30（鳗鲡）≥21（鲶鱼）	勿与铝、镁离子及卤素、碳酸氢钠、凝胶合用
噁喹酸 oxolinic acid	用于治疗细菌肠炎病、赤鳍病、香鱼、对虾弧菌病，鲈鱼结节病，鲱鱼疖疮病	拌饵投喂：10 ~ 30mg/kg 体重，连用5 ~7 天（海水鱼类1 ~ 20mg/kg 体重；对虾：6 ~60mg/kg 体重，连用5 天）	≥25（鳗鲡）≥21（鲤鱼、香鱼）≥16（其他鱼类）	用药量视不同的疾病有所增减
磺胺嘧啶（磺胺哒嗪）sulfadiazine	用于治疗鲤科鱼类的赤皮病、肠炎病，海水鱼链球菌病	拌饵投喂：100mg/kg 体重连用5 天（海水鱼类相同）		1. 与甲氧苄氨嘧啶（TMP）同用，可产生增效作用； 2. 第一天药量加倍
磺胺甲噁唑（新诺明、新明磺）sulfamethoxazole	用于治疗鲤科鱼类的肠炎病	拌饵投喂：100m/kg 体重，连用5 天 ~7 天		1. 不能与酸性药物同用； 2. 与甲氧苄氨嘧啶（TMP）同用，可产生增效作用； 3. 第一天药量加倍
磺胺间甲氧嘧啶（制菌磺、磺胺 −6 −甲氧嘧啶）sulfamonomethoxine	用鲤科鱼类的竖鳞病、赤皮病及弧菌病	拌饵投喂：50 ~ 100mg/kg 体重，连用4 ~6 天	≥37（鳗鲡）	1. 与甲氧苄氨嘧啶（TMP）同用，可产生增效作用； 2. 第一天药量加倍
氟苯尼考 florfenicol	用于治疗鳗鲡爱德华氏病、赤鳍病	拌饵投喂：10.0mg/kg 体重，连用4 ~6 天	≥7（鳗鲡）	
聚维酮碘（聚乙烯吡咯烷酮碘、皮维碘、PVP −1. 伏碘）（有效碘 1.0%）povidone − iodine	用于防治细菌烂鳃病、弧菌病、鳗鲡红头病。并可用于预防病毒病：如草鱼出血病、传染性胰腺坏死病、传染性造血组织坏死病、病毒性出血败血症	全池泼洒：海、淡水幼鱼、幼虾：0.2 ~0.5mg/L 海、淡水成鱼、成虾：1 ~ 2mg/L 鳗鲡：2 ~4mg/L 浸浴： 草鱼种：30mg/L，15 ~20min 鱼卵： 30 ~50mg/L（海水鱼卵25 ~ 30mg/L），5 ~15min		1. 勿与金属物品接触； 2. 勿与季铵盐类消毒剂直接混合使用

注：①用法与用量栏未标明海水鱼类与虾类的均适用于淡水鱼类。②休药期为强制性。

表 4－4　淡水养殖用水水质要求

序号	项目	标准值
1	色、臭、味	不得使养殖水体带有异色、异臭、异味
2	总大肠菌群，个/L	≤5000
3	汞，mg/L	≤0.0005
4	镉，mg/L	≤0.005
5	铅，mg/L	≤0.05
6	铬，mg/L	≤0.1
7	铜，mg/L	≤0.01
8	锌，mg/L	≤0.1
9	砷，mg/L	≤0.05
10	氟化物，mg/L	≤1
11	石油类，mg/L	≤0.05
12	挥发性酚，mg/L	≤0.005
13	甲基对硫磷，mg/L	≤0.0005
14	马拉硫磷，mg/L	≤0.005
15	乐果，mg/L	≤0.1
16	六六六（丙体），mg/L	≤0.002
17	DDT，mg/L	≤0.001

第三篇 养蜂生产专业知识

第一章　养蜂生产基础知识

第一节　蜜蜂品种、品系和配套系概念

一、蜜蜂品种

蜜蜂品种的概念与畜牧业中畜禽品种概念完全不同。通常所说的蜜蜂品种实际上是指分布在不同的地理区域的同一种蜜蜂，由于地理上的隔离，通过长期自然选择而形成的亚种，因此也称为地理品种或自然品种或原始品种。通常所称的中华蜜蜂和印度蜜蜂即是东方蜜蜂种下的不同亚种或地理品种。

家畜、家禽品种多是在人类的干预下形成的，是人类有目标、有计划选育的产物。而蜜蜂的地理品种是在大自然的干预下形成的，是自然长期选择的结果。目前饲养的大多数蜜蜂品种实际上是地理亚种。蜜蜂的不同地理品种之间，存在着显著的区别，代表着不同的遗传型，适应于不同的环境；甚至在一个地理品种内，尚存在着适应于特殊环境条件（气候、蜜源和病、敌害等）的不同生态类型。中华蜜蜂亚种下又可分为华南生态型、华北生态型等。蜜蜂的形态特征，是区别品种的依据。

二、蜜蜂品系

品系是指同一品种的蜜蜂长期生活在不同的生态环境中形成的不同的生态型。同一品种的蜜蜂，通过人工选育而形成的某些经济性状不同于该品种的新类型，称为新品系。

三、蜜蜂配套系

配套系是指用两个或两个以上的品种或品系进行杂交组配而成的杂交种蜜蜂。

第二节　蜜蜂遗传资源保护与利用

一、遗传资源种类

蜜蜂是营社会性群体生活的昆虫，具有惊人的适应性，已成为全球性的经济昆虫。世界各地蜜蜂品种繁多，遗传资源丰富。目前我国蜜蜂遗传包括中蜂遗传资源、西蜂遗传资源和其他蜜蜂遗传资源。

（一）中蜂遗传资源

中蜂遗传资源包括北方中蜂、华南中蜂、华中中蜂、云贵高原中蜂、长白山中蜂、海南中蜂、阿坝中蜂、滇南中蜂和西藏中蜂。

（二）西蜂遗传资源

西蜂遗传资源包括西蜂驯化品种：浙江浆蜂（平湖浆蜂或萧山浆蜂）、东北黑蜂、新疆黑蜂和珲春黑蜂。培育品种：喀（阡）黑环系蜜蜂品系、浙农大 1 号意蜂品系、白山 5 号蜜蜂配套系、国蜂 213 配套系、国蜂 414 配套系、松丹蜜蜂配套系和晋蜂 3 号配套系。引入品种：意大利蜂、美国意大利蜂、澳大利亚意蜂、卡尼鄂拉蜂、高加索蜂、安纳托利亚蜂、喀尔巴阡蜂和塞浦路斯蜂。

（三）其他蜜蜂遗传资源

其他蜜蜂遗传资源包括大蜜蜂、黑大蜜蜂、小蜜蜂、黑小蜜蜂、熊蜂属、无刺蜂属、切叶蜂属和壁蜂属等。

（四）四川中蜂遗传资源

我省地形、地貌复杂，气候类型多种多样，蜜粉源植物资源丰富，中蜂的种类和数量多，遗传资源丰富。目前有盆地种群、阿坝种群、凉山种群等 3 个大种群和巴塘种群、得荣种群、雅江种群等 3 个独立的小种群。

盆地种群主要分布在天全、青川、中江、万源、峨眉山、古蔺、华蓥和平昌等地。阿坝种群主要分布在马尔康、壤塘、小金、九寨沟、理县和宝兴等。凉山种群主要分布在九龙、盐源、会东、越西和稻城等地。巴塘、雅江和得荣 3 个独立小种群分布在当地。

二、遗传资源保护

蜜蜂遗传资源的保护方式采取活体保种和遗传材料保存。以中华蜜蜂为主要保护对象，通过建立保种场和保护区相结合的形式进行保种。

（一）保种场的建立

保种场应建在原产地或与原产地自然生态条件一致或相近的区域；场址地势要高燥、背风向阳、排水良好、小气候适宜的场所。蜂场周围要有丰富的蜜粉源植物。保种蜂群至少 60 箱以上。

（二）保护区的建立

保护区应设在蜜蜂遗传资源的中心产区，保护区内应有 2 个以上保种群，保种群之间的距离不小于 3km；设立自然交尾隔离区，其中，山区隔离区半径距离不小于 12km，平原隔离区半径距离不小于 16km；保护区蜜蜂遗传资源保护数量不少于 300 群。保护区内禁止一切外来蜂种进入。

三、遗传资源利用

1. 对蜜蜂遗传资源品种的形态特征、生物学特性和生产性能进行全面研究评价。在养蜂生产中推广利用，一是直接用于生产，二是进行经济杂交利用。

2. 利用蜜蜂遗传资源选育新品种（品系）。采用杂交、分子标记辅助选育技术、分子聚合育种等技术，培育中蜂优良新品系。

第三节 蜜蜂的营养与饲料

一、蜜蜂的营养功能

蜜蜂将摄入食物中的各营养物质消化吸收，进入蜜蜂的血淋巴，为蜜蜂生长发育、生命活动提供能源。蜜蜂需要的营养物质主要有碳水化合物、蛋白质、脂类、维生素、矿物质、水六大类。

蜜蜂的营养不足或各营养素的比例失调，会使蜜蜂个体发育不良，抗逆力减弱，寿命缩短，采集力和泌浆力下降，严重的导致蜂群死亡。如果巢内缺蜜，全群蜜蜂会因饥饿而死亡；如果巢内缺粉，会影响蜜蜂的发育和蜂群的发展。

二、蜜蜂的饲料

蜜蜂的饲料主有糖饲料和蛋白质饲料两大类。花蜜和花粉是蜜蜂最适宜的食物，花蜜为蜜蜂提供碳水化合物作为能源，花粉为蜜蜂提供生长发育所需的蛋白质、脂肪、维生素、矿物质等。在蜜粉源不足时，需要给蜜蜂饲喂糖饲料和蛋白质饲料。蜜蜂饲料的原料必须优质、安全、可靠，不可使用来历不明的原料。首次使用的饲料应配制少量，选1~2群蜂进行2~3次试喂，确认蜂群正常后，再进行全场饲喂。

蜜蜂的糖饲料是以蔗糖和由蔗糖水解的葡萄糖、果糖为主，包括蜂蜜、白砂糖、高果糖浆等。蜜蜂蛋白质饲料有蜂花粉和人工蛋白质饲料，以新鲜蜂花粉最佳。

三、蜂群的饲喂

在蜂群巢内饲料贮存不足，或需促进蜂王产卵、工蜂育虫、蜜蜂授粉、王浆生产以及提高诱王和蜂群的成功率等时进行饲喂。

（一）饲喂糖饲料

主要以蜂蜜和蔗糖配制的糖液。蜜源缺乏季节，对蜂群进行补助饲喂高浓度蜂蜜或蔗糖液，蜂蜜3~4份或蔗糖2份，兑水1份，以文火化开，放凉后于傍晚饲喂。为刺激蜂王产卵、工蜂泌浆育虫等，对蜂群进行奖励饲喂，糖饲料浓度稀一些，蜂蜜2份或蔗糖1份，兑水1份，每日饲喂量，意蜂0.2~0.5kg，中蜂0.1~0.3kg。

（二）饲喂蛋白质饲料

用蜂花粉和人工蛋白质饲料饲喂蜂群，主要方法有补充花粉脾、干粉箱外饲喂、灌脾饲喂、湿花粉团饲喂、液态饲喂等。一般是将花粉经糖液充分浸泡后，搅拌成面团状，搓成长条形，放于框梁上，蜜蜂自行取食。

（三）喂水

在蜂场设置自动饲水器或铺有砂石的水盆，供蜜蜂采水，早春或晚秋，为防止采水蜂低温飞出造成冻死，可采取巢门喂水法，即塑料瓶盛满水后，瓶口引一根棉纱带，让蜜蜂在棉纱带上吸水。夏季因蜜蜂需水量大，可用饲喂器或空脾灌满净水后放于隔板外侧，供蜜蜂食用。

（四）喂盐

给蜂群喂盐多与喂水和饲喂糖饲料相结合。一是在净水中加入 0.5% 的食盐进行饲喂。二是在 1 升 60% 的糖水中加入 0.5g 食盐进行饲喂。

第二章　养蜂生产

第一节　蜜蜂的生物学特性

一、工蜂、蜂王和雄蜂

（一）三型蜂

蜂群一般由一只蜂王、千百只雄蜂和数万只工蜂组成，蜂王、工蜂和雄蜂三种类型的蜜蜂，在养蜂学中统称为“三型蜂”。蜂王和工蜂都属于雌性蜜蜂，只有蜂王有生育能力，工蜂卵巢退化不能生育。

（二）蜜蜂的生长发育

蜜蜂的生长发育要经历卵、幼虫、蛹、成蜂四个阶段。蜂王、工蜂和雄蜂各发育阶段因蜂种的不同而有所差异（见表2－1）。蜂王和工蜂都是由受精卵发育而来，从卵孵化后幼虫期前3天取食蜂王浆，之后取食蜂蜜和蜂花粉则发育成工蜂；若孵化后在整个发育阶段都食用王浆，则发育为蜂王。雄蜂是由未受精卵发育而成，在幼虫期前3天取食蜂王浆，以后一直取食蜂蜜和蜂花粉。

表2－1　中蜂与意蜂的发育历期

类型	中　蜂（天）			意　蜂（天）		
	蜂王	工蜂	雄蜂	蜂王	工蜂	雄蜂
卵	3	3	3	3	3	3
未封盖幼虫	5	6	7	5	6	7
封盖期	8	11	13	8	12	14
发育历期	16	20	23	16	21	24

（三）蜜蜂的寿命

工蜂寿命是决定蜜蜂群势和蜂群生产能力的重要因素。工蜂平均寿命：繁殖季节为35天，流蜜期28天，越冬蜂寿命可长达150天。蜂王寿命3～5年。雄蜂一般在蜂群繁殖季节出现，夏季寿命3～4个月，冬季8～10个月，有效交配期为12～27天。

（四）蜜蜂的分工

蜜蜂属于社会性昆虫，具有明确的劳动分工与合作。蜂王在蜂群中专司产卵，不再从事其他任何工作。工蜂在蜂群中承担哺育、饲喂、清理巢房、筑巢、守卫、采集、酿造、通风、调节巢内温湿度、照料蜂王等巢内外全部工作，工蜂的劳动分工由年龄、遗传和环境等因素综合决定。雄蜂的主要职能是在巢外空中与婚飞的处女蜂王进行交配，此外不承担其他任何工作。

二、蜜蜂的外部形态

蜜蜂的体躯分为头部、胸部和腹部三个体段，胸部有前、中、后三对足。蜜蜂体表密生绒毛，具有护体和保温作用，头部和胸部的绒毛呈羽状分叉，有利于采集花粉和促进植物授粉。

蜜蜂头部具有一对复眼和三个单眼，能识别红色以外的颜色，可看到紫外光；一对触角可精确感受温度变化、识别气味；蜜蜂口喙也称吻，是蜜蜂采蜜、酿蜜、采水和饲喂的吮吸和外吐器官。

蜜蜂胸部有两对翅和三对足，翅是蜜蜂飞行的主要器官，还可用于扇风调节巢内温湿度、促进稀蜜浓缩及振动发声以传递信息等。蜜蜂的足主要有行走和爬附功能，还有采集和携带花粉的重要功能。

蜜蜂的腹部是蜜蜂消化和生殖的中心，腹部下方具有分泌蜂蜡的蜡镜，尾部具有产卵器特化形成的螫针。

三、蜜蜂的巢温调节

蜂群具有调节巢温恒定的能力，单只蜜蜂属于变温动物，由成千上万只蜜蜂组成的蜂群具有类似于恒温动物调节体温的能力。蜂巢温度通常保持在最适合蜜蜂生长发育的34℃～35℃。当巢内温度过高时，工蜂就会四下散开，并在巢门扇动翅膀使空气流动起来，达到降温的效果；如果这种方法还不足以降温，采水蜂会采来水滴放在巢脾或箱壁，扇动翅膀促其蒸发，达到降温的目的。

四、蜜蜂的采集

蜜蜂主要采集花蜜、花粉、水和树脂、树胶等。采集蜂多为壮年蜂和老年蜂。采集花粉的工蜂多为毛较多的壮年蜂，采集水和树脂的工蜂多为老年蜂。在采集蜜粉前，由少数侦察蜂寻找蜜粉源，然后在巢内用蜂舞形式将信息传递给同群的其他工蜂，并根据蜜粉源多少，决定动员采集蜂的数量。蜜蜂在一次出勤中既可采集花蜜或花粉，也可同时采集蜜粉。

（一）采蜜

采蜜蜂回巢后，将蜜囊中的花蜜传递给贮蜜蜂，然后再出巢继续采集。蜜蜂个体采蜜量受蜂种、天气状况、蜜源集散程度、采集难易、花蜜含糖量、泌蜜量、飞行距离等因素影响，所以，蜜蜂个体的采蜜量在不同地区、不同蜜源测定的结果差别很大。蜜源植物泌蜜量大，花朵集中，花蜜含量高，采集容易，蜂巢距离蜜源近，蜜蜂采集的花蜜量就高。蜜蜂采蜜所需要的时间，取决于采集的难易程度，包括花朵的泌蜜量、飞行距离、蜜源的集中程度等。蜜蜂采集后，在花朵上留下标记性气味，避免其他蜜蜂重复采集，以提高采集效率。

（二）花粉的采集与贮存

蜜蜂采集花粉主要依靠蜂体表绒毛黏附花粉粒，然后用足上的跗刷、花粉耙等收集黏附在头部、胸部和腹部的花粉粒，并将花粉粒推进后足的花粉筐。采粉蜂携花粉团归巢后，在卵虫房上方或两侧靠近子圈的区域，寻找一个适合贮粉的空巢房或未装满的花粉房，将腹部和后足伸入巢房中，用中足基跗节将花粉团铲落在巢房中，并由内勤蜂咬碎夯实，并吐蜜润湿。贮存在巢房中的花粉，在养蜂学中的术语称为“蜂粮”。

蜜蜂采集花粉时，访花数目、采集时间和花粉团重量等与蜂种、蜜源种类、气候条件、巢内需求等因素有关。蜜蜂采粉多在早晨、阴天、雨后等相对湿度较大的天气中进行，干旱天气蜜蜂几乎采不到花粉。中蜂在一天采粉活动中采集多种植物的花粉，但在不同时间段内采粉具有相对的专一性。

（三）蜂胶采集

蜂胶是蜜蜂从树芽或松、柏科等植物的破伤部分采集树胶或树脂，混入工蜂上颚腺物质所形成的胶状物。蜜蜂采胶能力与品种有关，中蜂不采集蜂胶。在西方蜜蜂四大品种中，高加索蜂采胶能力最强，欧洲黑蜂和意大利蜂次之，卡尼鄂拉蜂最差。在蜂胶使用时，蜜蜂根据不同部位的需要，掺入不等的蜂蜡，使蜂胶有不同程度的硬度。

蜂胶在蜂巢中具有 5 方面的作用：①缩小巢门，堵塞蜂巢缝隙，御寒避敌；②包埋巢中入侵小动物的尸体；③作为蜂蜡改性剂，增加巢脾的强度；④连接各加固巢脾与框梁间的连接处；⑤为将要产卵的巢房消毒涂光。

（四）采水

流蜜期花蜜中含有的水分一般可满足蜂群的需要，蜂群采水多在流蜜期开始以前和高温干旱季节，特别是在早春哺育幼虫期间和南方越夏阶段，蜜蜂采水最为频繁。在蜜蜂饲养管理中适时为蜜蜂供水的意义重大：早春给蜂群饲水，可避免采水蜂冻僵巢外；越夏期间为蜂群供水，可减少蜜蜂出巢，延长蜜蜂寿命。

五、蜜蜂的行为

（一）筑巢行为

在野生状态下，蜜蜂营巢首先选择良好的蜜源、小气候适宜、飞行路线通畅的环境，然后再选择适宜的营巢场所，如洞穴、岩壁、树干、草茎等。蜂巢由单片或多片平行排列的巢脾构成，是蜂群繁衍生息和贮存食物的场所。巢脾纵向地面，由工蜂分泌的蜂蜡筑造。巢房可分为工蜂房、雄蜂房和王台，此外还有过渡型巢房和临时筑造的台基。

巢脾由工蜂自身分泌的蜂蜡筑造。自然蜂巢的巢脾从顶端附着的部位开始筑造，然后向下方延伸。人工蜂箱饲养的蜂群，加入巢础造脾，蜜蜂则在巢础两侧同时展开造脾活动。中蜂造脾多从靠近巢门处开始。

（二）信息传递

蜜蜂是社会性昆虫，其个体间存在信息交流，主要有“舞蹈”语言和信息素两种方式。蜜蜂舞蹈语言称之为蜂舞，是工蜂以一定方式摆动身体来表达某种信息的行为，能准确全面地表达蜜粉源的方向、距离、种类和数量。蜜蜂信息素是分泌到体外的化学物质，通过个体间相互接触、食物传递或空气传播作用于其他个体，是蜂群个体间相互联系、信息传递的重要方式。

（三）蜜蜂哺育、饲喂和取食

饲喂是指为幼虫提供蜜粉等调和性食物的活动；哺育是指泌浆工蜂对蜂王幼虫和工

蜂、雄蜂小幼虫进行喂食的活动。幼蜂一般从3天起开始饲喂幼虫，从事哺育工作则要在王浆腺充分发育后。蜂王、雄蜂和2天内幼嫩工蜂的饮食多由工蜂饲喂。食物一般由工蜂传递给蜂王、雄蜂，以及工蜂相互之间传递。蜜蜂的食物传递行为有利于食物的平均分配，节省在巢内寻找食物的时间，尤其在贮蜜不足的情况下，可以避免部分蜜蜂因饥饿而死亡。如果蜂群因缺乏贮蜜导致饥饿死亡则均为整群饿死。

（四）守卫和防御

蜜蜂的守卫行为是指守卫蜂在巢门前用触角检查进巢蜜蜂，如果发现群味不同的他群工蜂，守卫蜂将阻止其进巢并释放报警信息素。其他守卫蜂接受报警信息后立刻围过来，若外来蜂出现抵抗，便引起厮杀。

蜜蜂的防御行为是在长期进化过程中形成的，是对种内和种间生存竞争的适应。种内主要是拒绝他群蜜蜂进入蜂巢，种间主要是对敌害的防御，如胡蜂、螨、巢虫等。

蜜蜂的攻击性，实际上是一种被动防御，只是对某些视觉、嗅觉、触觉等刺激做出的本能反应。在蜂箱前或打开箱盖后的蜂箱上方快速移动的物体，尤其是深暗色物体，易引起蜜蜂的螫刺行为。毛皮动物特有的腥臭气味更易导致蜜蜂的攻击，常有牛、马等家畜被蜜蜂螫刺伤亡的现象。养蜂人应注意着装浅色工作服，保持身体无明显汗臭等异味，以减少被螫。

（五）盗蜂

盗蜂是指进入其他蜂群的巢中搬取贮蜜的外勤工蜂，有时也指蜂场出现一群蜜蜂去抢夺另一群巢内贮蜜的现象。盗蜂发生的根本原因是外界蜜粉源不足或匮乏，蜂群有强烈的采集愿望，而外界又无蜜粉可采集。在流蜜末期或突然中止流蜜，或蜂群密度过大造成蜜源缺乏，或蜂群巢内贮蜜不足时，容易发生盗蜂现象。盗蜂对蜂群饲养管理危害很大，发生盗蜂若不及时有效地处理，则会造成损失，严重时可使全场蜂群覆灭。

（六）飞行

飞行是蜜蜂巢外活动的主要形式，如采集、交配、分蜂、迁居、认巢、排泄等。工蜂的飞行能力是估计有效蜜源、选定蜂场和安排蜂群的重要依据。蜜粉源丰富，飞行半径常在500m以内，蜜粉源稀少，采集半径可扩展至3~4km以上，甚至能飞到13.7km的地方采集。一般情况下，蜜蜂飞行活动半径，意蜂为2~3km，中蜂为1.0~1.5km。蜜蜂飞行的高度约1000m。

认巢飞行是指工蜂辨认蜂巢位置的飞翔活动，多发生在低日龄的工蜂。自然分蜂或新分出群在新巢安定，或蜂巢移位后，外勤工蜂也会进行认巢飞行。爽身飞行是指工蜂在出巢飞行过程中排便的行为。健康的蜜蜂从不在巢内排便。在蜜蜂活动季节，外勤蜂均在飞行的途中完成排便，而内勤蜂和早春的越冬蜂则以爽身飞行的形式完成排便。第一次爽身飞行的日龄：工蜂4~5天，蜂王4~6天，雄蜂6~7天。

（七）迁居

迁居是指蜂群弃原巢另觅新巢的群体活动，养蜂生产上称为逃群。迁居的主要原因是缺少蜜粉、严寒酷热、人为干扰、受病及敌害所迫等。例如，被巢虫逼迁，南方山区中蜂常发生在秋季群势衰退、巢虫猖獗时期；被胡蜂侵害逼迁的，常发生在夏、秋蜜源枯竭地区；被鼬类破坏逼迁的，常发生在寒冬或初春鼬类觅食困难时期。迁居范围：垂直高度

100～200m，直线距离1000～2000m。

第二节　蜜蜂的主要养殖品种

我国人工饲养的蜜蜂主要为西蜂和中蜂，其中西蜂养殖数量占2/3。

一、西方蜜蜂

西方蜜蜂简称西蜂，是目前世界养蜂生产中饲养最普遍的一个蜂种。我国于19世纪末开始引进，现已成为我国养蜂业不可替代的主要蜂种。其中意大利蜂和以意大利蜂血统为主的蜂群约占80%，卡尼鄂拉蜂和以卡尼鄂拉蜂血统为主的蜂群约占10%，其他血统的蜂群，如东北黑蜂、新疆黑蜂、高加索蜂以及它们的杂交种，约占10%。

西蜂体大喙长，群势大。工蜂在巢口扇风时，头向内，起到抽气机的作用；雄蜂房凸出，盖平；具采胶性能。西蜂可用于进行蜂蜜、王浆、花粉、蜂胶、蜂蜡、蜂毒等蜂产品的生产；可为作物、果树、蔬菜、牧草等进行授粉。

世界上普遍饲养的西蜂有意大利蜂、卡尼鄂拉蜂、欧洲黑蜂和高加索蜂，即四大西蜂名种。

（一）意大利蜂

意大利蜜蜂是我国养蜂生产中的当家品种，按其来源可分为本意、原意、美意、澳意等。本意是本地意蜂的简称，原产于地中海中部的意大利亚平宁半岛上，属黄色蜂种。意蜂一般比较温顺，蜂群育虫力特强，从早春至深秋都能保持大面积子脾。分蜂性非常弱，蜂群在炎热的仲夏季节仍能很好地工作。吻较长，可以利用它为红三叶草授粉。造脾性能优越，蜜盖洁白，可以生产巢蜜。分泌王浆和采集花粉的能力强，在夏秋可采集较多树胶。清巢能力强，抗巢虫。在较高纬度地区饲养时越冬困难。早春育虫时工蜂易受冻损失导致群势发展迟缓。意蜂常见的疾病有美洲幼虫腐臭病、欧洲幼虫腐臭病、麻痹病、孢子虫病、壁虱病、白垩病等。对蜂螨的抵抗力弱。

（二）卡尼鄂拉蜂

卡尼鄂拉蜂又名喀尼阿兰蜂，简称卡蜂，原产于巴尔干半岛北部的多瑙河流域，包括奥地利南部、南斯拉夫、匈牙利、罗马尼亚、保加利亚和希腊北部。我国在20世纪50年代开始引进。

卡蜂个体大小和体形与意大利蜂相似。蜂王棕黑色，少数蜂王腹节背板上具棕色斑或棕红色环带；工蜂腹部细长，几丁质黑色。雄蜂黑色或灰褐色。卡蜂性情较温驯，不怕光。采集力很强，善于利用零星蜜源；产卵力较弱，气候、蜜源等自然条件对育虫节律影响明显。采集花粉能力比意蜂差。分蜂性强，不易维持强群；定向力强，不易迷巢，很少作盗。较少采集树胶，在较高纬度地区越冬性能良好。产蜜力强，在群势相同的情况下，产蜜量高于意大利蜂20%～30%。蜜房封盖为干型，可生产洁白美观的巢蜜。产浆能力较弱，和其他蜂种杂交后，可表现出较显著的杂交优势，产卵力、哺育力和采集力都有不同程度的提高。

（三）喀尔巴阡蜂

喀尔巴阡蜂简称喀蜂，是罗马尼亚本地蜂种，1978 年引入中国。喀蜂蜂王呈黑褐色，腹部背板有深棕色环带，身体细长；雄蜂黑色。工蜂个体较意蜂小，黑色，腹部背板有棕色斑，对外界敏感，育虫节律陡。蜜粉源丰富时蜂王产卵旺盛，蜂群繁殖较快；蜜粉源缺乏时降低繁殖减少活动，善于保存实力；子脾面积大，育子成蜂率高；分蜂性低于卡蜂，善于利用大宗和零散蜜源；节省饲料，定向力强，不易迷巢，不爱作盗，抗螨抗白垩病；耐寒，不耐热，流蜜初期比较暴躁。蜜房封盖为“中间型”。与意蜂或高加索蜂杂交后，能够产生明显的杂种优势。

（四）东北黑蜂

东北黑蜂源于苏联远东黑蜂，主要血统应是卡蜂和欧洲黑蜂。东北黑蜂性情温和、不怕光。受震动一般不激怒，在阳光下提脾检查，蜜蜂十分安静。耐寒力强，在黑龙江长达 6 个月的越冬期，两框蜂可安全越冬。善于利用零星蜜源。吻短，对长花管的蜜源植物利用较差。蜂王产卵力强，能维持大群，一般可维持 10～14 框蜂，8～10 个子脾时才出现王台。爱造赘脾，在边脾外侧经常出现大张的自然脾。蜜房封盖为中间型。一般蜜盖一半呈深色（褐色），一半呈黄白色。定向力强，不迷巢。盗性较强。少采胶或不采胶。东北黑蜂具有稳定的遗传性状、较强的配合力以及杂种一代适应性强、增产显著等特点。

（五）新疆黑蜂

新疆黑蜂是欧洲黑蜂的一个品系，主要分布于新疆伊犁、塔城、阿勒泰和布尔津等地，是适应新疆气候和蜜源特点的一个优良黑蜂品系。新疆黑蜂性情凶暴，不易驯养。蜂王有纯黑色和棕黑色两种类型；工蜂均为棕黑色，绒毛为棕灰色。蜂王的产卵力较强，育虫节律波动大，产卵集中而成片，虫龄整齐，蛹房密度高。工蜂采集力强，能充分利用零星蜜源；泌蜡力和采胶力强，产蜂王浆较意蜂少。抗病、抗螨力强，有病不成灾，常会自愈，未发现小蜂螨和蜡螟寄生。新疆黑蜂能维持大群，可达 13～16 框蜂。春季群势发展较缓慢，分蜂性弱，夏季可形成强群。耐寒，越冬性好。早春气温达 8℃时，可出巢采集花粉。

二、中蜂

中蜂为原生于我国的东方蜜蜂物种的中华蜜蜂的简称。中蜂广泛分布于除新疆以外的全国各地，以西南、华中、华南的山区最多。中蜂蜂王体色有两种类型：一种类型为棕色，其腹节有明显的棕黄色环带；另一种类型为黑色，其腹节无明显的棕黄色环带。工蜂体色因地区的不同而有所差异，有的偏黑，有的偏黄。雄蜂为黑色。中蜂行动敏捷，嗅觉灵敏，发现蜜源比意蜂快；勤奋，每天出巢采集的时间比意蜂多 1～3h；善于利用零星蜜源。筑巢造脾能力较强，喜欢新脾，爱咬旧脾。产育力较弱，泌浆能力很弱。分蜂性强，难以形成强大的群势。盗性强。在蜜源不良或在遭受病、敌害严重威胁的情况下，常弃巢迁飞。抗螨和抗美洲腐臭幼虫病能力强；极易感染囊状幼虫病和遭受巢虫危害。不采树胶。蜜房封盖为干型。

第三节　养蜂场建设

一、蜂场场址选择

养蜂场选择在政府规划的适宜养殖区域。场地周围的蜜粉源丰富，环境无污染。

（一）蜜、粉源丰富

蜂场3km半径范围内，至少有一种流蜜稳定的主要蜜源植物和多种流蜜期相互交错的辅助蜜粉源植物。半径5km范围内无有毒蜜粉源植物及受污染的蜜粉源植物。

（二）场地地形小气候适宜

选择地势高燥、背风向阳、排水良好的坡地，蜜蜂飞行线路通畅，有明显飞行定位标志物。

（三）场地环境优良

蜂场周围3km内无以蜜、糖为生产原料的食品厂，无化工厂、农药厂及经常喷洒农药的菜地和果园。避免在附近有高压电线走廊、大面积的水面（域）、环境污染严重、蜜蜂疫病常发区建场。

二、蜂场布局

蜂场应设置养蜂生产作业区、蜂产品加工包装区、办公区、展示区和生活区。根据场地的大小和地形合理规划各功能区。养蜂生产作业区包括放蜂场地、蜂机具制作室、蜜蜂饲料配制间等。放蜂场地可整理成梯形台地，每条台地宽120cm，相邻台地之间的高差200cm。清除过密的树木、灌木和杂草等，种植或保持稀疏林木。蜂箱应用支架承托，离地面30cm～50cm。

三、养蜂设施

养蜂设施一般有蜂箱、巢础、取蜜用具、饲养管理工具等。

（一）蜂箱

西蜂饲养一般使用郎氏蜂箱，在扩展蜂群时可以在箱身上叠加继箱。中蜂蜂箱的类型较多，多数养蜂者普遍使用郎氏蜂箱。使用较广的中蜂箱有高笮式、中一式、从化式、沅陵式等。高笮式蜂箱有利于春季繁蜂，但操作不方便；从化式蜂箱虽有利于操作和繁殖，但巢框面积较小。农业部1983年开始推广使用中蜂十框标准蜂箱。

为了节省成本和就地取材，定地饲养的中蜂群可以采用土坯活框蜂箱。土坯活框蜂箱周围用土坯砌成，内围及巢框的尺寸要与中蜂十框标准蜂箱一致。

（二）巢础和造脾用具

巢础：人工将蜡片经巢础机压制成两面都有六角形房基的薄片，供蜜蜂作营造巢脾的基础。中蜂巢础的房眼比意蜂小，宽为4.61mm。质量优良的巢础应是蜡质纯净，色泽黄亮，房眼整齐，房底透明度均匀，无异味。

压边器和埋线器：压边器用来将巢础粘接在巢框的上梁上。埋线器将粘好的巢础固定在巢框的钢丝上。

（三）取蜜用具

摇蜜机：摇蜜机是取蜜的主要用具。利用转动摇蜜机产生的离心力将巢脾上的蜂蜜摇出。摇蜜机主要有2框手动翻面（不翻面）摇蜜机、电动摇蜜机等型号。2框手动翻面摇蜜机须摇完巢脾的一面蜂蜜后，将巢脾提出转面，再摇巢脾另一面的蜂蜜。

割蜜刀：用来割去蜜房上的封盖蜡盖，用不锈钢片制成，也可以用较长的利刀代替。

蜂扫：用白毛扎制在竹棍上的长毛刷，用于扫去脾上的蜜蜂。

（四）饲养管理工具

面网：用于保护人面部、颈部免受蜂螫的防护用具。

喷烟器：用于产生烟雾驱逐和镇静蜜蜂。一般用干草、木渣等耐燃并产浓烟的材料作燃料。

起刮刀：用于撬动巢脾、蜂箱，刮出赘脾等。

（五）育王用具

移虫（卵）针：用于把工蜂巢房内的蜜蜂幼虫（或卵）移入人工王台基育王。

蘸蜡棒：用于蘸制蜂蜡台基。

人工台基：人造的蜂王巢房，用于承接工蜂幼虫培育蜂王，主要有蜂蜡台基和塑料台基两个个类型。

育王框：用于安装人工台基培育蜂王的框架，采用杉木制成。使用时，将人工王台基黏附或绑固在台基条上，供移虫育王。

第四节　蜜蜂选种与选配

一、蜜蜂的选种与选配

在养蜂生产中，选种有两层含义，一是对育种素材（品种或品系）的选择；二是在某一素材内对种群（父群和母群）的挑选。

（一）蜜蜂选种的原则与方法

对种用蜂群的选择叫做选种，主要是针对蜂群和蜂王的引种和选择。蜂群的生产力是由不具备生殖能力的所有工蜂分工协作共同体现出来的，而具有生殖能力的蜂王和雄蜂却不直接参与蜂群中任何蜂产品的生产。因此，在选种过程中，应把供选蜂群作为整体，结合其所处的选育条件（环境因素、系谱管理），以适应性为前提，以优良生产力考察为目标，进行全面鉴定或综合评价。

（二）蜜蜂的选种方法

选种的方法一般有个体选择、家系选择、家系内选择和合并选择。个体选择就是将达到一定选择基准以上的个体全部留下，适用于遗传力高的性状。家系选择就是将达到一定家系均值选择基准以上的家系内所有个体全部留下，适用于家系比较大且遗传力低的性状。家系内选择就是将家系内达到一定选择基准以上的部分个体留下，适用于家系内高的表型相关且遗传力低的性状。合并选择就是将个体表型值和家系均值的不同权重合并成一个选择指数来进行选择。

二、蜜蜂杂种优势利用

蜜蜂通过杂交后，其杂种优势主要表现在蜂产品产量明显提高，蜂群的增殖、采集、抗逆性、抗病力增强。近 30 多年来，我国培育的“国蜂 214”、长白 5 号“、松丹 2 号”等十几个高产杂交蜂种，极大地促进了我国的养蜂生产。

蜜蜂杂交组配的形式通常有单交、三交、双交和回交等，有时为了育种工作的需要，也进行混交。

（一）单交

一个纯种处女王和另一个纯种雄蜂之间的交配，称为单交。用于单交的蜂王称为单交王，单交王所产的雄蜂为纯种雄蜂，所产的受精卵含有两个蜂种的血统，这样发展起来的蜂群称为单交种蜂群。例如，纯种卡蜂处女王和纯种意蜂之间的交配即为单交。

（二）双交

一个单交种处女王和另一个单交种雄蜂之间的交配称为双交。该蜂王为双交王，它所产的雄蜂为单交种，所产的受精卵含有四个蜂种的血统。由双交王发展起来的蜂群称为双交种蜂群。例如，卡意单交种处女王和高黑单交种雄蜂之间的交配即为双交。

（三）三交

一个单交种处女王和一个纯种雄蜂之间的交配。该蜂王称为三交王，它所产的雄蜂为单交种，所产的受精卵含有三个蜂种的血统。由三交王发展起来的蜂群称为三交种蜂群。例如，卡意单交种处女王和高加索雄蜂之间的交配即为三交。

（四）回交

两个品种杂交所得到的子一代，与亲本品种之间的交配，叫回交。回交可以进行一次或多次。在蜜蜂育种中，常用的回交形式有两种：一是同其父群雄蜂之间的交配，如卡意单交种处女王和意蜂雄蜂之间的交配；二是同其母群雄蜂之间的交配，如卡意单交种处女王和卡蜂雄蜂之间的交配。

第五节　蜜蜂的繁殖技术

分蜂是蜂群的特殊的繁殖方式：在自然状态生活的蜂群，当蜂群发展到足够强大时，工蜂就开始筑造王台，并迫使蜂王在王台中产卵，开始培育处女王；当处女王即将羽化出房时（或已羽化出房），老蜂王便带着蜂群中一半数量的蜜蜂飞离原群，另选它处筑造新巢，并永远不再返回原巢。这样，原来的一群蜂便一分为二，变成了两群蜂。利用蜂群自然分蜂习性的特点，根据外界气候、蜜源条件和蜂群内部的具体情况，有计划地、人为地培育优良的蜂王，并将一群蜜蜂分成两群或数群蜜蜂，这就是人工分蜂。人工分蜂是增加蜂群数量、扩大养蜂生产规模的一项基本方法。

一、自然分蜂繁殖法

自然分蜂繁殖法就是当蜂群发生自然分蜂时，将新分出的蜂群招引到为其预先设置的蜂箱内，从而获得一个新增蜂群的方法。目前在部分中蜂饲养技术较落后的地区，仍沿用这种方法繁殖蜂群。

二、人工分蜂繁殖法

人工分蜂又称人工分群，指养蜂者按照生产计划，用成熟王台或者储备蜂王以及一部分带蜂子脾和蜜、粉脾组成新蜂群，达到增加蜂群数量、扩大生产规模的基本方法。其要求是：经过人工分蜂后，到了主要流蜜期，不但原群仍能发展成为强大的生产群，而且分出群也能发展成为具有一定生产能力的蜂群，从而达到扩大生产能力、提高蜂产品产量的目的。生产上常用的方法有单群平分和混合分群两种。

（一）单群平分

将一个原群以等量的蜜蜂、子脾和粉蜜脾等分为两群，其中原群保留原有的蜂王，分出群诱入一只产卵蜂王或介入一个成熟王台。

（二）混合分蜂

从几个蜂群中各提出 1～2 框带蜂的封盖子脾和蜜、粉脾放入新箱，诱入 1 只新蜂王组成分蜂群。

第六节　中蜂的饲养管理

一、野生中蜂的诱引和收捕

野生中蜂营巢地点一般在蜜、粉资源丰富，山野花繁多，蜜、粉源植物花期比较长的地方。建巢的地点一般在不易被敌害发现的地方。通常选择能避日晒，防风雨，且向阳、干燥，冬暖夏凉，巢门不易发现，起飞通畅的地方。如树洞、岩隙、石建筑物、岩洞、土洞等地方。中蜂一般在气候温和的春季发生自然分蜂，也有因巢内生活条件不适宜，如出现巢虫危害，病、敌害的袭击，而迫使中蜂弃巢迁飞的现象。中蜂通常在久雨初晴天最易发生分蜂或飞迁。

（一）诱捕野生中蜂

在野生蜂活动较多的地方放置准备收蜂的蜂箱，让分蜂或迁飞的蜂群自行飞投到空蜂箱内。等到傍晚蜜蜂停止外出飞行活动后，将巢门封闭，收回家采用“借脾过箱”的方法，实行活框饲养。

收蜂的蜂箱，以旧蜂箱为好，可以将箱内放入两个装上 1/3 张巢础的巢框，箱内用蜂蜜和蜂蜡抹一遍。蜂箱里面必须避光、清洁、干燥，没有其他气味。

（二）招收野生中蜂

当发现自然分蜂和迁飞的蜂群，首先向比较密集的飞行蜂撒细沙、细土或喷水，迫使蜂群就近降落结团。喷水的水滴粒要越小越好。蜂群一般结团吊在树干、房梁等较高的地点。准备好收蜂用的箱，轻轻接近蜂团，用蜂脾慢慢挤进蜂球的基部，使蜂球从吊的树干或房梁上逐渐移到巢脾上。当蜂球结集在巢脾上后，小心地将蜂球放到蜂箱内，盖上履布，把蜂群放到适当的位置。收蜂时一定要注意观察蜂王是否在蜂球内。为防止收回的蜂群再逃，可将蜂王用王笼罩在巢脾上，强迫就巢。

（三）猎捕野生中蜂

根据野生中蜂的生活习性和活动规律，查找野蜂巢穴，将其连蜂带巢一起猎获收捕。猎捕野生蜂时要准备好刀、爷、凿、镢、蜂斗、铁纱、蜂笼、黑布、喷烟器或干蒿草、面网、蜂桶（箱）等工具。猎捕野生蜂一般在傍晚蜜蜂回巢后或晚上进行。首先，对容易开凿、振动不大的蜂巢，向巢内喷烟。待巢脾暴露以后，慢慢将蜂驱赶到蜂斗里，用黑布包好；然后依次割下蜂脾、蜜脾放入蜜桶，子脾放进蜂笼里，带回家进行修脾、装脾、绑脾，把装好的脾放入箱内；最后将蜂斗的蜜蜂全部抖入箱内，盖上覆布和蜂箱盖，进行活框饲养。

如果蜂巢坚固，不能凿开，就只收蜂群，留下巢穴。其方法是将蜂巢的出口只留下一个小洞口，用一玻璃试管，一头接在巢门口，另一头插入收捕的蜂箱内。蜂箱里放上一两张巢脾，喷上糖水。用一根管子插入蜂巢内；将石炭酸液从管子里滴入蜂巢内；在石炭酸味的刺激下蜜蜂开始弃巢而走，慢慢爬出的蜜蜂，经玻璃管进入蜂箱内。没有石炭酸，可以用蒿草熏或用喷烟器驱蜂离巢进行收捕。

二、中蜂过箱技术

中蜂过箱就是将旧法饲养的中蜂人工转移到活框蜂箱中进行饲养管理。

（一）过箱条件和准备

中蜂过箱一般选择粉蜜源丰富、气温在15℃以上的季节。准备过箱的蜂群群势在4～5框或蜂量在1kg以上。春季宜选择在晴暖的午后过箱，夏秋宜在黄昏过箱。

把要过箱的蜂群移动到便于操作的地方。准备好蜂箱、巢框、喷烟器、割蜜刀、起刮刀、面网、蜂刷、收蜂笼、枝剪、钳子、细铁丝、图钉、蜜桶、盆子、抹布、桌台等过箱用具。

（二）翻巢过箱

能翻转的蜂巢可采取翻巢过箱。首先使巢脾纵向与地平保持垂直，顺势把蜂巢缓慢转过来，放在原来的位置上；然后在靠近蜂团的上方置放收蜂笼，用木棒从下向上轻轻敲打，或用淡烟催蜂离脾进入收蜂笼，待蜂巢内的蜜蜂全部进入收蜂笼后，把原蜂桶搬离。原位置放上准备使用的蜂箱。用割蜜刀从顺手的部位沿基部割下巢脾，用另一只手轻轻托着，放在承脾板上。

绑脾：把巢脾基部切齐，略小于巢框内径，上端紧贴框梁，顺着巢框上穿行的铁丝，用小刀划脾，深度以接近巢房底为准，再用小刀或埋线椿把铅丝埋入房底；然后用棉纱线或细铅丝在适当位置钩绑巢脾、新脾用棉纱线连硬纸片托在巢脾下缘吊绑。已绑好的巢脾立刻放入蜂箱内，大块的放在中间，较小的依次放两边，巢脾间保持 6～8mm 蜂路。

巢脾放好后，把箱身垫高 20～30cm，把收蜂笼中的蜂团对准蜂箱抖落在箱内，盖上覆布和箱盖，打开巢门。1～2 小时后，打开箱盖观察，若蜂团集结在蜂箱一角与巢脾分离，必须把蜂球向脾上赶动，催蜂上脾。

（三）不翻巢过箱

不能翻转的蜂巢采取不翻转过箱。先揭开老巢箱的侧板，观察巢脾着生的位置和方向选择巢脾横向靠外的一侧作为下手的起点。接着喷淡烟或用木棒轻敲巢箱上板或侧板，驱赶蜜蜂离脾聚集到另一端。然后逐脾喷烟驱蜂，依次割取，直至巢脾全部割尽、蜜蜂团聚集在另一端为止。余下步骤参照翻巢过箱方法进行。

三、中蜂蜂箱摆放

中蜂识巢能力差，盗性较强，不能密集横排式排列。蜂箱的排列可根据地形而定，但箱与箱之间要保持一定的距离，巢门朝向不同方向，使蜂群有不同的飞行线路，避免蜜蜂迷巢。

蜂箱不要直接放在地面上，可用砖、石、木架垫起来离地 30～50cm，后箱底比前面高 3～5cm 即可，使箱内冷凝水能顺利地从巢门流出。

四、中蜂盗蜂的防止

中蜂嗅觉灵敏，搜索能力强。当蜜粉源缺乏时，容易发生盗蜂，使蜂群遭受严重损失，甚至导致集体逃群。预防盗蜂的措施有：平常检查蜂群时尽量选择蜜蜂停止飞行后的傍晚或者蜜蜂出巢飞行前的清晨，检查蜂群动作要快，时间要短；喂饲蜂群时勿使糖汁滴落箱外；抽出的巢脾应放在密闭的空箱内，勿暴露在外；在繁殖期和蜜源缺乏时适当缩小巢门至 1～2 只蜜蜂能出入即可；流蜜后期要留有足够的饲料；夏季少开箱；封堵蜂箱缝隙，防止作盗蜂侵入；与意蜂同场地采蜜时要提前离场。

五、中蜂的人工合群

蜂群的合并就是把 2 个或 2 个以上的蜂群合并为 1 个蜂群的养蜂操作技术。早春合并弱群，可加强巢内保温和哺育幼虫的能力，加快蜜蜂群势增长的速度。晚秋合并弱群，可保障蜂群安全越冬。主要流蜜期前合并弱群，可组织强群获得蜂蜜高产。流蜜期后合并弱群，有助于预防盗蜂发生。

（一）直接合并

适用于外界蜜源好的季节。晚上将弱小蜂群（提前 2 小时将蜂王取出）或无王群连蜂连脾提出放置在并入蜂群蜂箱的无蜂一侧，中间留出 2 框以上空隙；第二天凌晨再将昨晚提入的蜂脾合并到原蜂群。

（二）间接合并

外界蜜源不好，早春或晚秋需要合并时，把无王群提入有王群内，中间用铁纱隔板或刺有小孔的报纸与有王群隔开；一两天后两群气味相同，蜜蜂不互相打斗时，撤出铁纱和报纸，将蜂脾合并到一起。

六、自然分蜂的控制

自然分蜂是指蜜蜂为了种群繁衍生存的蜂群群体增殖方式。但对养蜂生产来说不一定是好事，因为自然分蜂往往发生在蜜源植物大流蜜期，强群分成弱群，生产力大幅降低，对生产非常不利。因此要对自然分蜂进行控制。

（一）自然分蜂产生的原因

自然分蜂产生的因素有外因和内因。分蜂产生的主要外因是：适宜分蜂的季节，丰富的蜜源条件和晴暖的天气。分蜂产生的主要内因是：群势壮，大量的幼蜂无事可干；巢内蜜、粉压缩子脾，蜂王无足够工蜂巢房产卵；箱内通风不良；蜂群内雄蜂过多等。

（二）自然分蜂的控制

选育能维持大群，不爱分蜂的蜂王。适时更换老王，使蜂群随时保有新蜂王。保持蜂群内通风良好，及时加础造脾，扩大蜂巢。控制雄蜂数量。在流蜜期适当控制群势。

七、中蜂的四季管理

（一）春季管理要点

⑴选好场地：选择背风向阳、地势高燥，周边有早期蜜粉源，有利蜂群早春繁殖的场地。

⑵适时紧脾春繁：以蜜蜂能从外界采回新鲜花粉为标志开始春繁。选择晴朗温暖无风中午，退出蜂箱内多余巢脾，选留 1 ~2 张育过 1 ~3 代子的半新巢脾。保持蜂群密集，每张巢脾上要有 0. 5kg 以上蜜蜂，为蜂群自动调节和维持 35℃的育子温度创造有利条件。

⑶保持蜂群蜜粉优质充足：保证中蜂群内有优质的蜂蜜和新鲜天然蜂花粉。如蜂巢内蜂蜜不足，须短时间内补足。早春外界花粉不够蜜蜂繁殖所需，应补喂花粉。

⑷逐步加脾扩大蜂巢：春季气温波动大，特别是早春气温不稳，起伏大，所以前期加脾要宁慢求稳，以免加脾过快使蜂群维持育子温度困难。

⑸适当的奖励饲喂：进行奖励饲喂时要按群定量，持续不断刺激蜂群繁殖。抓好早繁，在油菜花期前形成较壮的群势，便于油菜花期生产油菜蜂蜜。

⑹控制分蜂：在大流蜜期间控制蜂群不分蜂。山区春季无大流蜜的地方，可在大流蜜开始前 45 天进行分蜂；45 天内不再分蜂，以保证新分蜂群能在大流蜜前养成强群采蜜。

⑺防治中蜂囊状幼虫病：中蜂囊状幼虫病多发生于此期，属病毒性疾病，药物防治效果不佳。防治中蜂囊状幼虫病重点在于换王，让蜂群内有一个短期的无子脾阶段。

（二）夏季管理要点

⑴防治蜜蜂病虫敌害：巢虫、胡蜂、黄蜂、蟾蜍、蜻蜓、蜘蛛等。在饲养管理上注意淘汰老脾，多造新脾。

⑵处理好繁殖和取蜜的关系：根据气候、季节及蜜源条件，结合生产目的，进行相应的饲养管理。采取养王、换王等措施为秋季繁殖做好准备。

⑶预防自然灾害：夏季灾害性气候较易发生，要注意防止暴雨、山洪、夏旱、飓风、冰雹等造成的危害。

（三）秋季管理要点

（1）利用秋季蜜源繁殖越冬适龄蜂：在冬初（11 月份）外界有蜜源的情况下仍可以繁殖越冬适龄蜂。有枇杷蜜源的地方，不仅可以取蜜，还可增强蜂群群势。凉山、攀西地区的野坝子也可取到大量的优质商品蜜。

（2）留足越冬蜂蜜饲料：秋季气候不稳定，一些主要蜜源常因气候突变而中止流蜜，秋季取蜜应以抽取为主，为越冬蜜蜂留足蜂蜜。越冬期较长的地区，要贮备好越冬所需要的成熟封盖蜜。

（3）防止盗蜂：部分地区秋季缺蜜，特别是外界突然断蜜，箱内越冬蜜又不充足，寒潮后气温转晴暖，最易发生盗蜂。此期间要缩小巢门，防止盗蜂发生。一旦发生盗蜂，应立即设法制止。

（四）冬季管理要点

（1）调整蜂巢，做到蜂多于脾：合并小群，组织强群越冬。将新脾取出，放上老脾，老脾的保温性能好一些。可将中间的 1～3 张脾的下方 1/3～1/2 巢脾削去，使蜂易于紧密结团，同时也起到外界短期气温升高，控制蜂王产卵的作用。

（2）选好越冬场地：选择背风、地势干燥、安静的场地，高原阳光强烈的地方要选择背光的场地，或者对蜂箱进行遮光处理，以免蜜蜂受阳光刺激外出“空飞”累死或低温冻死。

（3）放宽蜂路，控制蜂王产卵：高寒地区可采取先撤包装，降低巢温，控制产卵；待进入严冬以前，再适当地在蜂箱内填一些保温物，以防过冷，造成蜜蜂消耗饲料过多而冻、饿死。

（4）减少开箱检查次数：一般采取箱外观察为主，发现问题应及时处理。常见的有冬末蜂群缺蜜而出现饿、冻死蜜蜂；鼠害；越冬蜂活动太多而出现生理衰老等问题。

第七节　西蜂的饲养管理

一、基础管理

（一）检查蜂群

饲养蜜蜂需要了解蜂群情况，及时采取有效管理措施，使蜂群适应外界自然环境变化，为稳产高产创造条件。

检查蜂群分为全面检查、局部检查与箱外观察三种。如非必需，不要毫无目的地随意开箱检查蜂群，任何开箱检查都将给蜂群带来干扰和蜂群内部生活环境、次序破坏。一般应采取箱外观察了解蜂群情况。

全面检查：在风和日丽的天气，外界有蜜源，气温在 15℃～25℃时进行。养蜂人员要衣着整洁无异味，稳、准、轻、快地对蜂群逐框仔细检查，记录填写蜂群检查记录表，并根据检查结果采取必要的饲养管理措施。全面检查一般 15 天进行一次。

局部检查：外界蜜源缺少或低温天气，不宜进行全面检查，可有针对性抽查易发现问题的巢脾来进行查明蜂群可能出现的情况。如失王或停产、分蜂热、缺蜜或粉、病虫害等。

箱外观察：外界无蜜源或天气恶劣，不能进行开箱检查，可进行箱外观察来推断蜂群内部状况。如越冬的鼠害、病害，春夏繁殖情况；外界粉蜜源情况及分蜂预兆。

（二）蜂群的保温

在早春和秋季繁殖季节及越冬期，为使蜂群不受或少受冻害损失，必须注意蜂群保温。

（1）密集群势：保持蜂多于脾或两王同箱。

（2）蜂群内包装：蜂群隔板外加保温框或塞入碎棉、稻草等物，付盖上加盖保温垫、草帘。大群可不用内包装保温。

（3）蜂群外包装：蜂箱下铺稻草帘或碎草、箱上盖稻草帘和防雨雪用品及两箱之间缝隙塞紧碎草，以利防寒防风。

（三）双王同箱饲养

双王同箱饲养有利于克服蜂群群势小、保温差的缺点，一般采用人工合并蜂群或分蜂进行，以采用母女同箱或姊妹同箱饲养为宜。

（1）早春原群发展到4～5框蜂时，提一张封盖子脾及一张蜜粉脾，及一框幼龄蜂放在蜂箱另一侧，用闸板分开，开侧巢门，组织交尾群。新蜂王成功之后形成新群与老群同箱饲养。早春繁蜂时，二群弱群为了快速繁殖也可采取同箱饲养。

（2）早春双王同箱时巢门可以同向，春夏间双王巢门方向垂直。若出现工蜂偏集一群时，应调整群势，改变巢门方向。使用分离的两块覆盖。调查巢脾时，不要把蜂王提出。当群势发展到5个巢脾时应改为单群饲养。

（3）夏季除弱群外，一般不宜双王同箱饲养。

（4）秋季繁殖期或流蜜期均使用双王同箱饲养。繁殖期双群巢门方向应不同。采集野桂花、野坝子等秋季蜜源时，巢门可以同向。

（5）冬季除弱群外，不宜双王同箱饲养。弱群同箱饵养时，二群中间使用内包装物。两群巢门方向不一致。

（6）流蜜期可以使用主副群同箱饲养，副群放老王而且必须使用侧巢门。

二、阶段管理

（一）繁殖阶段（春季）饲养管理技术措施

⑴开繁时间的选择。川西平原及周边地区，两框（郎氏标准框，下同）足蜂蜂群，1月下旬（大寒）开始春繁；三框足蜂以上蜂群，2月初（立春）开始春繁。川南、川西北地区根据当地气候和物候情况，适当提前或延后开始春繁。攀西地区一般在12月20日前后开始蜂群繁殖。

⑵调整平衡群势，紧脾保温。调整平衡群势，合并弱群，包装保温。群势不足2框蜜蜂的蜂群，撤并蜂群；2～3框蜂群，采取双群同箱饲养，保证强群春繁；3框足蜂以上的蜂群可以单独繁殖。抽出多余巢脾，每群选择秋季新造的、育过二代子的、平整的工蜂巢房半蜜脾供蜂群育子。蜂箱外部底、侧、后、上面用稻草帘包裹，蜂箱上部草帘上置盖防雨蓬。攀西地区蜂群复壮期一般不需进行蜂群包装，只抽出多余巢脾，保持蜂脾相称即可。高山高海拔气温低于10℃地方，进行适当包装保温。

⑶加强饲喂，促进蜂群快速繁殖。一是饲喂糖浆。蜂群紧脾时，选择半蜜脾将蜜盖割开，供蜜蜂取食。进脾后前5天，每天用1∶1的糖浆水50～100g奖励饲喂蜂群，促进蜂王产卵和工蜂育虫。5天后隔天饲喂一次，直至外界蜜源开始流蜜，能满足蜂群需要为止。

二是饲喂蜂花粉。选择优质蜂花粉用蜂蜜或1∶1的糖浆水调制揉成蜂花粉团，放置在巢脾上框梁上饲喂，每群每次50～100g，以3天吃完为宜。一直饲喂至外界新鲜花粉能够满足蜂群繁殖需要为止。

⑷稳步加脾（础）扩巢。第一张巢脾上的封盖子开始出房时，选择一张优质半蜜脾，割开蜜盖加入蜂群供其繁殖。如蜂群群势在3框足蜂以上，可直接加巢础，供蜂群造脾繁殖。第二框子封盖时，可直接加一张巢础在中间并连续奖饲3天糖浆，促进蜂群造脾繁殖。后期加脾（础）可适当加快节奏。

⑸防控蜜蜂病害。要注意预防和治疗中蜂囊状幼虫病和欧洲幼虫腐臭病。

⑹防控分蜂。2月下旬至3月下旬，注意防控自然分蜂，检查蜂王，将蜂王的一侧翅膀剪去一半，用红色颜料在蜂王背部做标记，便于以后检查蜂群、取蜜时查找。

⑺适时合理分蜂。当蜂群出现自然王台后，将老蜂王带1个封盖子脾提出另置一蜂箱组成新分群；1天后，再从原蜂群提出1框蜜蜂抖入新分群，将巢脾退回原群。原蜂群选留一个粗大的优质王台培育新蜂王。如新蜂王出房交尾失败或死亡，将提出的老蜂王新分群合并回原蜂群。

（二）生产期管理

3月中旬以后，外界油菜蜜源开始大流蜜，适时加继箱组织生产群生产蜂蜜和蜂花粉，选择封盖成熟蜜脾取蜜。4月初至5月注意兼顾蜂群繁殖，培育新蜂王分蜂，留在四川的蜂群生产柑橘等蜂蜜，转地到北方的蜂群加紧取油菜和洋槐蜂蜜，同时取蜂王浆。

三、转地饲养

（一）转地前准备

在转地前要调整箱内子脾，整理群势。调整时注意从强群中抽出封盖子补弱群。没有子脾的群应调入1～2张子脾，以增强恋巢性。排列巢脾宜将空脾、蜜脾放置两旁，虫卵脾和蛹脾交替排列。这样有利于巢内温度平衡。

调整群内饲料：饲料不足，应在转地前3天补饲，补饲的糖水浓度要高或用蜜糖补给。切忌运输的当天，补喂不成熟蜜或浓度低的糖水。

加入水脾：夏天炎热，中蜂群内消耗水分较多，转运前可在箱内隔板外放一张水脾。

（二）转地途中管理

运蜂途中，气温较高，应向箱内喷水，减轻蜂群的骚动。喷水要适度，不能喷得太多，掌握少而勤的原则。

运输途中，不宜长时间停留，装好蜂后立即起运；特别是白天，更不宜将蜂车停在太阳下，以防发生闷死蜂群。

（三）到达转地场地后管理

蜂到达目的地后，应将蜂箱迅速放到场地的位置上，注意场内箱与箱之间的距离。不能采取边卸蜂边放蜂的方法。蜂放置好后，立即向纱窗内喷水降温，并关上纱窗，让其安静一下再开巢门。开巢门可以采取间隔一箱开一箱的方法，逐一地将蜂群的巢门全部打开并在巢门口喷些清水，防止蜂一涌而出，造成斗杀及逃亡。热天转地后，放蜂若不注意，常会在开巢时出现大逃亡的情况。因此，管理上要细心、准确、迅速、熟练。

若是寒冷天气转地，外界气温在12℃以下，到达目的地后，可不急于开巢门，也不需喷水，只要将纱窗关闭，蜜蜂就会逐步安静下来，晚上再将巢门打开。第二天任其自由飞翔。

蜂群到达以后，不要急于松卡，待蜂群安定，夜间再松。

第八节　蜂产品的特性与储运

养蜂生产的产品主要有蜂蜜、蜂王浆、蜂花粉、蜂胶、蜂蜡、蜂毒等。本节仅介绍与人们日常生活中密切相关的蜂蜜、蜂王浆、蜂花粉和蜂胶四种产品。

一、蜂产品的特性

（一）蜂蜜

蜂蜜是来源于蜜源植物的花内蜜腺分泌物和花外蜜腺分泌物，经蜜蜂采集并充分酿造后贮存在蜂巢内的甜物质。蜜蜂体内分泌消化酶将花蜜中的蔗糖和多糖类物质转化为还原糖，使还原糖含量达到65%～80%，蔗糖含量降到5%以下。

蜂蜜的主要成分为糖类（主要是葡萄糖和果糖），占总量的75%；其次为水分，占20%以下。此外，蜂蜜还含有蛋白质、氨基酸、有机酸、维生素、色素、芳香物质等。

新鲜蜂蜜呈透明或半透明的黏稠状液体。部分品种蜂蜜在低温下贮存后呈半固体的结晶状态。蜂蜜的颜色主要取决于蜂蜜中所含色素的种类和含量。蜂蜜的味道以甜为主，少数蜂蜜如芝麻蜜甜中带酸，荞麦蜜甜中带刺激性味道。蜂蜜具有滋补健体、护肤美发、调节免疫功能、促进组织再生、解毒保肝和调节神经系统功能等作用。

（二）蜂王浆

蜂王浆是适龄工蜂咽下腺和上颚腺分泌的乳浆状物质，呈淡黄色或乳白色，是蜂王幼虫整个发育期及工蜂和雄蜂幼虫发育前期的唯一食物。

蜂王浆的主要成分为水分，占65%～68%。蜂王浆含11%～14%的蛋白质、15%左右的糖类和含6%的脂类。其中，10－羟基－$\triangle^2$－癸烯酸约占新鲜蜂王浆总量的2%，是分析鉴定蜂王浆质量的重要指标。此外，蜂王浆还含有多种维生素、矿物质和活性物质（酶类和激素类）。

新鲜的蜂王浆为黏稠的浆状体，多呈朵块状，有光泽感。蜂王浆偏酸性，部分溶于水，形成悬浊液。蜂王浆对热敏感，在0～5℃密封条件下可存放3个月；在－18℃的条件下可存放1年以上。

蜂王浆具有调节免疫、促进组织再生、抗肿瘤、抗氧化、调节内分泌、调节神经系统、解毒保肝、增强体质、护肤美容等作用。

（三）蜂花粉

蜂花粉是蜜蜂采集被子植物的雄蕊花药或裸子植物小孢子囊内的花粉细胞形成的团状物。颜色有白色、黄色、绿色、橘红色、淡黄色、紫色、褐色和黑色等各种颜色。新鲜蜂花粉的含水量为15%～20%，蜂花粉含有丰富的蛋白质、20种游离氨基酸、多种维生素和多种微量元素。

蜂花粉有延缓衰老、增强记忆、改善脑功能、增强机体免疫功能、抗高血脂和动脉粥样硬化、增强体力、耐缺氧、抑制前列腺增生和保肝等功效。

（四）蜂胶

蜂胶是工蜂从植物幼芽和树干破伤处采集树脂，混入上颚腺分泌物等加工而成的一种具有芳香气味和黏性的固体物质。西方蜜蜂喜好采胶，东方蜜蜂不采胶。

蜂胶一般含有55%的树脂、30%左右的蜂蜡、10%的芳香挥发油和5%的花粉等物质，其化学成分有黄酮类化合物、酸、醇、醛、酯、酚、醚、萜、烯、甾类化合物和多种氨基酸、脂肪酸、酶类、维生素、微量元素等。

常温下蜂胶呈不透明固体，表面光滑或粗糙，折断面呈砂粒状。蜂胶多呈黄褐色、棕红、棕褐色或灰褐色，有时带青绿色，少数色深近似黑色。蜂胶具有令人愉快的芳香、清香气味；味苦涩，带辛辣味及麻辣感。蜂胶难溶于水，微溶于松节油，部分溶于乙醇，极易溶于乙醚、丙酮、苯和2%的氢氧化钠溶液。

蜂胶对多种细菌、真菌和某些病毒、原虫等有很强的抑制作用，具有增强机体免疫力、促进组织再生、抗氧化和清除自由基以及降血脂和预防动脉粥样硬化等作用。

二、蜂产品的生产要求

1. 患病蜂群不应用于蜂产品生产。蜂蜜生产要饲养强群，生产成熟蜂蜜，控制生产强度。

2. 蜂王浆的采集不得在露天、阳光直射及有苍蝇、灰尘和有污染的环境下进行采集。采集后尽快放置于温度不高于4℃的条件下保存。一个花期须更新一次王台（塑料王台一个花期消毒1次）。

3. 生产蜂花粉的场地要求植被丰富、空气清新，无飞沙与扬尘；周边环境卫生，无苍蝇等飞虫。采收的新鲜蜂花粉除立即置-5℃以下冻存外，均需用适当方法干燥至含水量8%以下，以防发酵和霉变。

4. 专门生产蜂胶要求外界最低气温在15℃以上，蜂场周围2.5km范围内有充足的胶源植物；蜂群强壮、健康无病，饲料充足。

三、蜂产品的贮运

（一）蜂蜜

蜂蜜可用不锈钢容器或食品级塑料桶盛装，长期存放的容器可用缸、坛、不锈钢容器或内衬瓷板的贮蜜池。盛蜜容器要专用，不得使用镀锌桶或盛装过农药、燃料油、食用油或其他化工产品的包装容器；使用前清洗干净，吹干或晾干。

蜂蜜贮存地方要阴凉，干燥通风，温度不超过20℃，相对湿度不超过75%。蜂蜜不得在露天存放，不得与异味物品、腐蚀性物品或不卫生物品同库存放。运输应符合蜂蜜贮存条件，防止污染、防止碰撞和温度急剧变化。

（二）蜂王浆

蜂王浆采用符合食品卫生要求的带盖塑料瓶或桶贮存。用前清洗干净，用75%的食用酒精消毒，晾干再用。王浆装好后进行密封保存。

蜂王浆采收后及时储存在－18℃的条件下。生产、收购和销售过程中短期存放，温度不得高于4℃。采用低温运输，不得与有异味、有毒、有腐蚀性、放射性和可能发生污染的物品混运。

（三）蜂花粉

包装材料要无毒无害、干燥、清洁、无异味，符合食品安全及卫生的要求。贮存仓库要地面平整，有防虫、防鼠设施。按时清扫、消毒和通风换气。贮存温度在－5℃以下，无此条件，可用真空充氮贮存。短期临时存放，应经过干燥和密封处理后存于阴凉干燥处。

运输蜂花粉的工具要符合卫生要求，应备有防雨防尘设施，有条件的可采用冷藏设施进行运输。运输时不得与有毒有害物品同时装运。

（四）蜂胶

蜂胶的包装材料应符合食品卫生安全标准要求，应牢固、防潮、整洁，便于仓储和运输。包装时先清理杂质，用较厚的食品塑料袋密封包装。临时或短期贮存时，应置于阴凉干燥、清洁卫生的场所。长时间存放，应按产品等级、规格分别堆放。贮存场所保持阴凉干燥，通风避光，贮存温度在25℃以下。从生产到加工使用时间不宜超过1年。运输蜂胶的工具要清洁卫生、干燥、无异味、无污染。运输途中严防日晒、雨淋，夏天宜采用冷藏车运输。

第九节 蜜蜂授粉增产技术

一、蜜蜂授粉的必要性

昆虫授粉在植物繁衍过程中起着重要作用，蜜蜂在授粉昆虫中又占有相当大的比例。随着我国农业规模化、产业化的发展，授粉昆虫数量急剧下降。在农业生产中高毒性、高浓度、大剂量杀虫剂的使用导致授粉昆虫数量锐减，虫媒作物授粉昆虫严重缺乏。蜜蜂授粉可减少和避免化肥、杀虫剂、农药和生长激素类物质的使用，降低这些有害物质对农业生态系统的破坏，改善农业生态环境，对农业生态系统起到保护作用，是生态农业中不可缺少的一项重要措施。世界上与人类食品密切相关的作物有1/3以上属虫媒植物，作物通过昆虫授粉可以提高产量，改善果实、种子品质，提高后代的生活力。蜜蜂类昆虫具有独特的授粉生物学特性和数量多、分布广，是农作物最理想的授粉昆虫。蜜蜂授粉是一项不扩大耕地面积、不增加生产投资的农业有效增产措施。随着现代设施农业的发展，蜜蜂授粉的地位将越来越重要。

二、蜜蜂授粉效果和增产机理

（一）蜜蜂授粉效果

蜜蜂通过异花授粉，提高授粉植物果实产量，改善果实质量，增强种子后代的生命力、抵抗不良环境及病虫害的能力，从而起到增产和提高品质的作用。据国内外试验报道，通过蜜蜂授粉可使油菜增产19%~31%，向日葵增产20%~64%，大豆增产14%~15%，西瓜增产170%，草莓增产40%，苹果增产32%~200%，梨增产200%~300%，柑橘增产25%~35%、牧草增产30%~200%等。同时，蜜蜂授粉能够帮助植物顺利繁育，增加种子数量和活力，从而修复植被，改善生态环境。

（二）蜜蜂授粉增产机理

蜜蜂授粉促使作物增产主要是通过提高坐果率、增大果实和种子来实现的。蜜蜂授粉促使农作物坐果率提高和增大果实的机理是蜜蜂授粉能保证花朵授粉充分，授粉后花粉粒萌发快，果实提前生长，使植株进入兴奋状态，植株向幼果输送营养物质的作用增强，减少了因营养不良而导致的大量落果。

三、蜜蜂授粉技术要点

（一）授粉蜂种

⑴蜜蜂：主要有意大利蜜蜂和中华蜜蜂，适合为果树、蔬菜、油料、瓜类、牧草等植物授粉。

⑵熊蜂：主要有小峰熊蜂、密林熊蜂、红光熊蜂、明亮熊蜂和欧洲熊蜂等，适合为茄果类蔬菜、瓜类和果树类等设施作物授粉。

⑶切叶蜂：主要有苜蓿切叶蜂，适合为苜蓿等牧草类作物授粉。

⑷壁蜂：主要有凹唇壁蜂等，适合为早春果树授粉。

（二）大田作物蜜蜂授粉技术

⑴蜂群进场时间。对于荔枝、龙眼、向日葵、荞麦、油菜等蜜粉丰富的植物，可提前2天到场；对于梨树等泌蜜量少的植物，应在植株开花25%左右时进场；对于桃、杏、甜樱桃等花期较短的植物应在初花期到场。

⑵蜂群数量。15框蜂的蜂群可承担授粉作物的面积：油菜3~6亩、荞麦6~9亩、向日葵10~15亩、紫云英、苕子3~5亩、牧草类6~8亩、瓜果蔬菜类7~10亩、果树类5~6亩。

⑶蜂群摆放。授粉作物面积不大的可放在田地的任何一边；面积在700亩以上或地块长度2km以上的，将蜂群放在地块的中央。授粉蜂群以10~20群为一组，分组摆放。

⑷蜂群管理。授粉蜂群放在避风向阳处，早春加强保温。对花粉丰富的植物，及时采收花粉。授粉油菜、柑橘、荔枝、龙眼、枇杷及牧草等蜜粉较为丰富的作物时，供给干净饮水；授粉枣树等缺粉作物时，饲喂花粉；授粉玉米等有粉无蜜作物时，饲喂2:1的糖水。

⑸作物管理。植物开花前不得使用剧毒、残留期较长的农药。对作物进行常规的水肥管理，不进行去雄处理。授粉后根据需要及时进行疏花疏果和施肥浇水。

（三）设施作物蜜蜂授粉技术

⑴蜂群进场时间。花期较长的作物，在初花期进场；花期很短的作物，在开花前5天进场。

⑵授粉蜂群数量。500~700m^2的瓜果蔬菜温室配置一个标准授粉群（3脾蜂/群）。500~700m^2的果树温室配置2~3个标准授粉群。

(3)蜂群摆放。一个温室放置1群蜂时，放在温室的中部；放置2群或2群以上时，均匀置于温室中。蜂箱应放在作物垄间的支架上，支架高度为20cm左右。

(4)蜂群管理。夜晚温度较低时，加强保温。保证供给干净饮水和花粉。为蜜腺不发达的草莓等作物授粉时，饲喂2∶1的糖水。熊蜂为草莓等花期较长且花粉较少的作物授粉时，饲喂花粉和糖水，并在45天左右更换蜂群。

(5)温室管理。蜜蜂授粉的温度控制在15℃～35℃；熊蜂授粉的温度控制在15℃～25℃。

(6)作物管理。植物开花前不使用残留期较长的农药。植物开花期间避免使用毒性较强的杀虫剂等。若必须施药，尽量选用生物农药或低毒农药。利用熊蜂授粉时，不宜再喷洒植物生长调节剂。采用常规的水肥管理，花朵不去雄。授粉结束后，根据作物生产需要调整温度、湿度，加强水肥管理和病虫害防治。

四、提高蜜蜂授粉效果的措施

1. 采用强群授粉。授粉蜂群内的成蜂数量要多，有大量的适龄采集蜂和大量的未封盖子。温室授粉蜂群要有大量卵虫、封盖子和幼蜂，老蜂不宜过多。

2. 采用诱导授粉。采用带有授粉作物花香的糖浆对蜂群进行饲喂，诱导蜂群到授粉的作物上进行采集。花香糖浆的制法：在沸水中溶入相等重量的白砂糖，温度冷却到20～25℃时倒入预先放有授粉作物花朵的容器里，密封浸渍4h以上。在晚上进行第1次喂饲，第2天早晨蜜蜂出巢前再喂1次，每群每次喂100～150g。

3. 适宜的授粉距离：授粉蜂群距离授粉作物不宜超过500m。大田作物授粉蜂群应以10～20群为一组进行分组排放。各组排放的蜂群采集范围应互相重叠。

第十节 蜜粉源植物的保护与发展

一、蜜粉源植物的类型

为蜜蜂提供花蜜、花粉的植物称为蜜粉源植物。根据蜜粉源植物在养蜂生产中的作用可分为主要蜜源植物、次要蜜源植物、粉源植物和有毒蜜源植物。

（一）主要蜜源植物

能采到大量商品蜜的蜜源植物。如油菜、向日葵、棉花、紫云英、苕子、柑桔、荔枝、洋槐、荆条、椴树等。

（二）次要蜜源植物（辅助蜜源植物）

不能采到大量商品蜜，只能提供蜜蜂自身生命活动和繁衍后代所需食物的蜜源植物。如梨、山楂、瓜类、蔬菜、灌木、花卉、野草等。

（三）粉源植物

能为蜜蜂提供花粉采集的植物。如玉米、高粱、松等。

（四）有毒蜜源植物

产生的花蜜或花粉含有毒生物碱或不易消化的多糖类物质，对蜂或人类有毒害作用的植物。如藜芦花蜜、粉能引起蜜蜂中毒死亡；油茶花蜜使蜜蜂寿命缩短，幼虫腐烂；雷公藤、南烛蜜和粉致人中毒或发生疾病。

二、蜜粉源植物的保护

蜜蜂与植物的关系是经过上千万年的协同进化而形成的相互依存、相互制约的复杂关系。蜜源植物与蜜蜂二者不可分离，蜜蜂对植物多样性的形成及维护自然生态平衡中发挥着重要的作用。蜜源植物是蜜蜂赖以生存和生产的主要条件，是发展养蜂业的物质基础。没有充足的蜜粉源植物，养蜂业就难以为继，蜜粉源植物的数量与质量，直接左右着养蜂业的命运。因此，保护蜜粉源植物不仅是有利于蜂业生产，更重要的是农、林、牧业生产进一步发展的需要，也是保护人类生存环境的需要。

我国蜜源植物种类繁多，主要蜜源植物有100多种。一年四季都有蜜源植物开花，但是由于各地条件的差异和植物自然演替和人为选择等原因，蜜源植物的种类、数量、面积都有不同程度的变化。椴树、乌桕、鸭脚木、柃木、油茶遭受过度砍伐，荆条、胡枝子遭受破坏，毛水苏因垦荒被毁掉，荞麦、紫云英、苕子等播种面积大幅减少，转基因棉花种植面积增多。自然灾害、花期施药和收割柴草使蜜源植物遭受不同程度的损失，甚至绝产。

我们应通过各种渠道，加强宣传教育并采取必要的措施来保护野生蜜源植物资源。如在砍伐林木时，要合理间伐，严禁砍伐椴树、洋槐等蜜粉源植物品种；牧区草场要科学管理，防止草场退化；对于灌木类和草本类野生蜜源的集中生长区域，在营养生产到开化期间，应划为短期保护区。

三、蜜粉源植物的发展

根据各地的自然条件和现有的蜜粉源资源情况，有计划地栽培蜜粉源植物或在原有基础上扩大栽培面积，形成一个开花期相互衔接、主要蜜源与辅助蜜源相互搭配的生产基地。

（一）与农牧业生产相结合发展蜜源植物

许多农作物和药用植物是非常好的蜜粉源植物，在发展农牧业生产时可重点种植。如玉米、高粱、油菜、向日葵、荔枝、龙眼、柑橘、柠檬、枇杷、苹果、瓜类、棉花、薰衣草、三七、甘草、党参、苕子、紫云英、紫苜蓿等。

（二）与植树造林相结合发展蜜源植物

在植树造林时可多种植既有涵养土壤水分作用，又是良好蜜源的植物。如刺槐、椴树、泡桐、油桐、乌桕、胡杨、胡枝子、沙打旺、红豆草、草木樨、紫花苜蓿等。

（三）与环境绿化相结合发展蜜源植物

根据各地自然条件，在城市、公园、学校、机关、住宅小区等地环境绿化时可选择栽种适宜的蜜源植物。如刺槐、槐树、大叶桉、小叶桉、小叶杨、乌柏、荔枝、龙眼、枇杷、桃、李、苹果、梨、合欢、灯笼花等。

第三章　蜜蜂养殖卫生与保健

第一节　蜂场卫生与消毒

一、蜂场清洁卫生

保持蜂场清洁卫生。在蜜蜂传染病发病期间，及时清理蜂尸、杂物，将清扫物深埋或焚烧，并在蜂场地面撒生石灰消毒。

二、蜂场和蜂机具的消毒

根据饲养管理及疫病发生情况选择消毒方法。机械性消毒、物理消毒应配合化学消毒使用。

1. 选用的消毒剂应对人和蜂安全、无残留毒性，对设备无破坏性，不会在蜂产品中产生有毒积累。全场每季用5%的漂白粉乳剂喷洒消毒一次。

2. 养蜂用具的消毒每年至少一次。木制蜂箱、竹制隔王板、饲喂器，可用酒精喷灯火焰灼烧消毒。塑料隔王板、塑料饲喂器、塑料脱粉器，可用0.2%的过氧乙酸、0.1%新洁尔灭水溶液洗刷消毒。起刮刀、割蜜刀可用火焰灼烧法或75%的酒精经常消毒。蜂帚、工作服可用4%的碳酸钠水溶液清洗和日光曝晒。

3. 及时淘汰霉变、被巢虫蛀咬和传染病发生后的巢脾。储存前用96%～98%的冰乙酸，按每箱体20～30mL，密闭熏蒸。保存巢脾的仓库要求清洁卫生、阴凉、干燥、通风。蜂场库房墙壁、地面应易于消毒处理。

第二节　主要疾病防控技术

一、蜂螨防治

（一）蜂螨的危害

大蜂螨学名狄斯瓦螨，属寄螨目，瓦螨科，别名瓦螨。大蜂螨不但寄生在成年蜂体上吮吸其体液（血淋巴），使蜜蜂体质衰弱，烦躁不安，影响其哺育繁殖、外勤采集和本身的寿命，而且主要是潜入蜜蜂封盖的子房内产卵繁殖，吮吸幼虫和蛹的血淋巴液，造成大量被害虫蛹不能正常发育而死亡；即使幸运出房的也是翅足残缺，也会失去飞翔能力；危害严重的，导致群势迅速下降，子烂群亡。

小蜂螨属寄螨目、厉螨科，别名小螨。小蜂螨主要寄生在子脾上，很少出现在巢脾外的蜂体上。寄生主要对象是封盖后的老幼虫和蛹。它们靠吸食幼虫和蛹体汁液进行繁殖，经常造成幼虫无法化蛹或蛹体腐烂于巢房；幸免出房的幼蜂，也是残缺不全。受危害幼虫，其表皮破裂，组织化解，呈乳白色或浅黄色，但无特殊臭味。由于小蜂螨发育期短，有的新成螨会咬破房盖转房再行繁殖危害，从而使房盖会出现形如缝衣针孔状大小的穿孔。小蜂螨繁殖速度比大蜂螨快，造成烂子也比大蜂螨严重，若防治不及时，极易造成全群烂子覆灭。

（二）蜂螨的防治

在防治蜂螨时使用国家允许的杀螨剂，最好几种杀螨剂交替使用。同时采用扣王断子和割除雄蜂脾等措施。

二、白垩病防治

1. 病原和症状

病原为蜜蜂球囊霉蜜蜂变种和蜜蜂球囊霉大孢变种。

患白垩病的幼虫在封盖后的头两天或在前蛹期死亡。幼虫被侵染后，先期是肿胀、微软；后期则失水，缩小成坚硬的块状物。当只有一个株系感染幼虫时，死亡的幼虫残体为白色粉笔样物；当二个株系共同在幼虫上生长时，死虫体表形成子实体，干尸呈深墨绿色至黑色。在蜂群中雄蜂幼虫比工蜂幼虫更易受到感染。在重病群中，可能留下封盖房，但为零散的，封盖房中有结实的僵尸，当摇动巢脾时能发出撞击声响。

2. 传播

蜂群内的传播主要是孢子。孢子的抗性极强，至少能在自然条件下存活 35 年。菌丝体也能直接侵染幼虫，若用被污染的巢脾生产的巢础带有真菌孢子，巢础也可成为传染源。群间传播可能是飞扬的孢子，也可能是别的种类的蜂。

3. 诊断

取回干虫尸，刮取体表黑色物，置载玻片上做水浸片，显微镜 400 倍观察，根据真菌孢囊及孢子球、孢子的形态确定病原菌。

4. 防治方法

一是降低蜂箱内的湿度，二是饲用的花粉应消毒后使用。

三、蜜蜂微孢子虫病防治

1. 病原

Zender 将引起孢子虫病的小孢子称之为孢子虫（Nose maapis）。孢子大小约 3 ~ 8 × 1 ~ 3μm，椭圆形，米粒状，在显微镜下带蓝色折光，孢子内藏卷成螺旋形的极丝。

病害在一年中，冬、春、初夏是流行高峰；到了夏季，病害会显著的减轻。

2. 症状

被孢子虫侵染的蜜蜂无明显的外观的疾病症状（腹部略膨大）。解剖被侵染蜜蜂，则可发现中肠由蜜黄色变为灰白色，环纹消失，失去弹性，极易破裂。春季及夏季，蜂群中被孢子虫侵染的蜜蜂的寿命只有健康个体的一半；被侵染的笼蜂寿命缩短 10% ~40%，并且患病个体的王浆腺发育不完全，影响了对幼虫的哺育。冬季病蜂会下痢，早衰，寿命缩短。雄蜂及蜂王对孢子虫也敏感。

3. 诊断

①解剖蜜蜂，拉出中肠，观察中肠的颜色，弹性，环纹。病蜂中肠灰白，失去弹性，环纹消失。

②挑取病变中肠组织一小块，置载玻片上，滴加适量蒸馏水，盖上盖片，轻压，显微镜 400 ~ 600 倍镜检，检查孢子的存在。

4. 防治

以预防为主：一是给予蜂群优质的越冬饲料，早春不得使用代用花粉；二是越冬和春繁保温要适当，注意保温与通风的协调；三是春季饲喂酸性饲料（1g 柠檬酸溶于 1L 糖浆）；四是被病虫污染的蜂箱要及时清洗和消毒。

四、欧洲幼虫腐朽病防治

欧洲幼虫腐臭病是由一种蜂房球菌引起的幼虫死亡腐臭的幼虫病。

1. 发病期

一般四季均可见，春秋气温低，蜂群不强，蜜源较缺时易发生。污染的饲料和污水是此病的最大来源。采集工蜂为传染的媒介。

2. 病症

死亡的多数是 2 ~ 3 日龄幼虫，发病早期无明显症状，病虫失去肥胖和贝壳色光泽，失去弹性而松软。虫尸由苍白到浅黄色而腐烂、酸臭，最后逐渐干枯于巢房底。易挑出。巢脾成花子脾，蜂王停产，蜜蜂停止出勤以至弃巢逃亡。

3. 防治

早春注意养强群和保温，补饲充足饲料。病群分开管理，绝不能抽病蜂脾给健康群。严格进行蜂具消毒。限制蜂王产卵，除掉病菌繁殖的条件。

每 10 框蜂使用土霉素 125mg 的剂量进行治疗。将药物拌入花粉饲喂 1 ~ 2 次，休药期 45 天。

五、中蜂囊状幼虫病防治

蜜蜂囊状幼虫病是一种在世界范围普遍发生的蜜蜂病毒病。19 世纪 20 年代就在欧洲一些国家发生。由于西方蜜蜂对这种病的抵抗力较强，感染后常可以自愈，所以没有造成大的损失。中蜂对囊状幼虫病的抵抗能力较弱，一经感染容易蔓延流行，常常使蜂群遭受巨大的损失。70 年代初，我国的中蜂由南到北，大面积爆发囊状幼虫病。

1. 病原

囊状幼虫病是由一种滤过性病毒所引起的。在一般情况下，一年四季都有可能发生，但在每年的春末夏初和秋末冬初发生较为严重，南方流行于 3 ~ 5 月，北方流行于 7 ~ 9 月，越冬期见不到病症。但到第二年的春天病情又会复发。蜂群无论强群或弱群都要发病。早春或晚秋期，蜜粉源缺乏，幼虫蛋白质饲料缺少的情况下，就容易发病。强群哺育蜂多，往往发病更严重。不同的蜜蜂品种对囊状幼虫病的抵抗力是不相同的，就同品种之中也存在着抗病性不同的种群。如西方蜜蜂对囊状幼虫病的抵抗力就远比东方蜜蜂强。在同一个地区或同一个蜂场，在一场严重的囊状幼虫病暴发过后，其中总有少数蜂群发病较轻或不发病。

囊状幼虫病之所以年复一年地不断发生，主要是囊状幼虫病毒在工蜂体内增殖，但它不引起工蜂明显的症状。特别是年轻工蜂最容易感染，它们在搬运病死幼虫的过程中，吞下被破坏的病虫内容物时，大量的囊状幼虫病毒便聚集在咽下腺中，当这些工蜂哺育幼虫时，便传递给健康幼虫。

2. 防治方法

囊状幼虫病的防治，迄今尚未找到特效的治疗药物。国内许多养蜂专家学者对该病的防治进行了大量的研究工作，养蜂者也做了大量的防治试验。结果表明，采取抗病选种为中心，加强饲养管理，结合药物治疗的综合防治措施，是当前防治囊状幼虫病的较有效方法。

一是选育抗病品种。从发病蜂场中选择抗病力较强的蜂群做父母群，培育雄蜂和蜂王，用新育成的蜂王更换其他病群的蜂王。连续进行几代的选育和换王，可以使全场的蜂群对囊状幼虫病的抵抗力大大增强。在培育蜂王期间，注意将病群的雄蜂捕杀干净，抗病选育的效果会更好。

二是加强饲养管理措施。密集蜂群，加强保温。早春和晚秋气温将弱群适当合并，缩小蜂巢，做到蜂多于脾，提高巢温和增强蜂群的清扫能力。不要过早拆除越冬保温包装物，防止倒春寒的袭击。

对患病蜂群用囚王或换王的方法换掉病蜂王，人为地造成蜂群断子，以便工蜂能彻底清扫巢房，减少病毒重复感染的机会。对患病蜂群的巢脾、蜂箱，在断子期进行一次彻底的清扫和消毒工作，消灭或减少病毒量。给蜂群补充蛋白质饲料（脱脂奶粉、黄豆粉，酵母粉或天然蜂花粉）和多种维生素，可以有效地增强蜂群的抵抗力。

三是严格检疫。对患囊状幼虫病的蜂场禁止转地放蜂，隔离在一定地方就地治疗。在转地前，必须进行严格的检查，以防疫病传入新区。

四是药物防治。①半枝莲（又名狭叶韩信草）50g。②五加皮 50g、金银花 25g、桂枝 15g、甘草 6g。③贯众 50g、金银花 50g、甘草 10g。④虎杖 25g、甘草 10g。

在治疗时，任选上述一配方，加入适量的水，煎煮后过取滤液，按 1∶1 的比例加入白糖，配成糖浆喂蜂。每配剂量可喂 10～15 框蜂。

⑤华千金藤（又名海南金不换）干药 30g，加水浸后，以文火煎煮约 30min，取滤液，按 1∶1 的比例加白糖制成糖浆，再加多种维生素 10 片，调匀喂锋，每剂可喂 30～40 框蜂。

⑥碘酊：将配制好的碘酊加水配成 2%～4% 的溶液，再加少量白糖配成稀糖液，用喷雾器喷脾。注意：碘酊的消毒作用强，刺激性大，适宜在傍晚使用，避免蜂群飞逃。

第三节　蜜蜂病虫害综合防治要求

一、隔离

1. 发现传染病，应立即将病群隔离并报告当地动物检疫单位。同时对蜂群逐群进行检查，根据检查结果分别处理。

2. 选择远离蜂场、不易散播病原体、消毒处理方便的地方隔离治疗。病蜂的蜂产品、蜂具等不得带回健康蜂场。如果属烈性传染病或国内首次发现的传染性病害，应予以焚烧处理。

3. 疑是病群，应另选地方远离健康蜂群进行隔离观察，也可预防性给药。

4. 对假定健康群进行观察，必要时转移到其他地方。

5. 隔离的病群在没有病蜂出现，又过了该传染病潜伏期 2 倍的时间后，经过全面消毒，可以解除隔离；如果经过传染病后蜂群十分衰弱，失去经济价值，又有带菌（毒）危险的应焚烧蜂群。

二、传染性病害的治疗原则

对症用药，使用国家规定的药物，按剂量给药。大流蜜前一个月停止蜂群用药。使用过药物的生产蜂群，到大流蜜初期应彻底清除巢内存蜜。

1. 蜜蜂细菌性传染病的防治：幼虫病（美洲幼虫腐臭病和欧洲幼虫腐臭病）用红霉素 0.05g（10 框蜂）喷雾或饲喂，隔日一次，连用 5～7 次（一疗程）。成蜂病（蜜蜂败血病和蜜蜂副伤寒）用氟哌酸 0.025g（10 框蜂）喷雾或饲喂，隔日一次，连用 5～7 次（一疗程）。

2. 蜜蜂螺原体病和病毒病的防治：成蜂螺原体病用红霉素 0.05g（10 框蜂）喷雾或饲喂，隔日一次，连用 5～7 次（一疗程）。幼虫病毒病和蛹病毒病用盐酸金刚烷胺片 0.05g（10 框蜂）喷雾或饲喂，隔日一次，连用 5～7 次（一疗程）。成蜂病用盐酸金刚烷胺片 0.05g（10 框蜂）喷雾或饲喂，隔日一次，连用 5～7 次（一疗程），对病毒有一定抑制作用。

3. 蜜蜂真菌病和原虫病的防治：幼虫真菌病和蜂王真菌病用制霉菌素 10 万 IU（10 框蜂）喷雾或饲喂，隔日一次，连用 5～7 次（一疗程）。成蜂原虫病用 1000mL 糖浆中加入 4mL 食醋，每次 250mL/（10 框蜂），2～3 天一次，连用 4～5 次（一疗程）。

第四节　蜜蜂敌害防控

一、胡蜂

1. 胡蜂的危害

在山区，大小胡蜂很多，尤其是夏秋季节严重。它们飞翔在巢门前捕捉工蜂，甚至攻入箱内连续啮杀守卫蜂，把巢内贮蜜洗劫一空，迫使蜂群飞逃。

2. 防治方法

一是安装圆形巢门，二是进行人工扑打。用薄板条进行人工扑打，或将蜜蜂尸体和已死胡蜂堆放一起，诱集它们停落啮食或抱运蜂尸，伺机拍杀。三是使用胡蜂诱杀笼。诱杀笼的外形像铁丝鸟笼，网眼比蜜蜂大而比胡蜂小，笼底锥形朝上，在中央有一开口。使用时，将笼略垫高，其下放一个盘子，盘内盛具有强烈气味的蜂蜜混合物。胡蜂从下面进入，吸食后，便沿内圈口进入笼内，从而被诱捕。

二、巢虫

巢虫是蜡螟的幼虫，有大小两种，寄生在巢脾上毁坏巢脾和封盖蛹。受其侵害的病群常群势日衰，重者逃亡。

防治方法以强饲养管理为主，药物防治为辅。

1. 饲养强壮群，增强群内防御力，使巢虫不易侵入。
2. 保持蜂脾相称，适应中蜂密集特点，无空脾。
3. 勤扫箱底积聚的蜡屑，使巢虫无生存之地。
4. 修补箱身缝隙，使巢虫无处结茧。
5. 蜂场蜡制品不随便丢弃，断绝巢虫生存环境。
6. 对被危害脾抽出检查，取出巢虫阳光暴晒驱虫使其爬出。
7. 盐水洗脾：10%的盐水灌洗巢脾，可彻底杀死巢虫。

第五节　花粉、花蜜和化学中毒的防治

一、花粉、花蜜中毒的防治原则

正确选择蜜源场地，避开有毒蜜粉源植物。发现中毒应及时从蜂箱中取出有毒的蜜、粉脾并予以销毁，再饲喂50%的淡糖浆。必要时，根据有毒成分的性质饲喂药物：甘露蜜中毒时可用复合维生素B、酵母片等；枣花中毒时，可用4%～5%食醋糖浆。

二、化学中毒防治原则

了解蜂场所在地所施农药种类和施药时间，对蜂群毒性大时，应尽早撤离；毒性较小，暂闭巢门一两天，同时打开蜂箱通气窗。发现中毒应及时从蜂箱中取出污染的蜜、粉脾并予以销毁。有机磷、有机氮农药中毒时，可在20%糖浆中加0.1%食用碱喂蜂。

主要参考文献

[1] 范学凤．肉牛的选配技术 [J]．河南畜牧兽医，2003，24 (7)．

[2] 吴建良．中国荷斯坦奶牛不同选择方法的比较 [J]．浙江农业科学，2011 (2) 420～422.

[3] 谢荣清，曾华．牦牛提前出栏的饲养管理配套技术 [J]．四川草原．2005，10 (119)．

[4] 谢荣清，杨平贵．母牦牛孕产期护管及犊牦牛培育 [J]．育种繁殖．2006，4 (196)．

[5] 吴伟生，罗晓林，等．麦洼牦牛冷季补饲实验研究 [J]．中国牛业科学，2009，35 (1)．

[6] 王彦军，孙喜丹．肉牛的选配和杂交繁育 [J]．养殖技术顾问，2014．8.

[7] 李焕江．动物营养调控技术的研究及应用 [J]．江西饲料，2006，1：8～11.

[8] 李德发．饲料高效利用与低碳氮排放畜牧业 [J]．中国家禽，2010，32 (11)：1～5.

[9] 赵景鹏，焦洪超，等．家禽氨基酸营养最新研究动态 [J]．中国家禽，2014，36 (2)：2～6.

[10] 孟艳莉，白修云，等．低蛋白质平衡氨基酸日粮对蛋鸡生产性能、蛋品质和氮排泄的影响 [J]．中国饲料，2014，10：20～24.

[11] 任冰．理想氨基酸模式下低蛋白日粮对产蛋鸡生产性能及氨氮排放的影响 [D]．西北农林科技大学博士学位论文．2012.

[12] 谯仕彦，岳隆耀．近 20 年仔猪低蛋白日粮研究小结 [J]．中国饲料，2007，12：5～10.

[13] 王刚，郭明珠，等．饲用酶制剂在畜牧业中的应用进展 [J]．中国畜牧杂志，2012，48 (16)：60～63.

[14] 汪儆．饲用酶制剂在我国畜禽生产中的应用效果 [J]．饲料广角，2001，16：17，24.

[15] 陈代文，郑萍，等．动物营养与免疫研究进展 [J]．中国畜牧兽医文摘，2006，4：5.

[16] 陈代文，张克英，等．营养水平及性别对生长育肥猪肉质性状发育规律的影响 [J]．四川农业大学学报，2002，20 (1)：7～11.

[17] 张艳芳，卢德勋，等．日粮营养水平对猪肉品质的影响 [J]．饲料视角，2007，3：67～69.

[18] 王耀辉．维生素 E 对猪肉肉质的影响．维技通讯，1998，6：6～7.

[19] 陈代文，李永义，等．饲粮添加高铜和 VE 对猪生长性能和猪肉品质的影响 [J]．四川农业大学学报，2002，20 (1)：23～28.

[20] 陈代文，张克英，等．有机铬添加剂对猪生产性能和肉质的影响 [J]．四川农业大学学报，2002，20 (1)：49～51.

[21] 吕林，罗绪刚．矿物元素影响畜禽肉质的研究进展 [J]．动物营养学报，2004，16 (1)：12～19.

[22] 尹靖东．类黄铜对鸡蛋蛋黄胆固醇含量及其氧化产物形成的影响 [D]．中国农业科学院研究生院博士论文．2000.

[23] 齐广海，郑君杰，等．类黄铜物质对蛋鸡杭氧化和脂质代谢的影响 [J]．营养学报，2002，24 (2)：153～157.

[24] 尹靖东，齐广海，等．大豆黄酮对鸡蛋胆固醇及其耐氧化性的影响 [J]．中国农业科学，2004，37 (5)：756～761.

［25］尹福泉．日粮调控对奶牛乳脂中共轭亚油酸含量影响的研究［D］．内蒙古农业大学博士学位论文．2006.

［26］刘仕军，王加启，卜登攀，等．日粮添加植物油籽对乳脂脂肪酸的影响［J］．中国农业科学，2007，40（6）：1248～1253.

［27］刘艳丰，侯广田，等．非营养性添加剂对蛋鸡生产性能及发酵粪便中有害气体的影响［J］．家畜生态学报，2013，34（6）：72～75.

［28］苏子峰，张红兵，等．丝兰提取物与枯草芽孢杆菌对肉鸡生长性能及鸡舍有害气体的影响［J］．饲料博览，2012，6：1～5.

［29］梁国旗，王旭平，等．樟科、丝兰属植物提取物对仔猪排泄物中氨和硫化氢散发的影响［J］．中国畜牧杂志，2009，45（13）：22～26.

［30］黄宏源．我国畜牧业清洁生产的途径与措施［J］．福建畜牧兽医，2009.

［31］远德龙，宋春阳，等．病死畜禽尸体无害化处理方式探讨．猪业科学，2013（6）：82～83.

［32］江文明．德国病害动物及产品的无害化处理。第四届中国兽医大会病死畜禽无害化处理专题研讨会会刊：36～38.

［33］农业部科技教育司．第一次全国污染源普查畜禽养殖业源产排污系数手册（内部资料）．2009.

［34］曾凯．规模猪场干粪发酵处理死猪尸体效果观测．四川畜牧兽医，2015（6）.

［35］何志平，曾凯，等．四川规模猪场产排污系数测定．中国沼气，2010.

［36］郭德杰，吴华山，等．集约化养殖场羊与兔粪尿产生量的监测．生态与农村环境学报，2011.

［37］栾冬梅，李士平，等．规模化奶牛场育成牛和泌乳牛产排污系数的测算．农业工程学报，2012.

［38］王晓燕．病死猪处理新技术．广东养殖业，2013．3

［39］农业部兽医局．病死畜禽无害化处理100问，中国农业出版社，2014.

［40］杨建成，胡建民．畜牧业清洁生产技术［M］．中国农业出版社，2011.

［41］李丽立．现代生物技术与畜牧业［M］．北京：科学出版社，2002.

［42］李建国．畜牧学概论［M］．北京：中国农业出版社，2002.

［43］国家畜禽遗传资源委员会组编．中国畜禽遗传资源志·猪志．中国农业出版社，2011.

［44］杨公社．猪生产学．北京：中国农业出版社，2002.

［45］王爱国．现代实用养猪技术．北京：中国农业出版社，2002.

［46］陈瑶生．现代高效养猪实战方案．北京：金盾出版社，2013.

［47］全国畜牧总站．生猪标准化养殖技术图册．北京：中国农业科学技术出版社，2012.

［48］赵有璋．羊生产学（第三版）［M］．北京：中国农业出版社，2011.

［49］国家畜禽遗传资源委员会．中国畜禽遗传资源志·羊志［M］．北京：中国农业出版社，2011.

［50］刁运华．四川省畜禽遗传资源志［M］．成都：四川科学技术出版社，2009.

［51］付茂忠．新版养牛问答［M］．成都：四川科学技术出版社，2011.

［52］傅昌秀．养牛关键技术［M］．成都：四川科学技术出版社，2003.

［53］刁运华．四川省畜禽遗传资源志［M］．成都：四川科学技术出版社，2009.

［54］国家畜禽遗传资源委员会．中国畜禽遗传资源志·牛志［M］．北京：中国农业出版社，2011.

［55］熊朝瑞．新版养羊问答［M］．成都：四川科学技术出版社，2011.

［56］文光华．养羊窍门百问百答［M］．北京：中国农业出版社，1998.

［57］陈谷．种草养羊手册［M］．北京：化学工业出版社，2010.

［58］岳文斌．羊场畜牧师手册［M］．北京：金盾出版社，2008.

［59］张红平．绵羊标准化规模养殖图册［M］．北京：中国农业出版社，2013.

［60］杨在宾．山羊标准化规模养殖图册［M］．北京：中国农业出版社，2013.

［61］杨宁等．家禽生产学．北京：中国农业出版社，2002.

［62］马克·诺斯．养鸡生产指导手册．郁明发等译．上海：上海交通大学出版社，1989.

［63］蒋小松，等．优质肉鸡养殖技术蒋小松等．成都：天地出版社，2006.

［64］蒋小松，等．养鸡问题．成都：四川省科技出版社，2007.

［65］岳永生．养鸭手册（第二版）．北京：中国农业出版社，2005.

［66］王继文．图说高效养鹅关键技术．北京：金盾出版社，2009.

［67］国家畜禽遗传资源委员会．家禽志．北京：中国农业出版社，2011.

［68］曾凡同，等．养鸭全书（第二版）．成都：四川省科技出版社，1999.

［69］谷子林，秦应和．中国养兔学．北京：中国农业出版社，2013 年.

［70］谢晓红，易军．兔规模化规模养殖图册．北京：中国农业出版社，2013 年.

［71］国家畜禽遗传资源委员会．中国畜禽遗传资源志特种畜禽志．北京：中国农业出版社，2012.

［72］唐良美．养兔问答．四川科学技术出版社，2007.

［73］黄邓萍．规模化养兔新技术．成都：四川省科学技术出版社，2003.

［74］段诚中，等．规模化养殖新技术．北京：中国农业出版社，2000.

［75］彭健，陈喜斌．饲料学．北京：科学出版社，2008.

［76］瞿明仁．饲料卫生与安全学．北京：中国农业出版社，2008.

［77］陈代文．饲料安全学．北京：中国农业出版社，2010.

［78］杨凤．动物营养学［M］．北京：中国农业出版社，2001.

［79］GrayRiskowsky．猪场建筑物设计［M］．中国养猪工业手册，1999：1 ~ 11.

［80］陈代文，余冰，等．猪抗病营养理念及研究进展［M］．动物营养研究进展（2012 版）．北京：中国农业科学技术出版社，2012，61 ~ 68.

［81］文杰．营养与鸡肉产品质量［M］．动物营养研究进展 2004 版，2004，35 ~ 45.

［82］齐广海等．鸡蛋产品品质的营养调控［M］．动物营养研究进展 2004 版：2004，80 ~ 90.

［83］董霞．蜜粉源植物学．北京：中国农业出版社，2010.

［84］王勇．蜂业与生态．北京：中国农业出版社，2009.

［85］周冰峰．蜜蜂饲养管理学．夏门：夏门大学出版社，2002.

［86］邵有全．蜜蜂授粉学．太原：山西科学技术出版社，2001.

［87］张石胜，张少斌．依法利用蜜源植物资源的探讨．蜜蜂杂志，2010（6）：25 ~ 26.

［88］陈崇羔，和绍禹．蜂产品加工学．北京：中国农业出版社，2010.

［89］曾志将．蜜蜂生物学．中国农业出版社，2007.

［90］陈国宏，王丽华．蜜蜂遗传育种学〔M〕．北京：中国农业出版社，2010.

［91］杨冠煌．阿坝蜜蜂．北京：中国农业科技出版社，2001.

［92］张复兴．现代养蜂生产．北京：中国农业大学出版社，1998.

［93］梁勤，陈大福．蜜蜂病害与敌害防治．北京：金盾出版社，2009.

［94］H. Van den Weghe, Wofgang Büsche, Peter Cremer, Grefrath etc. Berechnungs – und Planungsgrundlagen für das Klima in geschlossenen S · chweinest · llen［M］. Darmstadt . KTBL – Schrift 422 . 2002：1 ~ 9.

［96］Kerr, B. J. , and R. A. Easter. 1995. Efect of feeding reduced protein, amino acid – supplemented diets on nitrogen and energy balance in grower pigs［J］. J Anim. Sci. , 73：3000 ~ 3008.

［97］Gatel F, et al. 1992. Total amino acid requirements of weaned piglets 8 to 25 kg live weight given diets based on wheat and soya – bean meal fortified with free amino acids［J］. Anim Prod, 54（02）：281 – 287.

［98］D'Souza D N. , et a1. 1998. The effect of dietary magnesium as partate supplementation on pork quality［J］. J Anim. Sci. , 76（1）：104 ~ 109.

［99］Mahan D. C. 1996. How organic selenium may help reduce drip loss［J］. World Poultry, 12（11）：19 ~ 21.

主要技术规范

1. 畜禽饮用水质标准，NY5027～2008
2. 饲料卫生标准 GB13078～1999
3. 种畜禽调运检疫技术规范，GB16567～1999
4. 猪饲养标准，NY/T 65～2004
5. 畜禽场场区设计技术规范，NY/T 682～2003
6. 畜禽场环境质量标准，NY388～1999
7. 中、小型集约化养猪场建设标准，GB17824. 1～1999
8. 中、小型集约化养猪场兽医防疫工作规程，GB17823～1999
9. 中、小型集约化养猪场经济技术指标，GB17824 2～1999
10. 中、小型集约化养猪场养猪设备，GB17824 3～1999
11. 中、小型集约化养猪环境参数与环境管理，GB17824 4～1999
12. 无公害食品—生猪饲养管理准则，NY/T5033～2001
13. 种猪生产性能测定规程，NY/T822～2004
14. 肉牛生产性能测定技术规范，NY/T 2660～2014
15. 中国荷斯坦牛性能测定技术规范，NY/T 1450～2007
16. 绵、山羊生产性能测定技术规范，NY/T 1236～2006
17. 家禽生产性能测定名词术语和度量方法，NY/T823～2004
18. 全国兔育种委员会. 家兔生产性能指标、名称和计算方法标准
19. 渔业水质标准，GB 1 1607－89
20. 渔用药物使用准则，NY5071－2002
21. 畜禽病害肉尸及产品无害化处理规程，GB 16548～1996
22. 畜禽养殖业污染物排放标准，GB18596～2001
23. 污水综合排放标准，GB 8978～1996

彩插部分

彩图 1 “三品一标”标志图案

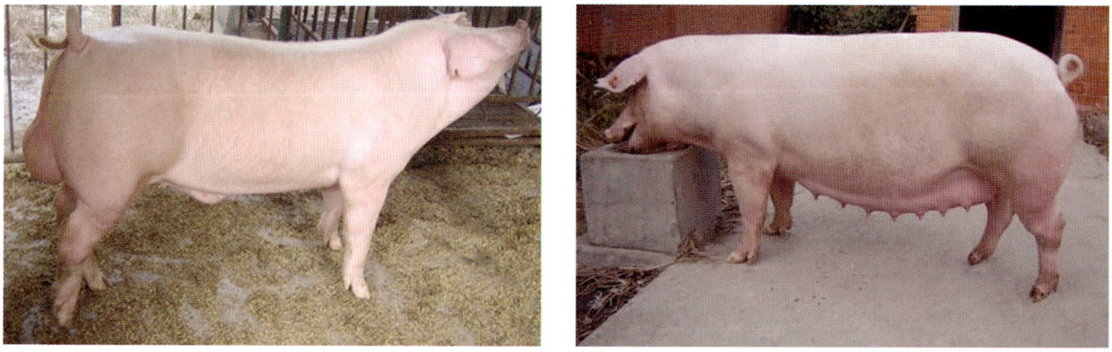

彩图 2 长白猪(左为公,右为母)

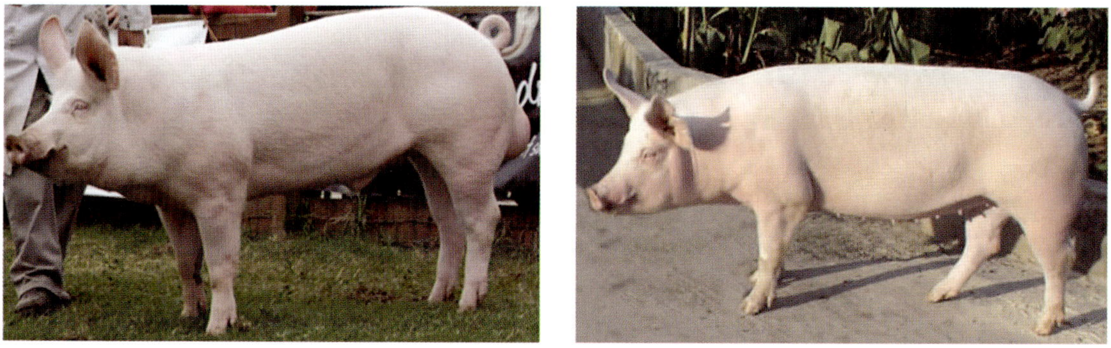

彩图 3 大约克夏猪(左为公,右为母)

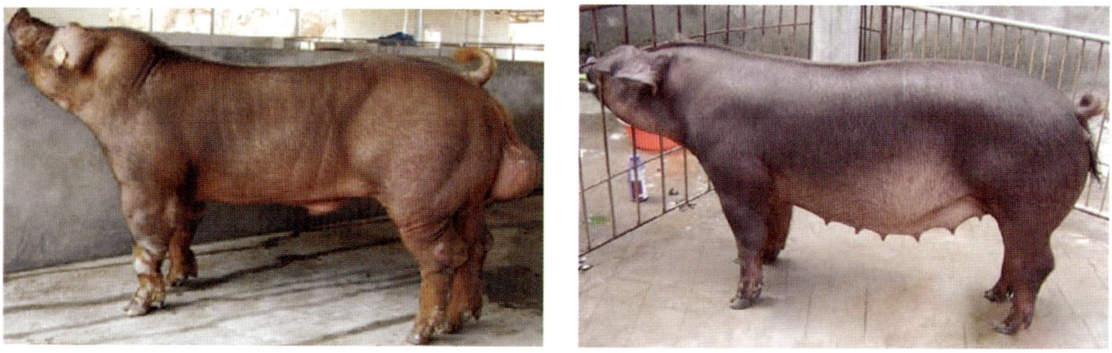

彩图 4 杜洛克猪(左为公,右为母)

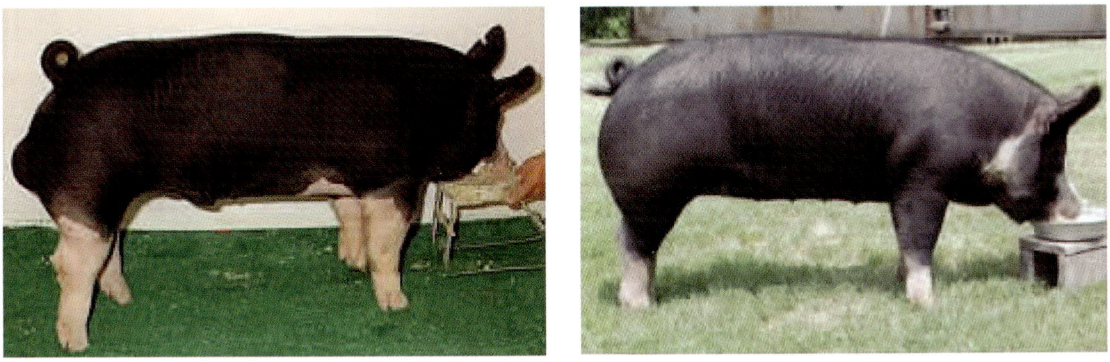

彩图 5　巴克夏猪(左为公,右为母)

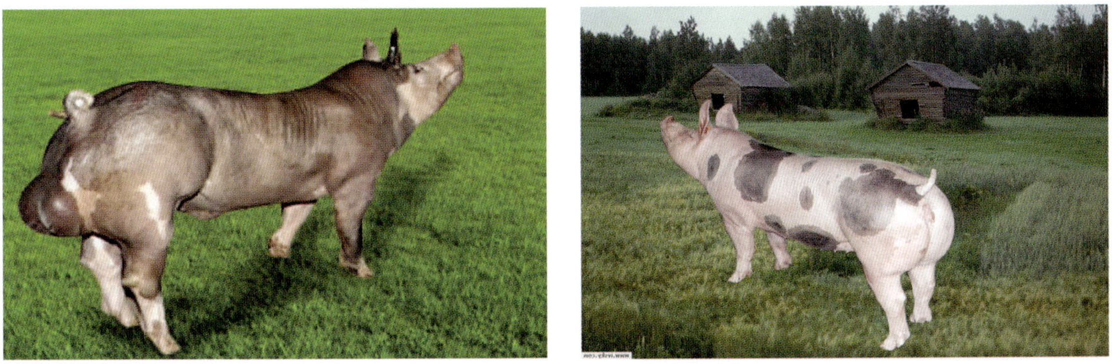

彩图 6　皮特兰猪(左为公,右为母)

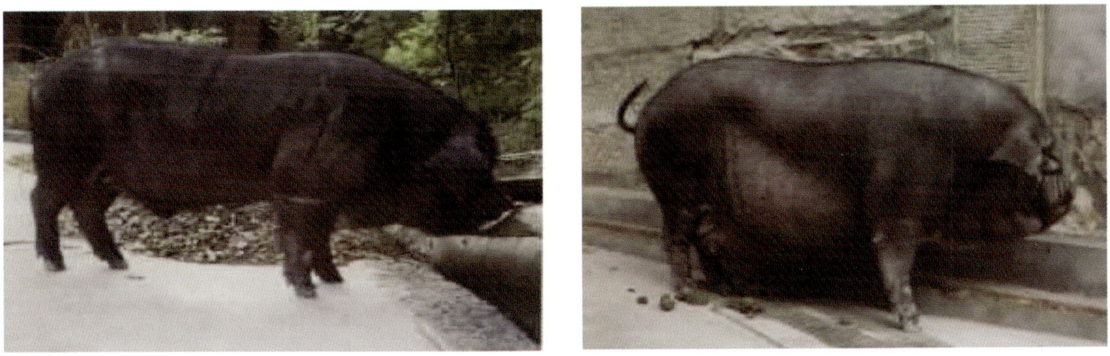

彩图 7　内江猪(左为公,右为母)

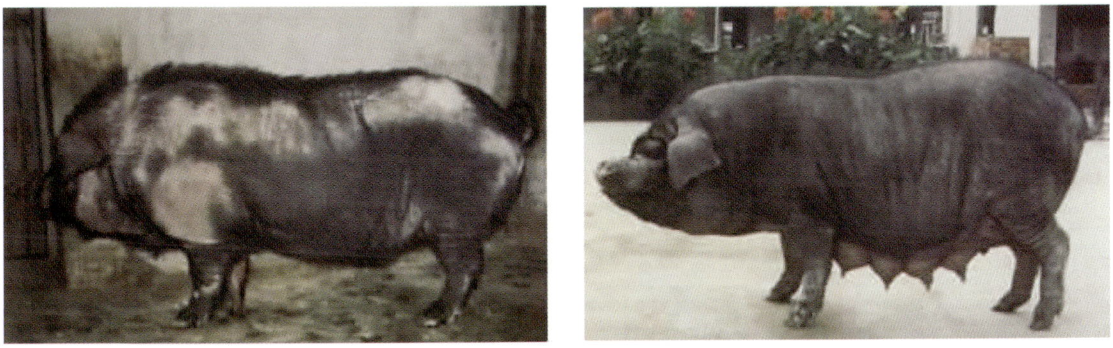

彩图 8　成华猪(左为公,右为母)

彩图 9 雅南猪(左为公,右为母)

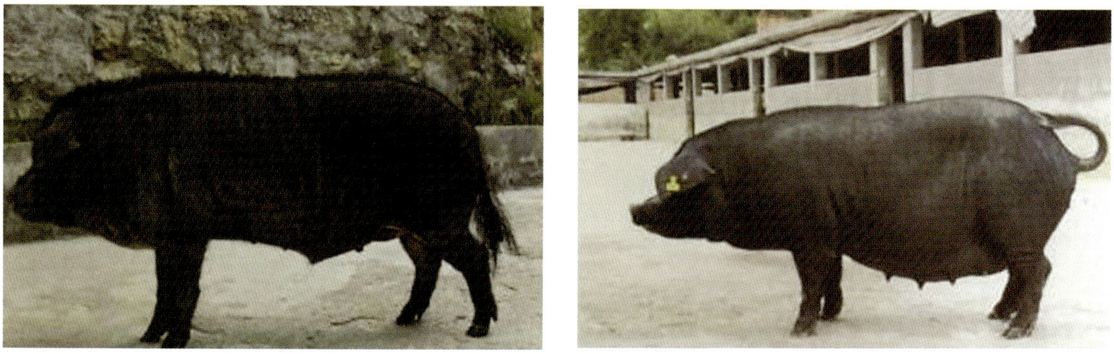

彩图 10 丫杈猪(左为公,右为母)

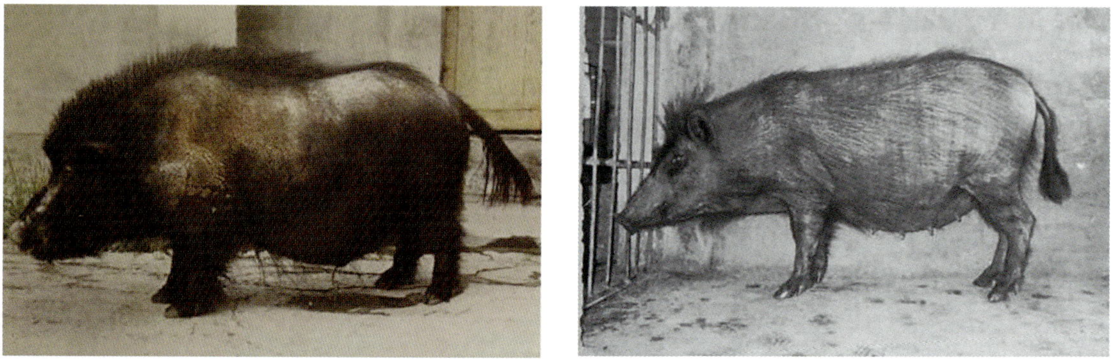

彩图 11 藏猪(左为公,右为母)

彩图 12 川藏黑猪

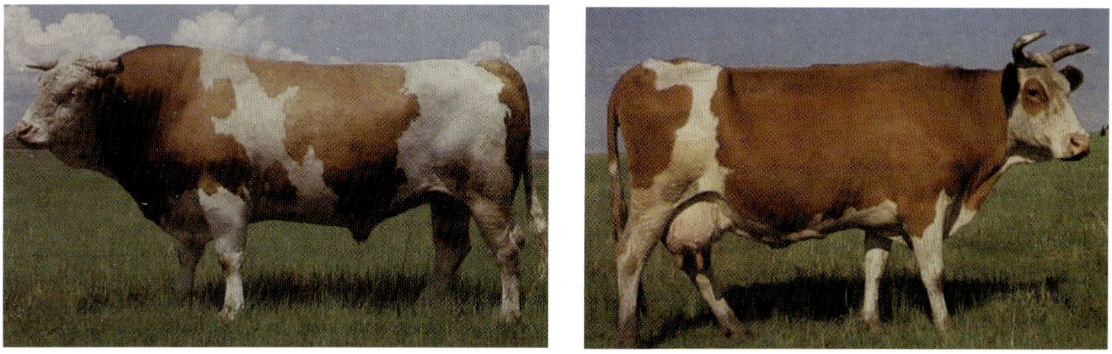

彩图 29　三河牛

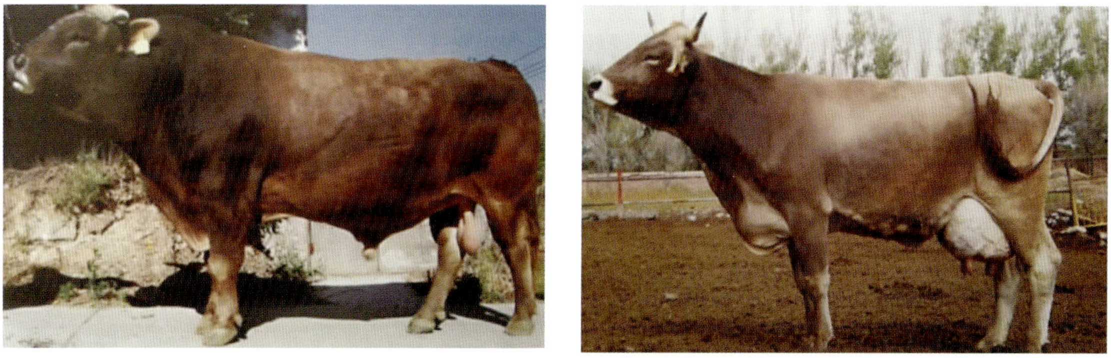

彩图 30　新疆褐牛

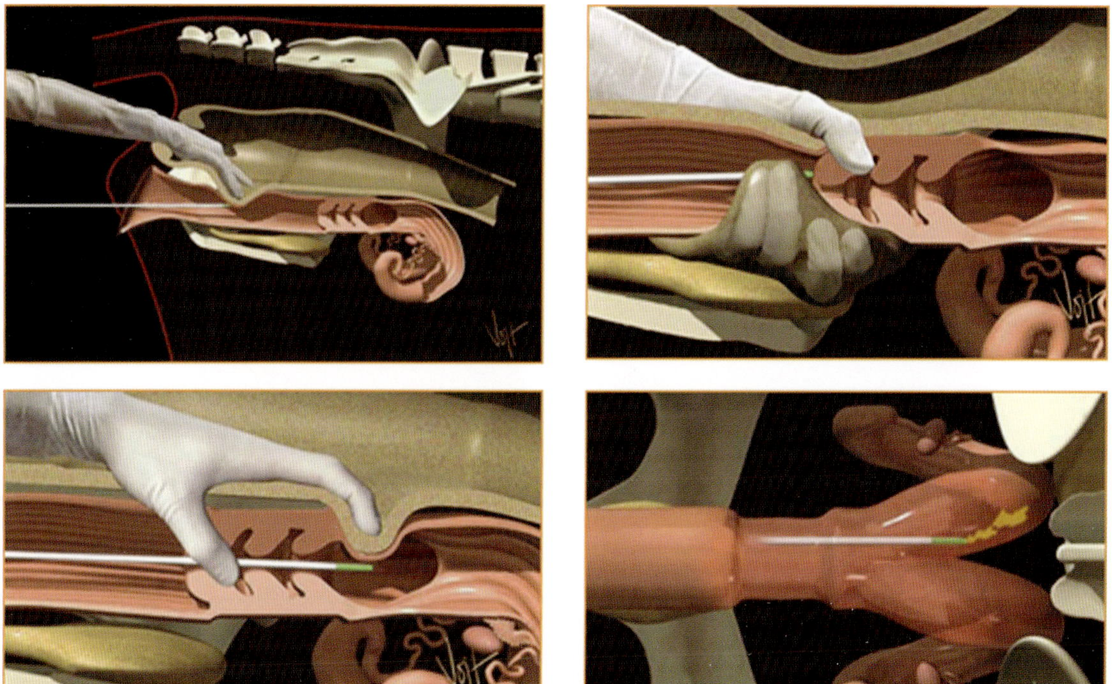

彩图 31　输精操作

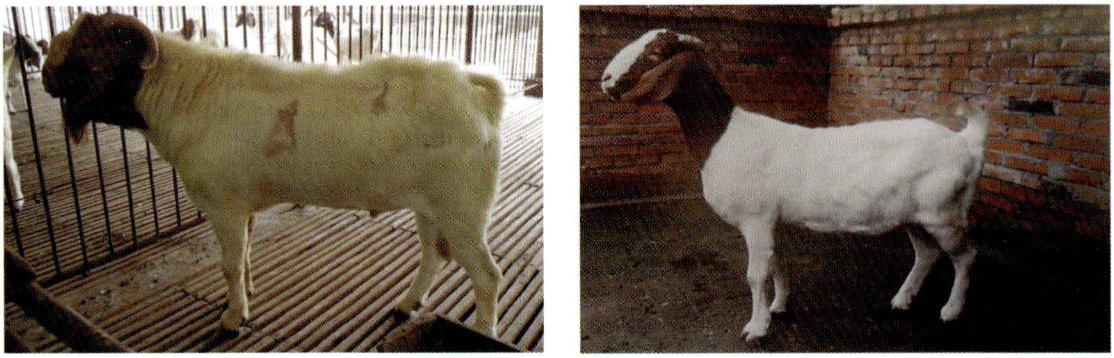

彩图 32　波尔山羊

彩图 33　南江黄羊

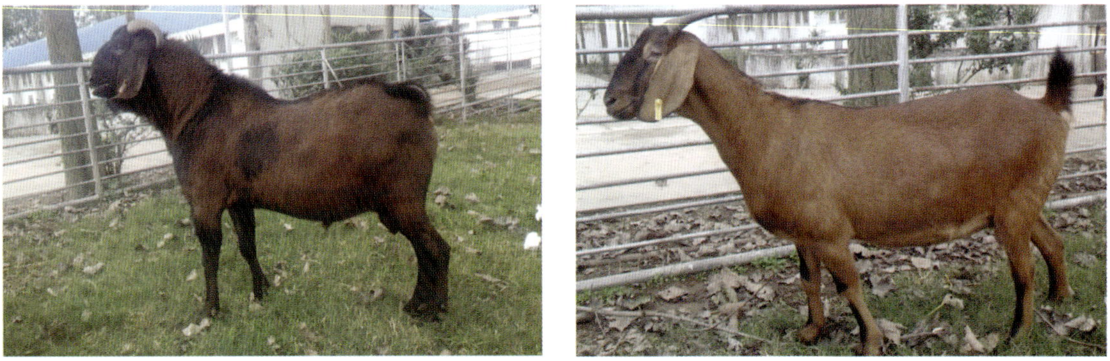

彩图 34　简州大耳羊

彩图 35　川中黑山羊

彩图 36　川南黑山羊

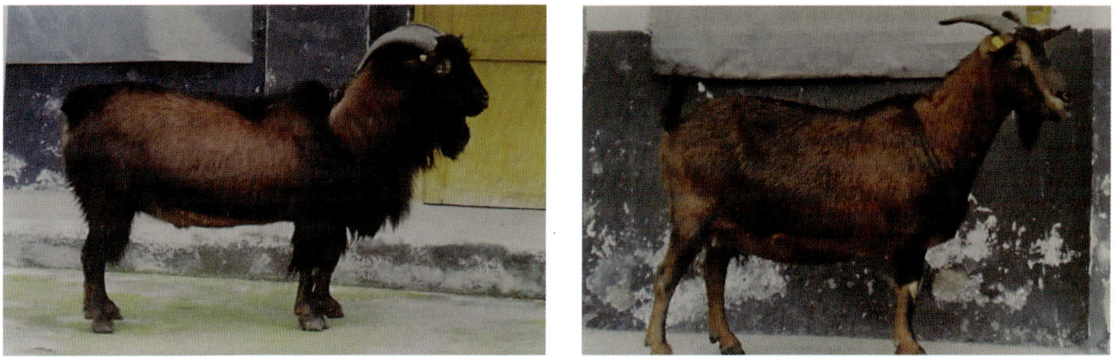

彩图 37　成都麻羊

彩图 38　北川白山羊

彩图 39　藏山羊

彩图 40　藏绵羊

彩图 41　凉山半细毛羊

彩图 42　水泥砌成的固定式食槽

彩图 43　药浴池

彩图 44　AA+肉鸡(左为商品雏鸡,右为父母代)

彩图 45　大恒 699 配套系(左为父母代,右为商品鸡)

彩图 46　四川山地乌骨鸡

彩图 47　海兰白蛋鸡(左图为父母代,右图为商品蛋鸡)

彩图 48　罗曼褐蛋鸡(左图为父母代,右图为商品蛋鸡)

彩图 49　樱桃谷鸭

彩图 50　北京鸭(左为公,右为母)

彩图 51　白颈绍鸭(左为公,右为母)

彩图 52　金定鸭(左为公,右为母)

彩图 53　天府肉鹅父母代

彩图 54　四川白鹅(左为公,右为母)

彩图 55　常见保温方式(左为垫料,右为红外线灯泡)

彩图 56　网上育雏

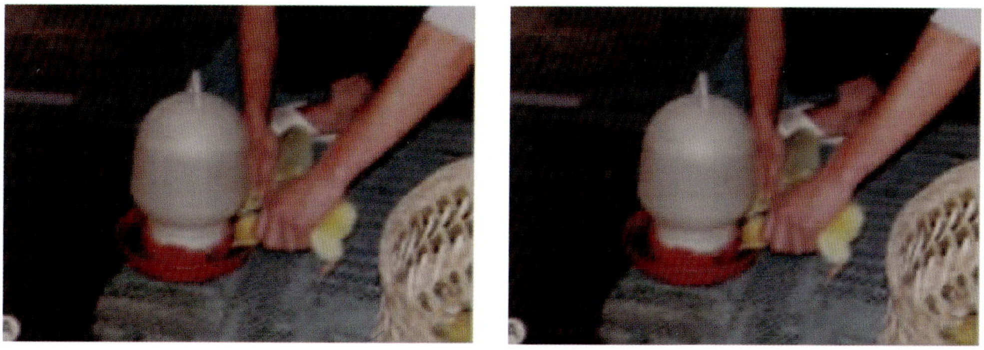

彩图 57　雏鹅的开水和开食

彩图 58　四川白兔

彩图 59　闽西南黑兔

彩图 60　齐卡巨型白兔

彩图 61　齐卡新西兰兔

彩图 62　新西兰兔

彩图 63　加利福尼亚兔

彩图 64　弗朗德兔

彩图 65　德国花巨兔

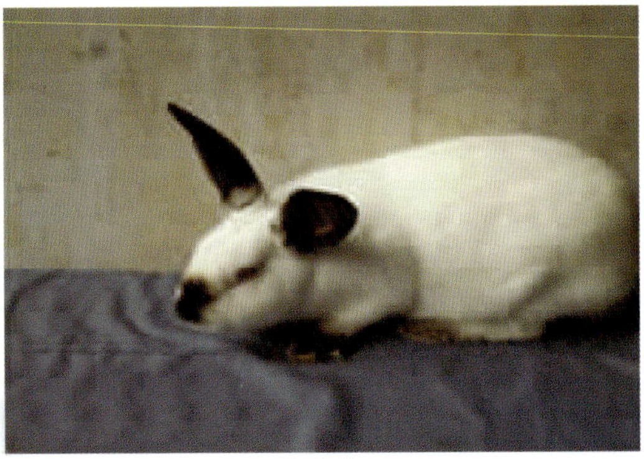

A 系兔

B 系兔

C 系兔

D 系兔

彩图 65　伊拉配套系(由 A、B、C 和 D 四系组成)

彩图 67　哈白兔图

彩图 68　塞北兔

彩图 69　獭兔主要类型

彩图 70　中系安哥拉兔

彩图 71　皖系长毛兔

彩图 72　川草 2 号老芒麦

彩图 73　阿坝垂穗披碱草

彩图 74　川草引 3 号虉草(左为拔节期,右为种子成熟期)

彩图 75　牛鞭草

彩图 76　鸭茅

彩图 77　青贮玉米

彩图 78　多花黑麦草

彩图 79　燕麦(左图为燕麦分蘖期,右图为乳熟期)

彩图 80　高丹草

彩图 81　紫花苜蓿

彩图 82　箭筈豌豆

彩图 83　光叶紫花苕

彩图 84　红豆草

彩图 85　白三叶

彩图 86　红三叶

彩图 87　凉山圆根

彩图 88　菊苣

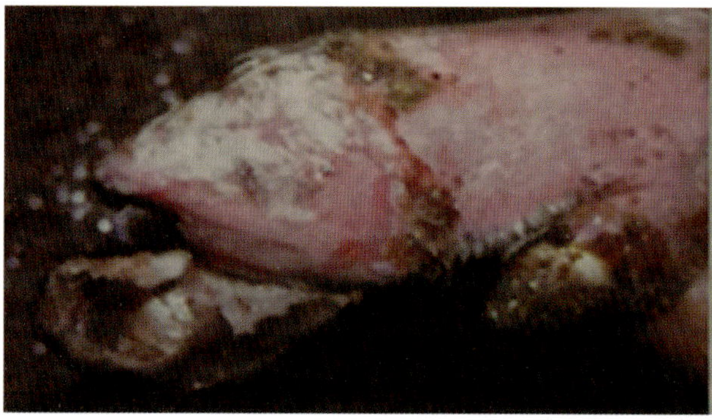

蹄部皮肤的水泡、溃疡

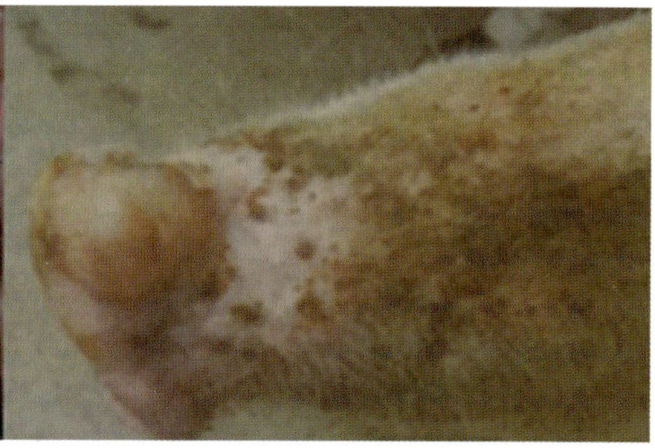

口部皮肤的水泡、溃疡和烂斑

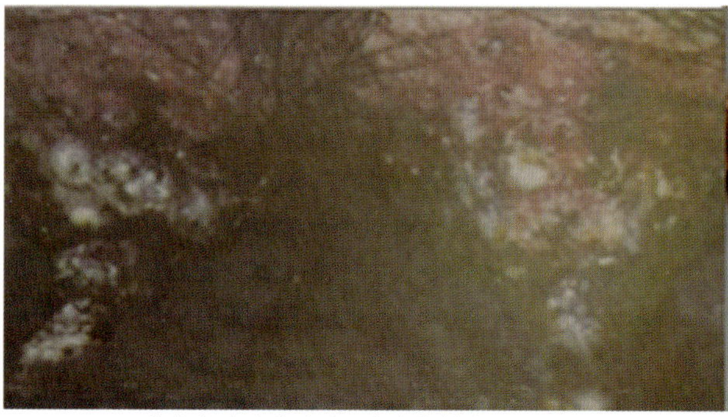

乳房部皮肤的水泡、溃疡和烂斑

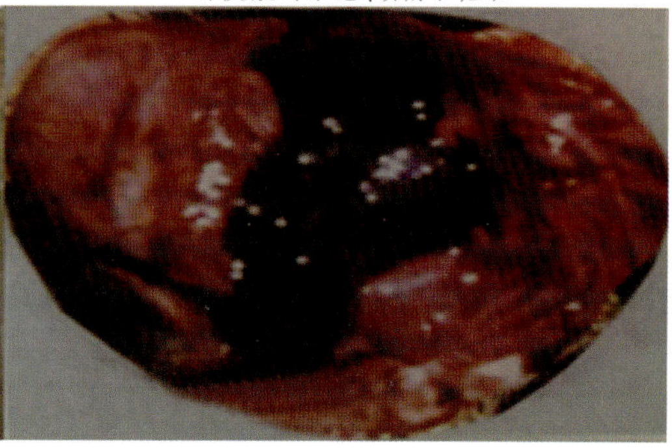

心肌(虎斑心)

彩图 89　口蹄疫临床症状及病理变化

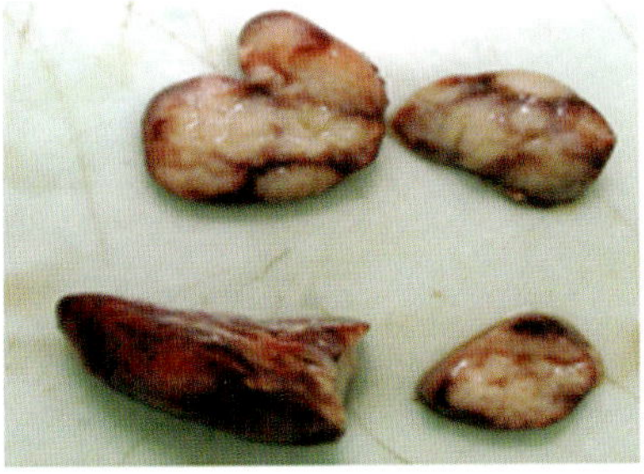

淋巴结边缘出血(大理石样变)

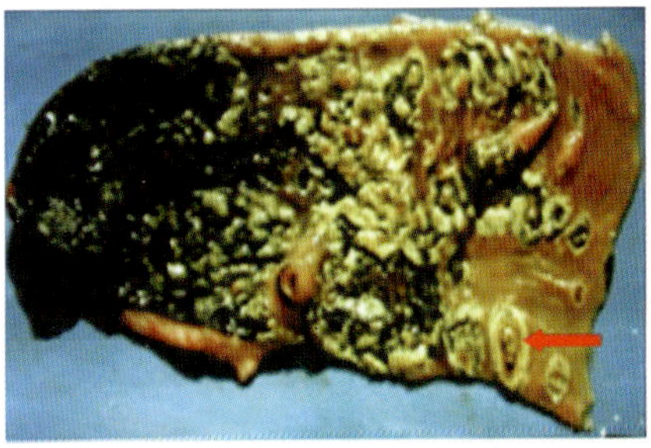

回盲肠接口处的纽扣状溃疡

彩图 89　猪瘟临床症状及病理变化

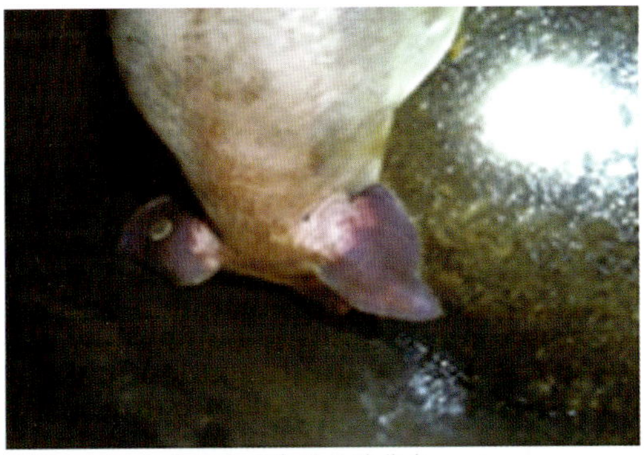

病猪耳朵发绀呈蓝紫色

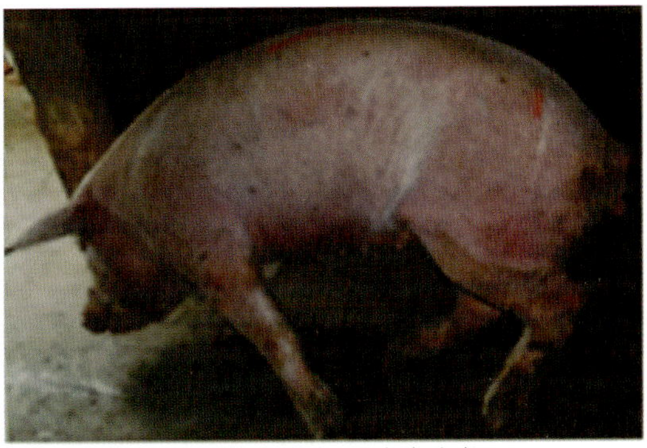

病猪高热稽留、全身皮肤发红

彩图 91　猪蓝耳病临床症状及病理变化

彩图 92　猪伪狂犬病患病猪做划水状动作

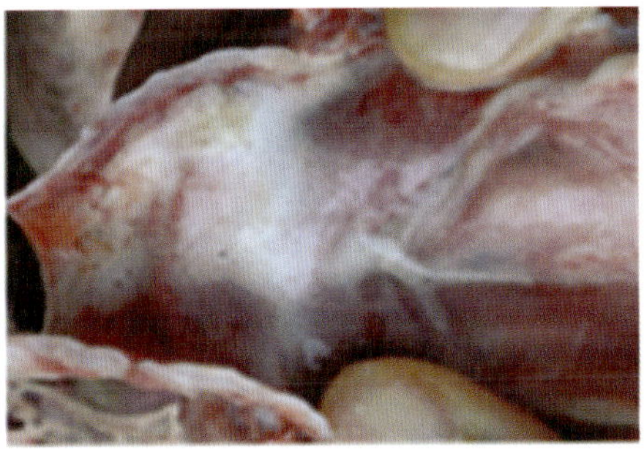

病猪喉头的大量泡沫

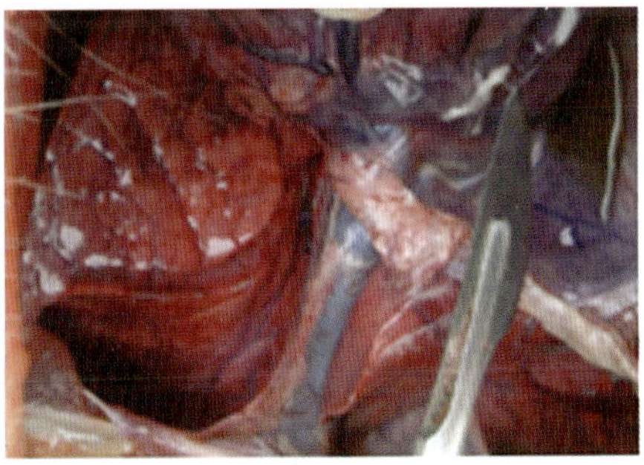

肺组织大理石样变

彩图 93　猪肺疫病理症状

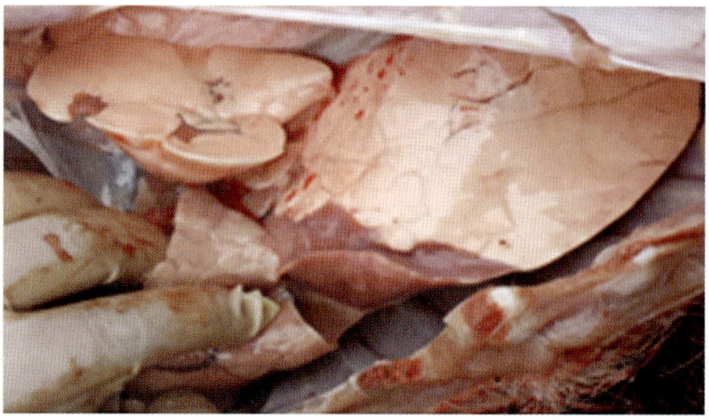

彩图 94　猪喘气病肺虾肉样变

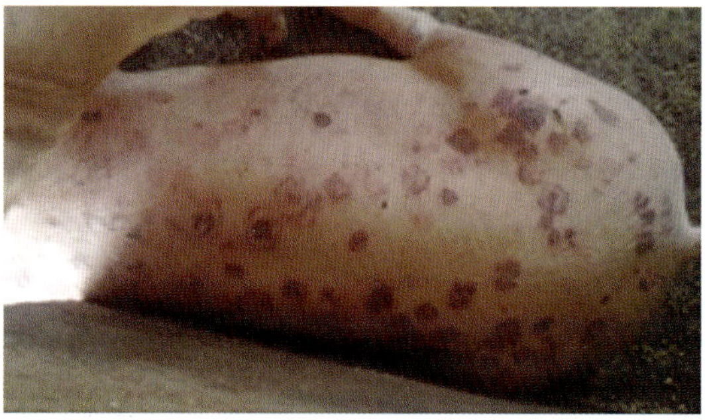

病猪全身“打火印”

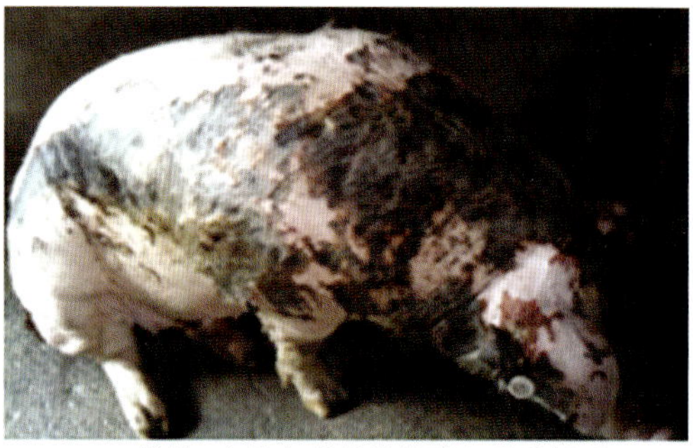

慢性，皮肤出现局部的黑色干硬坏死

彩图 95　猪丹毒临床症状及病理变化

猪蛔虫

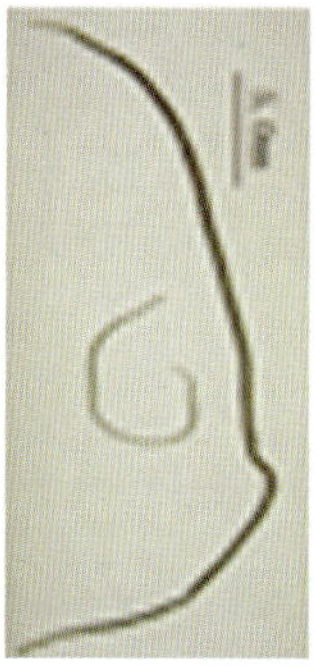

红色猪圆线虫

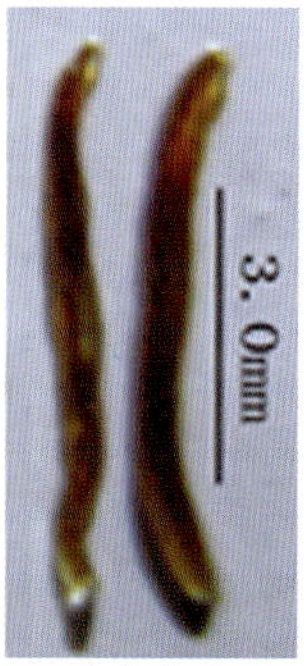

球首线虫

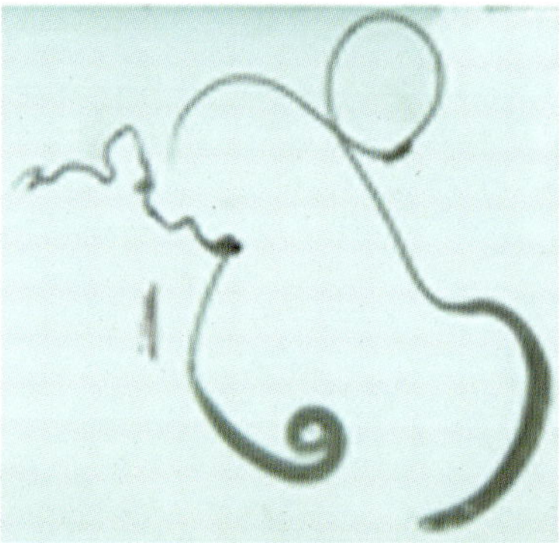

毛首线虫

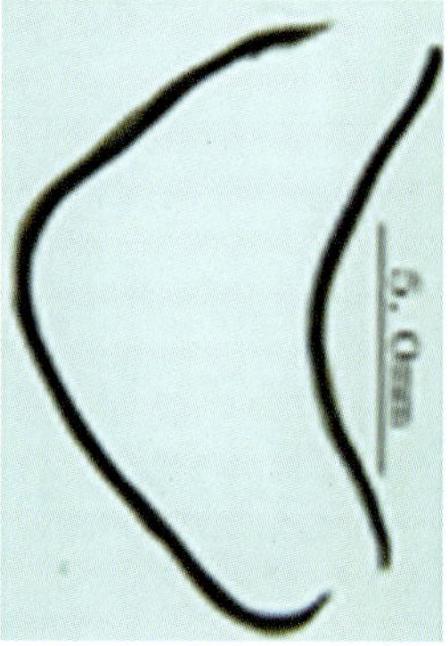

食道口线虫

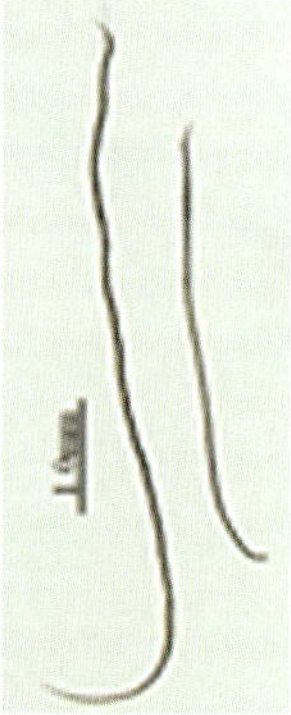

后圆线虫

彩图 96　猪线虫种类

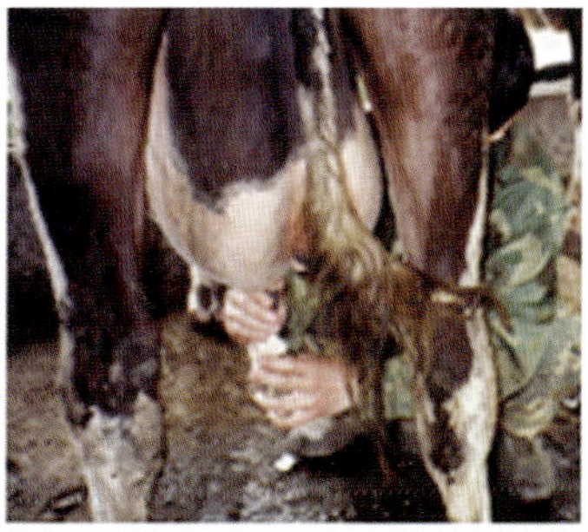

临诊型乳房炎

正常牛奶和乳房炎牛奶(左示为正常,右示为乳房炎)

彩图 97　牛乳房炎临床症状及病理变化

奶牛蹄底腐烂

绵羊蹄底腐烂

彩图 98　牛、羊腐蹄病临床症状及病理变化

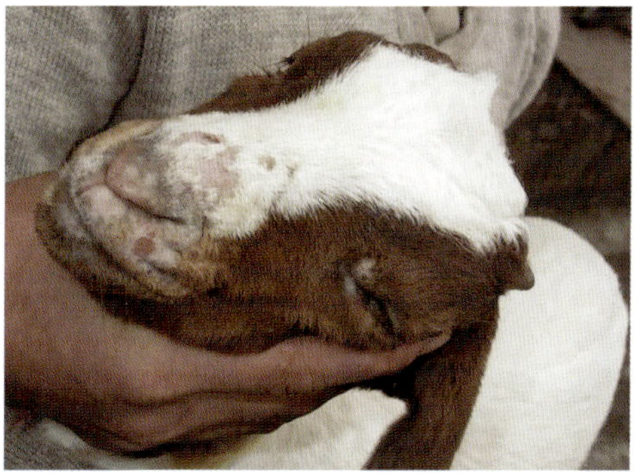

彩图 99　羊口疮嘴唇上水泡

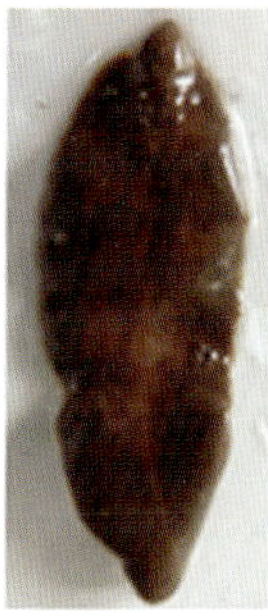

肝片吸虫

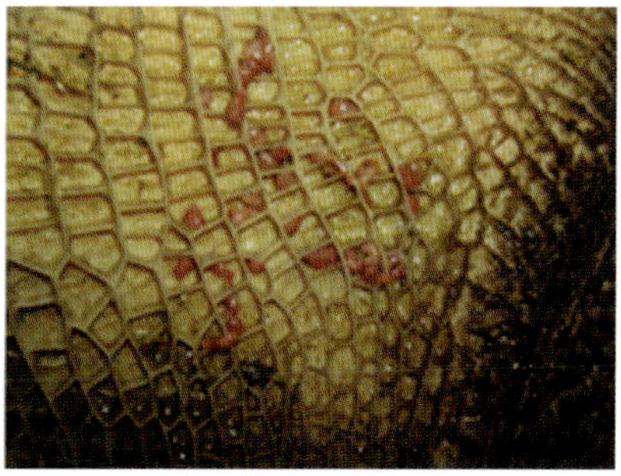

前后盘吸虫(网胃壁)

彩图 100　牛羊吸虫病

彩图 101　捻转血矛线虫

彩图 102　牛羊体表寄生虫(蜱,左示为吸饱血后,右示为吸血前)

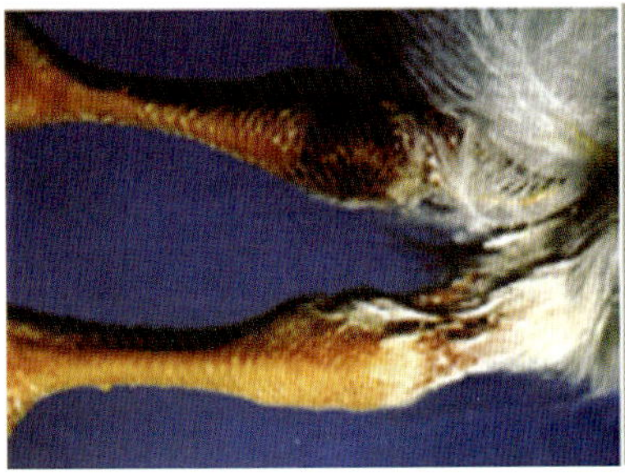

脚鳞紫变

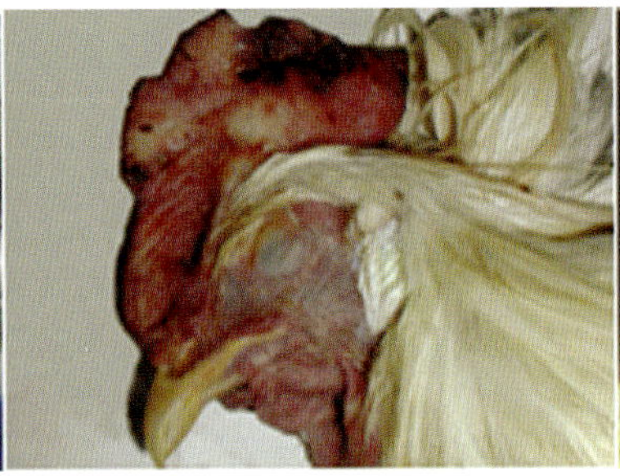

病鸡冠髯肿胀、出血、坏死

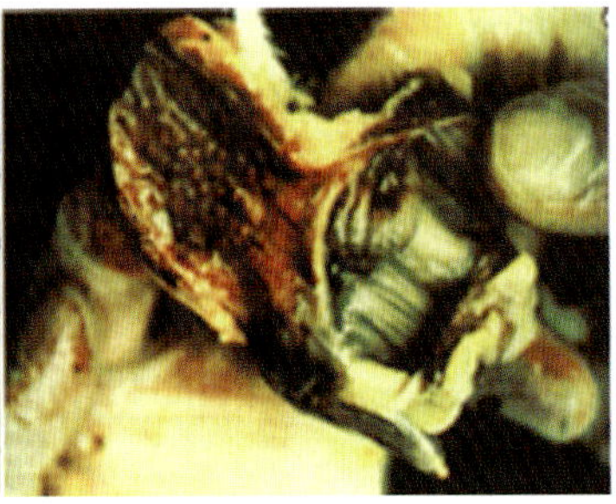

腺胃、肌胃出血

彩图 103　禽流感临床症状及病理变化

张口呼吸,咳嗽,发出呼噜声

出现神经症状或呈观星姿势

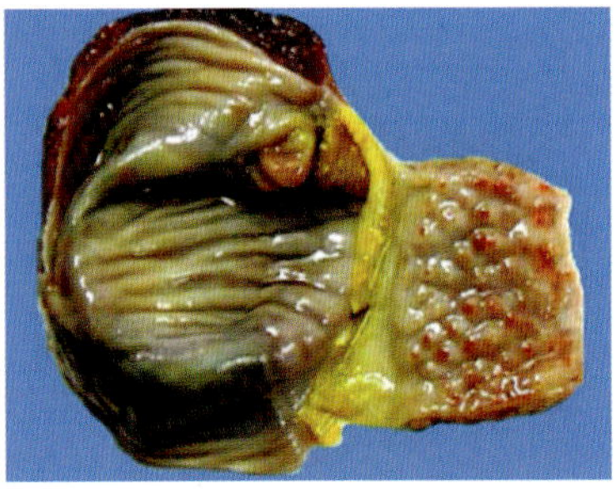

腺胃乳头出血为特征性病变

彩图 104　鸡新城疫临床症状及病理变化

神经型病鸡常因神经损伤而不能站立

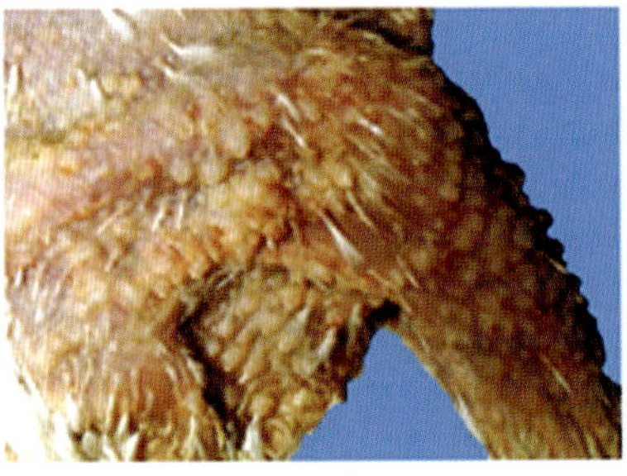

皮肤型病鸡可见全身毛囊肿瘤性增生

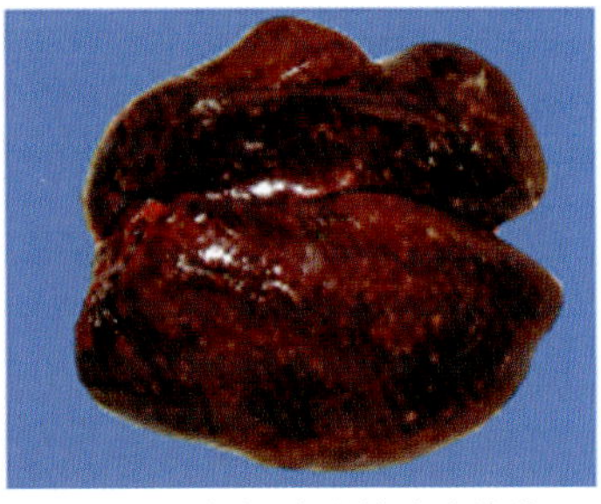

肝脏严重肿胀,弥漫性肿瘤结节

彩图 105　鸡马立克氏病临床症状及病理变化

呼吸困难、咳嗽并气管啰音(引自郑明球)

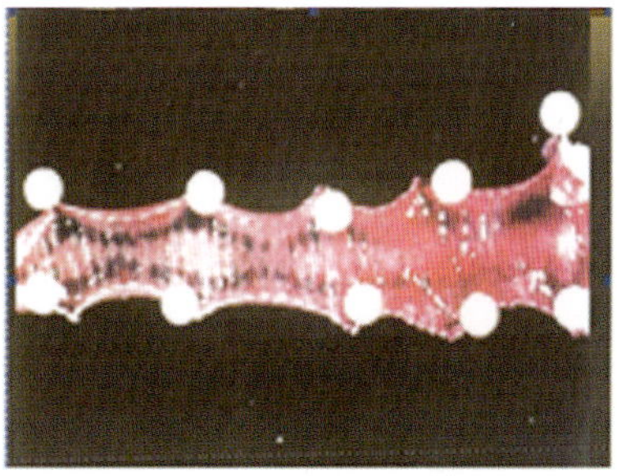

气管黏膜弥漫性出血(引自郑明球)

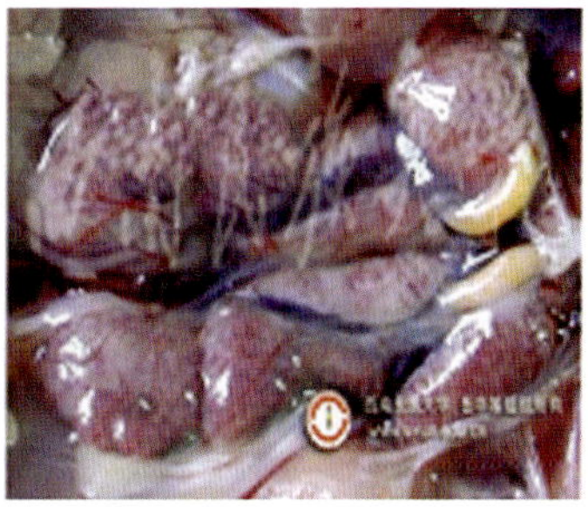

病鸡肾脏肿胀、花斑肾(引自岳华)

彩图 106　鸡传染性支气管炎临床症状及病理变化

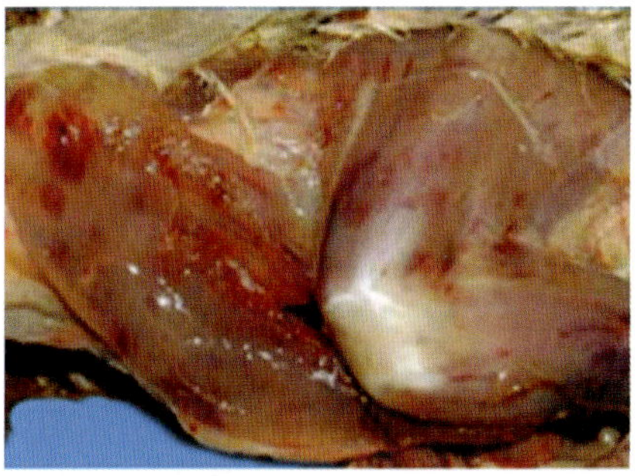

病鸡腿部和胸部肌肉出血

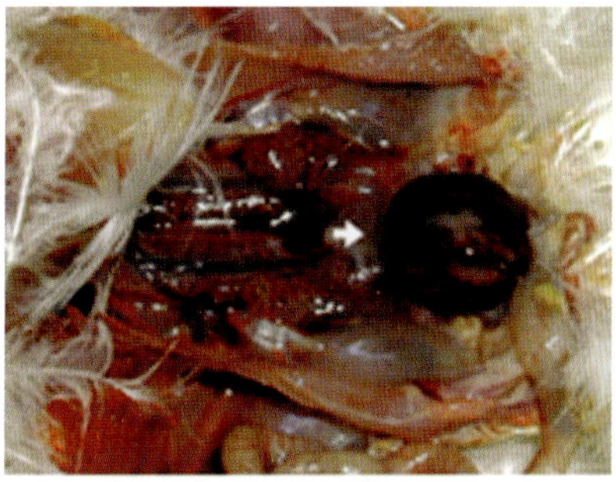

病鸡法氏囊出血呈紫葡萄样

彩图 107　鸡传染性法氏囊临床症状及病理变化

病鸭流出血性眼泪和鼻涕

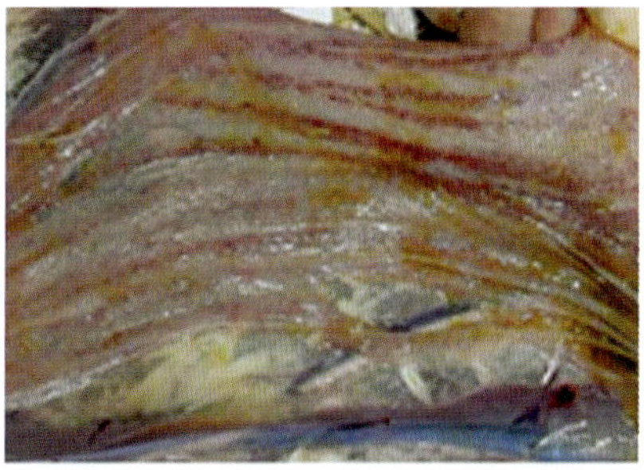

食道黏膜条状出血(表面附有黄白色黏液性分泌假膜)

彩图 108　鸭瘟临床症状及病理变化

盲肠出血

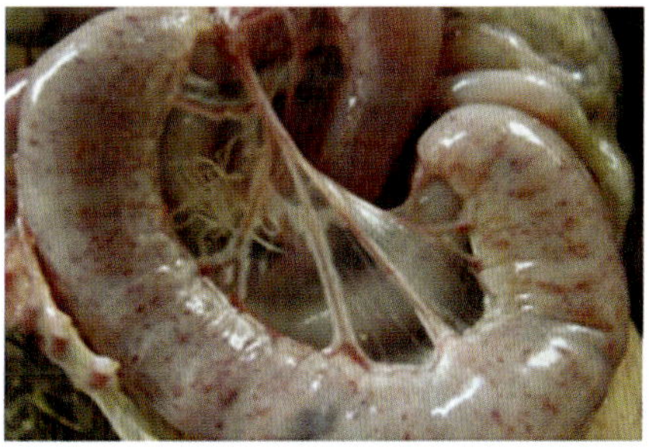

肠管粗有密集出血点

彩图 109　鸡球虫病临床症状及病理变化

幼鸡打喷嚏、甩头、张口喘气

病鸡鸡脸部、眶下窦肿胀，发硬

彩图 110　鸡败血支原体病临床症状及病理变化

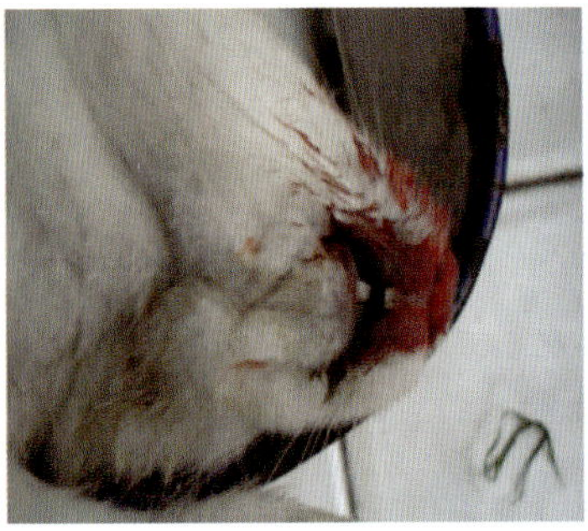

兔口鼻流出红色血液

气管严重出血，有暗红色血液

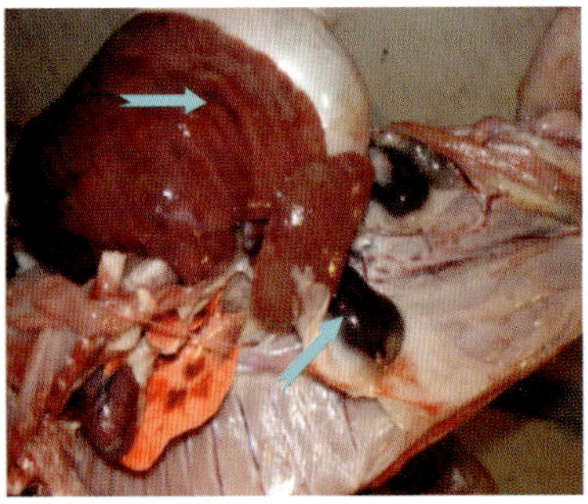

心肌、肺和肝脏有出血斑点

彩图 111　兔瘟病临床症状及病理变化

鼻炎：鼻孔流出白色黏液分泌物并黏附着食屑

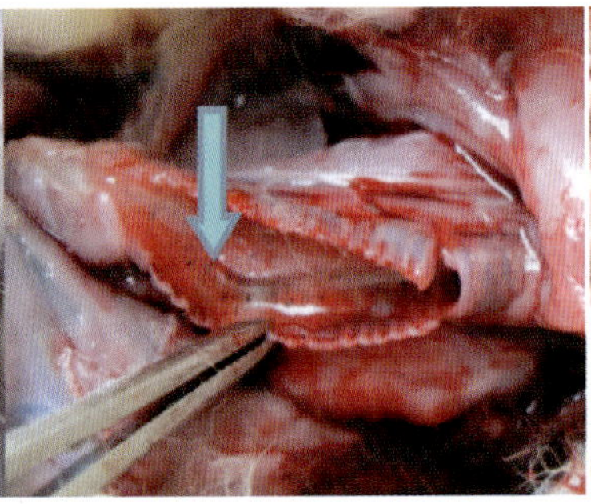

气管环状出血，管腔内有血样泡沫

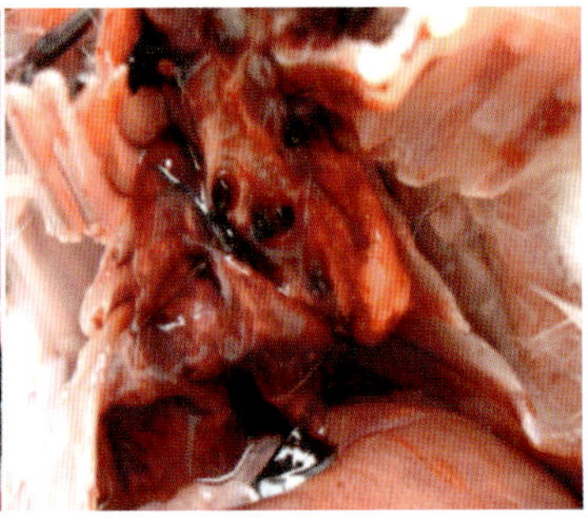

肺出血

彩图 112　兔巴氏杆菌病临床症状及病理变化

兔体消瘦，肛门周围及后肢被黑褐色稀粪染污

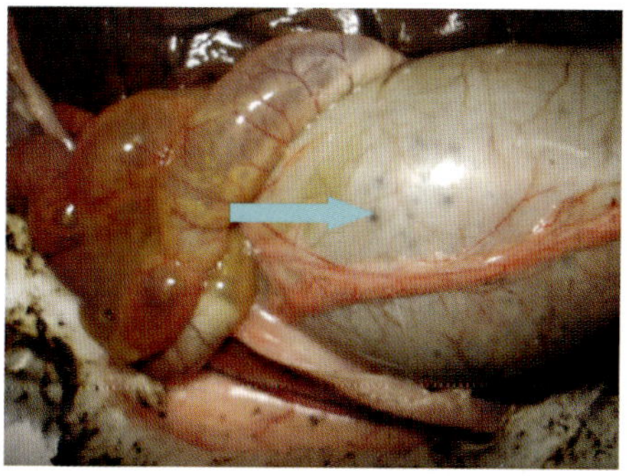

胃膨胀，表面有许多黑色斑点

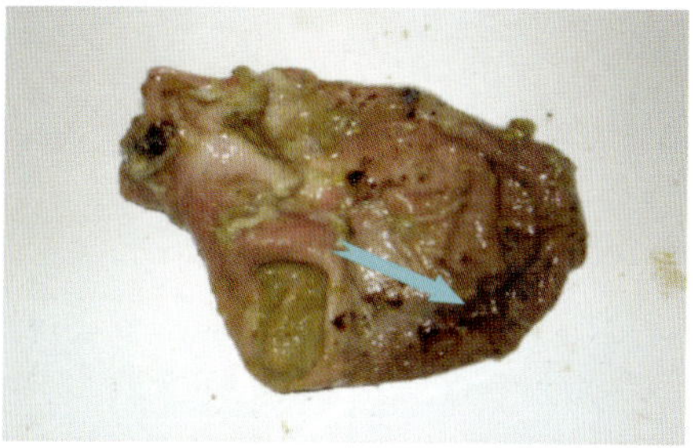

胃黏膜出血、溃疡

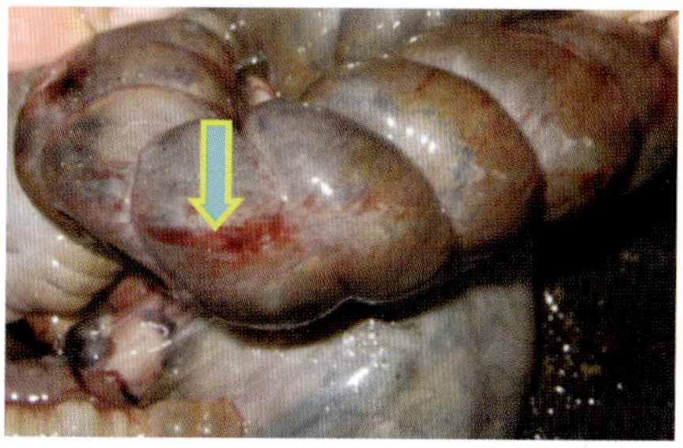

盲肠浆膜面溯状出血

彩图 113　兔魏氏梭菌病临床症状及病理变化

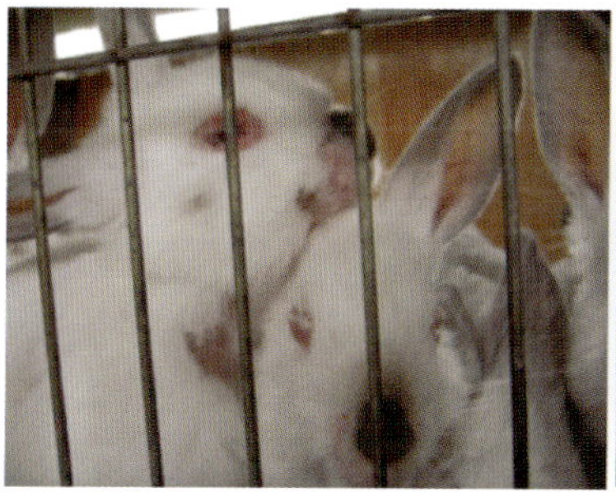

眼圈、嘴鼻周围出现明显脱毛区

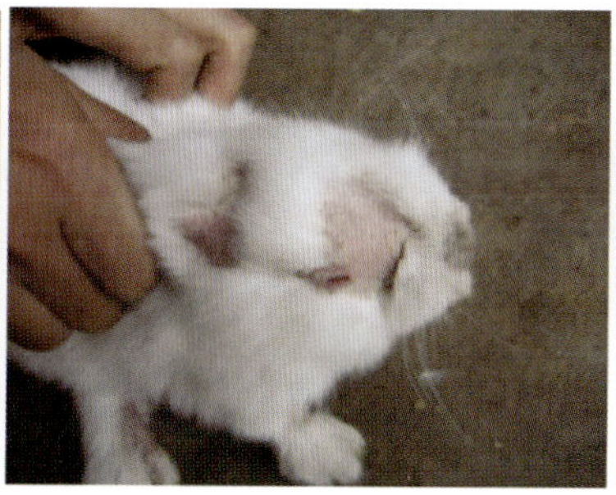

头部脱毛、有灰白色糠麸样痂皮

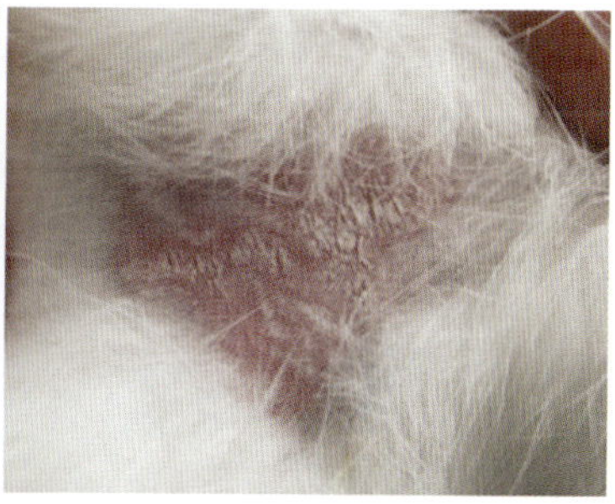

皮肤发红、龟裂、结痂

彩图 114　兔皮肤真菌病临床症状及病理变化

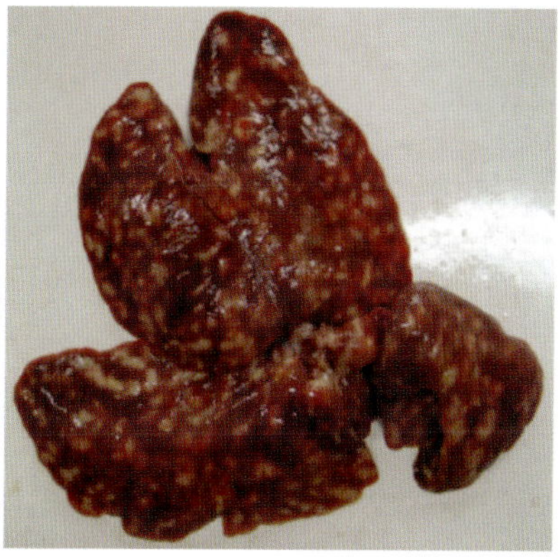

彩图 115　兔球虫病

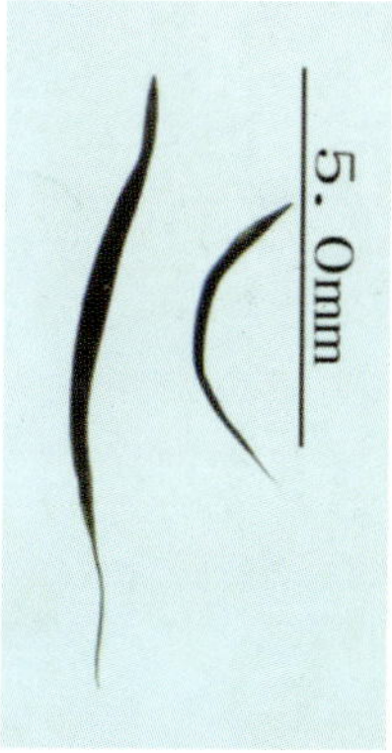

彩图 116　兔栓尾线虫

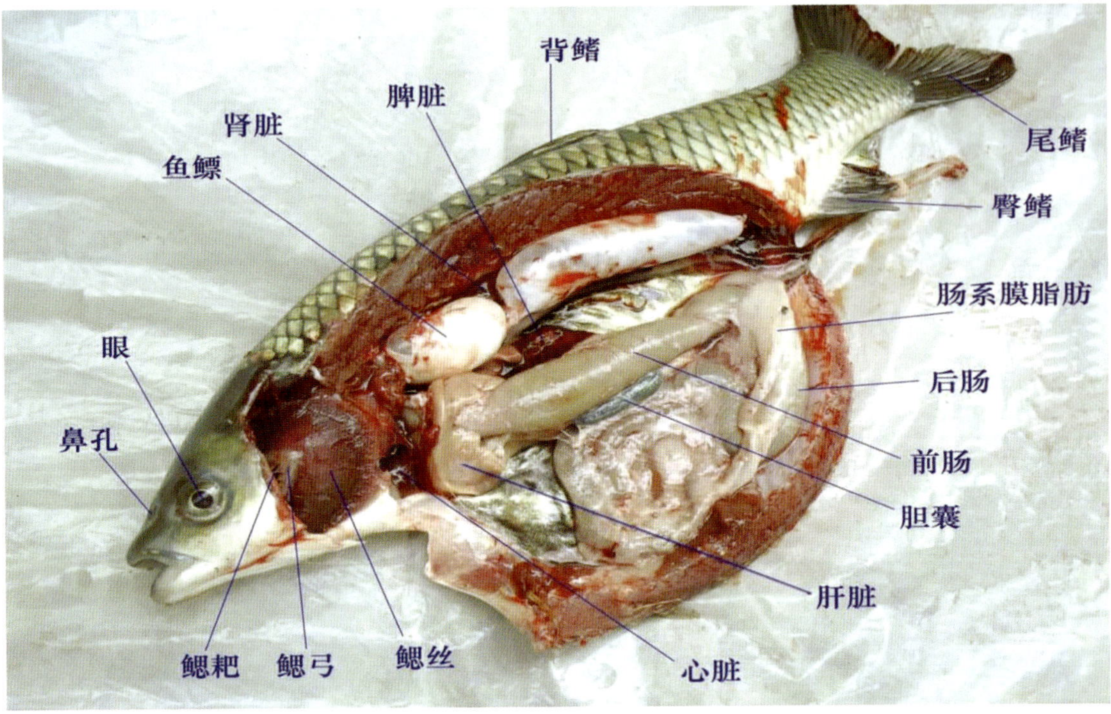

彩图 117　鱼的外部形态和内部结构

彩图 118　鲢鱼

彩图 119　鳙鱼

彩图 120　草鱼

彩图 121　青鱼

彩图 122　鲤鱼

彩图 123　鲫鱼

彩图 124　团头鲂

彩图 125　鳜鱼

彩图 126　大口黑鲈

彩图 127　条纹鲈

彩图 128　鲶

彩图 129　斑点叉尾鮰

彩图 130　黄颡鱼

彩图 131　泥鳅

彩图 132　虹鳟

彩图 133　匙吻鲟

彩图 134　中华鳖

彩图 135　大鲵